普通高等教育“十二五”系列教材

工 程 力 学

黄孟生　编著
邱棣华　主审

中国电力出版社
CHINA ELECTRIC POWER PRESS

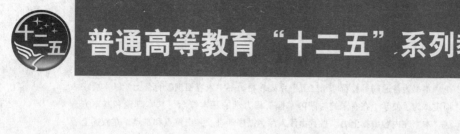

内 容 提 要

本书为普通高等教育"十二五"系列教材，书中内容根据教育部力学基本要求而定。为了使学生在有限的时间内掌握工程力学的基本概念、基本理论和基本方法，本书在内容编排上力求做到由浅入深、循序渐进、突出重点和难点，在叙述上力求达到精练和严密。

本书内容包括两篇，第一篇静力学，第二篇材料力学，共14章。静力学部分包括静力学绪论及基本概念、简单力系、平面力系和空间力系，材料力学部分包括材料力学的任务及基本概念、轴向拉伸和压缩、扭转、弯曲内力、弯曲应力、弯曲变形、应力状态分析和强度理论、组合变形杆件的强度计算、压杆稳定、动荷载等。附录包括截面的几何性质和型钢表。

本书可作为高等院校工程力学课程教材，也可作为有关工程技术人员的参考书。

图书在版编目（CIP）数据

工程力学/黄孟生编著．—北京：中国电力出版社，2012.4（2023.1重印）

普通高等教育"十二五"规划教材

ISBN 978-7-5123-2547-0

Ⅰ.①工… Ⅱ.①黄… Ⅲ.①工程力学－高等学校－教材 Ⅳ.①TB12

中国版本图书馆CIP数据核字（2011）第277934号

中国电力出版社出版、发行

（北京市东城区北京站西街19号　100005　http：//www.cepp.sgcc.com.cn）

北京雁林吉兆印刷有限公司印刷

各地新华书店经售

*

2012年4月第一版　　2023年1月北京第十二次印刷

787毫米×1092毫米　16开本　17.5印张　421千字

定价 **49.00**元

前　言

本书是为普通高等院校理工科各专业中少学时工程力学课程而编写的。本书可作为给排水、交通、热能、工程管理等专业教材，也可作为对工程力学深度和难度要求不高，但对工程力学的基础知识需要有一定了解的专业教材，同时也可作为电大、函授、职大或成人教育同类专业师生和自学考试人员的教材和参考书。

本书的内容是根据高等院校工程力学基本要求而定的。在编写过程中，所选取的内容是工程上实用的、传统的，也是符合专业基本要求的，难易程度比较适当。书中的重点放在基本内容、基本概念和基本方法上；书中有丰富的工程实例，有益于培养学生的工程意识。在内容的编排上，本书力求做到由易到难：在静力学中，由简单力系、平面力系到空间力系；由力系的简化，到平衡条件、平衡方程及其应用。在材料力学中，由基本变形杆件的内力、应力、变形以及强度和刚度计算，到应力状态分析、组合变形杆件的强度计算；由杆件的强度和刚度计算，到压杆的稳定性计算；由静荷载到动荷载，由浅入深、循序渐进。在内容的叙述上，力求使文字精练与严密，语句通俗易懂，便于学生自学和理解。

为培养学生分析问题和解决问题的能力，并便于学生自学，书中每章后面都给出了一定数量的思考题和习题，并在书后给出了部分习题的答案。

在本书编写过程中，文天学院力学教研室部分老师提出了许多有益的意见和建议，在此表示感谢。邱棣华教授对书稿进行了认真、细致的审阅，并提出了许多宝贵的意见，一并表示衷心的感谢。

限于编者水平，书中难免有不妥与疏漏之处，敬请广大师生和读者提出宝贵的意见和建议。

编　者
2011 年 10 月

主要符号说明

符号	含义	符号	含义
A	面积	M_e	外力偶矩
a	间距	M_u	极限弯矩
B、b	宽度	n	安全因数、转速
C	质心、重心	n_r	疲劳安全因数
D、d	力偶臂、直径、距离	n_{st}	稳定安全因数
E	弹性模量	p	总应力、压强
e	偏心距	P	功率、物体重
$\boldsymbol{F}$	力	q	均布荷载集度
f	动摩擦因数	R、r	半径
f_s	静摩擦因数	$\boldsymbol{r}$	矢径
F_{bs}	挤压力	S_y、S_z	面积矩、静矩
F_{cr}	临界力	T	扭转外力偶矩
F_d	动荷载	t	时间
F_N	法向约束力、轴力	V_ε	体积、应变能
$\boldsymbol{F}_P$、$\boldsymbol{F}_Q$、$\boldsymbol{F}_W$	重力	v_d	形状改变能密度
$\boldsymbol{F}_R$	主矢、合力、反力	v_V	体积改变能密度
F_S	剪力	v_ε	应变能密度
G	切变模量	W	外力功
I_y、I_z	惯性矩	W_y、W_z	弯曲截面系数
I_P	极惯性矩	W_P	扭转截面系数
I_{yz}	惯性积	w	挠度
i_y、i_z	惯性半径	θ	梁横截面转角、单位长度、相对扭转角、体积应变
k_d	动荷因数	φ	相对扭转角、折减因数
M、M_y、M_z	弯矩	α	应力集中系数、角度
$\boldsymbol{M}_O$	力系对点 O 的主矩	α、β、γ	矩形截面杆扭转系数
$\boldsymbol{M}_{Oi}$	力 F_i 对点 O 的主矩	γ	切应变
$\boldsymbol{M}$	力偶矩	Δ	位移
M_x	扭矩	Δl	伸长（缩短）变形

续表

符　　号	含　　义	符　　号	含　　义
δ	滚动摩擦因数、延伸率、厚度	σ_{cr}	临界应力
ψ	截面收缩率	σ_d	动应力
ε	线应变	σ_e	弹性极限
ε_u	极限应变	σ_p	比例极限
λ	柔度	σ_r	相当应力
μ	长度系数	σ_s	屈服极限
ν	泊松比	σ_u	极限应力
ρ	材料密度、曲率半径	$[\sigma]$	容许正应力
σ	正应力	τ	切应力
σ_b	强度极限	$[\tau]$	容许切应力
σ_{bs}	挤压应力		

目录

第二篇 材 料 力 学

第一篇　静　力　学

第1章　静力学绪论及基本概念

§1-1　绪　　论

静力学是工程力学的重要内容之一，它主要研究物体在力系作用下的平衡问题。

平衡是机械运动的一种特殊形式，它是指物体相对于惯性坐标系（指适用牛顿定律的坐标系）处于静止状态或作匀速直线运动的状态。对多数工程问题来说，可以把固结在地球上的坐标系当作惯性坐标系来研究物体相对于地球的平衡问题。

作用于同一物体上的若干个力总称为力系。如果力系的各个力作用线位于同一平面内，该力系称为平面力系，否则称为空间力系。若一个力系作用于某物体而使其保持平衡，则该力系称为平衡力系。一个力系要成为平衡力系应满足的条件称为平衡条件。如果两个力系分别作用于同一物体并能产生同样的效应，则这两个力系互为等效力系。

工程实际中，作用于物体的力系往往比较复杂。在研究过程中，常常需要将复杂的力系加以简化，亦即用一个较为简单的等效力系去代替原力系，并据此推出力系的平衡条件。

因此，静力学着重研究以下两个问题：

(1) 物体的受力分析和力系的等效简化。分析作用在物体上的力有哪些，并将一些已知力系进行简化，用另一较简单且与之等效的力系来代替原力系，以便于分析和讨论。

(2) 力系的平衡。建立物体在各种力系作用下的平衡条件。根据这些条件，求出作用于平衡物体上的某些未知力和物体所处的位置。

各种工程中都存在大量的静力学问题。例如，在土木和水利工程中，用移动式吊车起吊重物时，必须根据平衡条件确定起吊重量不超过多少才不致翻倒；设计屋架时，必须将所受的重力、风雪压力等荷载加以简化，再根据平衡条件求出各杆所受的力，据此确定各杆截面的尺寸；其他如水闸、大坝、桥梁等建筑，设计时都必须进行受力分析，以便得到既安全又经济的设计方案。在机械工程中，进行机械设计时，也往往要应用静力学理论分析机械零部件的受力情况，作为强度计算的依据。对于运转速度缓慢或速度变化不大的零部件的受力分析，通常都可简化为平衡问题来处理。

§1-2　力　的　概　念

经过长期的生产实践和科学实验，人们建立起力的概念：力是物体间的相互机械作用，这种作用使物体的运动状态或形状发生改变。其中，力使物体运动状态发生变化的效应称为力的运动效应（或外效应），力使物体产生变形的效应称为力的变形效应（或内效应）。

力对物体作用的效应取决于力的大小、方向和作用点，简称为力的三要素。

力的大小是指物体间相互作用的强弱程度。在国际单位制（SI）中，力的单位为牛顿

(N) 或千牛顿 (kN)。

力的方向包括方位和指向两个含义，如铅直向下、水平向右等。

力的作用点是指力在物体上的作用位置。一般来说，力的作用位置并不是一个点，而是一定的面积。但是，当作用面积小到可以不计其大小时，就抽象成为一个点。这个点就是力的作用点，而这种作用于一点的力则称为集中力。过力的作用点，沿力的方位的一条直线，称为力的作用线。

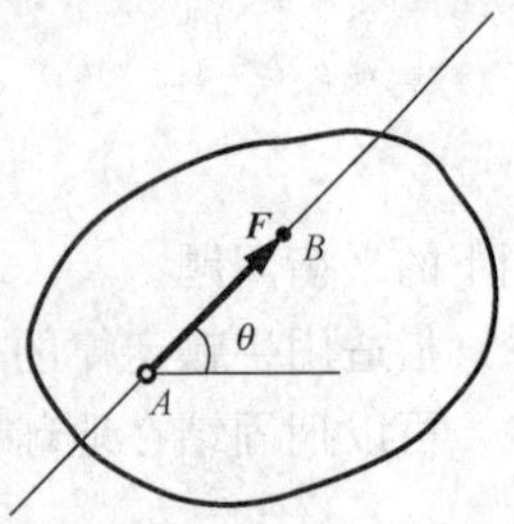

图 1-1 力矢的表示

力有大小和方向，且力的相加服从矢量的平行四边形法则(参见§1-2)，因此力是矢量。

在图 1-1 中，矢量 ***AB*** 表示力 ***F***。F 代表力矢 ***F*** 的大小，线段 AB 的方位 (θ) 和箭头指向表示力矢 ***F*** 的方向，A 点 (或 B 点) 表示力矢 ***F*** 的作用点。

对刚体来说，只要保持力的大小和方向不变，把力的作用点沿作用线移到刚体上任一点，并不改变力对刚体的作用效应。例如，用小车运送物品，如图 1-2 所示，不论在车后 A 点用力 ***F*** 推车，还是在车前同一直线上的 B 点用力 ***F*** 拉车，其效果是一样的。作用在刚体上的力沿作用线可移动的性质，称为力的可传性。因此，力是滑动矢量。用几何方法表示时，可将力矢画在作用线上的任一点。

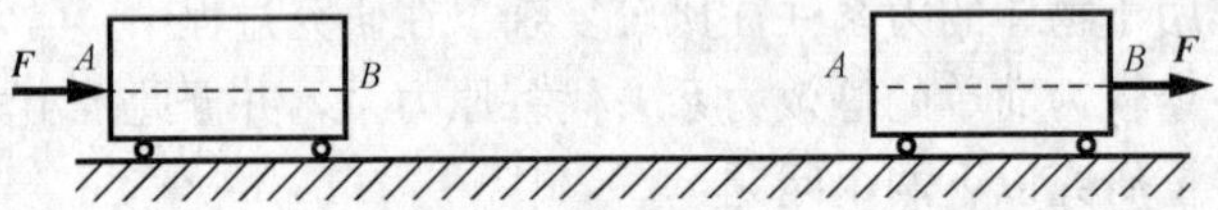

图 1-2 力的可传性

§1-3 静力学基本原理

静力学基本原理是人们在长期的生活和生产活动中概括和总结出来，并经过大量实践反复检验的力的基本性质，是静力学理论的基础。

一、二力平衡原理

作用于同一刚体的两个力成平衡的必要与充分条件是：两个力的大小相等、方向相反、作用线相同 (简称两力等量、反向、共线)。

例如，在一根静止刚杆的两端沿着同一直线 AB 施加两个拉力 [见图 1-3 (a)] 或压力 [见图 1-3 (b)] $\boldsymbol{F}_1$ 及 $\boldsymbol{F}_2$，并使 $\boldsymbol{F}_1=-\boldsymbol{F}_2$。由经验可知，刚杆将保持静止，所以 $\boldsymbol{F}_1$ 与 $\boldsymbol{F}_2$ 两个力成平衡。反之，如果 $\boldsymbol{F}_1$ 与 $\boldsymbol{F}_2$ 不满足上述条件，即它们的作用线不同，或者 $\boldsymbol{F}_1\neq-\boldsymbol{F}_2$，则刚体将开始运动，就是说，两个力不能平衡。

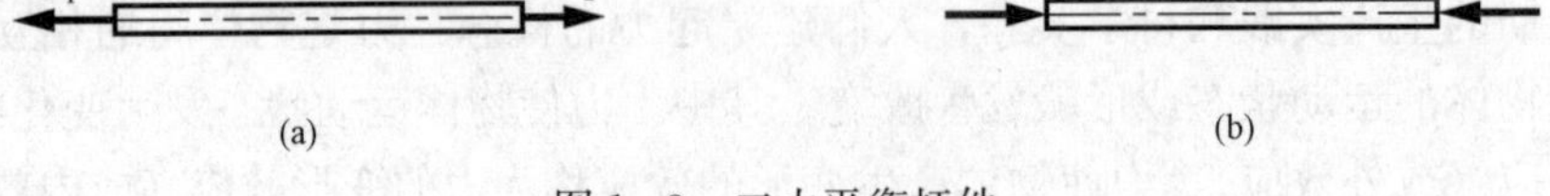

图 1-3 二力平衡杆件

在工程上，通常把只受两个力作用而处于平衡状态的构件称为二力构件 (或二力杆)。

二力构件上的力必满足二力平衡条件。

二、加减平衡力系原理

在作用于刚体的已知力系中加上或减去任一平衡力系，并不改变原力系对刚体的作用效应，如图 1 - 4 所示。

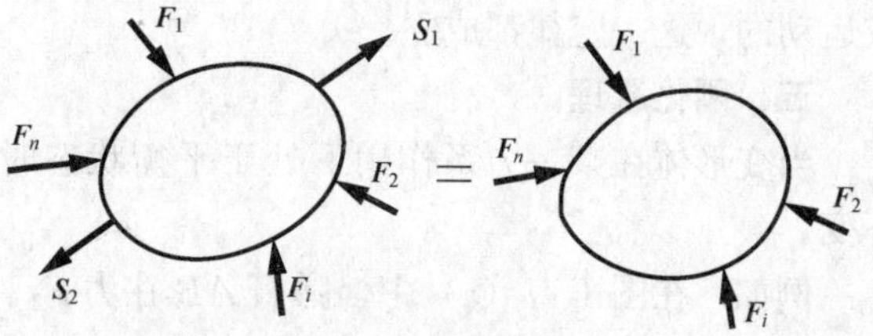

图 1 - 4　等效力系

加减平衡力系原理的正确性是显而易见的。因为一个平衡力系不会改变刚体的运动状态，所以，在原力系中加上或减去一个平衡力系，都不会使刚体运动状态发生改变，即新力系与原力系等效。

三、力的平行四边形法则

作用于物体上同一点的两个力可以合成一个力。合力的作用点也在该点，合力的大小和方向由以这两个力为邻边所构成的平行四边形的对角线来确定。

如图 1 - 5（a）所示，作矢量 $\boldsymbol{AB}$ 及 $\boldsymbol{AD}$，分别代表力 $\boldsymbol{F}_1$ 及 $\boldsymbol{F}_2$，以 AB 和 AD 为邻边作平行四边形 $ABCD$，则对角线矢 $\boldsymbol{AC}$ 即代表 $\boldsymbol{F}_1$ 与 $\boldsymbol{F}_2$ 的合力 $\boldsymbol{F}_\mathrm{R}$，力 $\boldsymbol{F}_1$ 及 $\boldsymbol{F}_2$ 则称为 $\boldsymbol{F}_\mathrm{R}$ 的分力。

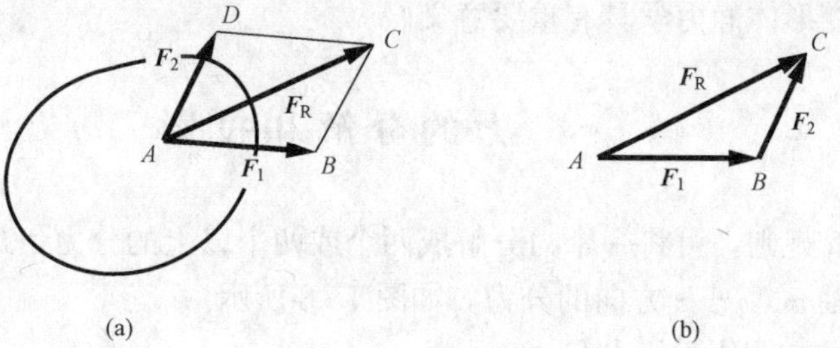

图 1 - 5　力的合成

力的平行四边形法则表明，共点的两个力的合力等于这两个力的矢量和，用矢量方程表示即为

$$\boldsymbol{F}_\mathrm{R} = \boldsymbol{F}_1 + \boldsymbol{F}_2$$

显然，合力也作用于两分力的公共作用点 A。

有时，我们不用平行四边形法则，而用三角形法则求合力的大小和方向：在图 1 - 5（b）中，作矢量 $\boldsymbol{AB}$ 代表力 $\boldsymbol{F}_1$，再从 $\boldsymbol{F}_1$ 的末端 B 作矢量 $\boldsymbol{BC}$ 代表力 $\boldsymbol{F}_2$，最后从 $\boldsymbol{F}_1$ 的起点 A 向 $\boldsymbol{F}_2$ 的末端 C 作矢量 $\boldsymbol{AC}$，则 $\boldsymbol{AC}$ 即为合力 $\boldsymbol{F}_\mathrm{R}$。平行四边形法则还可推广应用于不共面的多个共点力求合力的情形。

四、作用与反作用定律

两物体间相互作用的力（作用力与反作用力）总是大小相等、方向相反，沿同一直线分别作用于这两个物体上，如图 1 - 6 所示。

作用与反作用定律指出，力总是成对出现的，A 物体给 B 物体一作用力时，B 物体必给 A 物体一反作用力，且两者等量、反向、共线。但应注意，作用力与反作用力分别作用于不同的两物体上。在分析每个物体的受力时，只应考虑它所受的作用力，而不应考虑它作用于其他物体的反作用力；同时，也

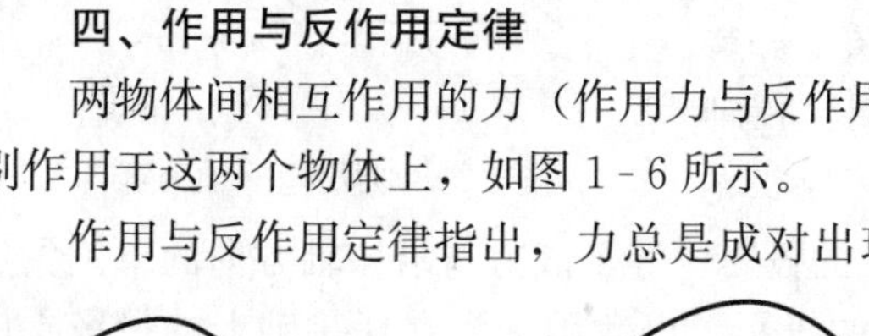

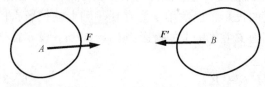

图 1 - 6　作用力与反作用力

不能把作用力与反作用力看成一对平衡力。这一定律就是牛顿第三定律，不论物体是静止的或运动的，这一定律都成立。

五、刚化原理

当变形体在某一力系作用下处于平衡状态时，如将此变形体刚化为刚体，其平衡状态不变。

例如，在图 1-7（a）中，弹簧 AB 在力 $\boldsymbol{F}_1$、$\boldsymbol{F}_2$ 的作用下保持平衡。若将该弹簧刚化成图 1-7（b）中所示的刚杆，其平衡状态将不改变。

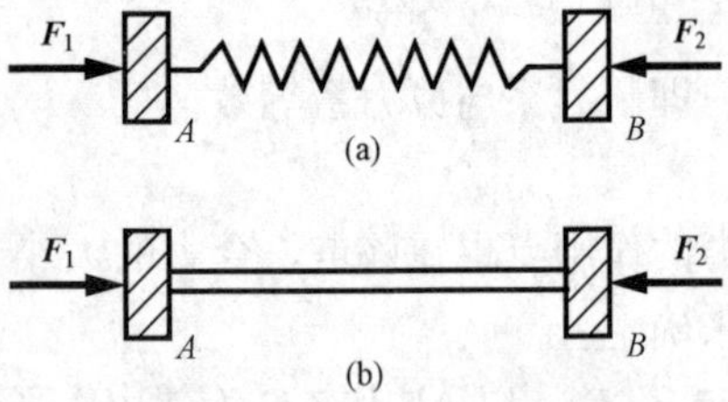

图 1-7 刚化原理说明

刚化原理告诉我们：可以将刚体的平衡条件应用到变形体的平衡问题中去。但应注意，对刚体来说是必要且充分的平衡条件，对变形体来说仅是必要的而非充分的。变形体平衡时，除了它所受的力必须满足平衡条件以外，还需满足与变形体的物理性质有关的某些附加条件。

刚化原理建立了刚体静力学和变形体静力学之间的联系，这对研究变形体静力学具有重要意义。

§1-4 力的分解和投影

按照矢量的运算规则，可将一个力分解成两个或两个以上的分力。最常用的是将一个力分解成沿直角坐标轴 x、y、z 方向的分力，如图 1-8 所示。

设有力 $\boldsymbol{F}$，根据矢量分解公式有

$$\boldsymbol{F} = F_x\boldsymbol{i} + F_y\boldsymbol{j} + F_z\boldsymbol{k} \tag{1-1}$$

式中：$\boldsymbol{i}$、$\boldsymbol{j}$、$\boldsymbol{k}$ 为沿坐标轴正向的单位矢量；F_x、F_y、F_z 分别为力 $\boldsymbol{F}$ 在 x、y、z 轴上的投影。

若已知 $\boldsymbol{F}$ 与 x、y、z 坐标轴正向的夹角 α、β、γ，则

$$\left.\begin{aligned} F_x &= F\cos\alpha = \boldsymbol{F}\cdot\boldsymbol{i} \\ F_y &= F\cos\beta = \boldsymbol{F}\cdot\boldsymbol{j} \\ F_z &= F\cos\gamma = \boldsymbol{F}\cdot\boldsymbol{k} \end{aligned}\right\} \tag{1-2}$$

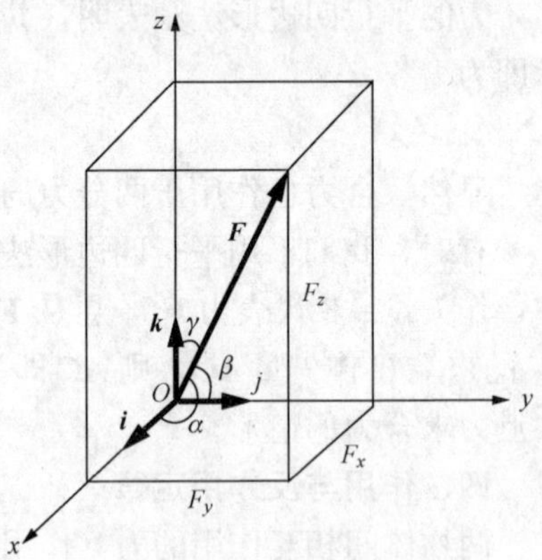

图 1-8 力沿坐标轴分解

式（1-2）中的角 α、β、γ 可以是锐角，也可以是钝角，因此力的投影可能为正，也可能为负。若力与坐标轴正向的夹角为钝角，也可改用其补角（锐角）计算力的投影的大小，而根据观察来判断投影的符号。这种求力的投影方法称为直接投影法。

由式（1-2）可以看出，一个力在某一轴上的投影，等于该力与沿该轴方向的单位矢量的标积。该结论不仅适用于力在直角坐标轴上的投影，也适用于力在任一轴上的投影。例如，有一轴 ξ，沿该轴正向的单位矢量为 $\boldsymbol{n}$，则力 $\boldsymbol{F}$ 在 ξ 轴上的投影为 $F_\xi = \boldsymbol{F}\cdot\boldsymbol{n}$。设 $\boldsymbol{n}$ 在坐标系 $Oxyz$ 中的方向余弦为 l_1、l_2、l_3，则

$$F_\xi = F_x l_1 + F_y l_2 + F_z l_3 \tag{1-3}$$

当力 $\boldsymbol{F}$ 与某两个坐标轴的夹角（如 α、β）不易确定时，可先将力 $\boldsymbol{F}$ 投影到 Oxy 坐标面

上，得矢量 $\boldsymbol{F}'$（矢量在平面上的投影仍是矢量），然后再把该矢量投影到两个坐标轴上即可。如图 1-9 所示，已知角 γ 和 θ，则力 $\boldsymbol{F}$ 在三个坐标轴上的投影分别为

$$\left.\begin{aligned}F_x &= F\sin\gamma\cos\theta\\ F_y &= F\sin\gamma\sin\theta\\ F_z &= F\cos\gamma\end{aligned}\right\}\qquad(1-4)$$

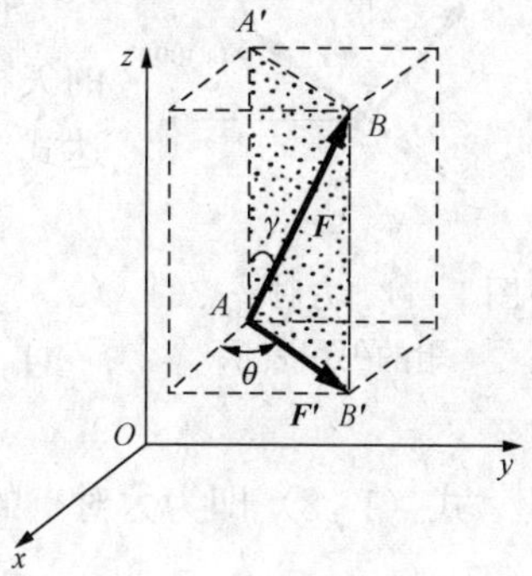

图 1-9　力在坐标轴上的投影

这种求力的投影方法称为二次投影法，在实际计算中应用很多。

如果已知 F 在 x、y、z 轴上的投影 F_x、F_y、F_z，反过来则可求得该力的大小及方向余弦，即

$$\left.\begin{aligned}&F = \sqrt{F_x^2 + F_y^2 + F_z^2}\\ &\cos\alpha = \frac{F_x}{F}, \cos\beta = \frac{F_y}{F}, \cos\gamma = \frac{F_z}{F}\end{aligned}\right\}\qquad(1-5)$$

§1-5　力　　矩

实践证明，作用于物体的力，通常不仅可使物体移动，还可使物体转动。由物理学已知，力的转动效应是用力矩来度量的。

一、力对一点的矩

设有一作用于物体的力 $\boldsymbol{F}$，它使物体绕 O 点转动的效应用力 $\boldsymbol{F}$ 对 O 点的矩 $\boldsymbol{M}_O$［或 $\boldsymbol{M}_O(\boldsymbol{F})$］来量度，如图 1-10 所示。其中，$O$ 点称为力矩中心，简称矩心。矩心 O 至力 $\boldsymbol{F}$ 作用线的垂直距离 a 称为力臂。

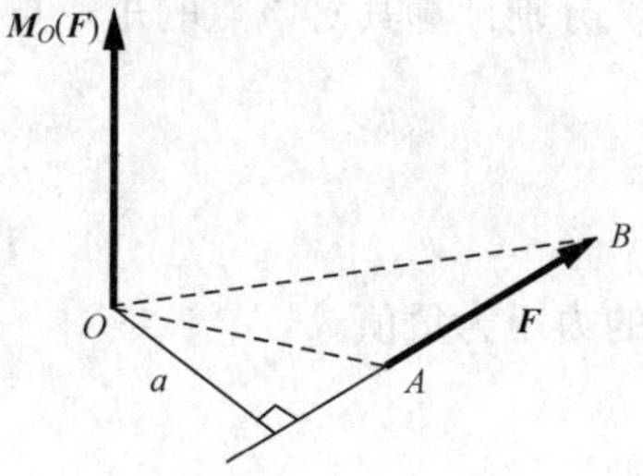

图 1-10　力对一点的矩

一般情况下，力 $\boldsymbol{F}$ 对 O 点的矩取决于以下三个要素：

(1) 力矩大小。力矩大小等于力 $\boldsymbol{F}$ 的大小与力臂 a 的乘积，即

$$M_O(\boldsymbol{F}) = Fa \qquad (1-6)$$

力矩的单位为牛·米（N·m）或千牛·米（kN·m）等。

(2) 力矩方位。力矩方位取决于力 $\boldsymbol{F}$ 与矩心 O 所构成的平面的方位，即 $\boldsymbol{M}_O$ 垂直于力 $\boldsymbol{F}$ 与矩心 O 所确定的平面。

(3) 力矩指向。按右手螺旋法则确定（以右手螺旋的转向为力矩的转向，则螺旋前进的方位就代表矩矢 $\boldsymbol{M}_O$ 的指向）。

必须注意，力矩 $\boldsymbol{M}_O(\boldsymbol{F})$ 既然与矩心位置有关，因而矩矢 $\boldsymbol{M}_O(\boldsymbol{F})$ 只能画在矩心 O 处，而不能随意画在别处，所以力矩矢量是定位矢。

将力 $\boldsymbol{F}$ 沿其作用线移动时，由于 $\boldsymbol{F}$ 的大小、方向以及由 O 点到力作用线的距离都不变，力 $\boldsymbol{F}$ 与矩心 O 构成的平面的方位也不变，根据力对一点的矩的定义可知，力 $\boldsymbol{F}$ 对 O 点的矩也不变。也就是说，力对一点的矩不因力沿其作用线移动而改变。

如果从矩心 O 作矢量 $\boldsymbol{OA}$，用 $\boldsymbol{r}$ 表示，称为力作用点 A 对于 O 点的矢径或位置矢，如图 1-11 所示，则力 $\boldsymbol{F}$ 对于 O 点的矩 $\boldsymbol{M}_O(\boldsymbol{F})$ 可用矢积 $\boldsymbol{r}\times\boldsymbol{F}$ 来表示。因为，根据矢积的定义，$\boldsymbol{r}\times\boldsymbol{F}$ 是一个矢量，它的模恰好与 $\boldsymbol{M}_O(\boldsymbol{F})$ 的模相等，它的方向也与 $\boldsymbol{M}_O(\boldsymbol{F})$ 的方向相同。

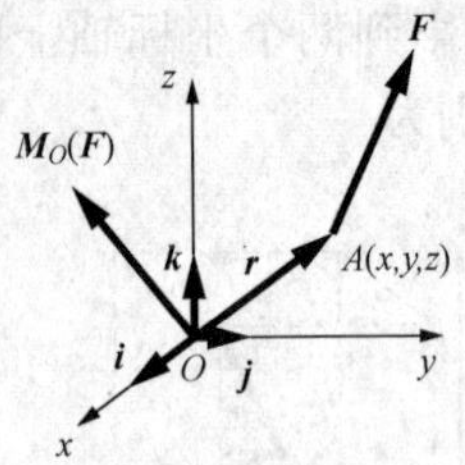

图 1-11 力对一点的矩的矢积表示

因而

$$\boldsymbol{M}_O(\boldsymbol{F}) = \boldsymbol{r} \times \boldsymbol{F} \quad (1-7)$$

也就是说，一个力对于任一点的矩等于该力的作用点对于矩心的矢径与该力的矢积。式（1-7）即为力 $\boldsymbol{F}$ 对 O 点的矩的矢积表达式。

若过矩心 O 取直角坐标系 $Oxyz$，并设力 $\boldsymbol{F}$ 的作用点 A 的坐标为（x，y，z），如图 1-11 所示，则式（1-7）可表示为

$$\begin{aligned}\boldsymbol{M}_O(\boldsymbol{F}) &= \boldsymbol{r} \times \boldsymbol{F} = (x\boldsymbol{i} + y\boldsymbol{j} + z\boldsymbol{k}) \times (F_x\boldsymbol{i} + F_y\boldsymbol{j} + F_z\boldsymbol{k}) \\ &= (yF_z - zF_y)\boldsymbol{i} + (zF_x - xF_z)\boldsymbol{j} + (xF_y - yF_x)\boldsymbol{k}\end{aligned} \quad (1-8)$$

式（1-8）即为力对点的矩的解析式，也可用行列式表示为

$$\boldsymbol{M}_O(\boldsymbol{F}) = \begin{vmatrix} \boldsymbol{i} & \boldsymbol{j} & \boldsymbol{k} \\ x & y & z \\ F_x & F_y & F_z \end{vmatrix} \quad (1-9)$$

对于平面力系问题，取各力所在平面为 xy 面，则任一力的作用点坐标 $z=0$，力在 z 轴上的投影 $F_z=0$，于是式（1-8）及式（1-9）可简化为以下代数式

$$M_O(F) = xF_y - yF_x$$

或

$$M_O(F) = \begin{vmatrix} x & y \\ F_x & F_y \end{vmatrix} \quad (1-10)$$

利用式（1-8）或式（1-9），可由一个力的作用点的坐标及该力的投影计算其对 O 点的矩，而无需量取 O 点到力作用线的距离。

由于坐标的选取是任意的，因此由式（1-8）、式（1-10）还可知，计算一个力对一点的矩时，可将该力分解成两个或三个适当的相互垂直的分力，分别计算其对该点的矩，再求代数和或矢量和。

对于平面力系问题，力对点的矩还可表示为

$$M_O(\boldsymbol{F}) = \pm Fa \quad (1-11)$$

其正负号的规定是：逆时针转向的力矩为正值，顺时针转向的力矩为负值。

二、力对一轴的矩

力不仅能使物体绕某一点转动，还能使物体绕某一轴转动。

设刚体上作用一力 $\boldsymbol{F}$，有一与此力的作用线既不平行也不垂直的 Oz 轴。任取一平面 N 垂直于 z 轴，并令 z 轴与平面 N 的交点为 O。将力 $\boldsymbol{F}$ 分解为两个分力：平行于 z 轴的分力为 $\boldsymbol{F}_z$，垂直于 z 轴并在平面 N 内的分力为 $\boldsymbol{F}'$。显然，分力 $\boldsymbol{F}_z$ 不能使刚体绕 z 轴转动，它对 z 轴的转动效应为零，而分力 $\boldsymbol{F}'$ 使刚体绕 z 轴转动的效应取决于 $\boldsymbol{F}'$ 和与其垂直的距离 a 的乘积，即可用平面 N 内 $\boldsymbol{F}'$ 对 O 点的矩来度量，如图 1-12 所示，可表示为

$$M_z(\boldsymbol{F}) = M_O(\boldsymbol{F}') = \pm F'a \quad (1-12)$$

由此可得力对一轴的矩的概念：一个力对某一轴的矩等于此力在垂直于该轴的任一平面上的投影对该轴与该平面的交点的矩。该轴通常称为矩轴。力对轴的矩是一个代数量，式（1-12）中的正负号按右手螺旋法则确定，即用右手四指表示该力使物体转动的方向，大拇指的指向与轴的正向一致时取正号，反之取负号。

力对一轴的矩的单位为牛·米（N·m）或千牛·米（kN·m）等。

从定义可知，当力沿其作用线移动时，并不改变力对轴的矩。当力与矩轴相交（$a=0$）或力与矩轴平行（$F'=0$）时，力对轴的矩为零。或者说，力与矩轴共面时，力对轴的矩为零。

力对轴的矩可用解析式表达。如图 1-13 所示，作直角坐标系 $Oxyz$，设力 $\boldsymbol{F}$ 的作用点 A 的坐标为 A（x，y，z），力 $\boldsymbol{F}$ 在坐标轴上的投影为 F_x、F_y、F_z。根据式（1-10）和式（1-12）可得

$$\left.\begin{aligned}M_x(\boldsymbol{F})&=yF_z-zF_y\\M_y(\boldsymbol{F})&=zF_x-xF_z\\M_z(\boldsymbol{F})&=xF_y-yF_x\end{aligned}\right\}\tag{1-13}$$

用式（1-13）计算力对轴的矩，往往比直接根据定义计算方便。

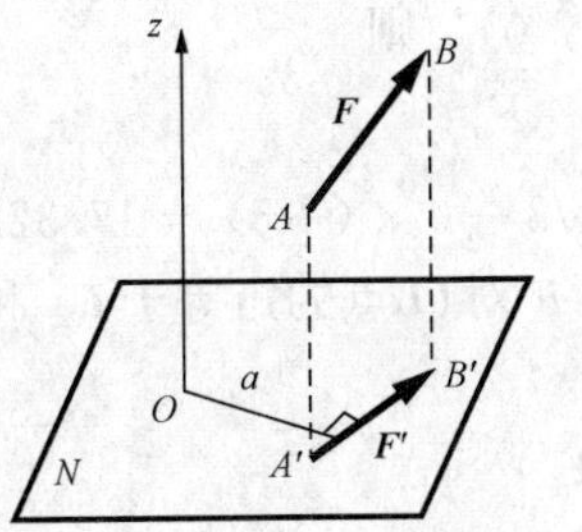

图 1-12　力对某一轴的矩

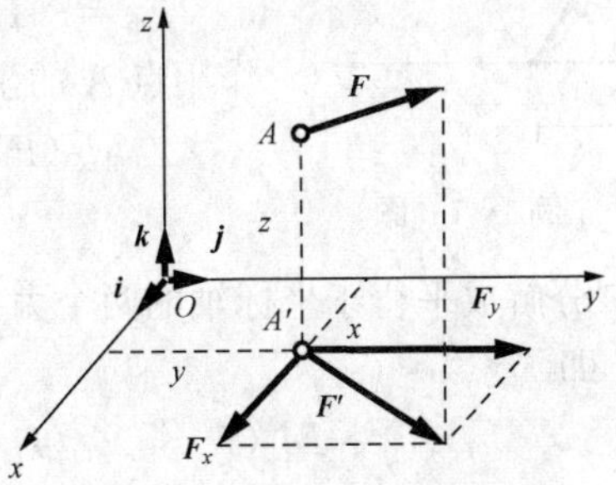

图 1-13　力对各坐标轴的矩

三、力对点的矩与力对轴的矩的关系

力对一点的矩与力对一轴的矩不同，但它们之间能否建立某种联系呢？

根据力对一点的矩的解析式（1-8）可知，$\boldsymbol{M}_O(\boldsymbol{F})$ 在 x、y、z 三个坐标轴上的投影分别为

$$\left.\begin{aligned}[\boldsymbol{M}_O(\boldsymbol{F})]_x&=yF_z-zF_y\\{}[\boldsymbol{M}_O(\boldsymbol{F})]_y&=zF_x-xF_z\\{}[\boldsymbol{M}_O(\boldsymbol{F})]_z&=xF_y-yF_x\end{aligned}\right\}\tag{1-14}$$

对比式（1-13）与式（1-14）不难得到如下关系：一个力对一点的矩在经过该点的任一轴上的投影等于该力对该轴的矩，即

$$\left.\begin{aligned}[\boldsymbol{M}_O(\boldsymbol{F})]_x&=M_x(\boldsymbol{F})\\{}[\boldsymbol{M}_O(\boldsymbol{F})]_y&=M_y(\boldsymbol{F})\\{}[\boldsymbol{M}_O(\boldsymbol{F})]_z&=M_z(\boldsymbol{F})\end{aligned}\right\}\tag{1-15}$$

事实上，这一结论对通过 O 点的任一轴都成立。例如，设有通过 O 点的任一轴 ξ，沿该轴的单位矢量 $\boldsymbol{n}$ 在坐标系 $Oxyz$ 中的方向余弦为 l_1、l_2、l_3，则

$$M_\xi(\boldsymbol{F})=\boldsymbol{n}\cdot\boldsymbol{M}_O(\boldsymbol{F})=M_xl_1+M_yl_2+M_zl_3\tag{1-16}$$

或写成

$$M_\xi(\boldsymbol{F})=\boldsymbol{n}\cdot(\boldsymbol{r}\times\boldsymbol{F})=\begin{vmatrix}l_1&l_2&l_3\\x&y&z\\F_x&F_y&F_z\end{vmatrix}\tag{1-17}$$

如果已知力矩 M_x、M_y、M_z，还可反过来求力矩 $\boldsymbol{M}_O(\boldsymbol{F})$ 的大小及方向余弦，即

$$\left.\begin{aligned}M_O(\boldsymbol{F}) &= \sqrt{M_x^2+M_y^2+M_z^2}\\ \cos(\boldsymbol{M}_O,x) &= \frac{M_x}{M_O},\cos(\boldsymbol{M}_O,y)=\frac{M_y}{M_O},\cos(\boldsymbol{M}_O,z)=\frac{M_z}{M_O}\end{aligned}\right\} \quad (1-18)$$

【例 1-1】 求图 1-14 中力 $\boldsymbol{F}$ 对 O 点的矩。已知 $F=10\text{kN}$，方向和作用点如图所示。

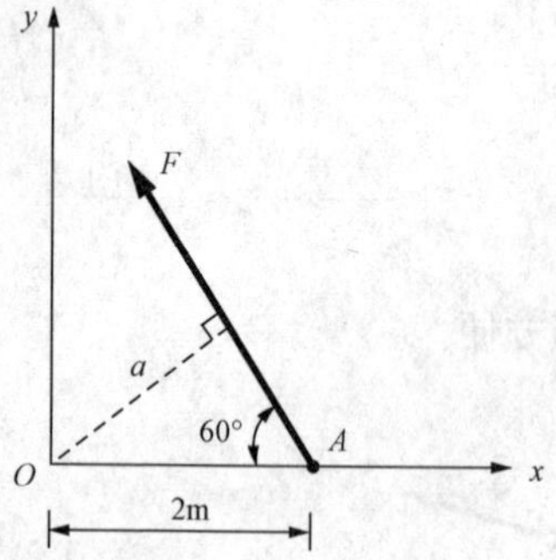

图 1-14 [例 1-1] 图

解 在平面 Oxy 内力 $\boldsymbol{F}$ 对 O 点的矩为代数量，逆时针转向为正，反之为负。它有三种计算方法：

(1) 由定义式 (1-6) 计算。力臂 $a=2\sin60°=\sqrt{3}\text{m}$，则

$$M_O(F)=Fa=10\times1.732=17.32\text{kN}\cdot\text{m}$$

(2) 由式 (1-10) 计算。力 $\boldsymbol{F}$ 的投影

$$F_x=-F\cos60°=-5\text{kN},\quad F_y=F\sin60°=5\sqrt{3}\text{kN}$$

作用点 A 的坐标为 (2，0)，则

$$\begin{aligned}M_O(F)&=xF_y-yF_x\\&=2\times5\sqrt{3}-0\times(-5)=17.32\text{kN}\cdot\text{m}\end{aligned}$$

(3) 将 $\boldsymbol{F}$ 分解成平行于坐标轴的两个力 $\boldsymbol{F}_x$、$\boldsymbol{F}_y$，$\boldsymbol{F}$ 对 O 点的矩等于 $\boldsymbol{F}_x$ 和 $\boldsymbol{F}_y$ 分别对 O 点的矩之和，即

$$\begin{aligned}M_z(\boldsymbol{F})&=M_O(\boldsymbol{F}_x)+M_O(\boldsymbol{F}_y)\\&=F\cos60°\times0+F\sin60°\times2\\&=10\sqrt{3}\text{kN}\cdot\text{m}\\&=17.32\text{kN}\cdot\text{m}\end{aligned}$$

第一种方法只在极简单的问题中使用，在静力学中第二、第三种方法用得较多。

【例 1-2】 求图 1-15 (a) 中力 $\boldsymbol{F}$ 对 z 轴的矩 $M_z(\boldsymbol{F})$ 及对 O 点的矩 $M_O(\boldsymbol{F})$。已知 $F=20\text{N}$，尺寸见图（默认单位为 mm）。

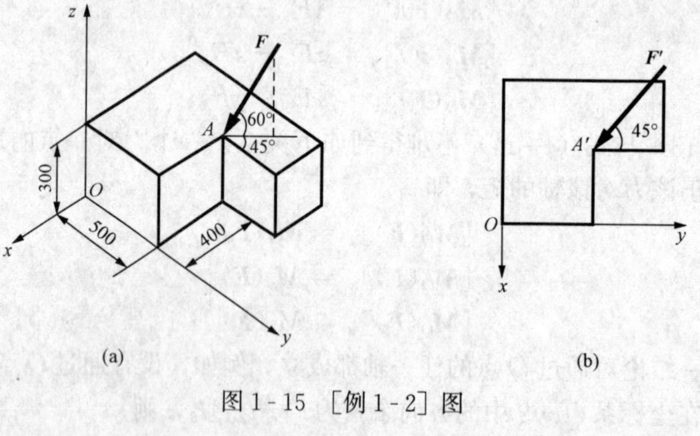

图 1-15 [例 1-2] 图

解 先求 $M_z(\boldsymbol{F})$。按基本定义，将 $\boldsymbol{F}$ 投影到 xy 平面上得到 $\boldsymbol{F}'$，如图 1-15 (b) 所示，计算 $\boldsymbol{F}'$ 对 O 点的矩，即得 $\boldsymbol{F}$ 对 z 轴的矩。显然，$F'=F\cos60°=10\text{N}$，于是

$$M_z(\boldsymbol{F})=M_O(\boldsymbol{F}')=F'\cos45°\times0.4-F'\sin45°\times0.5=-0.71\text{N}\cdot\text{m}$$

或者先算出 $\boldsymbol{F}$ 在坐标轴上的投影，再按式 (1-13) 计算。由于

$$F_x=F\cos60°\sin45°=\frac{\sqrt{2}F}{4}$$

$$F_y = F\cos60^\circ\cos45^\circ = -\frac{\sqrt{2}F}{4}$$

$$F_z = -F\sin60^\circ = -\frac{\sqrt{3}F}{2}$$

$$x = -0.4\text{m},\quad y = 0.5\text{m},\quad z = 0.3\text{m}$$

于是

$$M_z = xF_y - yF_x = -0.71\text{N}\cdot\text{m}$$

再求 $M_O(\boldsymbol{F})$，将 F_x、F_y、F_z 及 x、y、z 的值代入式（1-8），得

$$\boldsymbol{M}_O(\boldsymbol{F}) = -6.54\boldsymbol{i} - 4.81\boldsymbol{j} - 0.71\boldsymbol{k}(\text{N}\cdot\text{m})$$

§1-6　力　　偶

一、力偶、力偶矩

力偶是一种特殊的力系。在日常生活和生产实践中，经常有这样两个同时作用在物体上的力，它们的大小相等、方向相反、作用线平行且不共线，如用手开关水龙头、用扳手拧螺栓和丝锥攻螺纹（见图 1-16）等。力学上把这样的两个力作为一个整体来考虑，称为力偶，记作（$\boldsymbol{F}$，$\boldsymbol{F}'$）。两力作用线之间的距离 a 称为力偶臂。两力作用线所决定的平面称为力偶作用面。

力偶对刚体的作用效应与力不同。一个力对刚体有移动和转动两种效应，而一个力偶对刚体却只有转动效应，没有移动效应。前面讲过，力对物体的转动效应是用力矩来表示的，那么，力偶对物体的转动效应是如何度量的呢？

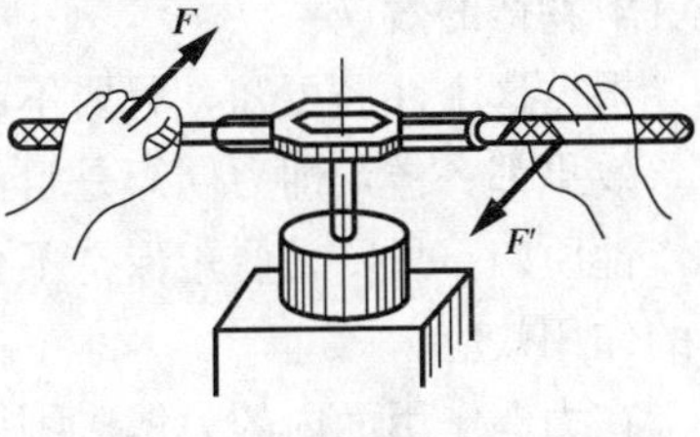

图 1-16　用扳手和丝锥攻螺纹

设刚体上作用有一力偶（$\boldsymbol{F}$，$\boldsymbol{F}'$），如图 1-17 所示。任取一点 O，令 $\boldsymbol{F}$、$\boldsymbol{F}'$ 的作用点 A、B 对点 O 的矢径分别为 $\boldsymbol{r}_A$、$\boldsymbol{r}_B$，而 B 点相对于 A 点的矢径为 $\boldsymbol{r}_{BA}$。于是，力偶（$\boldsymbol{F}$，$\boldsymbol{F}'$）对 O 点的矩应等于力偶的两个力对 O 点的矩之和，即

$$\boldsymbol{M}_O(\boldsymbol{F},\boldsymbol{F}') = \boldsymbol{r}_A \times \boldsymbol{F} + \boldsymbol{r}_B \times \boldsymbol{F}' = \boldsymbol{r}_A \times \boldsymbol{F} + (\boldsymbol{r}_A + \boldsymbol{r}_{BA}) \times \boldsymbol{F}'$$

由于 $\boldsymbol{F} = -\boldsymbol{F}'$，因此

$$\boldsymbol{M}_O(\boldsymbol{F},\boldsymbol{F}_A) = \boldsymbol{r}_{BA} \times \boldsymbol{F}'$$

矢积 $\boldsymbol{r}_{BA} \times \boldsymbol{F}'$ 是一个矢量，称为力偶矩，用矢量 $\boldsymbol{M}$ 表示，则

$$\boldsymbol{M} = \boldsymbol{r}_{BA} \times \boldsymbol{F}' \tag{1-19}$$

由于矩心 O 点是任取的，因此力偶的两个力对任一点的矩之和就等于力偶矩，它与矩心位置无关，如图 1-17 所示。

由此可知，力偶矩是力偶对刚体转动效应的量度。力偶的转动效应完全取决于力偶矩 $\boldsymbol{M}$，亦即取决于力偶矩的三要素：

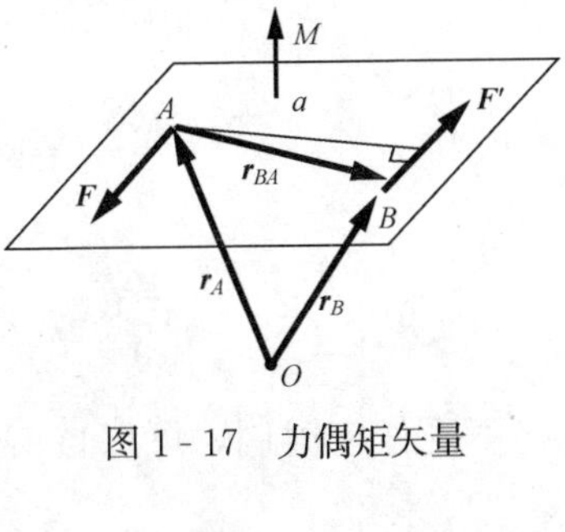

图 1-17　力偶矩矢量

（1）力偶矩的大小。力偶矩的大小等于力偶的力 $\boldsymbol{F}$ 与力偶臂 a 的乘积，即 $|\boldsymbol{M}| = Fa$，$|\boldsymbol{M}|$ 为力偶矩矢 $\boldsymbol{M}$ 的模。力偶矩的单位与力矩的单位相同，为牛・米（N・m）或千牛・米（kN・m）等。

（2）力偶矩的方位。力偶矩垂直于 A 点与力 $\boldsymbol{F}'$ 构成的平面，即垂直于力偶作用面。

（3）力偶矩的指向。力偶矩的指向与力偶在其所在平面内的转向符合右手螺旋法则。

对于平面问题，因为所有的力偶均在同一平面内，力偶作用面上力的方位一定，力偶的作用效应只取决于力偶矩的大小和转向，所以力偶矩可用代数量表示，即

$$M = \pm Fa \tag{1-20}$$

正负号的规定是：逆时针转向为正，顺时针转向为负。

二、力偶的性质

力偶具有一些独特的性质，这些性质在力学理论上和实践上常加以利用。

性质一：力偶没有合力。

由于力偶中的两个力大小相等、方向相反、作用线平行，因而，这两个力在任何轴上的投影之和必定等于零，即力偶不能用一个力来代替。换句话说，力偶不能与一个力等效，也不能与一个力平衡。

性质二：力偶对任一点的矩就等于力偶矩，与矩心的位置无关。

如图 1-17 所示，矩心 O 点是任取的，而得到的力偶矩与矩心 O 点的位置无关。可见，力偶对物体的转动效应完全取决于力偶矩。也就是说，力偶矩相同的两力偶等效。

这样，我们又可得到力偶的另外两个特性：

性质三：只要力偶矩保持不变，力偶可在其作用面及互相平行的平面内任意移动而不改变其对物体的效应。

根据这个性质可知，只要不改变力偶矩 $\boldsymbol{M}$ 的模和方向，不论将 $\boldsymbol{M}$ 画在刚体上的什么地方，效果都一样，即力偶矩是自由矢。

性质四：只要力偶矩保持不变，就可将力偶的力和力偶臂作相应的改变而不改变其对刚体的作用效应。

在力偶作用面内的力偶对刚体的作用效应由力偶矩矢量决定，与力偶中力的大小和作用线位置无关。所以，在力学计算中，有时也用一段带箭头的弧线表示力偶，如图 1-18 所示。其中，M 表示力偶矩的大小，箭头表示力偶在平面内的转向。

应当注意，上面两个结论只是在研究力偶的运动效应时才成立，不适用于变形效应的研究。例如，在图 1-18（a）中，梁 AB 的一端 B 作用一力偶将使梁弯曲；若将力偶移到 A 点，虽然对梁的平衡没有影响，但却不能使梁弯曲。在图 1-18（b）中，若将力偶（$\boldsymbol{F}_1$，$\boldsymbol{F}_1'$）变换成力偶矩相等的力偶（$\boldsymbol{F}_2$，$\boldsymbol{F}_2'$），尽管运动效应相同，但对梁的变形效应却不一样。

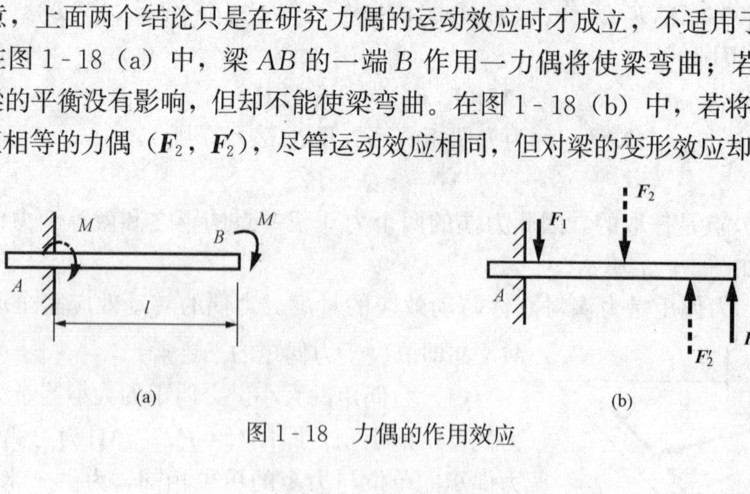

图 1-18 力偶的作用效应

§1-7 约束与约束力

力学上通常把物体分成两类：一类为自由体，它们的位移不受任何限制，可以自由运

动，如在空中自由飞行的飞机、人造卫星等；另一类为非自由体或受约束体，它们的运动受到某种限制，如用绳子悬挂的重物、支承于墙上的屋架等。在工程实际中，每一个物体总要与周围其他物体以各种形式联系在一起，它的运动都受到与它联系的其他物体的限制。对所考察物体起限制作用的其他物体称为约束。约束对被约束物体的作用称为约束力或约束反力，也常简称为反力。与约束力相对应，主动使物体运动或有运动趋势的作用力称为主动力，如重力、水压力、土压力、风压力等，工程上也常称为荷载。

一般主动力是已知的，而约束力则是未知的。由于约束是限制物体运动的，因此约束力的方向总是与约束所能阻止物体运动的方向相反，其作用点在物体与约束的接触点处。这是确定约束力方向和作用点的原则，至于约束力的大小，在静力学中将由平衡条件给出。

下面是工程中常见的几种典型约束及对应约束力的表示法。对于指向不定的约束力，图中的指向是假设的。

一、柔索

绳索、链条、皮带等属于柔索类约束。由于柔索只能承受拉力，因此，柔索约束的约束力只能是通过接触点，沿柔索中心线而背离物体，如图 1 - 19 所示。

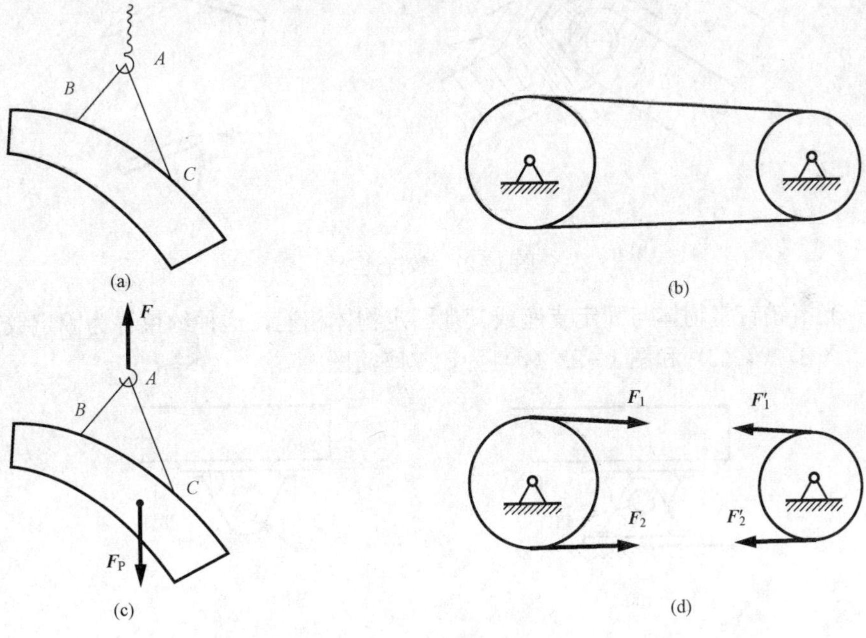

图 1 - 19　柔索类约束

二、光滑接触

当两物体接触面间的摩擦可以忽略不计时，即可看作光滑接触。这时，不论接触面形状如何，只能限制物体沿接触面公法线趋向接触面的运动。所以，光滑接触的约束力通过接触点，作用线为接触面在该点的公法线，成为压力（指向物体内部），如图 1 - 20 所示。

三、铰与铰支座

如图 1 - 21（a）所示，在两个物体 A、B 上各钻一直径相同的圆孔，用一圆柱形光滑销钉 C 将它们连接起来，此种约束称为铰链连接，简称铰。图 1 - 21（b）所示为铰链，图 1 - 21（c）所示为左边构件通过销钉对右边构件的作用力。

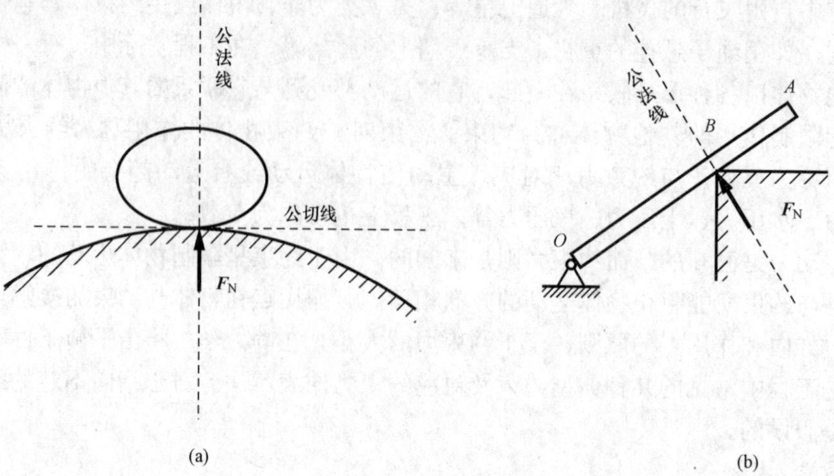

图 1-20　光滑面约束

图 1-21　铰链连接

如用一光滑销钉将物体与固定支座或其他固定物体相连，这种约束称为固定铰支座，简称铰支座。图 1-22（c）和图 1-22（d）为铰支座简图。

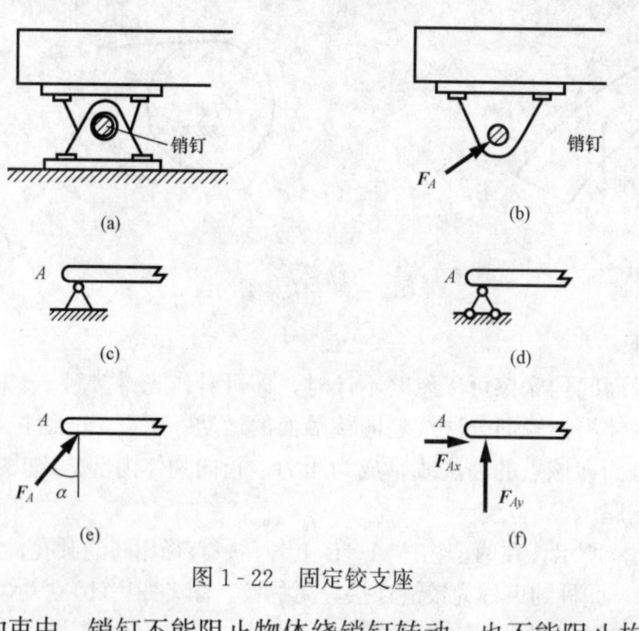

图 1-22　固定铰支座

在铰与铰支座约束中，销钉不能阻止物体绕销钉转动，也不能阻止构件沿销钉轴线移动，只能阻止物体在垂直于销钉轴线的平面内移动。当物体有运动趋势时，物体与销钉可沿任一母线（在图上为一点）接触。假设销钉是光滑的，则约束力必通过接触点 A 并通过销钉中心，如图 1-22（b）中的 $\boldsymbol{F}_A$ 所示，但由于接触点 A 不能预先确定，因此 $\boldsymbol{F}_A$ 的方向实际上是未知的。可见，铰与铰支座的约束力在垂直于销钉轴线的平面内，通过销钉中心，方向不定。图 1-22（e）中用一个未知的角度 α 和一个未知大小的力 $\boldsymbol{F}_A$ 表示它的约束力，但这种表示法在解析计算中不常采用。常用的方法是将约束力分解为两个互相垂直的力 $\boldsymbol{F}_{Ax}$ 和 $\boldsymbol{F}_{Ay}$，如图 1-22（f）所示。两个分力的指向可任意假设，最后由平衡条件决定。

四、辊轴支座

在铰链支座的底座下安装一排辊轴（滚子），就成为辊轴支座，或称活动铰支座，如图 1-23（a）所示。图 1-23（b）～图1-23（d）均为辊轴支座的常用简图。假设支承面光滑，则辊轴支座不能阻止物体沿支承面的移动和绕销钉轴线的转动，只能限制物体与支座连接处向着支承面或离开支承面的运动。因此，辊轴支座的约束力通过销钉中心，垂直于支承面，指向不定，如图 1-23（e）中的 $\boldsymbol{F}_A$ 所示。

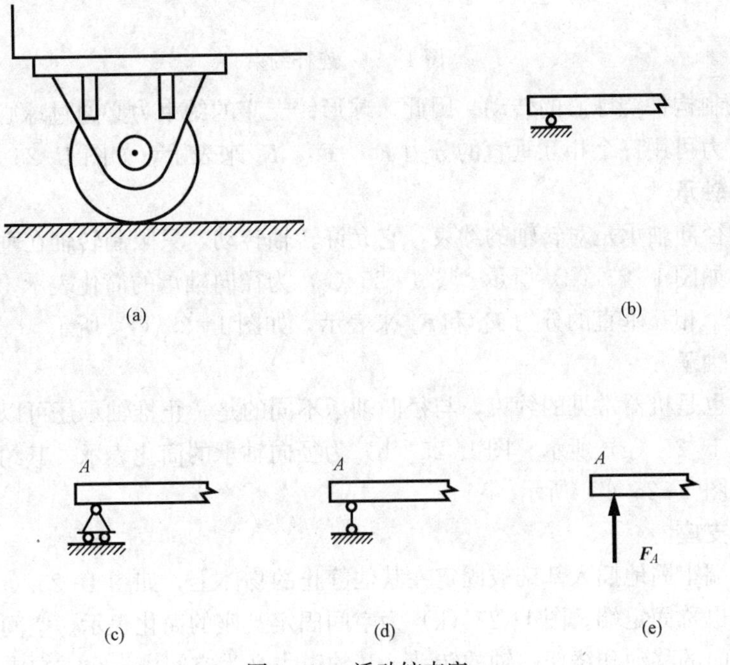

图 1-23　活动铰支座

五、连杆

连杆是两端用铰链与其他物体相连而中间不受力的直杆。图 1-24（a）为推土机刀架的简化图，刀架的 AB 杆可简化为连杆。由于连杆只在两端各受一力，是二力杆，因此连杆的约束力必沿着连杆两端铰链的连线，指向不定。图 1-24（b）中的 $\boldsymbol{F}_A$ 为连杆 AB 作用于推土刀的约束力，指向是假设的。

六、球铰

构件的一端做成球形，固定的支座做成一球窝，将构件的球形端置入支座的球窝内，则构成球形铰支座，简称球铰，如图 1-25（a）所示。例如，汽车变速箱的操纵杆就是用球形铰支座固定的，如图 1-25（b）所示。球形铰支座可以限制构件离开球心的任何方向的运

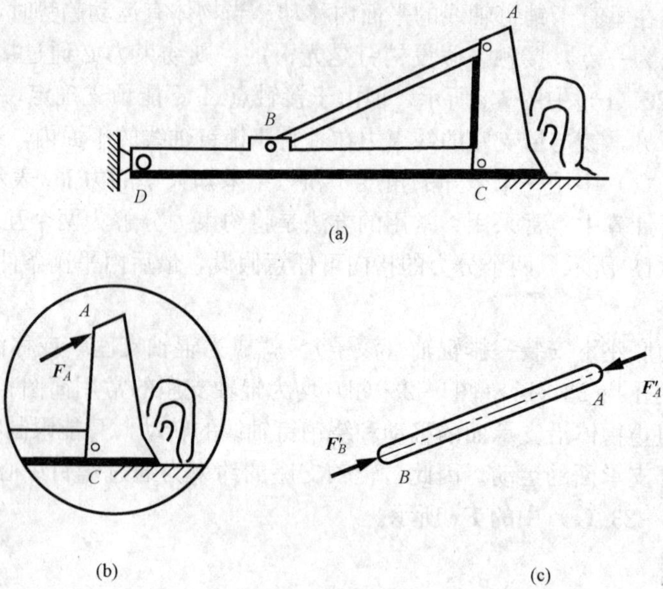

(a)
(b)
(c)

图 1-24 连杆约束

动，但不能限制构件绕球心的转动。因此，球形铰支座的约束力必通过球心，取空间任何方向。这种约束力可用三个相互垂直的分力 $\boldsymbol{F}_x$、$\boldsymbol{F}_y$、$\boldsymbol{F}_z$ 来表示，如图 1-25（c）所示。

七、径向轴承

机器中的径向轴承是对转轴的约束，它允许转轴转动，只限制转轴在垂直于轴向的任何方向的移动，如图 1-25（d）所示。图 1-25（e）为径向轴承的简化表示，其约束力可用垂直于轴线的两个相互垂直的分力 $\boldsymbol{F}_x$ 和 $\boldsymbol{F}_z$ 来表示，如图 1-25（f）所示。

八、止推轴承

止推轴承也是机器常见的约束，与径向轴承不同的是，止推轴承还可以限制转轴沿轴向的移动，如图 1-25（g）所示。图 1-25（h）为径向轴承的简化表示，其约束力增加轴向方向的分力，如图 1-25（i）所示。

九、固定支座

将构件一端牢固地插入基础或固定在其他静止的物体上，如图 1-25（j）所示，就构成了固定支座，也称固定端。图 1-25（k）为空间固定支座的简化表示。空间固定支座能阻止空间内任何方向的移动和绕任一轴的转动，其约束力必为空间内一个方向未定的力和一个方向未定的一力偶矢量。空间固定支座的约束力表示如图 1-25（l）所示。平面的固定支座简化和约束力的表示如图 1-25（m）和图 1-25（n）所示。

需要指出的是，上述约束都是所谓的“理想约束”。工程上的结构物或机械一般都较为复杂，在进行力学分析时，需要根据问题的要求适当加以简化，抽象成为合理的力学模型，以便分析和计算。例如，厂房建筑中的钢筋混凝土构架［见图 1-26（a）］，其 A、B 两柱脚与基础（工程上称为杯口）之间填以沥青麻丝。杯口可以阻止柱脚向下和水平方向的移动，但不能阻止柱身作微小的转动。因此，A、B 两处都可简化为铰支座，C 点的连接也可简化为铰接。整个结构的简图如图 1-26（b）所示。此种结构称为三铰刚架。将一个实际问题抽象成理想的力学模型，是结构的力学分析和计算中很重要的一个环节。

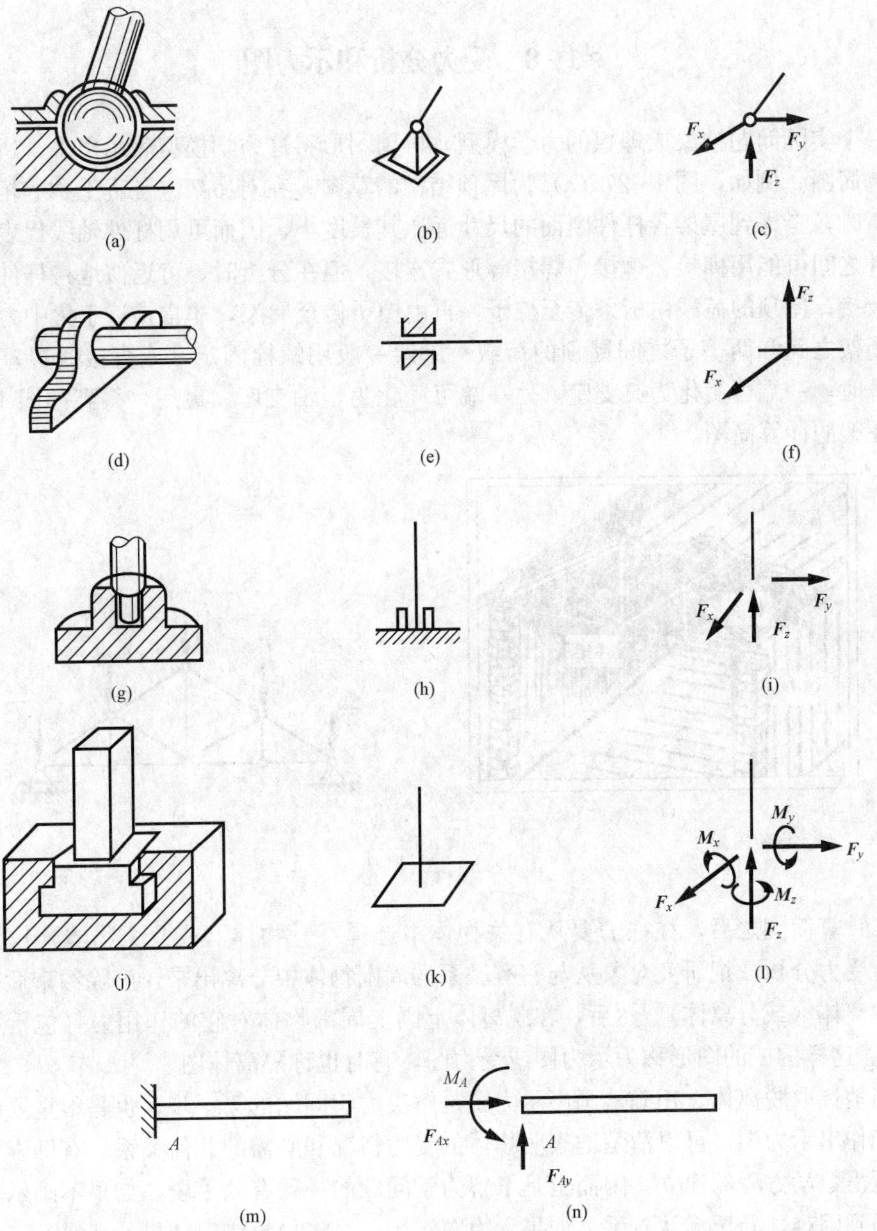

图 1-25　几种常见的空间约束

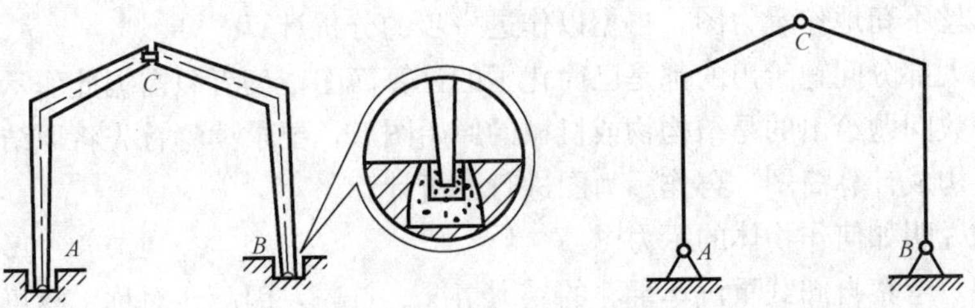

图 1-26　厂房构架柱脚约束的简化

§1-8 受力分析和示力图

把一个实际问题抽象成理想的力学模型，再用图形将这力学模型表示出来，所得图形就叫做计算简图。例如，图 1-27（a）为屋顶结构的草图。在对屋架（工程上称为桁架）进行力学分析时，考虑到屋架各杆件断面的尺寸远比其长度小，因而可用杆件轴线代表杆件；各相交杆件之间可能用榫接、铆接、焊接等形式连接，但在分析时，可近似地将杆件之间的连接看作铰接；屋顶的荷载由桁条传至檩子，再由檩子传至屋架，非常接近于集中力，其大小等于两桁架之间和两檩子之间屋顶的荷载；屋架一般用螺栓固定（或直接搁置）于支承墙上，计算时，一端可简化为铰支座，另一端可简化为辊轴支座。最后，得到如图 1-27（b）所示的屋架的计算简图。

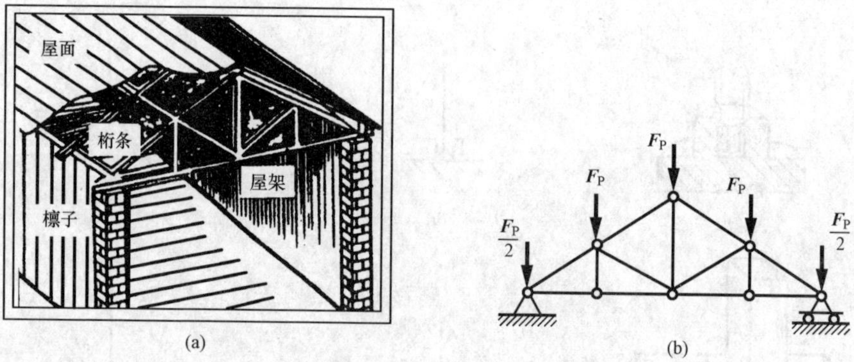

图 1-27 屋架

有了计算简图之后，往往需要从有关物体中选择某一物体（或几个物体）作为研究对象，进行受力分析。把研究对象从与它有联系的周围物体中分离出来，解除约束后的这个物体称为脱离体（或分离体）。然后，在脱离体上画上周围物体对它的作用力（包括主动力和约束力）。这样构成的图形称为示力图或受力图，有时也称隔离体图。

恰当地选取脱离体，正确地画出示力图是解决力学问题的第一步，也是很重要的一项工作。正确作出示力图，可以清楚地表明物体的受力情况和必需的几何关系，有助于对问题的分析和所需数学方程的建立，因而也是求解力学问题的一种有效手段。如果不画示力图，求解将会遇到困难，乃至无从着手。如果示力图错误，必将导致错误结果，在实际工作中就会造成重大的损失，有时甚至会造成极严重的危害。因此，在学习力学时，必须一开始就养成良好习惯，一丝不苟地作示力图，再据以作进一步的分析计算。

本书中绝大部分问题给出的都是已简化了的计算简图，读者只需据此作示力图和进行计算；只有极少数问题给出的是结构物或机械的原始图形，要求读者首先将原结（机）构抽象成力学模型，构成计算简图，再作示力图进行分析计算。

下面举例说明如何作物体的示力图。

【例 1-3】 考察自卸载重汽车翻斗的受力情况。首先，因翻斗对称，故可简化为平面图形。其次，翻斗可绕与底盘连接处转动，故该处可简化为铰；油压举升缸筒则可简化为连杆。于是，翻斗的计算简图如图 1-28（a）所示，假设翻斗重 $\boldsymbol{F}_P$。

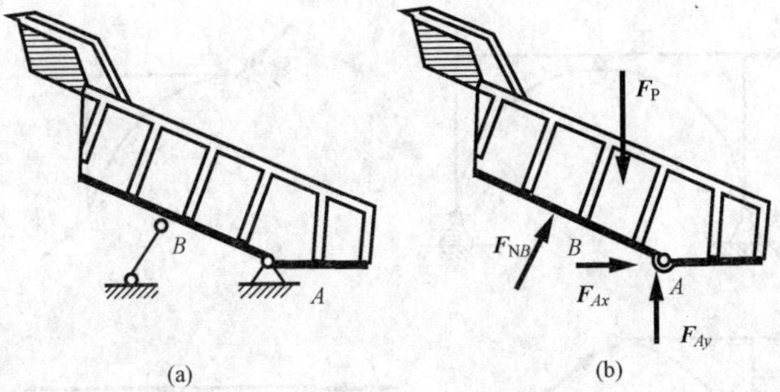

图1-28 ［例1-3］图

解　取翻斗为研究对象，作其示力图。翻斗除受重力外，并在 A、B 两点受铰及连杆的约束力，铰 A 处的约束力用 $\boldsymbol{F}_{Ax}$、$\boldsymbol{F}_{Ay}$ 表示，连杆的约束力用 $\boldsymbol{F}_{NB}$ 表示，各约束力的指向均为假设，如图1-28（b）所示。

【例1-4】　重量为 $\boldsymbol{F}_P$ 的管子用绳 BC 及板 AB 支承，图1-29（a）是简化后的平面图形。试分别画出管子及板 AB 的示力图（接触点 D、E 两处的摩擦及板重均不计）。

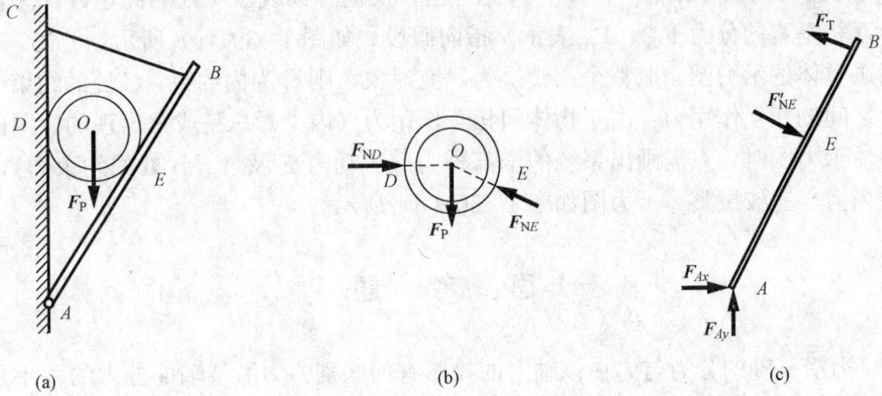

图1-29 ［例1-4］图

解　首先作管子的示力图。管子受重力 $\boldsymbol{F}_P$，通过中心 O。因 D、E 两处为光滑接触，管子在这两处受到的作用力分别为 $\boldsymbol{F}_{ND}$、$\boldsymbol{F}_{NE}$，各垂直于墙壁及板 AB，通过管子中心 O，并为压力，如图1-29（b）所示。

再作板 AB 的示力图。A 点是铰支座，约束力用 $\boldsymbol{F}_{Ax}$、$\boldsymbol{F}_{Ay}$ 表示，指向假设。B 点受绳子拉力 $\boldsymbol{F}_T$ 作用，由 B 指向 C。E 点受到管子的作用力 $\boldsymbol{F}'_{NE}$，$\boldsymbol{F}'_{NE}$ 与 $\boldsymbol{F}_{NE}$ 互为作用力与反作用力，所以 F'_{NE} 的方向必与 F_{NE} 的方向相反，如图1-29（c）所示。

【例1-5】　图1-30（a）为三铰拱结构简图。A、B 为固定铰支座，C 为铰。设左半拱受到水平推力 $\boldsymbol{F}$ 的作用，如拱重不计，试分别作左半拱和右半拱及整体的示力图。

解　先作右半拱的示力图。因不计拱的重量，BC 只在 B、C 两处各受一个约束力的作用而平衡，所以它是个二力构件。由此可确定 B、C 处反力的方位一定沿着 BC 连线，指向未知，可假设，如图1-30（b）所示。

再作左半拱的示力图。主动力有水平推力 $\boldsymbol{F}$，AC 在 C 点受到 BC 对它的铰链约束力 $\boldsymbol{F}'_C$。

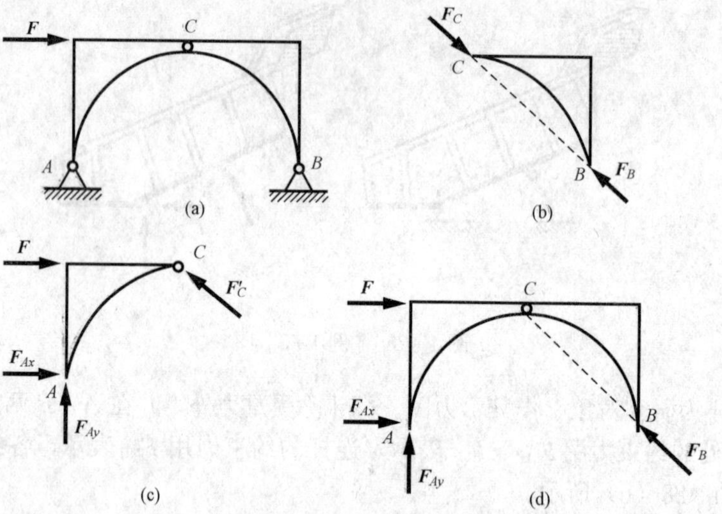

图 1-30 ［例 1-5］图

$\boldsymbol{F}_C$ 与 $\boldsymbol{F}'_C$ 为作用力与反作用力，即 $\boldsymbol{F}'_C$ 与 $\boldsymbol{F}_C$ 等值、反向、共线。A 处为固定铰支座，约束力可用两个互相垂直的分力 $\boldsymbol{F}_{Ax}$、$\boldsymbol{F}_{Ay}$ 表示，指向假设，如图 1-30（c）所示。

最后画整体的示力图。取整个三铰拱为研究对象，则 C 为内约束，C 处的约束力是系统内两部分之间的相互作用力。由于物体间相互作用力（内力）总是成对出现的，因此，在作系统的整体示力图时，只需画出系统的全部外力（主动力 $\boldsymbol{F}$ 及 A、B 处的约束力），而不必考虑这些内力。三铰拱整体示力图如图 1-30（d）所示。

思 考 题

1-1 力沿某轴的分力与力在该轴上的投影有何区别？力沿某轴的分力的大小是否总是等于力在该轴上的投影的绝对值？

1-2 如图 1-31 所示，圆轮在力 $\boldsymbol{F}$ 和矩 $\boldsymbol{M}$ 的力偶作用下产生相同的转动效应，这是否说明一个力与一个力偶等效？

1-3 力偶矩和力矩有何区别和联系？

1-4 将工程上的结构物简化成合理的力学模型，一般应从哪几个方面进行？

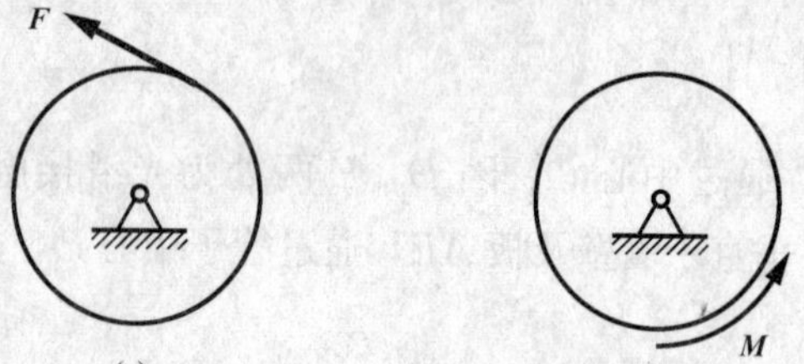

图 1-31 思考题 1-2 图

习 题

1-1 已知 $F_1=100\text{N}$，$F_2=50\text{N}$，$F_3=60\text{N}$，$F_4=80\text{N}$，各力的方向如图 1-32 所示。试分别求各力在 x 轴及 y 轴上的投影。

1-2 支座受力 $\boldsymbol{F}$，已知 $F=10\text{kN}$，方向如图 1-33 所示。求力 $\boldsymbol{F}$ 沿 x、y 轴及沿 x'、y' 轴分解的结果，并求力 $\boldsymbol{F}$ 在各轴上的投影。

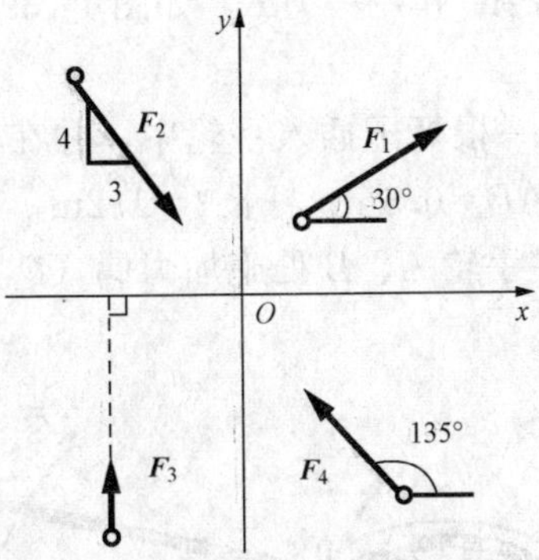

图 1 - 32　习题 1 - 1 图

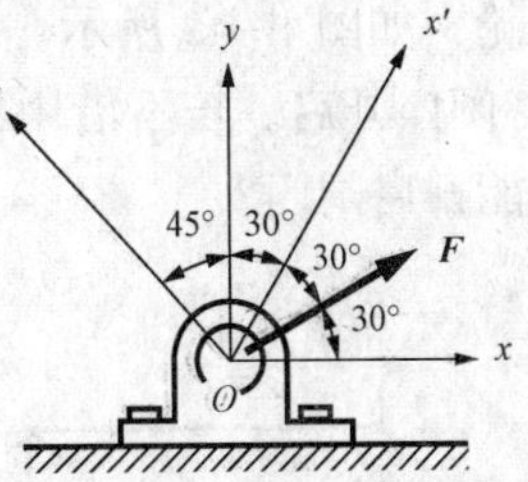

图 1 - 33　习题 1 - 2 图

1 - 3　计算图 1 - 34 中 F_1、F_2、F_3 三个力分别在 x、y、z 轴上的投影。已知 $F_1=2\text{kN}$，$F_2=1\text{kN}$，$F_3=3\text{kN}$。

1 - 4　如图 1 - 35 所示，已知 $F_T=10\text{kN}$，求 $\boldsymbol{F}_T$ 在三个直角坐标轴上的投影。

1 - 5　试求图 1 - 36 所示的两个力对 A 点的矩之和。

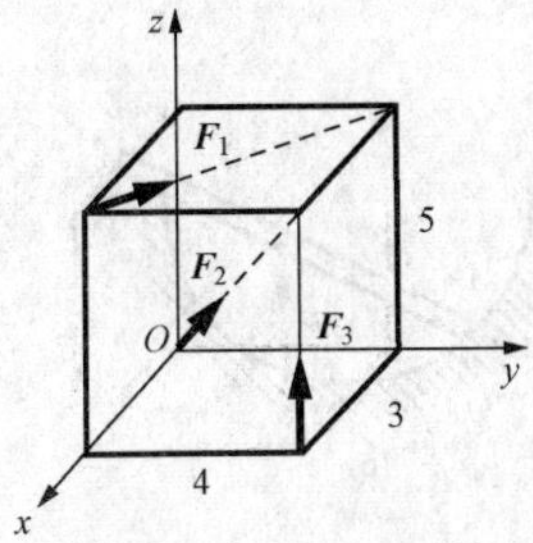

图 1 - 34　习题 1 - 3 图

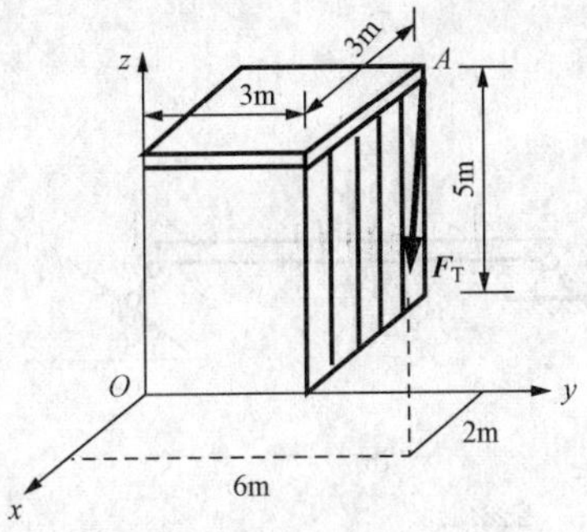

图 1 - 35　习题 1 - 4 图

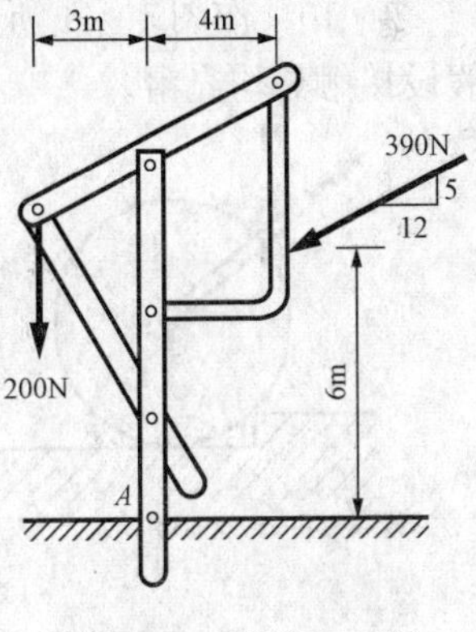

图 1 - 36　习题 1 - 5 图

1 - 6　试求图 1 - 37 所示的三个力对 A 点及 B 点的矩之和。

1 - 7　如图 1 - 38 所示，钢缆 AB 中的张力 $F_T=10\text{kN}$。写出该张力 $\boldsymbol{F}_T$ 对 x、y、z 轴的矩及该力对 O 点的矩（大小和方向）。

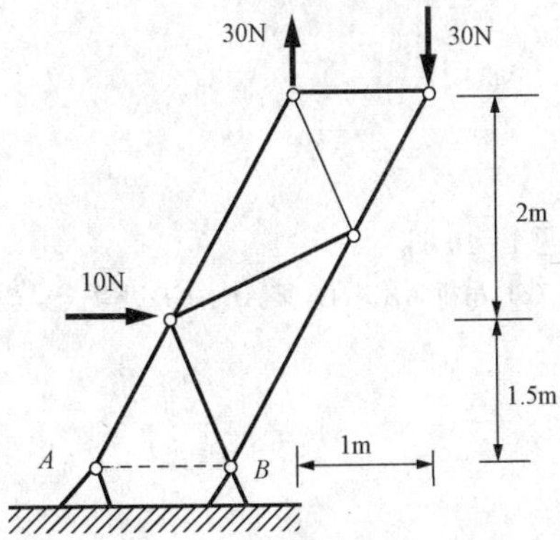

图 1 - 37　习题 1 - 6 图

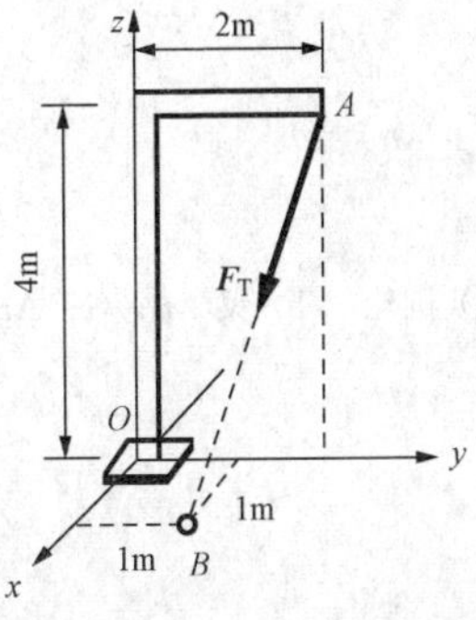

图 1 - 38　习题 1 - 7 图

1-8 已知正六面体的边长为 l_1、l_2、l_3，沿 AC 作用一力 $\boldsymbol{F}$，如图 1-39 所示，试求力 $\boldsymbol{F}$ 对 O 点的矩的矢量表达式。

1-9 工人启闭闸门时，为了省力，常常用一根杆子插入手轮中，并在杆的一端 C 施力，以转动手轮，如图 1-40 所示。设手轮直径 $AB=0.6\text{m}$，杆长 $l=1.2\text{m}$，在 C 端用 $F_C=100\text{N}$ 的力能将闸门开启。若不借用杆子而直接在手轮 A、B 处施加力偶（$\boldsymbol{F}$，$\boldsymbol{F}'$），问 $\boldsymbol{F}$ 至少应为多大才能开启闸门？

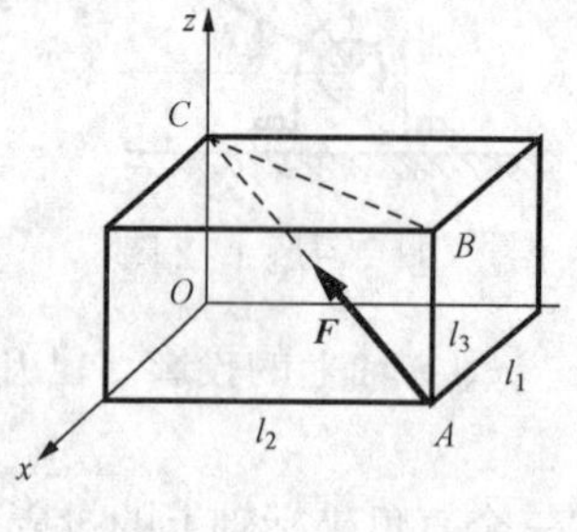

图 1-39 习题 1-8 图

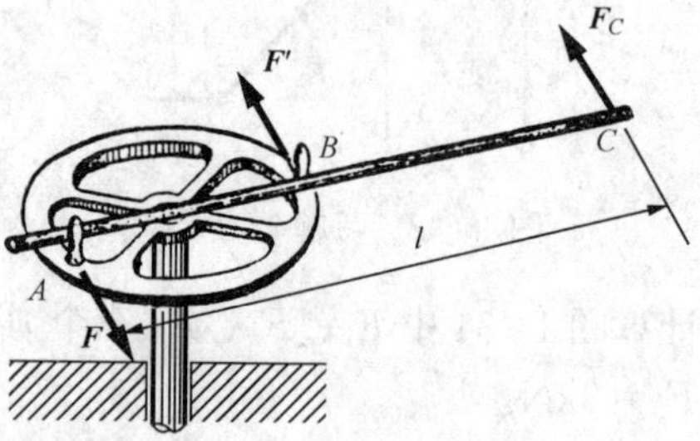

图 1-40 习题 1-9 图

1-10 作图 1-41 所示物体的示力图。物体重量除图上已注明者外，其余均略去不计。假设接触处均光滑。

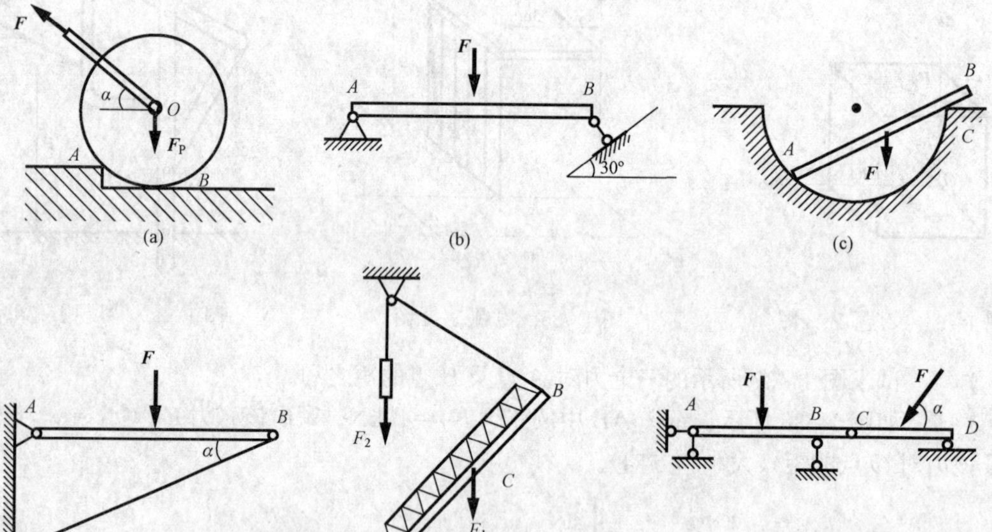

图 1-41 习题 1-10 图

(a) 圆轮；(b) 梁 AB；(c) AB 杆；(d) 梁 AB；(e) 吊桥 AB；(f) 梁 AB、CD 及联合梁整体

第2章 简 单 力 系

§2-1 汇交力系的简化

作用在物体上各力的作用线相交于一点时，这些力组成的力系称为汇交力系。根据力的可传性，各力作用线的汇交点可以看作各力的公共作用点，所以汇交力系有时也称为共点力系。

若汇交力系各力的作用线位于同一平面内，则该汇交力系称为平面汇交力系；否则，就称为空间汇交力系。如图 2-1 所示，4 根铆接在桁架接头上的角钢所受的 $\boldsymbol{F}_1$、$\boldsymbol{F}_2$、$\boldsymbol{F}_3$、$\boldsymbol{F}_4$ 4 个力相交于 O 点，构成平面汇交力系。图 2-2 中，重力 $\boldsymbol{F}_W$ 和约束力 $\boldsymbol{F}_A$、$\boldsymbol{F}_B$、$\boldsymbol{F}_C$ 组成空间汇交力系。

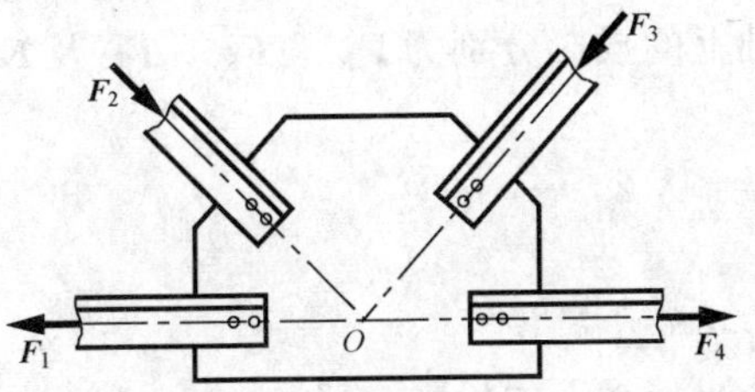

图 2-1 平面汇交力系

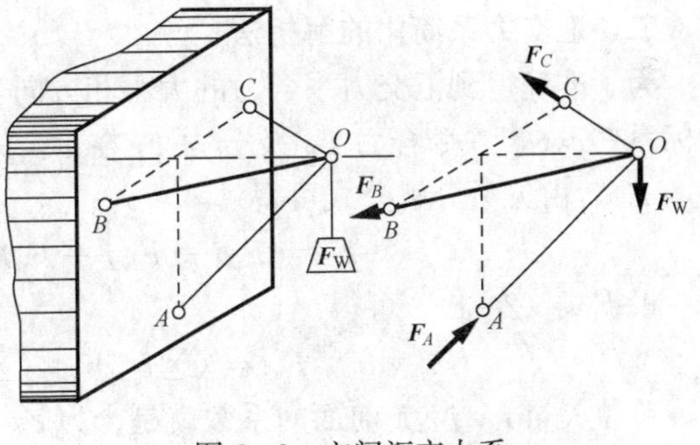

图 2-2 空间汇交力系

在等效的前提下，用最简单的结果来代替原力系对刚体的作用，称为力系的简化（或合成）。汇交力系的简化可采用几何法和解析法。

一、汇交力系简化的几何法

设刚体受一汇交力系作用，汇交点为 A，如图 2-3（a）所示，求此力系的简化结果。

前面介绍过，共点的两个力可以利用平行四边形法则或三角形法则合成一个合力，合力等于两个分力的矢量和，并作用于两个分力的公共作用点。为此，只需连续应用力的三角形法则将汇交力系的各力依次合成，如图 2-3（b）所示：在空间上任取一点 a，按一定比例，作矢量 ab 代替 $\boldsymbol{F}_1$，作 bc 代替 $\boldsymbol{F}_2$，连接 a、c 就得到 $\boldsymbol{F}_1$ 和 $\boldsymbol{F}_2$ 的合力 $\boldsymbol{F}_{R1}$；再从 $\boldsymbol{F}_{R1}$ 的矢量终端 c 作矢量 cd 代表 $\boldsymbol{F}_3$，连接 a、d，求得 $\boldsymbol{F}_{R1}$ 与 $\boldsymbol{F}_3$ 的合力 $\boldsymbol{F}_{R2}$；以此类推，把 $\boldsymbol{F}_{R2}$ 与 $\boldsymbol{F}_4$ 合成得到力 $\boldsymbol{F}_R$。$\boldsymbol{F}_R$ 就是 $\boldsymbol{F}_1$、$\boldsymbol{F}_2$、$\boldsymbol{F}_3$、$\boldsymbol{F}_4$ 的合力。显然，合力的作用线一定通过原力系的汇交点 A。事实上，要求合力矢 $\boldsymbol{F}_R$，并不需要画出中间过程的力矢 $\boldsymbol{F}_{R1}$、$\boldsymbol{F}_{R2}$，只要将力系中的各个分力矢首尾相连，那么，把第一个分力矢的始端与最后一个分力矢的末端连接起来所得到的矢量 ae 就是合力矢 $\boldsymbol{F}_R$。

各分力矢和合力矢构成的多边形 $abcde$ 称为力多边形，合力矢是力多边形的封闭边。用力多边形求合力的几何方法称为力多边形法则。注意，任意变换所取分力的次序，力多边形的形状是不同的，但所得合力矢 $\boldsymbol{F}_R$ 是一样的，如图 2-3（c）所示。

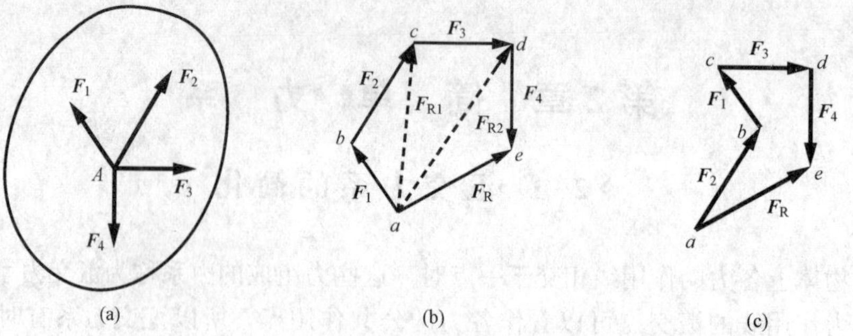

图 2-3　汇交力系的简化

上述方法不难推广到有 n 个力汇交的情况，于是可得到结论：汇交力系简化的结果一般是一个合力，它等于原力系中各力的矢量和，作用线通过力系的汇交点。以 $\boldsymbol{F}_R$ 表示汇交力系的合力，则

$$\boldsymbol{F}_R = \boldsymbol{F}_1 + \boldsymbol{F}_2 + \cdots + \boldsymbol{F}_n = \sum \boldsymbol{F}_i \tag{2-1}$$

二、汇交力系简化的解析法

为了准确得到汇交力系合力的大小和方向，在力学分析中多采用解析法。即任设一直角坐标系 $Oxyz$，并令合力 $\boldsymbol{F}_R$ 及分力 $\boldsymbol{F}_i$ 在 x、y、z 轴上的投影分别为 $\boldsymbol{F}_{Rx}$、$\boldsymbol{F}_{Ry}$、$\boldsymbol{F}_{Rz}$ 及 $\boldsymbol{F}_{ix}$、$\boldsymbol{F}_{iy}$、$\boldsymbol{F}_{iz}$，由矢量分解公式可得

$$\boldsymbol{F}_i = F_{ix}\boldsymbol{i} + F_{iy}\boldsymbol{j} + F_{iz}\boldsymbol{k} \quad (i = 1, 2, \cdots, n)$$

根据式（2-1），可得

$$\boldsymbol{F}_R = (\sum F_{ix})\boldsymbol{i} + (\sum F_{iy})\boldsymbol{j} + (\sum F_{iz})\boldsymbol{k} \tag{2-2}$$

单位矢量 $\boldsymbol{i}$、$\boldsymbol{j}$、$\boldsymbol{k}$ 前面的系数就是合力 $\boldsymbol{F}_R$ 在三个坐标轴上的投影，即

$$\left.\begin{aligned} F_{Rx} &= \sum F_{ix} \\ F_{Ry} &= \sum F_{iy} \\ F_{Rz} &= \sum F_{iz} \end{aligned}\right\} \tag{2-3}$$

这表明，合力 $\boldsymbol{F}_R$ 在任一轴上的投影，等于各分力在同一轴上投影的代数和。这一关系对任何矢量都成立，称为矢量投影定理。

有了力的投影，可按式（1-5）由合力的投影可求其大小和方向余弦

$$\left.\begin{aligned} F_R &= \sqrt{F_{Rx}^2 + F_{Ry}^2 + F_{Rz}^2} \\ \cos(\boldsymbol{F}_R, x) &= \frac{F_{Rx}}{F_R} \\ \cos(\boldsymbol{F}_R, y) &= \frac{F_{Ry}}{F_R} \\ \cos(\boldsymbol{F}_R, z) &= \frac{F_{Rz}}{F_R} \end{aligned}\right\} \tag{2-4}$$

对于平面汇交力系，若取力系所在平面为 xy 面，则该力系的合力的大小和方向只需将 $\boldsymbol{F}_{Rz}=0$ 代入式（2-3）和式（2-4）中便可求得，合力的作用线仍通过力系的汇交点。

【例 2-1】 用解析法求图 2-4 所示平面汇交力系的合力。已知 $F_1=500\text{N}$，$F_2=1000\text{N}$，$F_3=600\text{N}$，$F_4=2000\text{N}$。

解　用解析法求合力 $\boldsymbol{F}_R$，先求合力 $\boldsymbol{F}_R$ 在 x、y 轴上的投影。

$F_{Rx}=\sum F_{ix}=0-F_2\cos45^\circ-F_3+F_4\cos30^\circ$

$=-1000\times\frac{\sqrt{2}}{2}-600+2000\times\frac{\sqrt{3}}{2}=424.94\text{N}$

$F_{Ry}=\sum F_{iy}=-F_1-F_2\sin45^\circ+0+F_4\sin30^\circ$

$=-500-1000\times\frac{\sqrt{2}}{2}+2000\times\frac{1}{2}=-207.11\text{N}$

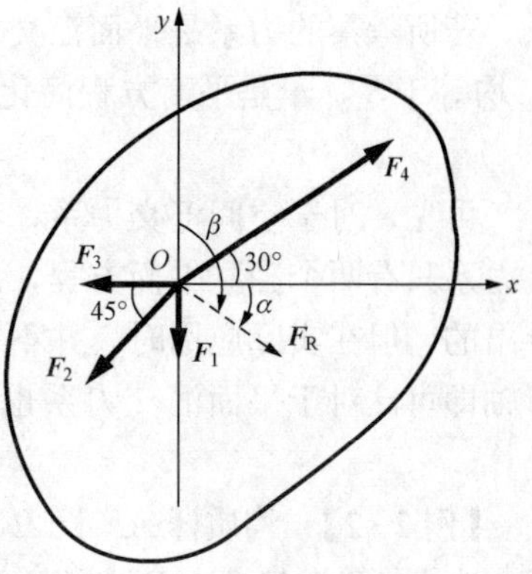

图2-4 [例2-1]图

再求合力 $\boldsymbol{F}_R$ 的大小及方向余弦

$$F_R=\sqrt{F_{Rx}^2+F_{Ry}^2}=472.72\text{N}$$

$$\cos(\boldsymbol{F}_R,x)=\cos\alpha=\frac{424.94}{472.72}=0.898$$

$$\cos(\boldsymbol{F}_R,y)=\cos\beta=\frac{-207.11}{472.72}=-0.438$$

所以 $\alpha=26^\circ$，$\beta=116^\circ$。

§2-2 汇交力系的平衡

由汇交力系的简化结果可知，力系对刚体的作用与力系合力的作用等效。若合力等于零，则该力系必为平衡力系；反之，若汇交力系成平衡，其合力必为零。由此可得，汇交力系平衡的必要与充分条件是：力系的合力等于零，即

$$\boldsymbol{F}_R=\sum\boldsymbol{F}_i=\boldsymbol{F}_1+\boldsymbol{F}_2+\cdots+\boldsymbol{F}_n=0 \tag{2-5}$$

汇交力系的平衡条件可用以下两种形式表示。

一、汇交力系平衡的几何条件

按照力多边形法则，在合力等于零的情况下，力多边形中第一个力矢 $\boldsymbol{F}_1$ 的始端与最后一个力矢 $\boldsymbol{F}_n$ 的末端必定重合。这样的力多边形称为力多边形闭合。所以，汇交力系平衡的必要与充分几何条件是力多边形闭合。

现考察三力平衡这一特殊情况。设在刚体上 A、B、C 三点处分别作用着互成平衡的三个力 $\boldsymbol{F}_1$、$\boldsymbol{F}_2$、$\boldsymbol{F}_3$，且知 $\boldsymbol{F}_1$、$\boldsymbol{F}_2$ 两力的作用线相交于 O 点，见图2-5。先将 $\boldsymbol{F}_1$ 和 $\boldsymbol{F}_2$ 移至 O 点，并求出它们的合力 $\boldsymbol{F}_R$，当然 $\boldsymbol{F}_R$ 也作用于 O 点。这样，刚体就可看成是受两个力 $\boldsymbol{F}_R$ 和 $\boldsymbol{F}_3$ 的作用而平衡。根据二力平衡原理，$\boldsymbol{F}_R$ 与 $\boldsymbol{F}_3$ 两力必在同一直线上，即力 $\boldsymbol{F}_3$ 也一定通过 O 点，且与 $\boldsymbol{F}_1$、$\boldsymbol{F}_2$ 共面。于是得到三力平衡定理：刚体受共面不平行的三个力作用而成平衡时，这三个力的作用线必汇交于一点。

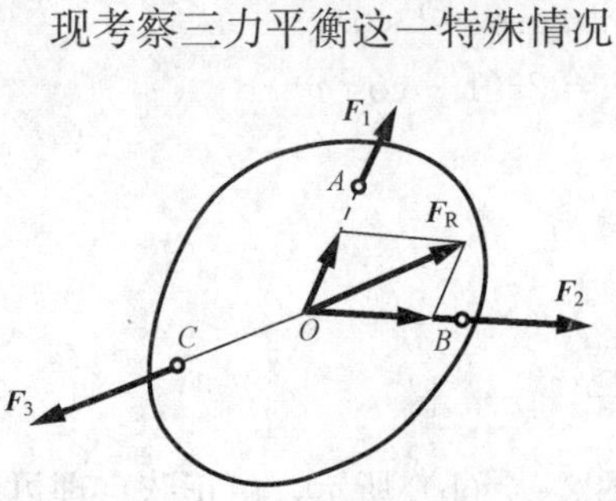

图2-5 不平行的三力平衡

二、汇交力系平衡的解析条件

根据汇交力系的平衡条件合力 $\boldsymbol{F}_R=0$，要使合力 $\boldsymbol{F}_R=0$，则必须且只需 $F_{Rx}=0$，$F_{Ry}=0$，$F_{Rz}=0$，又由式(2-3)，可得空间汇交力系平衡条件的解析式，即

$$\sum F_{ix}=0,\quad \sum F_{iy}=0,\quad \sum F_{iz}=0 \tag{2-6}$$

即力系中各力在直角坐标系各轴上投影的代数和均等于零。这组方程称为汇交力系的平衡方程。

若所考察的力系是平面汇交力系，取力系所在的平面为 xy 面，则各力在 z 轴上的投影 F_{iz} 均等于零，于是平衡方程简化为

$$\sum F_{ix}=0,\quad \sum F_{iy}=0 \tag{2-7}$$

可见，对于空间汇交力系，有三个独立的平衡方程，可用来求解三个未知数；而平面汇交力系只有两个独立平衡方程，可以求解两个未知数。方程式（2-6）虽然是由直角坐标系导出的，但在实际应用时，并不一定要选直角坐标系，只需取互不平行又不共面的三轴为投影轴即可。对于平面汇交力系也是如此。根据具体情况，适当选取投影轴，往往可以简化计算。

【例 2-2】 均质杆 AB 长 $2l$，重 $\boldsymbol{F}_P$，放在光滑的半圆槽内，槽的半径为 r，如图 2-6 所示。略去 AB 杆与槽边 D 点的摩擦，求 AB 杆平衡时与槽的直径 CD 的夹角 φ，以及 A、D 两点的反力。

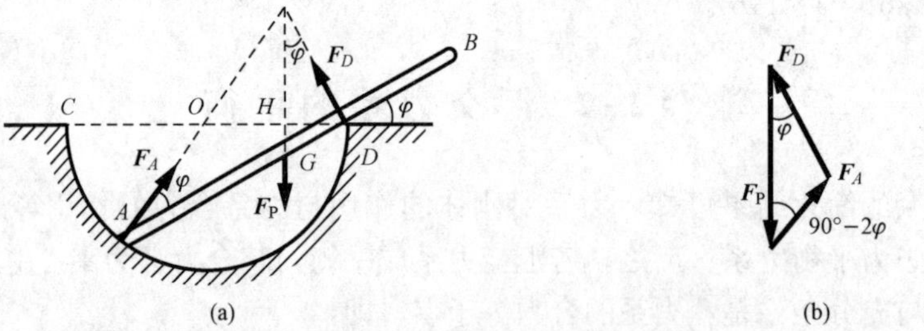

图 2-6 ［例 2-2］图

解 以 AB 杆为研究对象，作示力图，如图 2-6（a）所示。AB 杆所受的力有：重力 $\boldsymbol{F}_P$；槽在 A 点对杆的反力 $\boldsymbol{F}_A$，指向 O 点；槽在 D 点对杆的反力 $\boldsymbol{F}_D$，垂直于 AB 杆。由于 AB 杆受 $\boldsymbol{F}_A$、$\boldsymbol{F}_D$ 及 $\boldsymbol{F}_P$ 三力而平衡，根据三力平衡定理，此三力的作用线应汇交于一点（E 点）。因此，这是一个平面汇交力系的平衡问题。φ 角可由几何关系求出，即

$$DH=GD\cos\varphi=(AD-AG)\cos\varphi=(2r\cos\varphi-l)\cos\varphi$$

$$DH=DE\sin\varphi=AE\sin\varphi\sin\varphi=2r\sin^2\varphi=2r(1-\cos^2\varphi)$$

以上两式相等得

$$4r\cos^2\varphi-l\cos\varphi-2r=0$$

解得

$$\varphi=\arccos\frac{l+\sqrt{l^2+32r^2}}{8r}$$

作闭合的力三角形（注意：各力矢应首尾相接），如图 2-6（b）所示，由正弦定理可解得

$$F_A=\frac{F_P\sin\varphi}{\cos\varphi}=F_P\tan\varphi,\quad F_D=F_P\frac{\cos2\varphi}{\cos\varphi}$$

【例 2-3】 三铰刚架在 D 点受一水平力 $\boldsymbol{F}$ 作用，如图 2-7（a）所示，不计刚架的自重，求支座 A、B 的反力。

解 这是由两个物体组成的物体系统。由图 2-7（a）可见，如先取整体为研究对象，将无法定出支座反力的方向。考察 BC，这是一个二力构件，铰支座 B 的约束力 $\boldsymbol{F}_B$、铰 C

的约束力 F'_C 必沿 BC 线作用且等值、反向，假设其指向如图 2-7（b）所示。

再考察 AC，它受三个力作用：主动力 $\boldsymbol{F}$、铰支座 A 的约束力 $\boldsymbol{F}_A$ 和铰 C 的约束力 $\boldsymbol{F}_C$。显然，$\boldsymbol{F}_C$ 与 $\boldsymbol{F}'_C$ 互为作用力与反作用力，即 $\boldsymbol{F}_C$ 也沿 BC 线作用。这样，应用三力平衡定理就可定出 $\boldsymbol{F}_A$ 的作用线必沿 AC 方位，如图 2-7（b）所示，图中 $\boldsymbol{F}_A$ 的指向为假设。

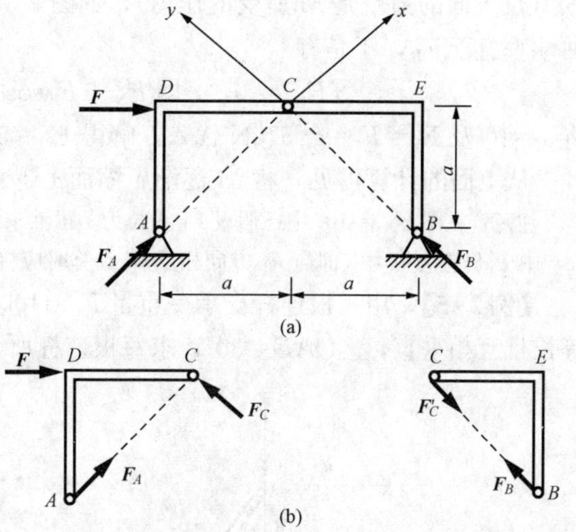

图 2-7 ［例 2-3］图

定出 $\boldsymbol{F}_A$、$\boldsymbol{F}_B$ 的方向以后，可取刚架整体为研究对象。由上面的分析可知，刚架共受三个力作用：主动力 $\boldsymbol{F}$、支座反力 $\boldsymbol{F}_A$ 和 $\boldsymbol{F}_B$，选取平面直角标系 Cxy，如图 2-7（a）所示，由

$$\sum F_{ix} = 0, \quad 即\ F_A + F\cos 45^\circ = 0$$

得

$$F_A = -\frac{\sqrt{2}F}{2} = -0.707F$$

$\boldsymbol{F}_A$ 为负值，表明 $\boldsymbol{F}_A$ 的实际指向与假设的指向相反。

再由

$$\sum F_{iy} = 0, \quad 即\ F_B - F\cos 45^\circ = 0$$

解得

$$F_B = \frac{\sqrt{2}F}{2} = 0.707F$$

$\boldsymbol{F}_B$ 为正值，表明 $\boldsymbol{F}_B$ 的实际指向与假设的指向相同。

【例 2-4】 图 2-8（a）表示为一曲柄式压力机构，当在 A 点加力 $\boldsymbol{F}$ 时，物体 M 即受到比 $\boldsymbol{F}$ 大若干倍的力挤压。设 $F=200\text{N}$，求当 $\alpha=10^\circ$ 时物体 M 所受的压力。

解 物体 M 所受的压力是由连杆 AB 传来的。因此，首先需要根据销钉 A 的平衡，求出连杆 AB 所受的力。

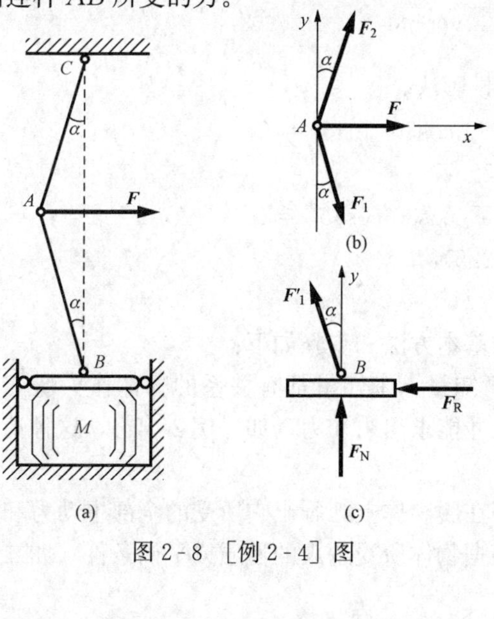

图 2-8 ［例 2-4］图

作用于 A 点的力有：已知力 $\boldsymbol{F}$、连杆 AB 及 AC 作用的力 $\boldsymbol{F}_1$ 及 $\boldsymbol{F}_2$（都假设为拉力，与 $\boldsymbol{F}_1$ 反方向的力就是连杆 AB 所受的力）。取 x 及 y 轴，如图 2-8（b）所示，由

$$\sum F_{iy} = 0, \quad 即\ -F_1\cos\alpha + F_2\cos\alpha = 0$$

得

$$F_1 = F_2$$

再由 $\sum F_{ix} = 0$，即 $F + F_1\sin\alpha + F_2\sin\alpha = 0$

将 $F=200\text{N}$、$\alpha=10^\circ$ 及 $F_1=F_2$ 代入，解得

$$F_1 = F_2 = -\frac{F}{2\sin\alpha} = -576\text{N}$$

再取压板作为考察对象。压板所受的力有：连杆 AB 作用的力 $\boldsymbol{F}'_1(-\boldsymbol{F}_1)$、导槽壁作用的力 $\boldsymbol{F}_R$（垂直于导槽壁）、物体 M 作用的力

$\boldsymbol{F}_N$（反方向的力就是 M 所受的压力），如图 2-8（c）所示。因为无须求 $\boldsymbol{F}_R$，所以可取投影轴 y 垂直于 $\boldsymbol{F}_R$，于是有

$$\sum F_{iy} = 0, \quad \text{即 } F_N + F'_1\cos\alpha = 0 (\text{即 } F_N = -F'_1\cos\alpha)$$

将 $\alpha=10°$ 及 $F'_1=F_1=-576N$ 代入，解得 $F_N=567N$。

从上面的计算可见，将 M 逐渐压缩而 α 越来越小时，压力越来越大。

注意：在图 2-8（b）中已假设 $\boldsymbol{F}_1$ 为拉力，虽然求得结果 $\boldsymbol{F}_1$ 为负值（即 $\boldsymbol{F}_1$ 实际为压力），但在图 2-8（c）中 $\boldsymbol{F}'_1$ 仍应为拉力（即与 F_1 方向相反），计算时应将 $\boldsymbol{F}_1$ 的大小连同负号一并代入。

【例 2-5】 用三根连杆支承一重量 $F_P=1000N$ 的物体，如图 2-9 所示。AB 杆和 AC 杆等长且互相垂直，$\angle OAD=30°$，求每根连杆所受的力。

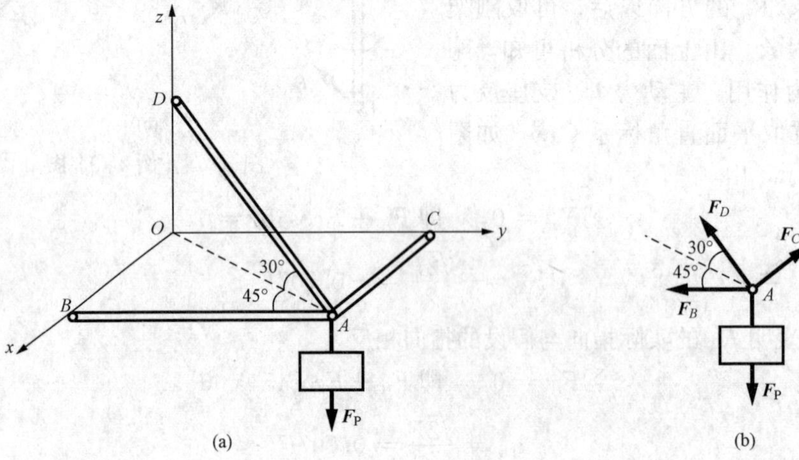

图 2-9 ［例 2-5］图

解 假设三杆均受拉力，取铰 A 为研究对象，则 C 点受三杆的拉力 $\boldsymbol{F}_B$、$\boldsymbol{F}_C$、$\boldsymbol{F}_D$ 和 $\boldsymbol{F}_P$ 组成一空间汇交力系而平衡。取直角坐标系 $Axyz$，

由
$$\sum F_{iz} = 0, \quad \text{即 } F_D\sin30° - F_P = 0$$

得
$$F_D = \frac{F_P}{\sin30°} = 2000N$$

为求出 $\boldsymbol{F}_D$ 在 x 及 y 轴上的投影，采用二次投影法，

由
$$\sum F_{ix} = 0, \quad \text{即} - F_C - F_D\cos30°\sin45° = 0$$

得
$$F_C = -1225N$$

再由
$$\sum F_{iy} = 0, \quad \text{即} - F_B - F_D\cos30°\cos45° = 0$$

解得
$$F_B = -1225N$$

$\boldsymbol{F}_B$ 与 $\boldsymbol{F}_C$ 皆为负值，表明 $\boldsymbol{F}_B$、$\boldsymbol{F}_C$ 实际上是压力。

通过以上例题，可初步归纳解决平衡问题的基本方法和步骤如下：

（1）根据题意，明确考察对象。一般取与已知量、未知量都有关系的物体作为研究对象。有时也需先后选择不同的物体作为研究对象才能求出未知力（如［例 2-4］），这种情况还将在后面的章节中进行讨论和练习。

（2）分析考察对象的受力，画出示力图。即在脱离体上，画出它所受的全部主动力和约束力。画示力图时，一般先画主动力，然后再根据物体所受约束的性质或平衡条件（如二力

平衡条件、三力平衡条件等）逐一画出约束反力。

（3）应用平衡条件求解未知量。用解析法求解时，首先应恰当地选取直角坐标系。为使计算方便，坐标轴应尽量与各力矢量平行或垂直，不沿坐标轴的力要进行投影分解，并注意正负号的规定。通过应用平衡条件，便可建立已知力与未知力的关系。如果求出未知力为负值，就表示这个力的实际指向与示力图上所假设的指向相反。

（4）在平衡问题中，一般是求解未知力，但也有求平衡位置的问题（如［例2-2］）。求物体的平衡位置时，不仅要用到平衡条件，有时还要运用几何关系。

§2-3 力偶系的简化

作用在刚体上的两个或两个以上的力偶即组成力偶系。若力偶系中的各力偶都位于同一平面内，则为平面力偶系，否则为空间力偶系。力偶既然不能与一个力等效，力偶系简化的结果显然也不能是一个力，而仍为一力偶，此力偶称为力偶系的合力偶。下面讨论力偶系的简化法则。

设有三个已知力偶分别作用某刚体的三个平面 L_1、L_2 和 L_3 上，如图 2-10 所示，其力偶矩矢分别为 $\boldsymbol{M}_1$、$\boldsymbol{M}_2$ 和 $\boldsymbol{M}_3$。在§1-5 中讨论了力偶矩是一个自由矢，并且符合矢量运算法则。因此，在刚体上任取一点 A，将力偶矩 $\boldsymbol{M}_1$、$\boldsymbol{M}_2$、$\boldsymbol{M}_3$ 分别平移到 A 点，再根据平行四边形法则依次合成，最后得到一合力偶，其矩等于原来三个力偶矩的矢量和。

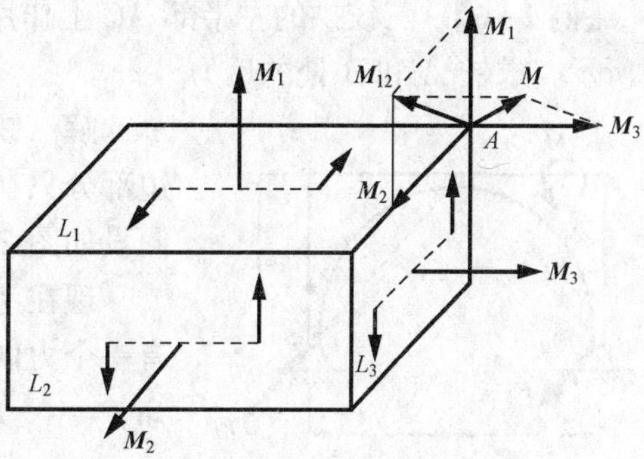

图 2-10 空间力偶系

若有更多的力偶，显然可以同样处理，这时合力偶矩矢量为

$$\boldsymbol{M} = \boldsymbol{M}_1 + \boldsymbol{M}_2 + \cdots + \boldsymbol{M}_n = \sum \boldsymbol{M}_i \tag{2-8}$$

即空间力偶系简化的结果是一个合力偶，合力偶矩等于各分力偶矩的矢量和。

实际计算时，一般采用解析法。取直角坐标系 $Oxyz$，由式（2-8），并根据矢量投影定理，得合力偶矩矢在坐标轴上的投影为

$$M_x = \sum M_{ix}, \quad M_y = \sum M_{iy}, \quad M_z = \sum M_{iz} \tag{2-9}$$

其中，M_x、M_y、M_z 及 M_{ix}、M_{iy}、M_{iz} 分别是 $\boldsymbol{M}$ 及 $\boldsymbol{M}_i$ 在 x、y、z 轴上的投影。合力偶矩矢的大小和方向余弦分别为

$$\left.\begin{aligned} M &= \sqrt{M_x^2 + M_y^2 + M_z^2} \\ \cos\alpha &= \frac{M_x}{M}, \cos\beta = \frac{M_y}{M}, \cos\gamma = \frac{M_z}{M} \end{aligned}\right\} \tag{2-10}$$

对于平面力偶系，各力偶矩矢量平行，此时力偶矩可用代数量表示。通常规定力偶矩以逆时针转向为正，顺时针转向为负。矢量方程（2-9）变成代数方程即为

$$M = \sum M_i \tag{2-11}$$

即平面力偶系简化的结果是在同平面内的一个力偶，合力偶矩等于各分力偶矩的代数和。

§2-4 力偶系的平衡

由力偶系的简化结果可知，力偶系的合力偶对刚体的作用效应与原力偶系等效。因此，若一力偶系成平衡，则其合力偶矩必等于零；反之，若合力偶矩等于零，则该力偶系必成平衡。于是可得空间力偶系平衡的必要和充分条件是：合力偶矩等于零，即力偶系中各力偶矩的矢量和等于零，亦即

$$\boldsymbol{M}=\boldsymbol{M}_1+\boldsymbol{M}_2+\cdots+\boldsymbol{M}_n=\sum\boldsymbol{M}_i=0 \tag{2-12}$$

写成解析表达式，得

$$\sum M_{ix}=0,\quad \sum M_{iy}=0,\quad \sum M_{iz}=0 \tag{2-13}$$

就是说力偶系中各力偶矩矢在 x、y、z 各轴上投影的代数和均等于零。

对于平面力偶系，由式（2-11）知，力偶系的合力偶矩等于各力偶矩的代数和。因此，平面力偶系平衡的充分必要条件是各力偶矩的代数和等于零，即

$$\sum M_i=0 \tag{2-14}$$

【例 2-6】 三铰拱的左半部 AC 上作用有一力偶，如图 2-11 所示，其矩为 M，转向如图所示，求铰 A 和 B 处的反力。

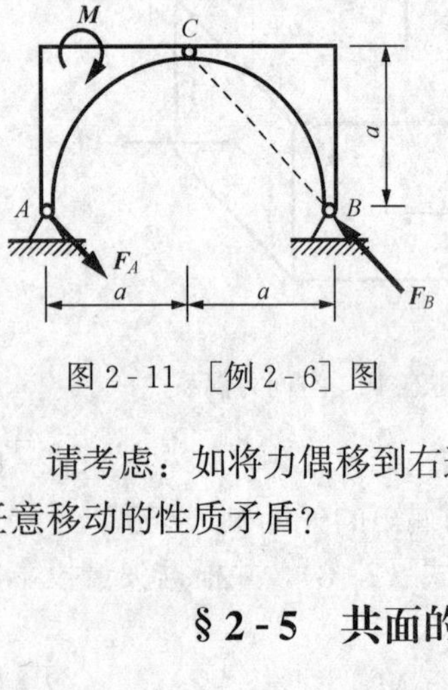

图 2-11 ［例 2-6］图

解 铰 A 和 B 处的反力 $\boldsymbol{F}_A$ 和 $\boldsymbol{F}_B$ 的方向均未知。但右边部分只在 B、C 两处受力，故可知 $\boldsymbol{F}_B$ 必沿 BC 作用，指向假设如图 2-11 所示。

现在考虑整个三铰拱的平衡。因整个拱所受的主动力只有一个力偶，$\boldsymbol{F}_A$ 与 $\boldsymbol{F}_B$ 应组成一力偶才能与之平衡，从而可知 $\boldsymbol{F}_A=-\boldsymbol{F}_B$，而力偶臂为 $2a\cos45°$。于是平衡方程为

$$\sum M_i=0,\quad 即\ F_A\times 2a\cos45°-M=0$$

故

$$F_A=F_B=M/(\sqrt{2}a)$$

请考虑：如将力偶移到右边部分 BC 上，结果将如何？这是否与力偶可在其所在平面内任意移动的性质矛盾？

§2-5 共面的一个力和一个力偶的合成、力的平移定理

汇交的两个力可以合成一个合力，两个力偶可以合成一个合力偶。一个力和一个力偶是否可以合成？下面仅就力与力偶共面的情形加以讨论。

设在物体上某一平面的 A 点作用有一个力 $\boldsymbol{F}$，同一平面内还有一力偶矩为 M 的力偶，如图 2-12（a）所示。现在，取力偶的两个力为 $\boldsymbol{F}'$ 及 $\boldsymbol{F}''$，其大小都等于 F，力偶臂 $a=\dfrac{M}{F}$。使其中一个力 $\boldsymbol{F}''$ 作用于 A 点，且与 $\boldsymbol{F}$ 方向相反。另一力 $\boldsymbol{F}'$ 将作用于 B 点，$AB=a$，且 $\boldsymbol{F}'$ 与 $\boldsymbol{F}$ 方向相同，如图 2-12（b）所示。这时，$\boldsymbol{F}''$ 与 $\boldsymbol{F}$ 平衡，根据加减平衡力系原理，可以去掉，于是只剩下作用于 B 点的力 $\boldsymbol{F}'$（$\boldsymbol{F}$），如图 2-12（c）所示。就是说，共面的一个力和一个力偶可以合成一个力，这个力的大小和方向与原来那个力的大小和方向相同，但作用线与原来那个力的作用线相距 $a=\dfrac{M}{F}$，至于这个力在原来那个力的哪一边，则根据“这个力对

原力作用点的矩的转向与原力偶的转向一致”这一条件来确定。

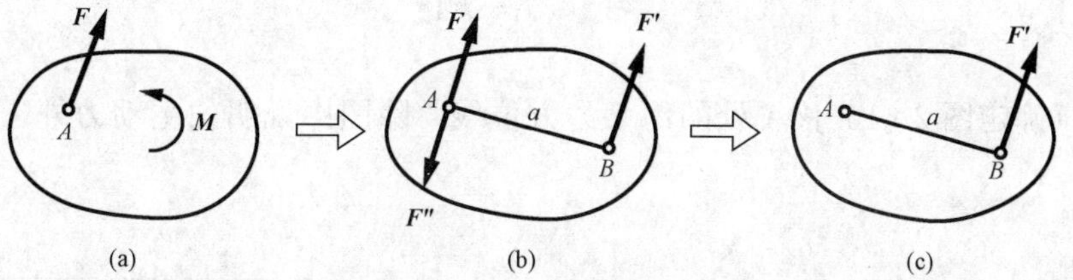

图2-12 共面的一个力和一个力偶的合成

同一平面内的一个力和一个力偶可合成一个力；反之，一个力也可分解为该平面内的一个力和一个力偶。如图2-12所示，在B点的力$\boldsymbol{F}'$可用在A点的力$\boldsymbol{F}$和力偶（$\boldsymbol{F}'$，$\boldsymbol{F}''$）代替。这时，$\boldsymbol{F}=\boldsymbol{F}'$，就像将$\boldsymbol{F}'$从$B$点平行移动到$A$点一样；而力偶矩$M=F'a$，就等于力$\boldsymbol{F}'$对$A$点的矩。不论$A$点在什么地方，这关系都成立。于是得到如下定理：作用在刚体上的力可向刚体内任意点平移，但须在该力与该平移点所决定的平面内附加一个力偶，附加力偶的矩等于原力对于平移点的矩。该定理通常称为力的平移定理。

当作用在刚体上的一力沿其作用线滑动到任意点时，因附加力偶的力偶臂为零，故附加力偶矩为零。因此，力沿作用线滑动是力向一点平移的特例。

工程上常将力平行移动，以便了解其效应。例如，作用于立柱上A点的偏心力$\boldsymbol{F}$，如图2-13（a）所示，可平移至立柱轴线上成为$\boldsymbol{F}'$，并附加一力偶矩为$M=M_O(\boldsymbol{F})$的力偶，如图2-13（b）所示，这样并不改变力$\boldsymbol{F}$作用的总效应，但更容易看出，轴向力$\boldsymbol{F}'$将使立柱压缩，而力偶矩M将使立柱弯曲。

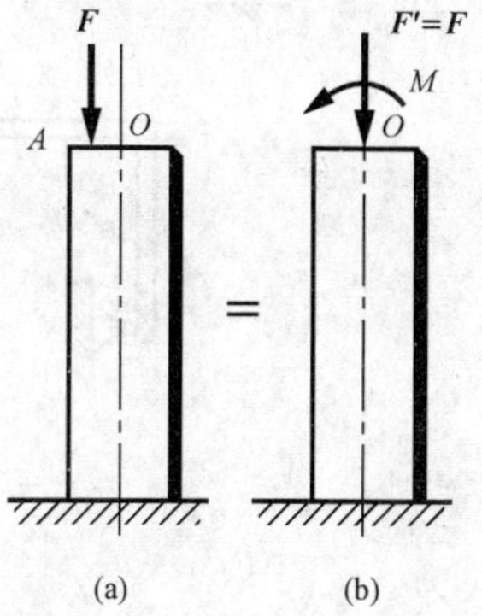

图2-13 立柱

思 考 题

2-1 平面汇交力系四个力作出的力多边形如图2-14所示，则这四个力的关系如何？

2-2 平面汇交力系的平衡方程能否写成一投影式和一力矩式？能否写成二力矩式？其矩心和投影轴的选择有何限制？

2-3 图2-15所示圆轮在力$\boldsymbol{F}$和矩$\boldsymbol{M}$的作用下保持平衡，是否说明一个力可与一个力偶平衡？

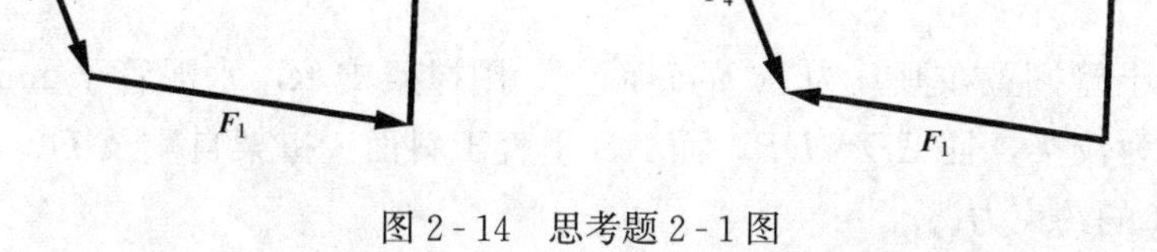

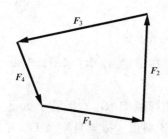

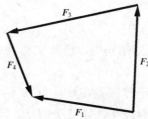

图2-14 思考题2-1图

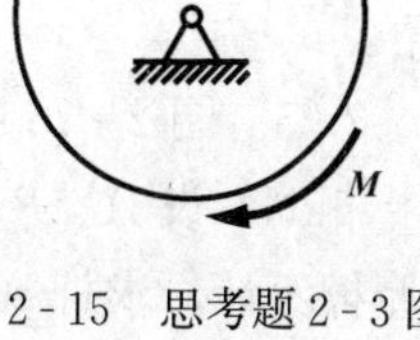

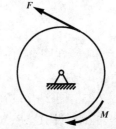

图2-15 思考题2-3图

习 题

2-1 试确定图 2-16 中 A 处的约束力方位线，除图中说明的主动力外，重量均略去不计。

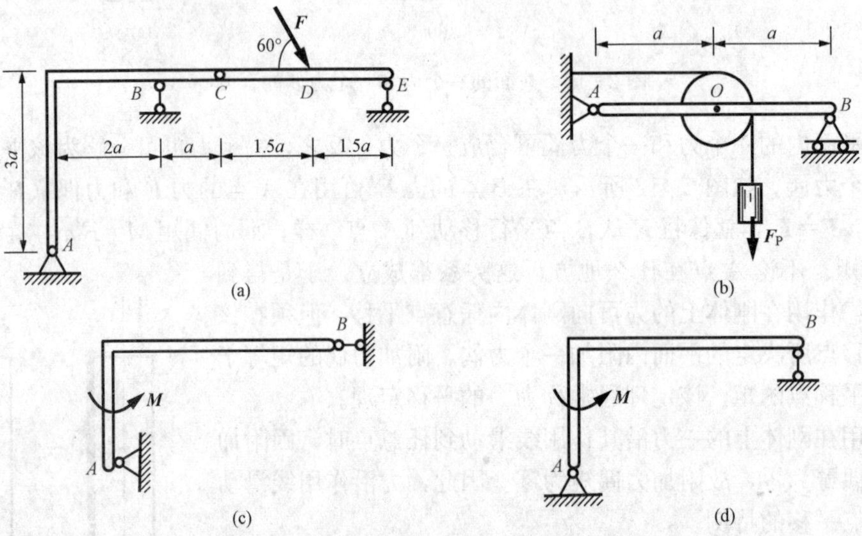

图 2-16 习题 2-1 图

2-2 用解析法求图 2-17 所示平面汇交力系的合力。已知 $F_1=100N$，$F_2=200N$，$F_3=150N$，$F_4=100N$。

2-3 如图 2-18 所示，三铰拱受铅直力 $\boldsymbol{F}$ 作用，如拱的重量不计，求 A、B 处的支座反力。

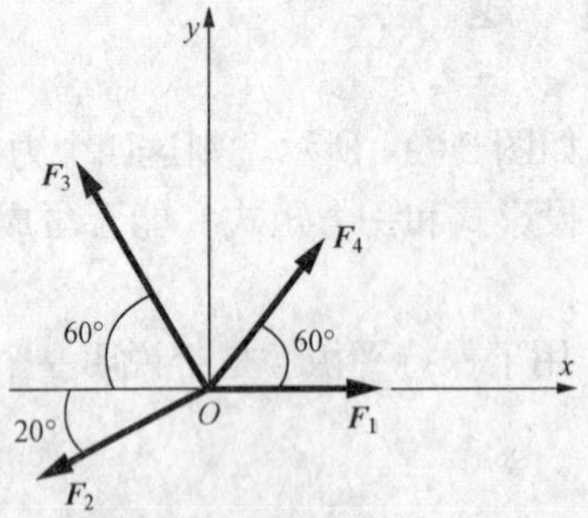

图 2-17 习题 2-2 图

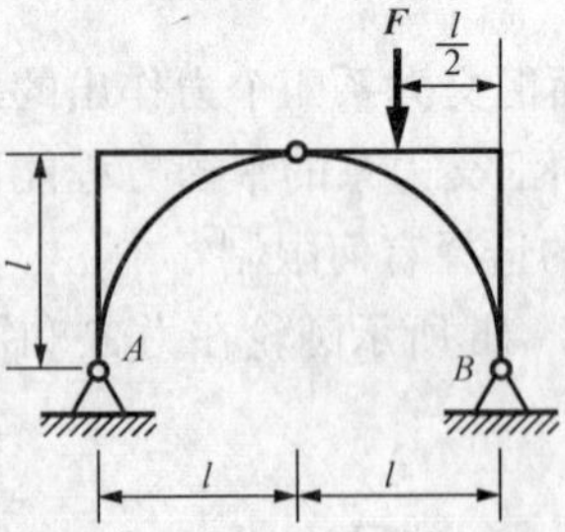

图 2-18 习题 2-3 图

2-4 在图 2-19 所示绳索结构中，已知重物 A 重 20N，重物 B 重 40N，求平衡时的 α 角。

2-5 图 2-20 所示混凝土管搁置在倾角为 30°的斜面上，用撑架支承，水泥管子重量 $F_Q=5kN$。设 A、B、C 处均为铰接，且 $AD=DB$，而 AB 垂直于斜面。撑架自重及 D、E 处摩擦不计，求杆 AC 及铰 B 的约束力。

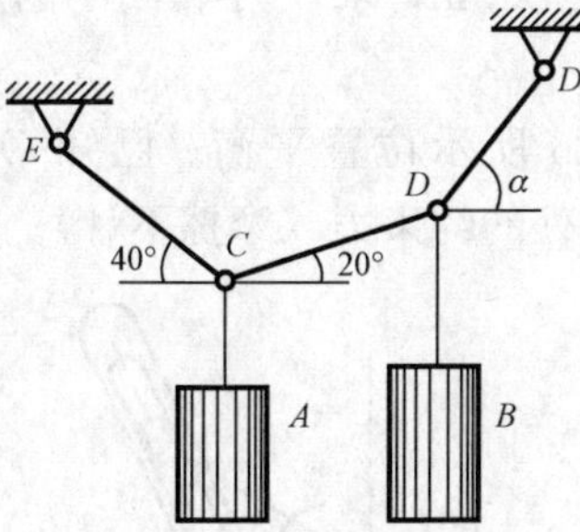

图2-19 习题2-4图

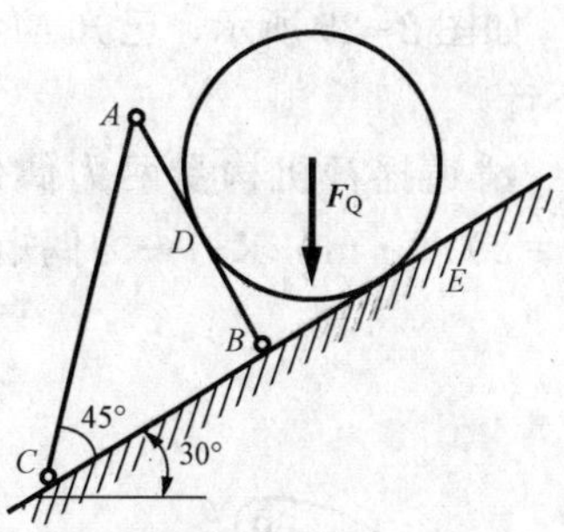

图2-20 习题2-5图

2-6 计算图2-21中F_1、F_2、F_3三个力分别在x、y、z轴上的投影并求合力。已知$F_1=2$kN，$F_2=1$kN，$F_3=3$kN。

2-7 如图2-22所示，已知$F_1=2\sqrt{6}$N，$F_2=2\sqrt{3}$N，$F_3=1$N，$F_4=4\sqrt{2}$N，$F_5=7$N，求五个力合成的结果（提示：不必开根号，可使计算简化）。

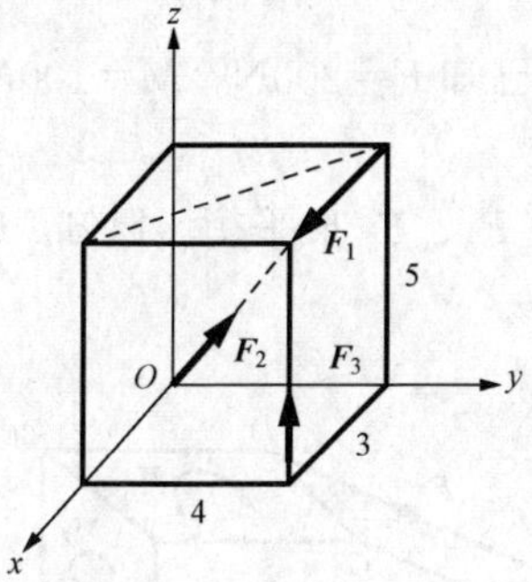

图2-21 习题2-6图

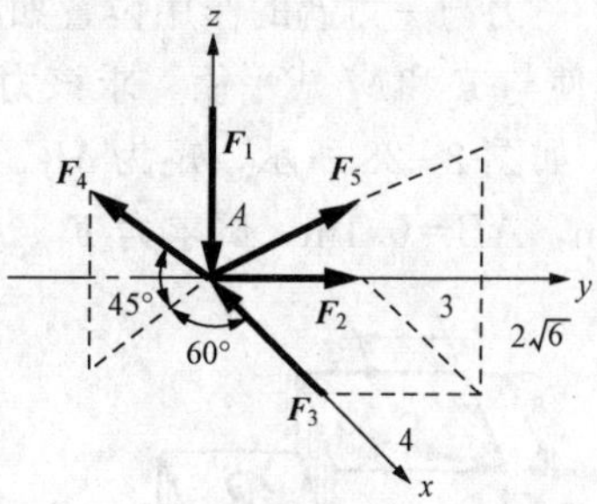

图2-22 习题2-7图

2-8 AB、AC、AD三连杆支承一重物，如图2-23所示。已知$F_P=10$kN，$AB=4$m，$AC=3$m，且$ABEC$在同一水平面内，试求三连杆所受的力。

2-9 沿正六面体的三棱边作用有三个力，在平面$OABC$内作用一个力偶，如图2-24所示。已知$F_1=20$N，$F_2=30$N，$F_3=50$N，$M=1$N·m。求力偶与三个力合成的结果。

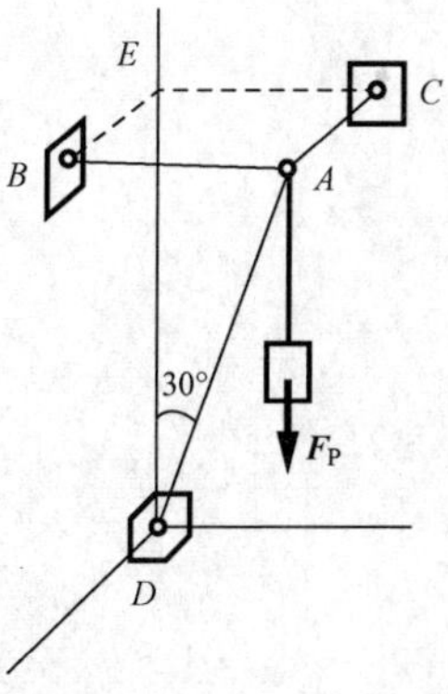

图2-23 习题2-8图

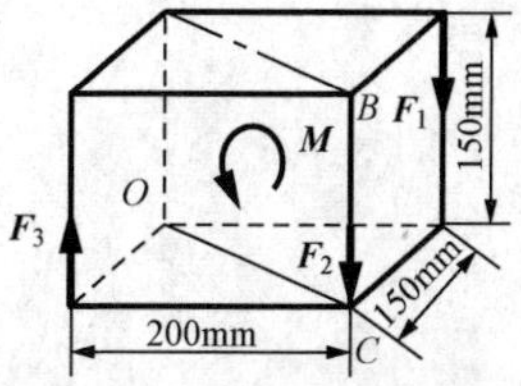

图2-24 习题2-9图

2-10 如图2-25所示，已知$M=1.5\text{kN}\cdot\text{m}$，$a=0.3\text{m}$，求铰$A$和铰$C$的反力。各杆重均忽略不计。

2-11 滑道摇杆机构受两力偶作用，在图2-26所示位置平衡。已知$OO_1=OA=0.2\text{m}$，$M_1=200\text{N}\cdot\text{m}$，求另一力偶矩$M_2$及$O$、$O_1$两处的约束力（摩擦不计）。

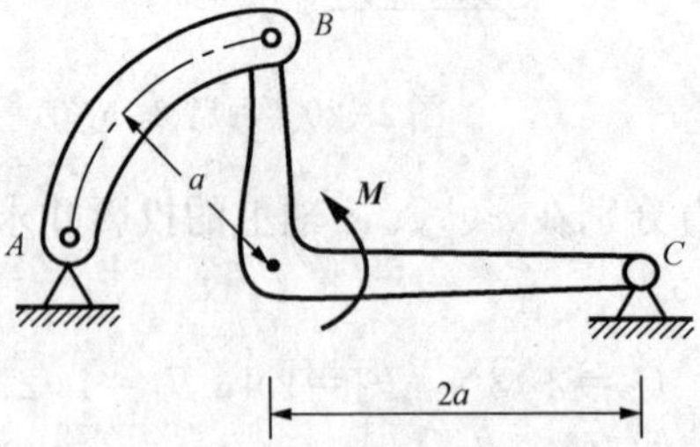

图2-25 习题2-10图

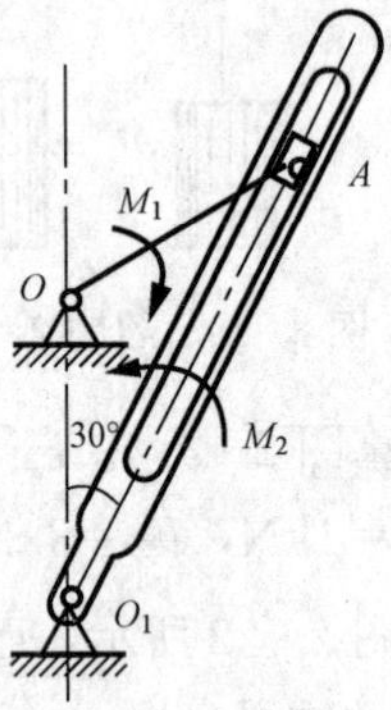

图2-26 习题2-11图

2-12 一力与一力偶的作用位置如图2-27所示。已知$F=200\text{N}$，$M=100\text{N}\cdot\text{m}$，在$C$点加一个力使与$\boldsymbol{F}$和$\boldsymbol{M}$成平衡，求该力及$x$的值。

2-13 如图2-28所示，矩为$\boldsymbol{M}_1$、$\boldsymbol{M}_2$的力偶与力$\boldsymbol{F}_1$、$\boldsymbol{F}_2$成平衡。已知$M_1=2\text{N}\cdot\text{m}$，$M_2=3\text{N}\cdot\text{m}$，$AB=0.1\text{m}$，试求力$\boldsymbol{F}_1$、$\boldsymbol{F}_2$的大小及角$\alpha$。

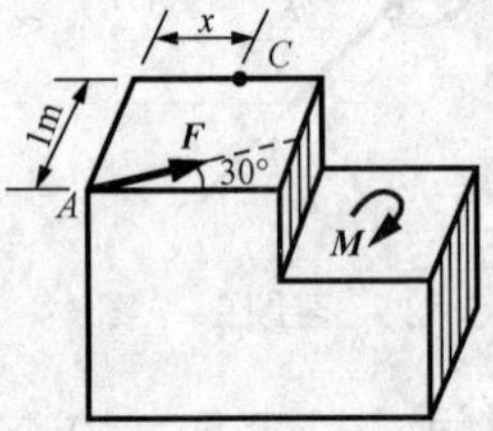

图2-27 习题2-12图

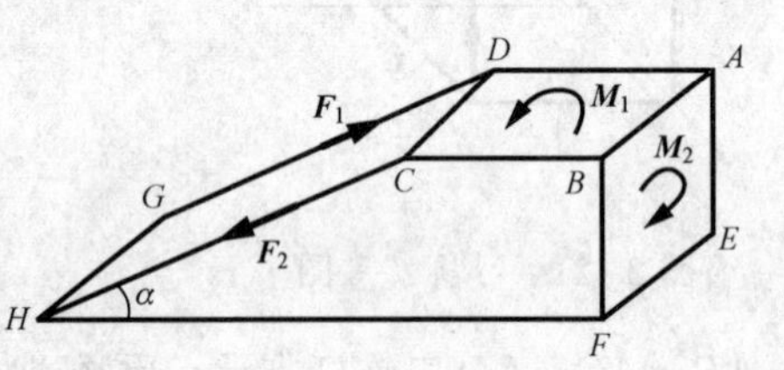

图2-28 习题2-13图

第3章 平面力系

力系中各力的作用线位于同一平面内，但不汇交于一点，也不互相平行的任意力系，称为平面任意力系，简称平面力系。

平面力系是工程上最常见的一种力系，许多工程结构或构件可简化为平面力系问题来处理。例如，厂房建筑中常采用刚架结构，取其中一个刚架来考察，如图 3-1（a）所示。作用于其上的力可以简化，受力图如图 3-1（b）所示。其中：作用于上部的屋面荷载及横梁自重，单位长度上的大小为 q_1；作用在左右两侧的是风压力和由风所引起的负压力，单位长度上的大小分别为 q_2 及 q_3；$\boldsymbol{F}_{P1}$ 及 $\boldsymbol{F}_{P2}$ 是吊车梁作用于牛腿 A_1 及 B_1 上的力；$\boldsymbol{F}_{Ax}$、$\boldsymbol{F}_{Ay}$、$\boldsymbol{F}_{Bx}$、$\boldsymbol{F}_{By}$ 及力偶矩 M_A、M_B 是 A、B 两处基础对立柱的约束力。所有这些力和力偶组成一平面力系。水利工程上常见的重力坝如图 3-2（a）所示，在对其进行力学分析时，往往取单位长度（如 1m）的坝段来考察，而将该坝段所受的力简化成作用于中心对称平面内的平面力系，如图 3-2（b）所示。带拖车的汽车沿水平直线道路行驶时，由于对称，汽车所受的力也可简化为作用于其中心对称平面内的平面力系，如图 3-3 所示。其中，$\boldsymbol{F}_P$ 及 $\boldsymbol{F}_R$ 为拖车作用于汽车的力，$\boldsymbol{F}_Q$ 为汽车所受重力，$\boldsymbol{F}_{N1}$、$\boldsymbol{F}_{N2}$ 为地面作用于车轮的正压力，$\boldsymbol{F}_1$、$\boldsymbol{F}_2$ 为地面作用于车轮的摩擦力。

本章主要研究平面任意力系的简化和平衡问题。由于平面力系在工程中极为常见，而分析和解决平面力系问题的方法又具有普遍性，因此本章在静力学中占有很重要的地位。

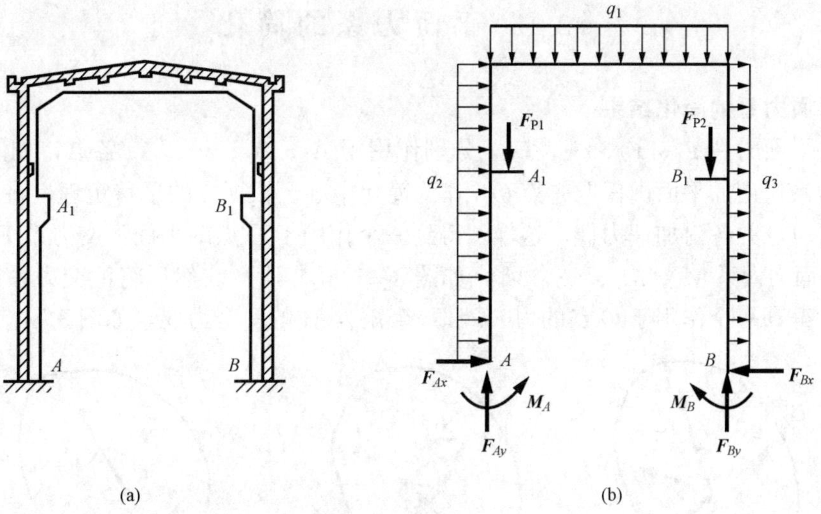

图 3-1　刚架结构及受力图

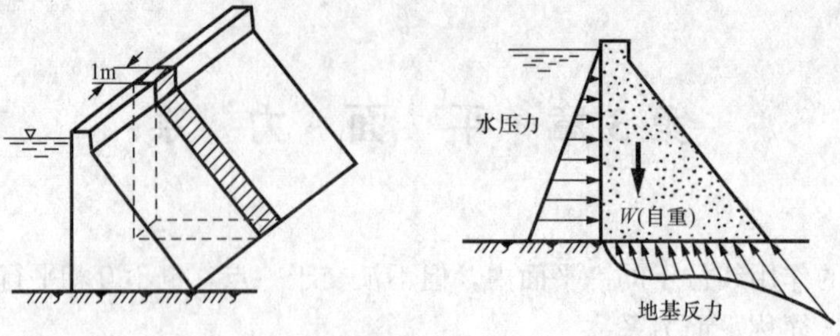

图 3-2 重力坝及断面受力图

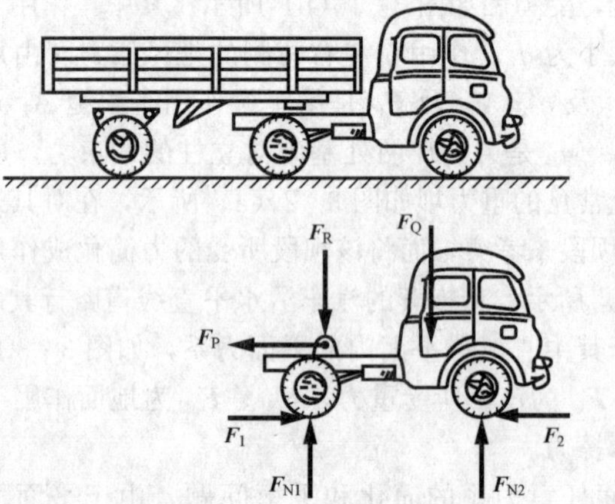

图 3-3 汽车受力图

§3-1 平面力系的简化

一、平面力系的简化结果

设有一平面力系 $\boldsymbol{F}_1$、$\boldsymbol{F}_2$、…、$\boldsymbol{F}_n$，分别作用于 A_1、A_2、…、A_n 各点，如图 3-4（a）所示。在力系作用的平面内任取一点 O，作为简化中心。根据力的平移定理，将力系中各力分别平移到 O 点并各附加一力偶，这样，得到一个作用于 O 点的平面汇交力系 $\boldsymbol{F}_1'$、$\boldsymbol{F}_2'$、…、$\boldsymbol{F}_n'$和一个平面力偶系 M_1、M_2、…、M_n，如图 3-4（b）所示。然后将汇交力系及力偶系分别合成，就得到一个作用于 O 点的力 $\boldsymbol{F}_R$ 和一个矩为 M 的一个力偶，如图 3-4（c）所示。

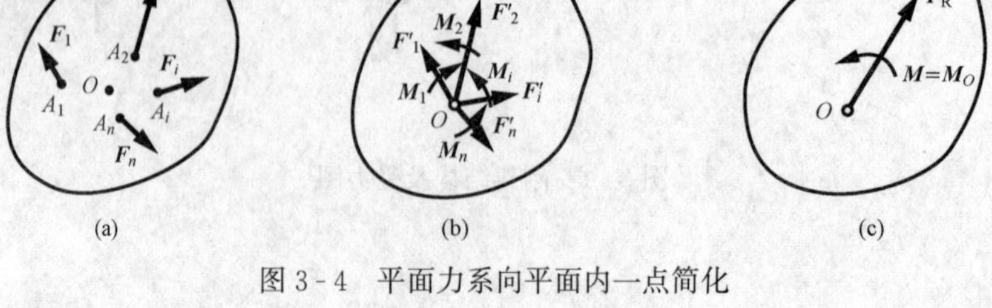

图 3-4 平面力系向平面内一点简化

根据汇交力系的合成理论，$\boldsymbol{F}_{\mathrm{R}}$ 应等于所有汇交力的矢量和，即

$$\boldsymbol{F}_{\mathrm{R}}=\boldsymbol{F}_1'+\boldsymbol{F}_2'+\cdots+\boldsymbol{F}_n'$$

又 $\boldsymbol{F}_1'=\boldsymbol{F}_1$、$\boldsymbol{F}_2'=\boldsymbol{F}_2$、…、$\boldsymbol{F}_n'=\boldsymbol{F}_n$，因此

$$\boldsymbol{F}_{\mathrm{R}}=\boldsymbol{F}_1+\boldsymbol{F}_2+\cdots+\boldsymbol{F}_n=\sum\boldsymbol{F}_i \tag{3-1}$$

根据力偶系的合成理论，M 应等于所有力偶矩的代数和，也等于原力系各力对点 O 的矩的代数和，即

$$M=M_1+M_2+\cdots+M_n=\sum M_O(\boldsymbol{F}_i)=M_O \tag{3-2}$$

由此可知，平面力系向平面内一点（简化中心）简化的结果一般是一个力和一个力偶。这个力作用于简化中心，等于原力系各力的矢量和，称为原力系的主矢量；这个力偶在原力系所在平面内，其矩等于原力系各力对简化中心的矩的代数和，称为原力系对 O 点的主矩。这一结论表明，主矢量和主矩是决定平面力系对刚体作用效应的两个重要物理量，只要两个平面力系对同一点简化所得到的主矢量及主矩均相等，则这两个力系对刚体的作用等效。

据以上分析不难看出，如果选取不同的简化中心，主矢量并不改变，因原力系中各力的大小和方向一定，它们的矢量和也是一定的，所以，一个力系的主矢量是一常矢量，与简化中心的位置无关。但是，力系中各力对不同简化中心的矩是不同的，因而它们的代数和一般也不会相等。所以，主矩一般随简化中心的位置不同而改变。

二、平面力系简化结果的讨论

平面力系向任一点简化，得到的主矢量 $\boldsymbol{F}_{\mathrm{R}}$ 和主矩 M_O 一般都不等于零，还可以进一步简化，可能出现以下几种情形：

(1) 若 $\boldsymbol{F}_{\mathrm{R}}=0$，$M_O\neq0$，则原力系与一力偶等效，此力偶称为原力系的合力偶，其力偶矩就等于原力系对简化中心的主矩。由力偶性质二可知，力偶对任意点的矩恒等于其力偶矩，故此情形下主矩与简化中心的位置无关：即无论向哪一点简化，其结果都是一个力偶，且力偶矩保持不变。

(2) 若 $\boldsymbol{F}_{\mathrm{R}}\neq0$，$M_O=0$，则原力系与作用于简化中心的力 $\boldsymbol{F}_{\mathrm{R}}$ 等效，所以这个力即为原力系的合力，合力作用线通过简化中心。

(3) 若 $\boldsymbol{F}_{\mathrm{R}}\neq0$，$M_O\neq0$，根据§2-5中的讨论可以进一步简化为一个作用于另一点 O' 的合力 $\boldsymbol{F}_{\mathrm{R}}'$，如图3-5所示。此力即为原力系的合力，$\boldsymbol{F}_{\mathrm{R}}'=\boldsymbol{F}_{\mathrm{R}}=\sum\boldsymbol{F}_i$，合力作用线与简化中心的距离 $d=\overline{OO'}=\dfrac{M_O}{F_{\mathrm{R}}}$，由 M_O 的转向可以判定，合力 $\boldsymbol{F}_{\mathrm{R}}$ 在 O 点的右侧或左侧。

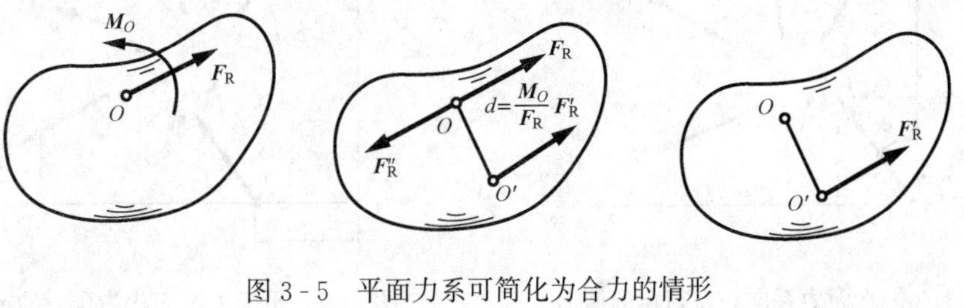

图3-5　平面力系可简化为合力的情形

当平面力系简化为一个合力 $\boldsymbol{F}_{\mathrm{R}}'$时，由图3-5可知，合力 $\boldsymbol{F}_{\mathrm{R}}'$对于 O 点的矩 M_O（$\boldsymbol{F}_{\mathrm{R}}'$）$=\boldsymbol{F}_{\mathrm{R}}'d=\boldsymbol{F}_{\mathrm{R}}d=M_O=\sum M_O(\boldsymbol{F}_i)$。可见

$$M_O(\boldsymbol{F}_{\mathrm{R}}')=\sum M_O(F_i) \tag{3-3}$$

由于简化中心O点是任意选取的，于是可得到如下定理：设平面力系可简化为一个合力，则合力对于该力系作用平面内任一点的矩就等于各分力对同一点的矩的代数和。该定理就是平面力系的合力矩定理。

三、平面力系简化结果的解析计算

为了计算主矢量，在力系作用平面内过简化中心O作直角坐标系Oxy，如图3-6所示。由于

$$\boldsymbol{F}_{\mathrm{R}}=\sum \boldsymbol{F}_i$$

根据矢量投影定理，有

$$F_{\mathrm{R}x}=\sum F_{ix},\quad F_{\mathrm{R}y}=\sum F_{iy} \tag{3-4}$$

其中，$F_{\mathrm{R}x}$、$F_{\mathrm{R}y}$及F_{ix}、F_{iy}分别为$\boldsymbol{F}_{\mathrm{R}}$和$\boldsymbol{F}_i$在$x$、$y$轴上的投影，于是得到主矢量$\boldsymbol{F}_{\mathrm{R}}$的大小及方向余弦分别为

$$\left.\begin{aligned}&F_{\mathrm{R}}=\sqrt{F_{\mathrm{R}x}^2+F_{\mathrm{R}y}^2}\\&\cos(F_{\mathrm{R}},x)=\frac{F_{\mathrm{R}x}}{F_{\mathrm{R}}},\cos(F_{\mathrm{R}},y)=\frac{F_{\mathrm{R}y}}{F_{\mathrm{R}}}\end{aligned}\right\} \tag{3-5}$$

主矩可直接用式（3-3）计算，即

$$M_O=\sum M_O(\boldsymbol{F}_i) \tag{3-6}$$

只要主矢量不等于零，力系总可简化为一个合力$\boldsymbol{F}'_{\mathrm{R}}(\boldsymbol{F}_{\mathrm{R}})$。合力的大小和方向可按式(3-4)及式（3-5）计算。至于合力作用线的位置，可根据合力矩定理采用下述方法求得：将合力$\boldsymbol{F}_{\mathrm{R}}$移至作用线与$x$轴的交点$A$处，如图3-7所示，令$A$点的坐标为（$x$，0），于是，由式（1-10）得$\boldsymbol{F}'_{\mathrm{R}}$对于$O$点的矩为

$$M_O(\boldsymbol{F}'_{\mathrm{R}})=xF_{\mathrm{R}y}$$

再由合力矩定理，有

$$M_O(\boldsymbol{F}'_{\mathrm{R}})=\sum M_O(\boldsymbol{F}_i)$$

得

$$xF_{\mathrm{R}y}=\sum M_O(\boldsymbol{F}_i)$$

从而

$$x=\frac{\sum M_O(\boldsymbol{F}_i)}{F_{\mathrm{R}y}} \tag{3-7}$$

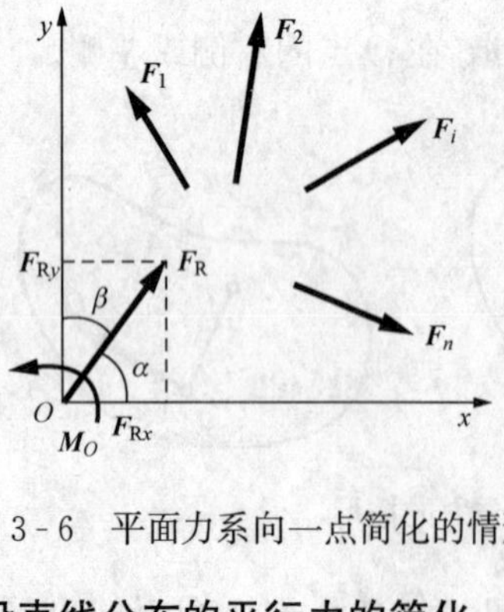

图3-6 平面力系向一点简化的情形

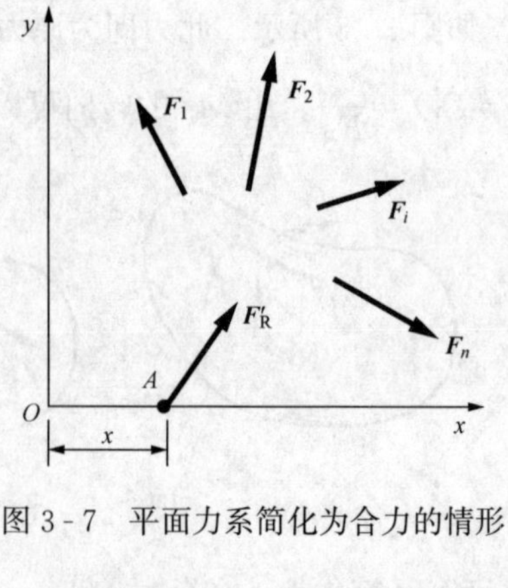

图3-7 平面力系简化为合力的情形

四、沿直线分布的平行力的简化

荷载是指作用于物体上的主动力。除了有集中作用于一点的集中力之外，工程上常见的荷载还有分布作用在物体体积内（如重力、万有引力等）或分布作用在物体表面上的（如水

压力、风压力、土压力等)，前者称为体力，后者称为面力。体力和面力都是分布力。这里首先讨论面力中的一个特殊而又常见的沿直线分布的平行力，简称线分布力或线分布荷载。

沿直线分布在一个狭长的面积或体积上的平行力，可简化为沿直线分布的平行力系。例如，假设作用在梁表面上的荷载是均匀分布的，则可简化为沿梁面的纵向轴线分布的线分布力（见图 3-8)。又如，作用在单位长度坝段上的水压力，可简化为作用在该坝段中央对称面内、沿上游坝面直线分布的平行力系（见图 3-2)。

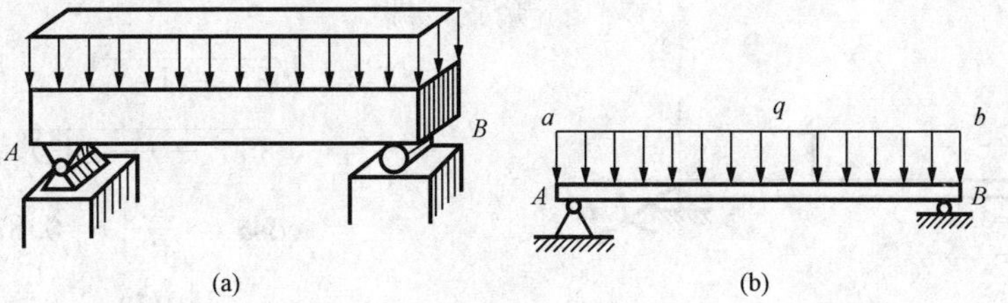

图 3-8 沿直线分布的平行力

某一单位长度上物体所受的力，称为线分布力在该处的集度，常用 q 表示，常用单位为 N/m。如分布力的集度处处相等，即 q 为常量，则该分布力称为均布力（或均布荷载)，否则称为非均布力（或非均布荷载)。表示荷载分布情况的图，称为荷载图，如图 3-2（b）和图 3-8（b）所示。

沿直线分布的平行力系可看成是平面力系的一个特殊情形，因此可用平面力系的简化理论来求其合力。设图 3-9 中的 $AabB$ 为直线 AB 上的荷载图。取直角坐标系 Oxy，使 y 轴平行于分布力。设坐标 x_i 处的荷载集度为 q_i，则在该处长为 Δx 微段上的力的大小为 $\Delta F_i = q_i \Delta x$，即等于 Δx 微段上荷载图的面积 ΔA_i。于是，线段 AB 上所受的分布力的合力 $\boldsymbol{F}$ 的大小等于

$$F = \sum q_i \Delta x = \sum \Delta F = \sum \Delta A_i$$

即等于线段 AB 上荷载图的面积。

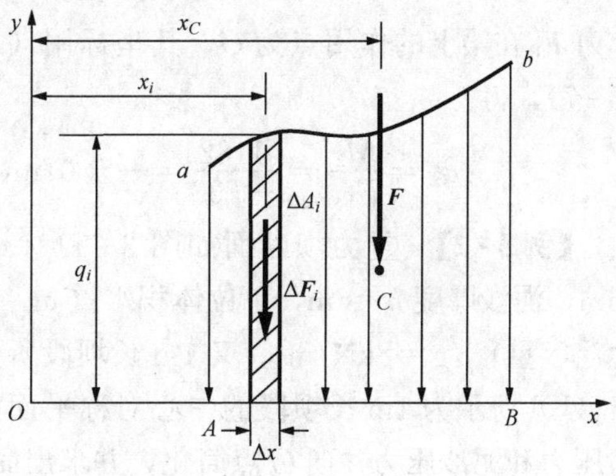

图 3-9 沿直线分布平行力的简化

合力 $\boldsymbol{F}$ 的方向与分布力相同。至于合力的作用线位置，则可由平面力系的合力矩定理求得，即由式（3-7)，有

$$x_C = \frac{\sum x_i \Delta \boldsymbol{F}_i}{\boldsymbol{F}} = \frac{\sum x_i \Delta A_i}{\sum \Delta A_i} \quad 或 \quad x_C = \frac{\int_A^B xq\,\mathrm{d}x}{\int_A^B q\,\mathrm{d}x} = \frac{\int_A^B x\,\mathrm{d}A}{\int_A^B \mathrm{d}A} \tag{3-8}$$

式中 $\Delta F_i = q_i \Delta x = \Delta A_i$，坐标 x_C 就是荷载图面积的形心坐标。

综上所述可知，同向的线分布力的合力的大小等于荷载图的面积，合力的作用线通过荷载图的形心。当荷载图是简单图形（如矩形、三角形、梯形等）时，应用这一结论可很方便地求得分布力的合力的大小及作用线位置。

【例 3-1】 图 3-10（a）中所示的梁受平面力系 $\boldsymbol{F}_1$、$\boldsymbol{F}_2$、$\boldsymbol{F}_3$ 的作用。已知 $F_1 = 500\text{N}$，

$F_2=100\text{N}$，$F_3=200\text{N}$，试求该力系的合力的大小、方向及其在梁上作用点的位置。

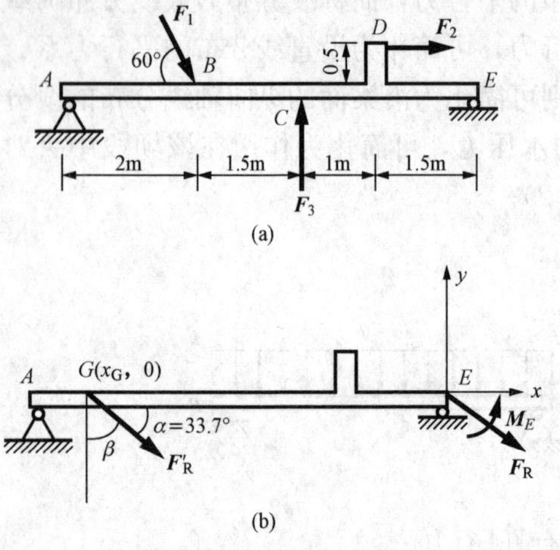

图 3-10 ［例 3-1］图

解 以 E 为简化中心，并取坐标系 Exy。先求力系的主矢量，有

$$F_{Rx}=\sum F_{xi}=F_1\cos60°+F_2=350\text{N}$$

$$F_{Ry}=\sum F_{yi}=-F_1\sin60°+F_3=-233\text{N}$$

由式（3-5）可求出主矢量 $\boldsymbol{F}$ 的大小和方向余弦，即

$$F_R=\sqrt{F_{Rx}^2+F_{Ry}^2}$$

$$=\sqrt{350^2+(-233)^2}=420\text{N}$$

$$\cos\alpha=\frac{350}{420}=0.833$$

$$\cos\beta=\frac{-233}{16\ 200}=-0.554$$

得 $\alpha=33.7°$

再求力系对 E 点的主矩，有

$$M_E=\sum M_E(F_i)=F_1\sin60°\times4-F_2\times0.5-F_3\times2.5$$

$$=1182\text{N}\cdot\text{m}$$

由于 $\boldsymbol{F}\neq0$，$M_E\neq0$，因此力系可进一步简化为一合力，$\boldsymbol{F}'_R$的大小和方向与 $\boldsymbol{F}_R$ 相同。设合力 $\boldsymbol{F}'_R$在梁上的作用点为 G，其坐标用（x_G，0）表示，如图 3-10（b）所示。于是由式（3-7），得

$$x_G=\frac{M_E}{F_{Ry}}=\frac{1182}{-233}=-5.07\text{m}（负号表示 G 点在坐标原点 E 的左边）$$

【例 3-2】 重力坝断面如图 3-11（a）所示，坝的上游有泥沙淤积。已知水深 $H=46\text{m}$，泥沙厚度 $h=6\text{m}$，单位体积水重 $\rho g=9.8\text{kN/m}^3$，泥沙在水中的单位体积重量（常称为浮容重）$\rho' g=8\text{kN/m}^3$。又 1m 长坝段所受重力为 $F_{W1}=4500\text{kN}$，$F_{W2}=14000\text{kN}$。图 3-11（b）所示为 1m 长坝段的中心对称平面的受力情况。试将该坝段所受的力（包括重力、水压力和泥沙压力）向 O 点简化，并求出简化的最后结果。

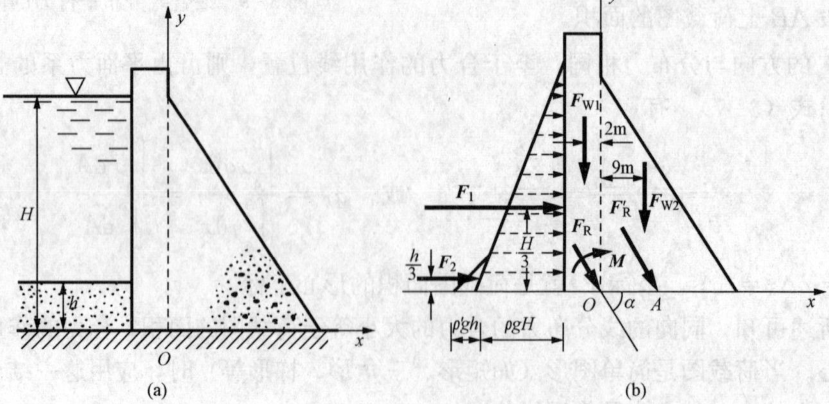

图 3-11 ［例 3-2］图

解　已知水压力的压强与离水面的距离成正比，即在坐标 y 处的水压力的压强为 $\rho g(H-y)$。与此相似，泥沙压力的压强为 $\rho' g(h-y)$。所以，上游坝面所受分布荷载的荷载图如图 3-11（b）所示。

为了便于计算，先将分布力合成为合力。将水压力与泥沙压力分开计算。水压力如图 3-11中大三角形所示，其合力设为 $\boldsymbol{F}_1$，则

$$F_1=\frac{1}{2}\rho gH\times H=\frac{1}{2}\times 9.8\times 46\times 46=10\ 368\text{kN}$$

$\boldsymbol{F}_1$ 通过三角形中心，即与坝底相距 $H/3=46/3\text{m}$。泥沙压力如图 3-11 中小三角形所示，其合力设为 $\boldsymbol{F}_2$，则

$$F_2=\frac{1}{2}\rho' gh\times h=\frac{1}{2}\times 8\times 6\times 6=144\text{kN}$$

$\boldsymbol{F}_2$ 与坝底相距 $h/3=2\text{m}$。

现将 $\boldsymbol{F}_1$、$\boldsymbol{F}_2$、$\boldsymbol{F}_{W1}$、$\boldsymbol{F}_{W2}$ 四个力向 O 点简化。先求主矢量，得

$$F_{Rx}=\sum F_{xi}=F_1+F_2=10\ 510\text{kN}$$

$$F_{Ry}=\sum F_{yi}=-F_{W1}-F_{W2}=-18\ 500\text{kN}$$

$$F_R=\sqrt{F_{Rx}^2+F_{Ry}^2}=21\ 300\text{kN}$$

$$\cos\alpha=\frac{10\ 510}{21\ 300}=0.4934$$

$$\cos\beta=\frac{-18\ 500}{21\ 300}=-0.8685$$

$$\alpha=60°26'$$

再求对 O 点的主矩

$$M_O=\sum M_O(\boldsymbol{F}_i)=-F_1\times\frac{H}{3}-F_2\times\frac{h}{3}+F_{W1}\times 2-F_{W2}\times 9$$

$$=-10\ 368\times\frac{46}{3}-144\times 2+4500\times 2-14\ 000\times 9$$

$$=-276\ 300\text{kN}\cdot\text{m}$$

负号表示主矩 M_O 为顺时针转向。

因为主矢量不等于零，故原力系有合力。合力 $\boldsymbol{F}'_R=\boldsymbol{F}_R$。合力作用线与 x 轴的交点 A 的坐标 x 由式（3-7）求得，为

$$x=\frac{\sum M_O(\boldsymbol{F}_i)}{F_{Ry}}=\frac{-276\ 300}{-18\ 500}=14.94\text{m}$$

§3-2　平面力系的平衡

平面力系向任一点简化，一般得到的是一个主矢量和一个主矩。如果力系平衡，则主矢量和主矩必同时等于零；反之，若力系的主矢量和主矩分别等于零，则原力系必然是平衡力系。所以，平面力系平衡的必要和充分条件是，力系的主矢量和力系对任一点的主矩都等于零，即

$$\boldsymbol{F}_R=0,\quad M_O=0 \tag{3-9}$$

由式（3-4）和式（3-6）知，以上平衡条件可以用解析式表示为

$$\sum F_{ix}=0,\quad \sum F_{iy}=0,\quad \sum M_{Oi}=0 \tag{3-10}$$

即平面力系的平衡条件亦可叙述为：力系中所有合力在两个直角坐标轴中的每一个轴上的投影的代数和都等于零，所有各力对任一点的矩的代数和等于零。式（3-10）称为平面力系的平衡方程，其中前两个称为投影方程，后一个称为力矩方程。

方程（3-10）是平面任意力系平衡方程的基本形式，除了这种形式外，还可将平衡方程表示为二力矩形式或三力矩形式。

（1）二力矩形式为

$$\sum F_{ix}=0,\quad \sum M_{Ai}=0,\quad \sum M_{Bi}=0 \tag{3-11}$$

其中 A、B 两点的连线不能与 x 轴垂直。

1）先证明必要性。假设平面力系平衡，由式（3-9）知，此时 $\boldsymbol{F}_{R}=0$，$M_{O}=0$，表明力系在任一轴上投影的代数和等于零。力系对任一点的力矩之和为零，故式（3-11）必成立。

2）再证明充分性。假设式（3-11）成立，由第二式或第三式可知，力系不可能简化为一力偶，只可能简化为通过 A、B 两点的一合力，或者处于平衡。但式（3-11）中第一式成立，这就否定了简化为一合力的可能性。因为 x 轴与直线 AB 不垂直，如有合力，则合力在 x 轴上的投影不可能等于零，所以原力系必然是平衡力系。

（2）三力矩形式为

$$\sum M_{Ai}=0,\quad \sum M_{Bi}=0,\quad \sum M_{Ci}=0 \tag{3-12}$$

其中 A、B、C 三点不能共线。读者可自行证明这组平衡方程的必要性和充分性。

这样，平面力系的平衡方程可以有三种不同的表达形式，即式（3-10）～式(3-12)，其中每组方程都是平面力系平衡的必要和充分条件，因此平面力系独立的平衡方程只有三个。亦就是说，利用平衡方程只能求解三个未知量。

求解实际问题时，可根据具体情况，采用不同形式的平衡方程，并适当选取投影轴和矩心，以简化计算。

【例 3-3】 一刚架所受荷载及支承情况如图 3-12（a）所示，试求支座 A 及 B 处的反力。

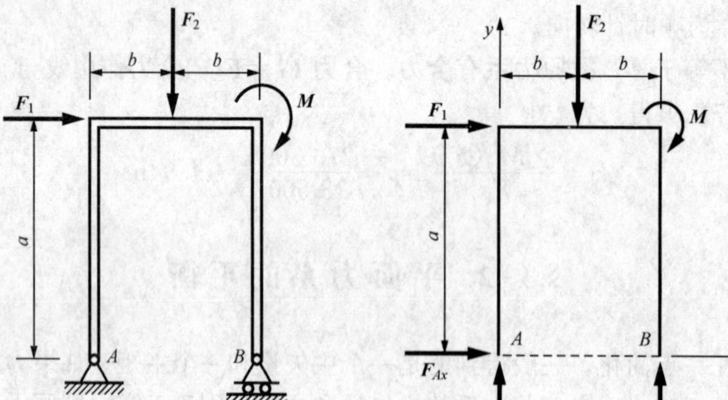

图 3-12 ［例 3-3］图

解 画出刚架的示力图，如图 3-12（b）所示。图中所有反力的指向均为假设。

本题中有一个力偶荷载。由力偶的性质可知：力偶在任何轴上的投影为零，故写投影方程时不必考虑力偶；力偶对于任一点的矩都等于力偶矩，故写力矩方程时，可直接将力偶矩 M 列入。

首先以 A 点为矩心，写力矩方程，得

$$\sum M_{Ai}=0,\quad 即\ 2F_Bb-F_1a-F_2b-M=0$$

由此得

$$F_B=\frac{F_1a+F_2b+M}{2b}$$

然后以水平方向为 x 轴，以铅直方向为 y 轴，写平衡方程，得

$$\sum F_{ix}=0,\quad 即\ F_{Ax}+F_1=0$$

$$\sum F_{iy}=0,\quad 即\ F_{Ay}+F_B-F_2=0$$

于是得

$$F_{Ax}=-F_1,\quad F_{Ay}=\frac{F_2b-F_1a-M}{2b}$$

由 $\sum M_{Bi}=0$ 也可直接求出 F_{Ay}，作为校核。

【例 3-4】 梁的一端牢固地插入墙内，为固定端，另一端悬空，如图 3-13（a）所示，这种梁称为悬臂梁。设梁上受最大集度为 q 的分布荷载，并在 B 端受一集中力 $\boldsymbol{F}$。试求 A 端的约束力。

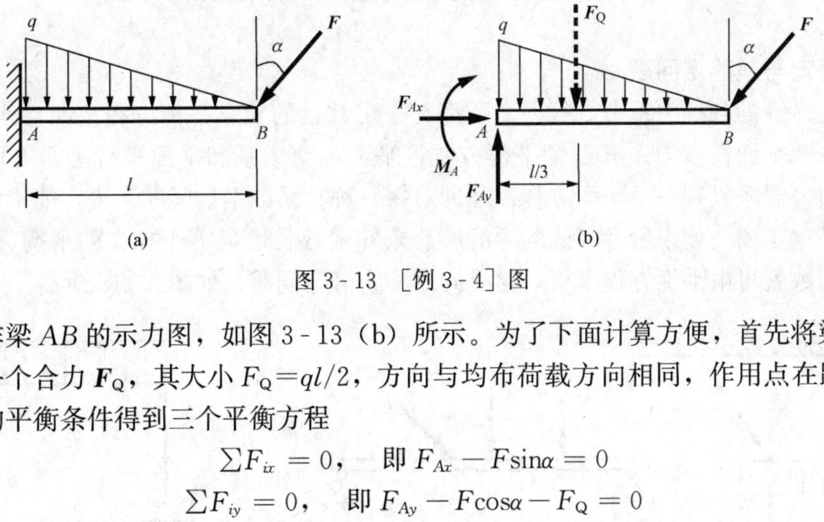

图 3-13 ［例 3-4］图

解 作梁 AB 的示力图，如图 3-13（b）所示。为了下面计算方便，首先将梁上的均布荷载合成一个合力 $\boldsymbol{F}_Q$，其大小 $F_Q=ql/2$，方向与均布荷载方向相同，作用点在距 A 点 $l/3$ 处。由梁的平衡条件得到三个平衡方程

$$\sum F_{ix}=0,\quad 即\ F_{Ax}-F\sin\alpha=0$$

$$\sum F_{iy}=0,\quad 即\ F_{Ay}-F\cos\alpha-F_Q=0$$

$$\sum M_{Ai}=0,\quad 即\ -M_A-F_Ql/3-Fl\cos\alpha=0$$

将 $F_Q=ql/2$ 代入，依次解得

$$F_{Ax}=F\sin\alpha,\quad F_{Ay}=ql/2+F\cos\alpha,\quad M_A=-ql^2/6-Fl\cos\alpha$$

【例 3-5】 塔式起重机如图 3-14 所示。已知机架重量 $F_W=500\text{kN}$，重心 C 至右轨 B 的距离 $e=1.5\text{m}$；起吊重量 $F_P=250\text{kN}$，其作用线至右轨 B 的最远距离 $l=10\text{m}$；两轨 A、B 间距离 $b=3\text{m}$。为使起重机在空载和满载时都不倾倒，试确定平衡锤的重量 $\boldsymbol{F}_Q$（其重心至左轨 A 的距离 $a=6\text{m}$）。

解 先考虑满载时的情形。满载时，作用于起重机的力有：$\boldsymbol{F}_W$、$\boldsymbol{F}_P$、$\boldsymbol{F}_Q$ 及路轨反力 $\boldsymbol{F}_A$、$\boldsymbol{F}_B$。若平衡锤过轻，起重机可能绕 B 点向右倾倒，A 轮悬空，$\boldsymbol{F}_A=0$。满足这种临界平衡状态

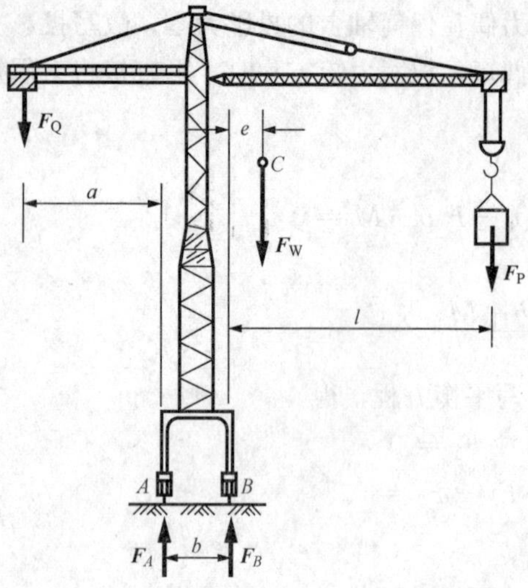

图 3-14 ［例 3-5］图

的平衡锤重为所必需的最小平衡锤重 $\boldsymbol{F}_{Q,min}$。于是，由

$$\sum M_B = 0,\quad F_{Q,min}(a+b) - F_W e - F_P l = 0$$

解得

$$F_{Q,min} = 361\text{kN}$$

其次，空载时，$\boldsymbol{F}_P=0$，作用于起重机的力有：$\boldsymbol{F}_W$、$\boldsymbol{F}_Q$、$\boldsymbol{F}_A$ 及 $\boldsymbol{F}_B$。若平衡锤太重，起重机可能绕 A 点向左倾倒，B 轮悬空，$\boldsymbol{F}_B=0$。满足临界平衡状态的平衡锤重将是所允许的最大平衡锤重 $\boldsymbol{F}_{Q,max}$。于是，由

$$\sum M_A = 0,\quad F_{Q,max}a - F_W(e+b) = 0$$

求得

$$F_{Q,max} = 375\text{kN}$$

由此可见，为保证起重机在空载和满载时都不倾倒，平衡锤的重量应满足

$$361\text{kN} \leqslant F_Q \leqslant 375\text{kN}$$

§3-3 静定与超静定问题、物体系统的平衡

一、静定与超静定问题

前面所讨论的各种力系中，每种力系都有一定数目的独立平衡方程，如空间汇交力系、空间力偶系及平面任意力系有三个平衡方程，平面汇交力系和平面平行力系有两个平衡方程，而平面力偶系只有一个平衡方程，亦即对每一种力系的平衡问题来说，能求解的未知量的数目也是一定的。如果所考察的问题的所有未知量数目恰好等于独立的平衡方程的数目，则全部未知数就可由平衡方程求得，这类问题称为静定问题，如图 3-15 所示。

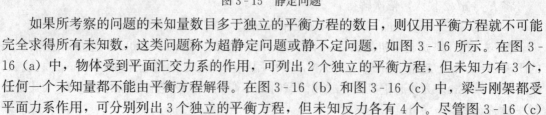

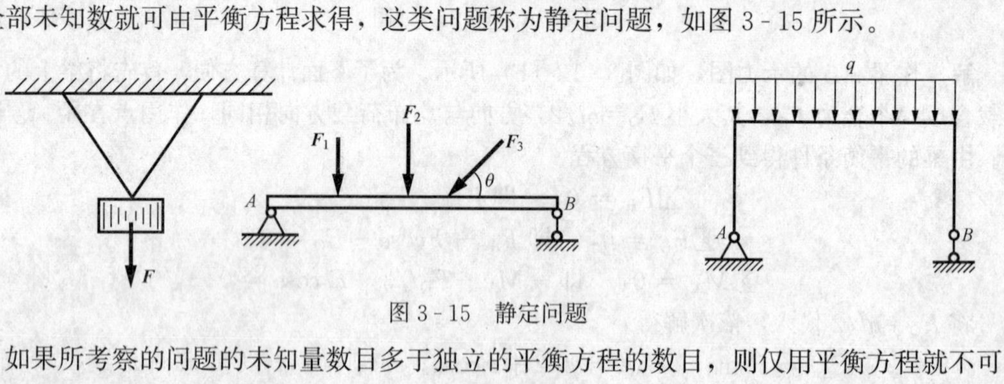

图 3-15 静定问题

如果所考察的问题的未知量数目多于独立的平衡方程的数目，则仅用平衡方程就不可能完全求得所有未知数，这类问题称为超静定问题或静不定问题，如图 3-16 所示。在图 3-16（a）中，物体受到平面汇交力系的作用，可列出 2 个独立的平衡方程，但未知力有 3 个，任何一个未知量都不能由平衡方程解得。在图 3-16（b）和图 3-16（c）中，梁与刚架都受平面力系作用，可分别列出 3 个独立的平衡方程，但未知反力各有 4 个。尽管图 3-16（c）中，由 $\sum M_A=0$ 可求出 F_{By}，再由 $\sum M_B=0$，可求出 F_{Ay}，但 F_{Ax}、F_{Bx} 却无法求得。

需要指出的是，超静定问题并不是不能求解的问题，而只是不能仅由平衡方程来求解。因

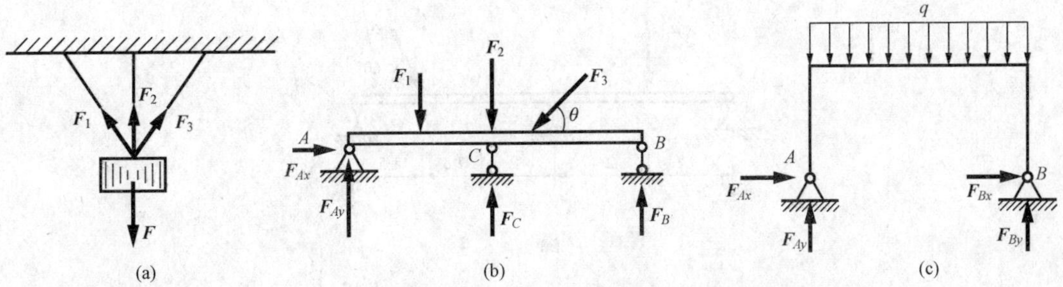

图 3-16 超静定问题

为在超静定问题中，约束力与物体的变形性能有关。工程中的一般物体在荷载作用下都会发生微小变形，在静定问题中，这种微小变形对约束力的影响很小，可以忽略不计，即把物体抽象为刚体，应用平衡方程即可求解。但是，在超静定问题中，物体的变形由原来的次要因素上升为重要因素，它对约束力有很大影响。如果根据刚化原理列出平衡方程后，再考虑物体的变形条件补充新的方程，问题也就解决了。材料力学、结构力学等学科将讨论超静定问题的解法。

二、物体系统的平衡

工程结构或机械都是由若干个物体组成的物体系统，各物体之间以一定方式联系着，整个系统又以适当方式与其他物体相联系。系统各物体之间的联系构成内约束，而系统与其他物体的联系则构成外约束。当系统受到主动力作用时，在内约束处和外约束处都将产生约束力。内约束处的约束力是系统内部各物体之间的相互作用力，对整个系统而言，它们是内力；而主动力和外约束处的约束力则是其他物体作用于系统的力，它们是外力。例如，工程中常见的三铰拱，如图 3-17 所示，由 AC 和 BC 两部分组成，连接两部分的铰 C 是内约束，此处的约束力为内力；而铰 A 和铰 B 则是外约束，其约束力即为外力。应当注意，外力与内力的区分是相对的，它由所选择的研究对象来决定。如果不是取整个三铰拱，而是分别取 AC 或 BC 为考察对象，则铰 C 对 AC 或 BC 的作用力就成为外力了。

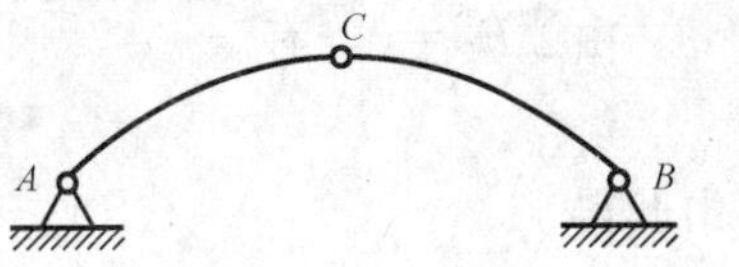

图 3-17 三铰拱

分析物体系统的平衡问题与单个物体的平衡问题时，基本原则一致，但前者有其特点，其中很重要的是要正确判断物体系统的静定性质，并选择合适的研究对象。在解答物体系统的平衡问题时，也可将整个系统或其中某几个物体的结合作为考察对象，以建立平衡方程。但是，对于一个受平面任意力系作用的、由 n 个物体组成的物体系统来说，不论是就整个系统或其中几个物体的组合，还是就个别物体写出的平衡方程，总共只有 $3n$ 个是独立的。因为作用于系统的力满足 $3n$ 个平衡方程之后，整个系统或其中的任何一部分必成平衡，因而，多余的方程只是系统成为平衡的必然结果，而不再是独立的方程。至于究竟是以整个系统还是其中的一部分作为考察对象，都应根据具体问题决定，以平衡方程中包含的未知量最少和便于求解为原则。须注意，这 $3n$ 个独立平衡方程是就每一个物体所受的力都是平面任意力系的情况得出的结论，如果某一物体所受的力是平面汇交力系或平面平行力系，则平衡方程的数目也将相应减少；如受的力是空间力系，则平衡方程的数目要增加。

下面举例说明如何求解物体系统的平衡问题。

【例 3-6】 联合梁支承及荷载情况如图 3-18（a）所示。已知 $F_1=10\text{kN}$，$F_2=20\text{kN}$，试求约束反力。图中长度单位为 m。

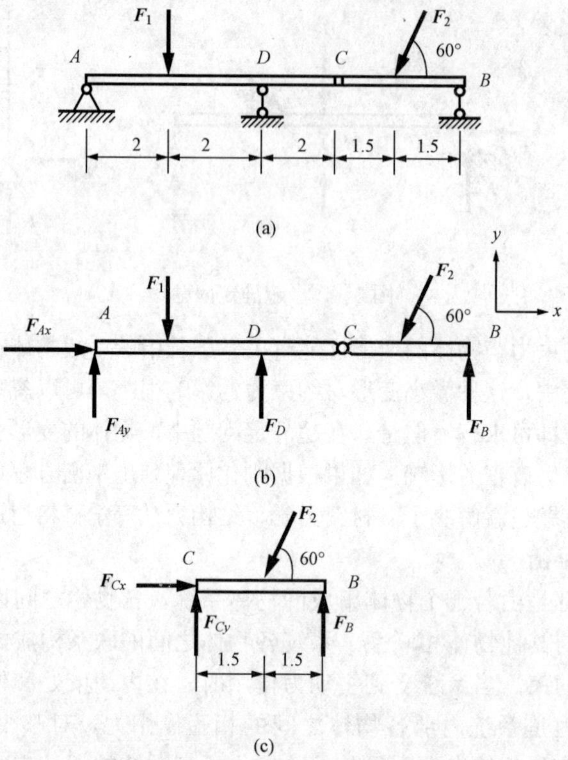

图 3-18 [例 3-6] 图

解 联合梁由两个物体组成，作用于每一物体的力系都是平面任意力系，共有 6 个独立的平衡方程，而未知的约束力也是 6 个（A、C 两处各 2 个，B、D 两处各 1 个），所以是静定的。首先以整个梁作为考察对象，示力图如图 3-18（b）所示。

由 $\sum F_{ix}=0$，有

$$F_{Ax}-F_2\cos60^\circ=0$$

由此得

$$F_{Ax}=F_2\cos60^\circ=10\text{kN}$$

其余三个未知数 F_{Ay}、F_D 及 F_B，不论怎样选取投影轴和矩心，都无法求得其中任何一个，因此必须将 AC、BC 两部分分开考虑。现在取 BC 作为考察对象，作示力图，如图 3-18（c）所示。

由 $$\sum F_{ix}=0,\quad 即\ F_{Cx}-F_2\cos60^\circ=0$$

解得 $$F_{Cx}=F_2\cos60^\circ=10\text{kN}$$

由 $$\sum M_{Ci}=0,\quad 即\ F_B\times3-F_2\sin60^\circ\times1.5=0$$

解得 $$F_B=8.66\text{kN}$$

由 $$\sum F_{iy}=0,\quad 即\ F_B+F_{Cy}-F_2\sin60^\circ=0$$

解得 $$F_{Cy}=8.66\text{kN}$$

再分析示力图图 3-18（b）。这时，F_{Ax} 及 F_B 均已求出，只有 F_{Ay}、F_D 两个未知数，可以写出两个平衡方程求解

$$\sum M_{Ai}=0,\quad 即\ F_D\times4+F_B\times9-F_1\times2-F_2\sin60^\circ\times7.5=0$$

将 F_1、F_2 及 F_B 的值代入，解得 $F_D=18\text{kN}$。

$$\sum F_{iy}=0,\quad 即\ F_{Ay}+F_D+F_B-F_1-F_2\sin60^\circ=0$$

将各已知值代入，即得 $F_{Ay}=0.66\text{kN}$。

本题也可一开始就将 AC 与 BC 分开，由两部分的平衡直接求解各未知数，而用整体的平衡方程进行校核。

【例 3-7】 某厂厂房三铰刚架，由于地形限制，铰 A 及 B 位于不同高程，如图 3-19（a）所示。刚架上的荷载已简化为两个集中力 F_1 及 F_2。试求 A、B、C 三处的反力。

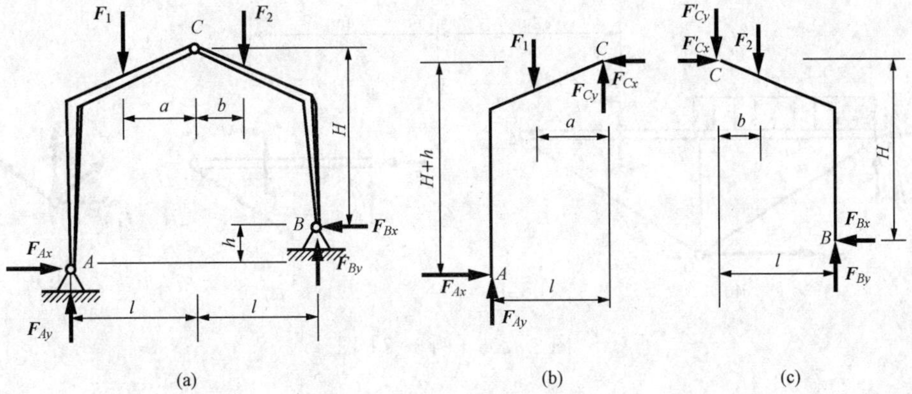

图 3-19 ［例 3-7］图

解 本题是静定问题，但如以整个刚架作为考察对象，示力图如图 3-19（a）所示，不论怎样选取投影轴和矩心，每一个平衡方程中至少包含两个未知数，而且不可能联立求解（读者可自己写出平衡方程进行分析）。即使用另外的方式表示 A、B 处的反力，如将 A、B 处的反力分别用沿着 AB 线和垂直于 AB 线的分力来表示，这样可以由 $\sum M_{Ai}=0$ 及 $\sum M_{Bi}=0$ 分别求出垂直于 AB 线的两个分力，但对进一步的计算并不方便。因此，我们将 AC 及 BC 两部分分开考察，作示力图，如图 3-19（b）和图 3-19（c）所示。虽然就每一部分来说，也不能求得四个未知数中的任何一个，但联合考察两部分，分别以 A 及 B 为矩心写出力矩方程，则两方程中只有 F_{Cx}（$F_{Cx}=F'_{Cx}$）及 F_{Cy}（$F_{Cy}=F'_{Cy}$）两个未知数，可以联立求解。现在根据上面的分析来写平衡方程。

据图 3-19（b），有

$$\sum M_{Ai}=0,\quad 即\ F_{Cx}(H+h)+F_{Cy}l-F_1(l-a)=0 \tag{a}$$

据图 3-19（c），有

$$\sum M_{Bi}=0,\quad 即-F'_{Cx}H+F'_{Cy}l+F_2(l-b)=0 \tag{b}$$

联立求解式（a）及式（b），可得

$$F_{Cx}=F'_{Cx}=\frac{F_1(l-a)+F_2(l-b)}{2H+h}$$

$$F_{Cy}=F'_{Cy}=\frac{F_1(l-a)H-F_2(l-b)(H+b)}{l(2H+h)}$$

其余各未知反力，读者可自行计算并进行校核。

如果只需求 A、B 两处的反力而不需求 C 处的反力，请考虑怎样用最少数目的平衡方程求解。如果 A、B 两点高程相同（$h=0$），又怎样求解最为简便？

【例3-8】 在图3-20所示悬臂平台结构中，已知荷载$M=60\text{kN}\cdot\text{m}$，$q=24\text{kN/m}$，各杆件自重不计。试求杆$BD$的内力。

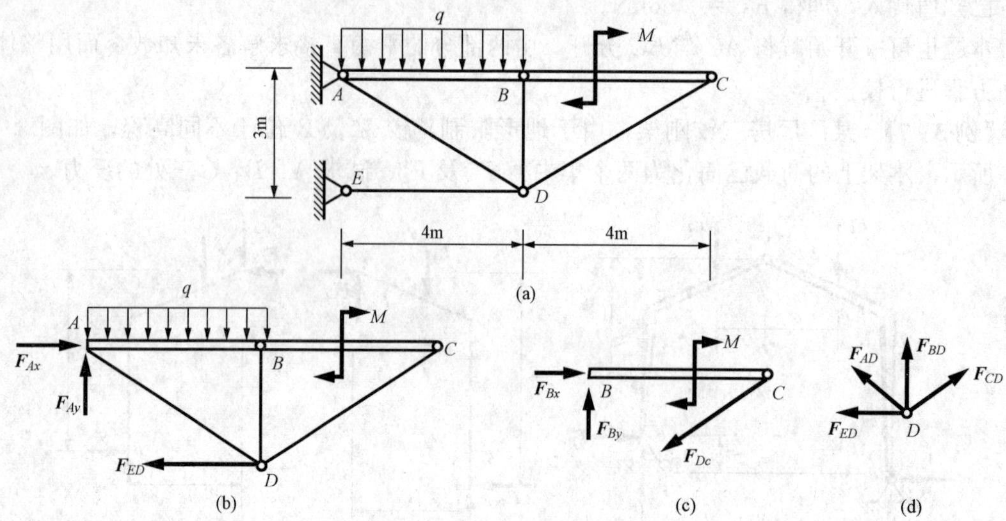

图3-20 ［例3-8］图

解 这是一个混合结构，求系统内力时必须将系统拆开，取脱离体，使所求的力出现在示力图中。具体过程分为三步，先取ACD部分，示力图如图3-20（b）所示，由

$$\sum M_{Ai}=0,\quad 即\ F_{ED}\times 3+M+4q\times 2=0$$

解得

$$F_{ED}=-84\text{kN}$$

然后取BC分析，示力图如图3-20（c）所示，由

$$\sum M_{Bi}=0,\quad 即\ \frac{3}{5}F_{DC}\times 4+M=0$$

解得

$$F_{DC}=-25\text{kN}$$

最后取铰D分析，示力图如图3-20（d）所示，平衡方程为

$$\sum F_{ix}=0,\quad 即\ \frac{4}{5}F_{DC}-F_{ED}-\frac{4}{5}F_{AD}=0$$

$$\sum F_{iy}=0,\quad 即\ \frac{3}{5}F_{AD}+F_{BD}+\frac{3}{5}F_{DC}=0$$

解得

$$F_{AD}=80\text{kN},F_{BD}=-33\text{kN}$$

以上求解过程是否最简单？如先分析BC的平衡，再取AB分析，是否可求解BD杆的内力？相关问题读者可自行分析。

从上面几个例子的分析可见，求解物体系统的平衡问题，一般需先判别是否是静定的。若是静定的，再选取适当的考察对象——可以是整个系统或其中的一部分，分析其受力情况，正确作出示力图，以建立必要的平衡方程求解。通常总是首先观察一下以整个系统为考察对象是否能求出某些未知量，如不能，就需分别选取其中一部分来考察。建立平衡方程时，应注意投影轴和矩心的选择，能避免解联立方程就尽量避免；不能避免时，也应力求方程简单。选取不同的考察对象，建立不同形式的平衡方程，可能使求解过程的繁简程度不一样，希望读者用心体察，务求灵活掌握。

§3-4　平面静定桁架的内力分析

作为平面力系平衡问题的一个特例，现在来讨论平面桁架的内力分析。

桁架是工程中常见的一种杆系结构，它是由一些细长直杆按适当方式分别在两端连接而成的几何形状不变的结构。由于桁架结构杆件截面受力均匀、节省材料、质量小，因此在工程中被广泛采用，如厂房、起重机、井架、输电铁塔、火箭发射塔、桥梁等。图3-21所示为一厂房中的桁架结构，图3-22所示为井架，图3-23所示为由桁架构成的铁路桥梁。

图3-21　厂房中的桁架结构

杆件与杆件相接合的点称为节点。所有杆件的轴线都在同一面内的桁架称为平面桁架。杆件轴线不在同一平面内的桁架称为空间桁架。图3-21所示桁架属于平面桁架。图3-22及图3-23所示桁架均属于空间桁架。

图3-22　井架

图3-23　铁路桥梁

桁架的设计计算中，必须首先根据作用于桁架的荷载，确定各杆所受的力——内力。凡是杆件内力可由静力学平衡方程求出的桁架，称为静定桁架。这里只对较简单的平面静定桁架的内力分析和计算作一讨论。有关桁架问题的进一步讨论，则属于结构力学的内容。

为简化桁架计算，工程中常用以下两个基本假设：

(1) 杆端用光滑铰链连接，铰的中心就是节点的位置。各杆轴线都通过节点。

(2) 所有外力（包括荷载和支座反力）都集中作用在节点上并位于桁架平面内。如需计算杆件自重，亦将杆件自重平均分配在杆两端的节点上。

根据上面的假设，桁架中的各杆只在两端受力，故各杆均为二力杆，亦即作用于杆端的两个力必定是等量、反向且沿着杆轴线的方向。这种力称为轴向力，它们在杆件内引起拉力或压力。

应当注意，上述结论是依据前面两个基本假设得到的。而那两个假设与实际情况并不完全相符，在这些假设条件下求得的杆件内力与杆件实际所受的力有所差别。但实践结果和进一步分析表明，这样计算的结果已能满足要求或可作为桁架初步设计的依据。

下面介绍平面静定桁架内力分析中最常用的两种方法：节点法和截面法。

一、节点法

当桁架受到外力作用而保持平衡时，其上各部分也一定保持平衡。如选取节点为研究对象，则作用在该节点上的外力和杆件内力必组成一平衡的平面汇交力系。若对桁架的所有节点逐个进行考察，应用平衡条件和作用与反作用的关系，就可由已知力求出全部杆件的内力，这就是节点法。由于平面汇交力系只能列出两个独立的平衡方程，因此在选取节点时应注意，未知力不宜超过两个（在特殊情况下可多于两个）。

进行内力计算时，通常假设每一杆件都受拉力，如某一杆件的内力计算结果为负值，则表示该杆的内力为压力。

【例 3-9】 试求图 3-24（a）所示桁架中各杆的内力。

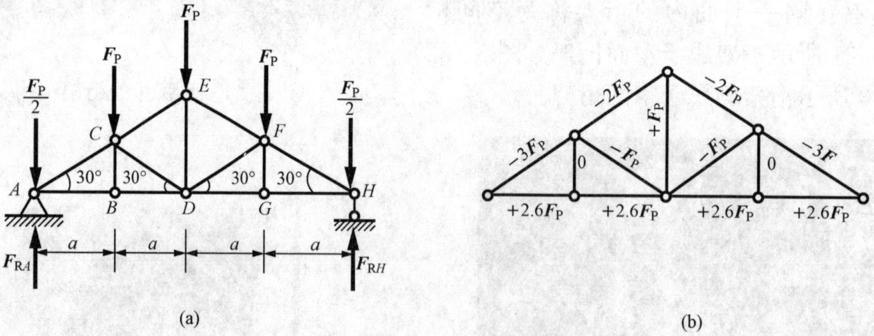

图 3-24 ［例 3-9］图

解　首先考虑整个桁架的平衡，求约束反力。因为所有荷载及 H 点的约束反力 F_{RH} 都是铅直的，所以 A 点的约束反力也必定是铅直的。

$$由\sum M_{Hi}=0,\quad 即\ F_P\times a+F_P\times 2a+F_P\times 3a+\frac{F_P}{2}\times 4a-F_{RA}\times 4a=0$$

解得

$$F_{RA}=2F_P$$

又由

$$\sum F_{iy}=0,\quad 即\ F_{RA}+F_{RH}-4F_P=0$$

解得

$$F_{RH}=2F_P$$

由于桁架结构及所受的外力（荷载和约束力）都对称于中心线 DE，因此该桁架中对称杆件的内力必定相等。所以只需计算其右半部分（或左半部分）各杆的内力。具体计算见表 3-1。

表 3-1　　杆件内力计算

节点	受力图	平衡方程 ($\sum F_{ix}=0$，$\sum F_{iy}=0$)	杆件内力
H	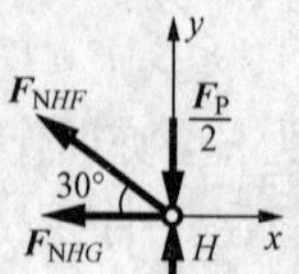	$-F_{NHG}-F_{NHF}\cos30^\circ=0$ $F_H-\frac{F_P}{2}+F_{NHF}\sin30^\circ=0$	$F_{NHF}=-3F$ $F_{NHG}=2.6F$

续表

节点	受　力　图	平衡方程 ($\sum F_{ix}=0$，$\sum F_{iy}=0$)	杆件内力
G	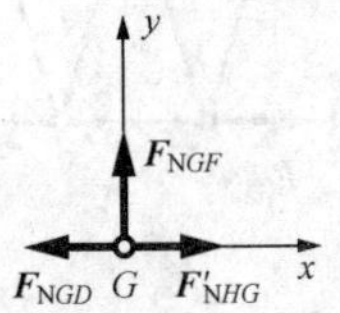	$F'_{NHG}-F_{NGD}=0$ $F_{NGF}=0$	$F_{NGD}=2.6F$ $F_{NGF}=0$
F	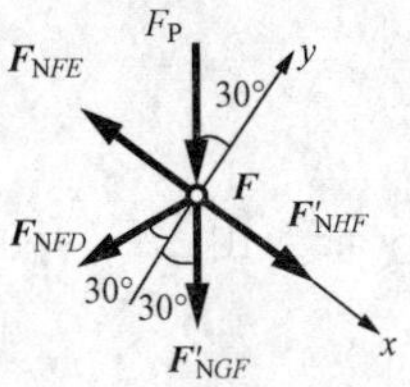	$F'_{NHF}-F_{NFE}-F_{NFD}\sin30°+F'_{NGF}\sin30°+F_P\sin30°=0$ $-F_{NFD}\cos30°-F'_{NGF}\cos30°-F_P\cos30°=0$	$F_{NFD}=-F_P$ $F_{NFE}=-2F_P$
E	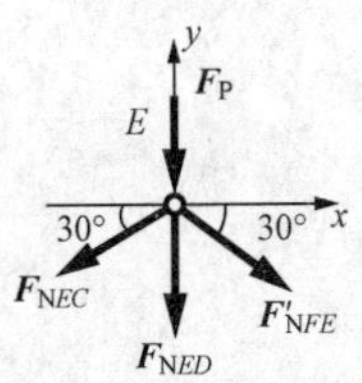	$F'_{NFE}\cos30°-F_{NEC}\cos30°=0$ $-F_P-F_{NED}-F'_{NFE}\sin30°-F_{NEC}\sin30°=0$	$F_{NEC}=F'_{NFE}=-2F_P$ $F_{NED}=-F_P$

注　如果根据某一节点的平衡算得某杆件内力为负值（即为压力），在考察该杆件另一端的节点时，仍将该杆内力当作拉力来建立平衡方程，但在计算数值时须连同负号一起代入。如果遵循在节点受力图中已知的轴力按实际方向画，未知的按正方向画，那么在建立的平衡方程中，已知的只要代入绝对值即可。

为了清楚起见，常用图 3-24（b）的形式将计算结果表示出来。

我们看到，本例中有两根杆件 BC 及 FG 的内力是零。在结构上常将内力为零的杆件称为零杆。通常，零杆无须计算，根据观察即可判定哪些杆件是零杆。本例中的 FG 垂直于 DG 及 GH，而在 G 点又无外力作用，考虑节点 G，由 $\sum F_{iy}=0$ 即得到 $F_{NG}=0$。由此可得出判断平面桁架零杆的准则：如有三根杆件在某一节点相交，其中两根在同一直线上，且该节点不受外力作用，则第三根杆（不必与另两根杆垂直）必为零杆；如只有两根不共线的杆件相交于一节点，该节点又无外力作用，则该两杆件必然都是零杆。计算桁架内力时，如先能找出零杆，可省却不少计算工作。

二、截面法

如果只需求桁架上某几根杆的内力，用截面法较为简便。这种方法是用一假想的截面，将桁架的某些杆件截断，取其中的一部分作为研究对象。该部分在外力和被截杆件的内力作用下保持平衡，利用平面一般力系的平衡方程，可求出被截断杆件中的未知内力。由于平面力系只有三个独立的平衡方程，因此被截断的杆件的未知内力一般不应超过三个（在特殊情况下可多于三个）。

【例 3-10】　求图 3-25（a）所示桁架中 1、2、3 杆的内力。

解　首先考虑整个桁架的平衡，求出支座反力 $F_A=\frac{4}{5}F$，$F_K=\frac{1}{5}F$。然后用截面 m-m 将桁架分割成两部分，而取右边部分来考察其平衡，如图 3-25（b）所示。这部分桁架在反

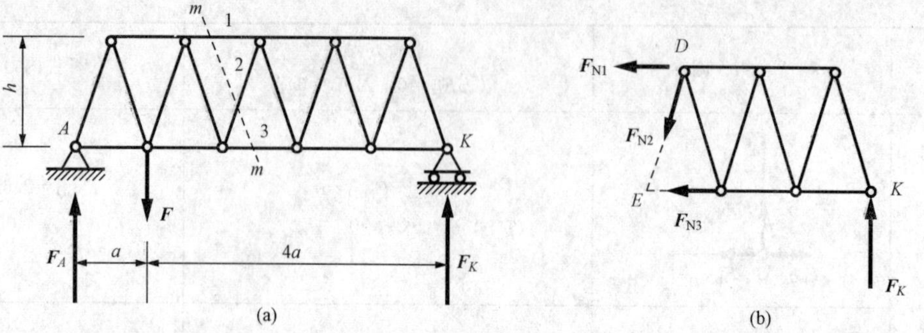

图 3-25 ［例 3-10］图

力 $\boldsymbol{F}_K$ 及内力 $\boldsymbol{F}_{N1}$、$\boldsymbol{F}_{N2}$、$\boldsymbol{F}_{N3}$ 的作用下保持平衡。以铅直轴为 y 轴，由 $\sum F_{iy}=0$ 得

$$F_K-\frac{h}{\sqrt{h^2+\left(\frac{a}{2}\right)^2}}F_{N2}=0$$

于是

$$F_{N2}=\frac{F\sqrt{4h^2+a^2}}{10h}$$

由 $\sum M_{Ei}=0$，即 $F_K\times 3a+F_{N1}h=0$

解得

$$F_{N1}=-\frac{3a}{h}F_K=-\frac{3a}{5}\frac{F}{h}$$

由 $\sum M_{Di}=0$，即 $F_K\times\frac{5}{2}a-F_{N3}h=0$

解得

$$F_{N3}=\frac{5a}{2h}F_K=\frac{a}{2}\frac{F}{h}$$

【例 3-11】 试求图 3-26（a）所示的悬臂桁架中杆 DG 的内力。

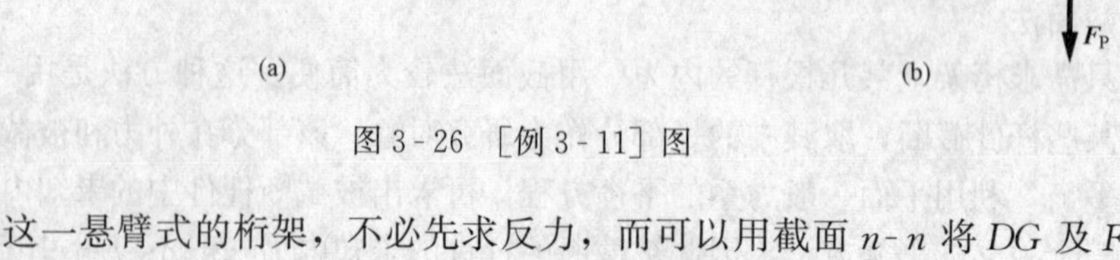

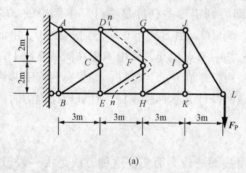

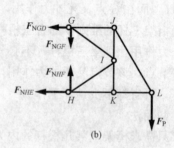

图 3-26 ［例 3-11］图

解　对于这一悬臂式的桁架，不必先求反力，而可以用截面 n-n 将 DG 及 FG、FH、EH 各杆截断，取右边部分作为考察对象，如图 3-26（b）所示。在这里，虽然出现 4 个未知内力，但 $\boldsymbol{F}_{NGF}$、$\boldsymbol{F}_{NHF}$、$\boldsymbol{F}_{NHE}$ 相交于 H 点。因此，以 H 点为矩心，由 $\sum M_{Hi}=0$ 可直接求得 $\boldsymbol{F}_{NGD}$。于是有

$$4F_{NGD}-6F_P=0$$

从而解得

$$F_{NGD}=1.5F_P$$

§3-5 有摩擦的平衡问题

前面讨论物体平衡时，都假设物体间的接触是完全光滑的。但实际问题中完全光滑的接触是不存在的。只是在有些问题中摩擦力很小时，为简化计算才可略去不计。但在另一些情况下，摩擦力对物体的平衡起重要甚至是决定性作用，必须加以考虑。例如，重力坝依靠摩擦来阻止在水压力作用下可能产生的滑动；机床上的夹具利用摩擦来夹紧工件；机动车辆的启动或制动、人走路，如果无摩擦，则后果不可想象。

摩擦如按接触物体间相对运动的情况分类，可分为滑动摩擦和滚动摩擦两类。当两物体接触处有相对滑动或有相对滑动趋势时，在接触处的公切面内所受到的阻碍称为滑动摩擦（又称第一类摩擦）。当两物体有相对滚动或有相对滚动趋势时，物体间产生的对滚动的阻碍称为滚动摩擦（又称第二类摩擦）。

一、滑动摩擦

两个相互接触的物体有相对滑动或滑动的趋势时，彼此作用着阻碍相对滑动的力，称为滑动摩擦力，简称摩擦力。摩擦力是阻碍相对滑动的力，它的方向必与物体相对滑动或相对滑动的趋势方向相反。至于摩擦力的大小，则将随以下不同情况而异。

将重 $\boldsymbol{F}_W$ 的物体放在水平面上，并施加一水平力 $\boldsymbol{F}_T$，如图 3-27所示。当水平力 $\boldsymbol{F}_T=0$，物体处于静止状态而没有滑动趋势时，摩擦力 $\boldsymbol{F}$ 为零。当 $\boldsymbol{F}_T$ 由零逐渐增大而不超过某一数值时，物体虽有滑动趋势，但仍保持相对静止，这时摩擦力的大小取决于水平力 $\boldsymbol{F}_T$ 的大小，根据平衡条件，$\boldsymbol{F}=\boldsymbol{F}_T$。这时的摩擦力 $\boldsymbol{F}$ 称为静摩擦力。

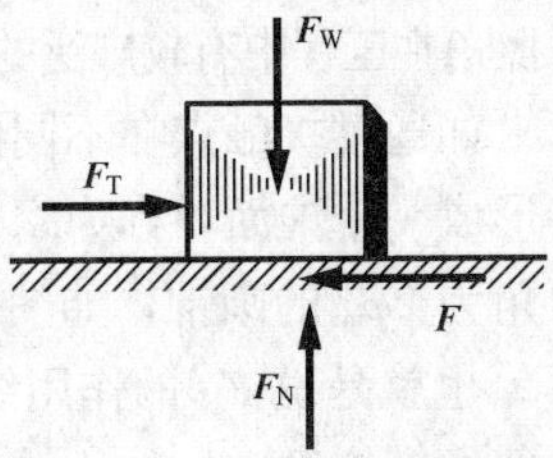

图 3-27 有滑动摩擦的物体

当 $\boldsymbol{F}_T$ 增大到一定数值时，物体处于将要滑动但还未滑动的临界平衡状态，这时的摩擦力达到极限值，称为极限摩擦力或最大静摩擦力，通常用 $\boldsymbol{F}_L$ 表示。

大量实验证明：极限摩擦力的大小与接触面之间的正压力（即法向反力）成正比，即

$$F_L = f_s F_N \tag{3-13}$$

这就是库伦摩擦定律。式中 f_s 称为静摩擦因数，是一无量纲的比例常数，它的大小与接触物体的材料及接触面状况（如粗糙度、温度、湿度等）有关。静摩擦因数可由实验测定，常用材料的静摩擦因数一般可在一些工程手册中查到。表 3-2 中列出了一些材料的静摩擦系数 f_s 的近似值，以供参考。

必须指出，式（3-13）仅是个近似的，它远没有反映出摩擦现象的复杂性，但由于公式简单，应用方便，且对于一般的工程问题具有足够的准确性，所以现在仍被广泛地采用。

表 3-2 **静摩擦系数 f_s 的近似值**

材料名称	f_s 值	材料名称	f_s 值
钢对钢	0.10～0.20	木材对木材	0.40～0.60
钢对铸铁	0.20～0.30	木材对土	0.30～0.70
皮革对铸铁	0.30～0.50	混凝土对砖	0.70～0.80
橡胶对铸铁	0.50～0.80	混凝土对土	0.30～0.40

如果图 3-27 中的水平力 $\boldsymbol{F}_T$ 继续增大，物体的临界平衡状态遭到破坏，物体间发生相对滑动，这时的摩擦力称为动摩擦力，以 $\boldsymbol{F}'$ 表示。实验表明，动摩擦力与法向反力也有与式（3-13）相同的近似关系：动摩擦力的大小与接触面之间的正压力（即法向反力）成正比，即

$$F' = fF_N \tag{3-14}$$

其中，f 也是一个无量纲的比例常数，称为动摩擦因数。它除了与接触面的材料及表面情况等因素有关外，还与物体相对滑动的速度有关。一般情况下，动摩擦因数比静摩擦因数略小。这说明，使物体从静止开始滑动要比维持物体继续滑动费力。

二、摩擦角与自锁现象

当有摩擦作用时，接触面对物体的约束力有法向反力 $\boldsymbol{F}_N$ 与摩擦力 $\boldsymbol{F}$。把这两个力合成，合力用 $\boldsymbol{F}_R$ 表示，即 $\boldsymbol{F}_R=\boldsymbol{F}_N+\boldsymbol{F}$。$\boldsymbol{F}_R$ 称为全约束反力，简称全反力。当摩擦力 $\boldsymbol{F}$ 达到极限摩擦力 $\boldsymbol{F}_L$ 时，$\boldsymbol{F}_R$ 与 $\boldsymbol{F}_N$ 所成的角 φ_m（见图 3-28）称为静摩擦角，简称摩擦角。由于 $\boldsymbol{F}_L$ 是最大的静摩擦力，因此 φ_m 也是 $\boldsymbol{F}_R$ 与 $\boldsymbol{F}_N$ 之间可能有的最大夹角。由图可见，$F_L=F_N\tan\varphi_m$。根据式（3-13）有 $F_L=f_sF_N$，因此

$$\tan\varphi_m = f_s \tag{3-15}$$

即摩擦角的正切等于静摩擦因数。由此可见，φ_m 与 f_s 一样，都是描述物体摩擦性质的物理量。摩擦角在工程中有较广泛的应用，如螺杆的设计及土建工程中土压力的计算等都涉及这一概念。

如通过接触点在不同的方向作出在极限摩擦情况下的全约束反力的作用线，则这些直线将形成一个锥面，称为摩擦锥。如沿接触面的各个方向的摩擦因数都相同，则摩擦锥是一个顶角为 $2\varphi_m$ 的圆锥，如图 3-29 所示。因为全约束反力 $\boldsymbol{F}_R$ 与接触面法线所成的角不会大于 φ_m，也就是说 $\boldsymbol{F}_R$ 的作用线不可能超出摩擦锥，所以物体所受的主动力的合力 $\boldsymbol{F}_Q$ 的作用线必须在摩擦锥内，物体才不致滑动；而只要 $\boldsymbol{F}_Q$ 的作用线在摩擦锥内，则不论 $\boldsymbol{F}_Q$ 多大，物体总能保持静止，这种现象称为“自锁”。反之，如主动力的合力与法线的夹角大于摩擦角，则不论这个力多小，支承面的全反力都无法与之平衡，物体一定会发生相对滑动。在日常生活或工程中，我们经常利用自锁现象，如在墙上钉木楔、用螺旋千斤顶举起重物等。但有时又要设法避免自锁，如水闸闸门自动启闭时就应避免自锁，以防止闸门卡住等。

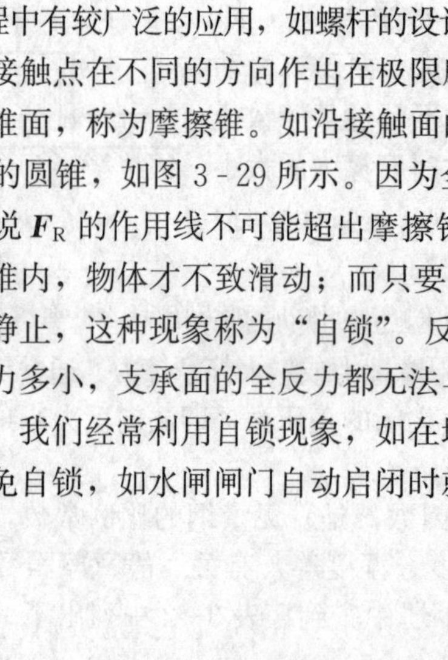

图 3-28　摩擦角

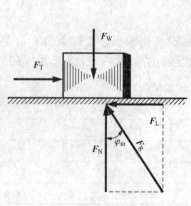

图 3-29　摩擦锥

三、有摩擦的平衡问题

考虑摩擦的平衡问题与不考虑摩擦的平衡问题的求解方法本质上是一样的，都需要满足力系的平衡条件。只是在考虑摩擦的平衡问题中，必须加上摩擦力，并要特别注意对摩擦力的方向和大小的判断。极限摩擦力（或动摩擦力）的方向总是与物体相对滑动趋势的方向（或相对滑动的方向）相反。但当静摩擦力的方向无法事先判断出来时，可像一般约束力那样假设其方向，最后由平衡方程计算结果的正负号来判断假设的方向是否正确。而摩擦力的大小可在零与极限值 F_L 之间变化，即 $0\leqslant F\leqslant F_L$。相应地，物体的平衡位置或所受的力也有一个范围，这是与没有摩擦的问题的不同之处。而为了确定平衡范围，通常都是对物体的临界平衡状态进行分析，以避免解不等式。

【例 3-12】 重 $\boldsymbol{F}_P$ 的物块放在倾角 α 大于摩擦角 φ_m 的斜面上，如图 3-30（a）所示，另加一水平力 $\boldsymbol{F}_T$ 使物块保持静止。求 $\boldsymbol{F}_T$ 的最小值与最大值，设摩擦因数为 f_s。

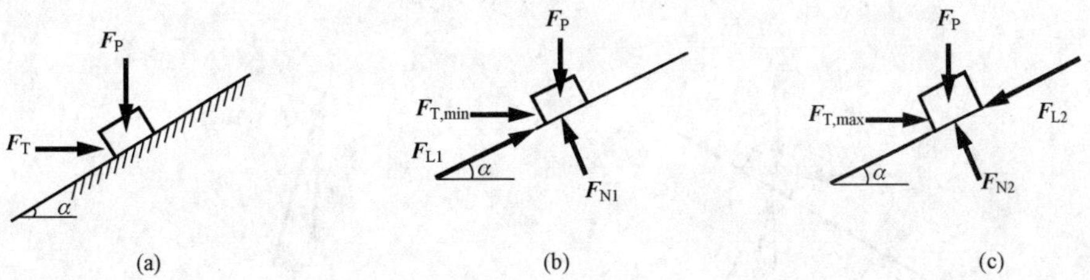

图 3-30 ［例 3-12］图

解 因 $\alpha>\varphi_m$，如 $\boldsymbol{F}_T$ 太小，则物块将下滑；如 $\boldsymbol{F}_T$ 过大，又将使物块上滑，所以需要分两种情形加以讨论。

先求恰能维持物块不下滑所需的力 $\boldsymbol{F}_T$ 的最小值 $\boldsymbol{F}_{T,min}$。这时物块有下滑的趋势，所以摩擦力向上，如图 3-30（b）所示。

写出平衡方程

$$F_{T,min}\cos\alpha + F_{L1} - F_P\sin\alpha = 0 \tag{a}$$

$$F_{N1} - F_{T,min}\sin\alpha - F_P\cos\alpha = 0 \tag{b}$$

由式（b）有

$$F_{N1} = F_{T,min}\sin\alpha + F_P\cos\alpha \tag{c}$$

将 $F_{L1}=f_sF_{N1}$ 及式（c）代入式（a），得

$$F_{T,min} = \frac{\sin\alpha - f_s\cos\alpha}{\cos\alpha + f_s\sin\alpha}F_P$$

但 $f_s=\tan\varphi_m$，代入上式，得

$$F_{T,min} = \frac{\sin\alpha - \tan\varphi_m\cos\alpha}{\cos\alpha + \tan\varphi_m\sin\alpha}F_P = F_P\tan(\alpha-\varphi_m) \tag{d}$$

其次，求不使物块向上滑动的 $\boldsymbol{F}_T$ 的最大值 $\boldsymbol{F}_{T,max}$。这时摩擦力向下，如图 3-30（c）所示，写出平衡方程

$$F_{T,max}\cos\alpha - F_{L2} - F_P\sin\alpha = 0 \tag{e}$$

$$F_{N2} - F_{T,max}\sin\alpha - F_P\cos\alpha = 0 \tag{f}$$

由式（e）、式（f）以及 $F_{L2}=f_sF_{N2}=\tan\varphi_mF_{N2}$，得

$$F_{\mathrm{T,max}} = \frac{\sin\alpha + f_{\mathrm{s}}\cos\alpha}{\cos\alpha - f_{\mathrm{s}}\sin\alpha}F_{\mathrm{P}} = F_{\mathrm{P}}\tan(\alpha + \varphi_{\mathrm{m}}) \tag{f}$$

可见，要使物块在斜面上保持静止，力 $\boldsymbol{F}_{\mathrm{T}}$ 必须满足以下条件

$$F_{\mathrm{P}}\tan(\alpha - \varphi_{\mathrm{m}}) \leqslant F_{\mathrm{T}} \leqslant F_{\mathrm{P}}\tan(\alpha + \varphi_{\mathrm{m}})$$

如利用摩擦角求解本题，则上面的结果很容易得到。

当 $\boldsymbol{F}_{\mathrm{T}}$ 有最小值时，物体受力如图 3-31（a）所示，其中 $\boldsymbol{F}_{\mathrm{R}}$ 是斜面对物块的全约束反力。这时 $\boldsymbol{F}_{\mathrm{P}}$、$\boldsymbol{F}_{\mathrm{T,min}}$ 及 $\boldsymbol{F}_{\mathrm{R}}$ 三力成平衡，力三角形应闭合，如图 3-31（b）所示。于是立即得到

$$F_{\mathrm{T,min}} = F_{\mathrm{P}}\tan(\alpha - \varphi_{\mathrm{m}})$$

当 $\boldsymbol{F}_{\mathrm{T}}$ 有最大值时，物块受力如图 3-31（c）所示，力三角形图如图 3-31（d）所示，于是有

$$F_{\mathrm{T,max}} = F_{\mathrm{P}}\tan(\alpha + \varphi_{\mathrm{m}})$$

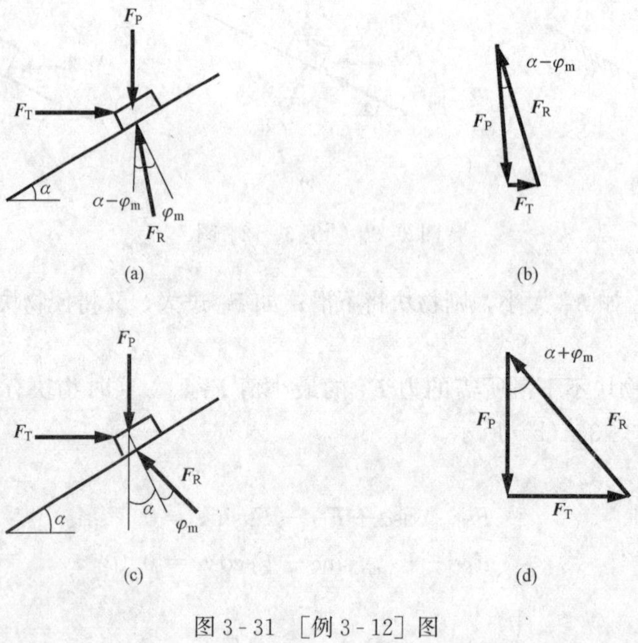

图 3-31 ［例 3-12］图

应当注意，当力 $\boldsymbol{F}_{\mathrm{T}}$ 在上述范围内而未达到极限值时，摩擦力不等于 $f_{\mathrm{s}}F_{\mathrm{N}}$，应由平衡条件决定，摩擦力的方向也由平衡条件决定。

从式（d）可以看出，如果 $\alpha=\varphi_{\mathrm{m}}$，则 $F_{\mathrm{T,min}}=0$。就是说，无须施加力 F_{T}，物块已能平衡。但这只是临界状态，只要 α 略微增加，物块即将下滑（设 $F_{\mathrm{T}}=0$）。

【例 3-13】 图 3-32（a）所示为一起重机制动装置。已知鼓轮半径 $r=15\mathrm{cm}$，制动轮半径 $R=25\mathrm{cm}$，物体重 $F_{\mathrm{W}}=981\mathrm{N}$，制动块与制动轮间的静摩擦因数为 0.6，略去制动块厚度，其他尺寸如图所示。试求制动鼓轮转动手柄上所需加的力 $\boldsymbol{F}_{\mathrm{P}}$ 的最小值。

解 轮子（鼓轮及制动轮）和制动杆所受的力可简化为平面力系，其受力如图 3-32（b）、图 3-32（c）所示。这里需要注意，两个互相接触的物体（制动块与制动轮）间的摩擦力是一对作用与反作用力，当接触面上一个物体的摩擦力准确地画出来后，接触面上另一物体的摩擦力便可根据作用与反作用定律画出。

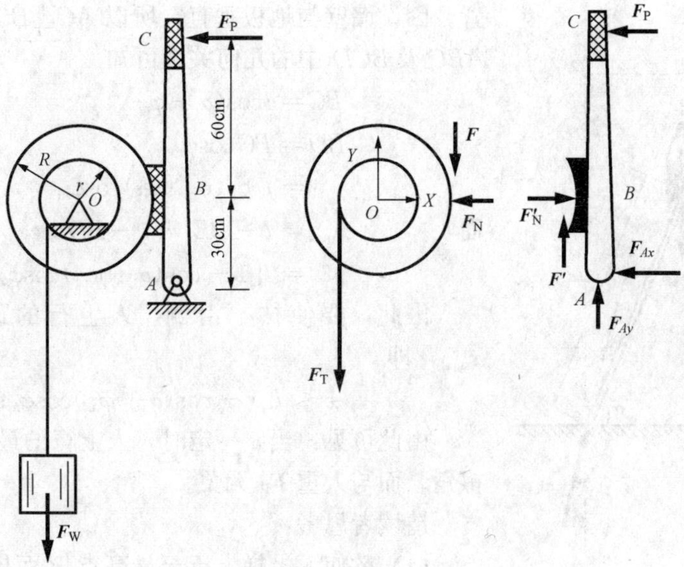

图 3-32 ［例 3-13］图

先对轮子列出平衡方程

$$\sum M_O = 0,\quad F_T r - FR = 0$$

当重物平衡时，$F_T = F_W = 981\text{N}$，代入上式，求得

$$F = \frac{F_T r}{R} = 589\text{N}$$

再对制动杆 AC 列出平衡方程

$$\sum M_A = 0,\quad \text{即 } F_P \times 90 - F'_N \times 30 = 0$$

求得

$$F_P = \frac{1}{3}F'_N$$

要想把轮子制动，由上面的平衡方程算出的 F 不应大于 F_L，故有

$$F \leqslant f_s F_N = 0.6F_N$$

即

$$F_N = \frac{589}{0.6} = 981\text{N}$$

所以

$$F_P = \frac{1}{3}F_N \geqslant \frac{981}{3} = 327\text{N}$$

即制动力 $\boldsymbol{F}_P$ 的最小值为 327N。

【例 3-14】 梯子 AB 长 l，一端支于地板，另一端靠在墙上，梯与地板成 α 角，如图 3-33 所示。若梯与地板及墙壁之间的静摩擦角都等于 φ_m，不计梯重，求重为 $\boldsymbol{F}_P$ 的人沿梯上行而梯不滑倒的距离（设墙壁与地板垂直）。

解 如果梯两端与地板及墙壁都是光滑接触，则两处反力都垂直于接触面。当人沿梯上行时，其重力 $\boldsymbol{F}_P$ 有使梯绕 O 逆时针方向转动的趋势，于是有 A 点向右、B 点向下滑动的趋势。因此，A 点的摩擦力向左，而 B 点的摩擦力向上。当人的上行距离到达极值 x_{max}，梯即将开始滑动时，A、B 两点的反力都与接触面的法线成角 φ_m，如图 3-33 所示。延长 $\boldsymbol{F}_{RA}$ 及 $\boldsymbol{F}_{RB}$ 的作用线交于 C，则重力 $\boldsymbol{F}_P$ 必须通过 C 点三力才能平衡。这时，人所在位置就是极限位

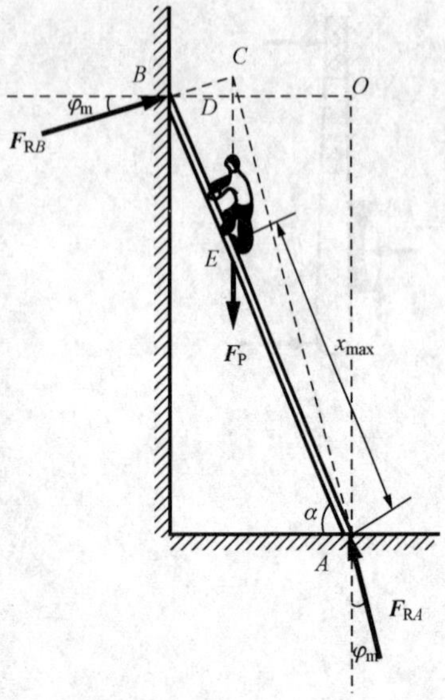

图 3-33 ［例 3-14］图

置。因设墙壁与地板垂直，所以 $AC\perp BC$。由直角三角形 ABC 及 BCD 中的几何关系可知

$$BC=l\cos(\alpha+\varphi_m)$$

$$BD=BC\cos\varphi_m$$

$$=l\cos(\varphi_m+\alpha)\cos\varphi_m$$

而 $$x_{max}=l-BE=l-BD\sec\alpha$$

$$=l[1-\cos(\alpha+\varphi_m)\cos\varphi_m\sec\alpha]$$

因此，要使梯不滑倒，人上行的距离应满足 $x\leqslant x_{max}$，即

$$x\leqslant l[1-\cos(\alpha+\varphi_m)\cos\varphi_m\sec\alpha]$$

由此可见，当 α 一定时，人上行的最大距离取决于摩擦角，而与人重 $\boldsymbol{F}_P$ 无关。

请读者思考：

(1) 欲使人沿梯上行至最高点 B 而梯不滑动，α 值应为多少？

(2) 若人在 AE 之间，即 $0<x<x_{max}$，A、B 两处的约束力能求得吗？

四、滚动摩擦

把一个半径为 r、重为 $\boldsymbol{F}_Q$ 的轮子放在不光滑的水平面上，水平力 $\boldsymbol{F}_T$ 作用在轮心处。如果轮子和平面都是刚体，它们接触于 I 点，轮子受力如图 3-34（a）所示。法向反力 $\boldsymbol{F}_N$ 和滑动摩擦力 $\boldsymbol{F}$ 都作用于 I 点，并且 $\boldsymbol{F}_N=-\boldsymbol{F}_Q$，$\boldsymbol{F}=-\boldsymbol{F}_T$。由于 $\boldsymbol{F}_N$ 和 $\boldsymbol{F}_Q$ 作用在同一直线上，因此 $\boldsymbol{F}_N$ 与 $\boldsymbol{F}_Q$ 互相平衡。而 $\boldsymbol{F}_T$ 与 $\boldsymbol{F}$ 则组成一个力偶，不论 $\boldsymbol{F}_T$ 的值多么小，只要它存在，轮子都不能平衡，要产生滚动。但事实上，在一定的重力荷载作用下，当力 $\boldsymbol{F}_T$ 较小时，圆轮并不滚动，仍保持平衡。可见，平面上一定存在一个力偶与力偶（$\boldsymbol{F}_T$，$\boldsymbol{F}$）平衡，该力偶的矩 $M=F_Tr$，如图 3-34（b）所示。把这个阻碍轮子滚动的力偶称为滚动摩擦力偶。

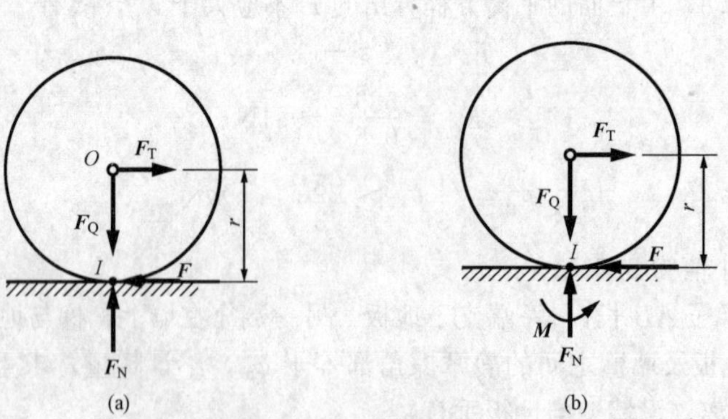

图 3-34 滚动摩擦

该滚动摩擦力是怎么产生的呢？由于轮子和水平面都不是刚体，当轮子受到重力 $\boldsymbol{F}_Q$ 的作用后，轮子和平面都发生了局部变形，轮子被压扁了一些，同时，水平面也被压凹下去一点。若轮子又受到水平向右的力 $\boldsymbol{F}_T$ 作用，则轮子有沿顺时针方向滚动的趋势。这时，I 点右边的接触面被压紧而左边放松，因此，轮子与水平面的接触变成了偏向轮子右前方的一小

块面积。水平面对轮子的作用力就分布这块面积上，如图 3 - 35（a）所示。这是一平面分布力，把它合成一个力 $\boldsymbol{F}_R$。$\boldsymbol{F}_R$ 的作用线稍偏向轮子相对滚动的前方，$\boldsymbol{F}_R$ 在水平方向的分力即滑动摩擦力 $\boldsymbol{F}$，在铅直方向的分力即法向反力 $\boldsymbol{F}_N$，$\boldsymbol{F}_N$ 自 I 点向轮子的前方偏移了一小段距离 d。这样，$\boldsymbol{F}_N$ 和 $\boldsymbol{F}_Q$ 组成一个力偶，该力偶就是滚动摩擦力偶。圆轮的受力图如图 3 - 35（b）或图 3 - 34（b）所示。

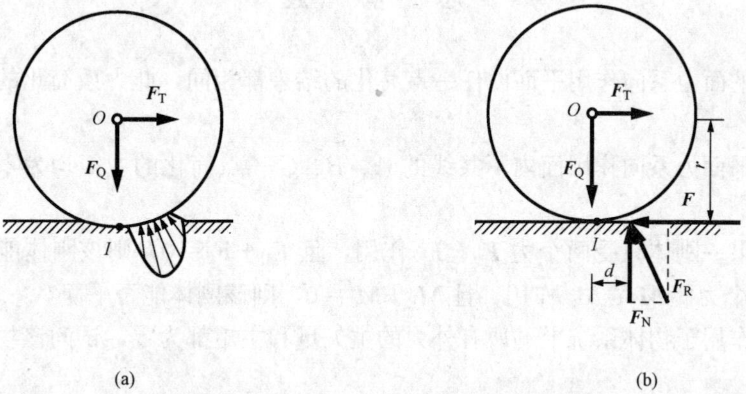

图 3 - 35　滚动摩擦产生的机理

当 $\boldsymbol{F}_T$ 增大时，若轮子仍静止，则滚动摩擦力偶矩也随之增大。但滚动摩擦力偶矩不能无限增大，而有一个最大值。该最大值为极限滚动摩擦力偶矩。由实验结果可知：极限滚动摩擦力偶矩与法向反力成正比，即

$$M_L = \delta F_N \tag{3-16}$$

其中 δ 称为滚动摩擦因数，是一个以长度为单位的系数，常用单位为 mm。δ 起着力偶臂的作用，是法向反力偏离轮子最低点的最大距离。δ 的大小与接触材料的性质（如硬度、温度）等因素有关，可由实验测定，有的也可在工程手册上查到。例如：

木与木	δ=0.5～0.8mm
软纲与软钢	δ=0.05mm
木与钢	δ=0.3～0.4mm
轮胎与路面	δ=2～10mm

当主动力偶的矩超过极限滚动摩擦力偶矩时，轮子开始滚动。通常认为，滚动后的滚动摩擦力偶矩与极限摩擦力偶矩大小相等。

由以上分析可知，若要轮子不滚动，必须使滚动力偶矩不超过极限滚动摩擦力偶矩，即 $F_T r \leqslant \delta F_N$。又根据轮子的平衡条件有 $F_N = F_Q$，于是得到轮子不滚动的条件为

$$F_T r \leqslant \delta F_Q$$

即

$$F_T \leqslant \frac{\delta}{r} F_Q \tag{3-17}$$

要轮子不滑动，又必须满足条件

$$F_T \leqslant f_s F_Q \tag{3-18}$$

因此，要使轮子既不滚动又不滑动，必须满足的条件是

$$F_T \leqslant \frac{\delta}{r} F_Q，\quad F_T \leqslant f_s F_Q$$

通常，$\frac{\delta}{r}$远比f_s小，所以轮子的平衡总是取决于前一条件。由此可见，使轮子滚动要比使其滑动容易得多。在生产实践中，常以滚动代替滑动，如沿地面拖重物时，常在重物底部垫以圆辊，在机器中用滚珠轴承代替滑动轴承等。

思 考 题

3-1 某平面力系向作用平面内任一点简化的结果都相同，此力系简化的最后结果可能是什么？

3-2 某平面力系向作用面内不共线的A、B、C三点简化的主矩均为零，此力系是否一定平衡？

3-3 如果一刚体只受两个力$\boldsymbol{F}_1$、$\boldsymbol{F}_2$作用，且$\boldsymbol{F}_1+\boldsymbol{F}_2=0$，则该刚体能否平衡？如果一刚体只受两个力偶$\boldsymbol{M}_1$、$\boldsymbol{M}_2$作用，且$\boldsymbol{M}_1+\boldsymbol{M}_2=0$，则该刚体能否平衡？

3-4 若作用于物体系统上的所有外力的主矢量和主矩都为零，试问该物体系统一定平衡吗？

3-5 如果一个结构包含的未知量的个数恰好等于此结构能建立的独立平衡方程的个数，则此结构是静定的。此说法是否正确？

习 题

3-1 x轴与y轴斜交成α角，如图3-36所示。设一力系在Oxy平面内，对y轴和x轴上的A、B两点有$\sum M_{iA}=0$，$\sum M_{iB}=0$，且$\sum F_{iy}=0$，但$\sum F_{ix}\neq 0$。已知$OA=a$，求B点在x轴上的位置。

3-2 一平面力系（在Oxy平面内）中的各力在x轴上的投影的代数和等于零，对A、B两点的主矩分别为$M_A=12\text{N}\cdot\text{m}$、$M_B=15\text{N}\cdot\text{m}$、$A$、$B$两点的坐标分别为（2，3）、(4，8)，如图3-37所示，试求该力系的合力（坐标值的单位为m)。

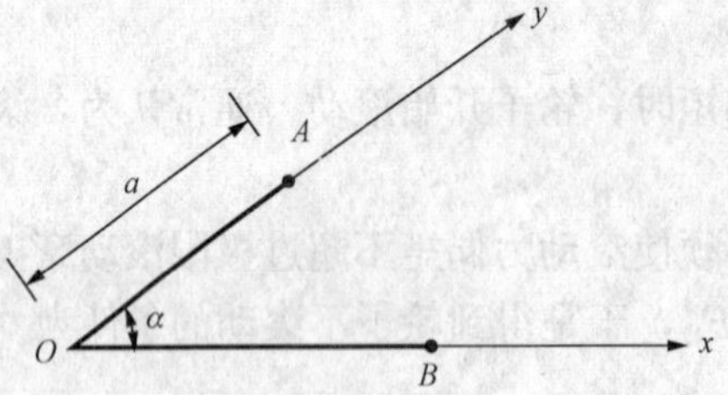

图3-36 习题3-1图

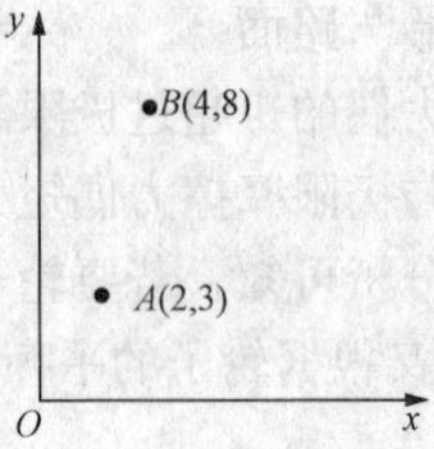

图3-37 习题3-2图

3-3 已知挡土墙自重$F_W=400\text{kN}$，土压力$F=320\text{kN}$，水压力$F_P=176\text{kN}$，如图3-38所示，求这些力向底面中心O简化的结果；如能简化为一合力，试求出合力作用线的位置（图中长度单位为m)。

3-4 图3-39所示一平面力系，已知$F_1=200\text{N}$，$F_2=100\text{N}$，$M=300\text{N}\cdot\text{m}$。欲使力系的合力通过$O$点，问水平力$\boldsymbol{F}$的值应为多少（图中长度单位为m)？

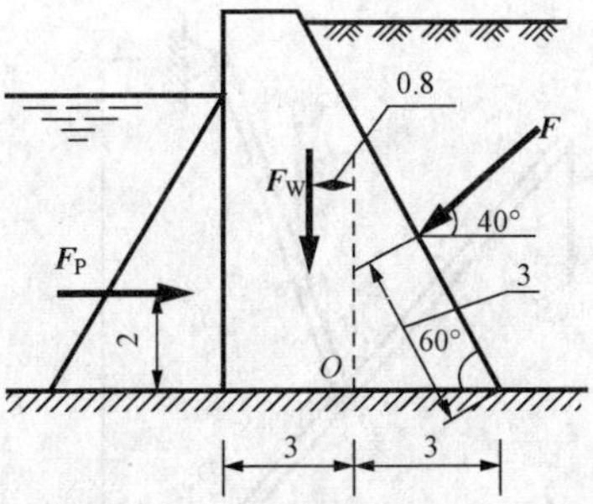

图3-38 习题3-3图

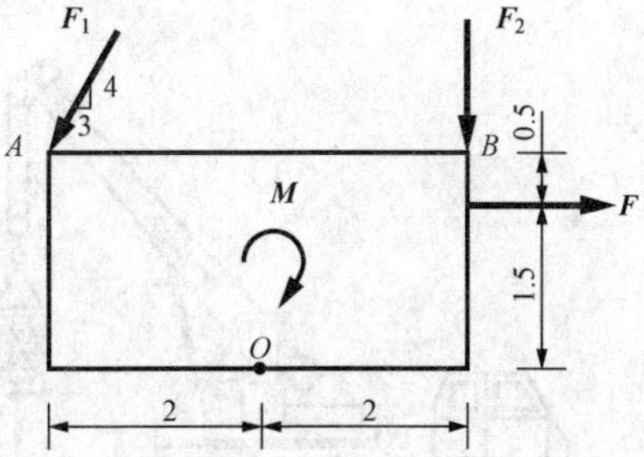

图3-39 习题3-4图

3-5 求图3-40所示各梁的支座反力。

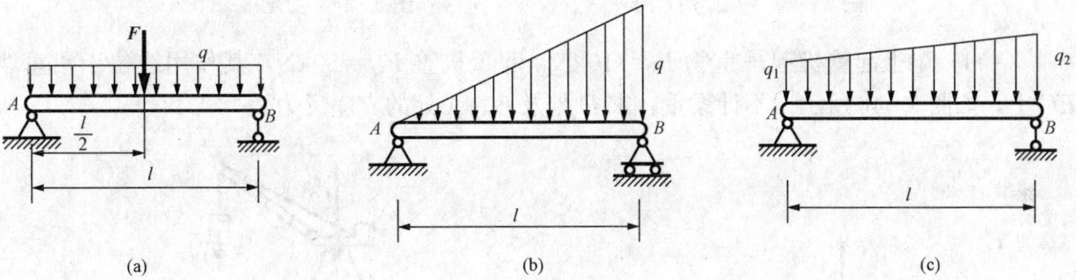

图3-40 习题3-5图

3-6 在水平的外伸梁上作用一力偶，其力偶矩 M=60kN·m，如图3-41所示。在 C 点作用一铅垂载荷 F_P=20kN，试求支座 A、B 的约束力。

3-7 悬臂刚架受力如图3-42所示，已知 q=4kN/m，F_1=4kN，F_2=5kN。求固定端 A 的约束反力。

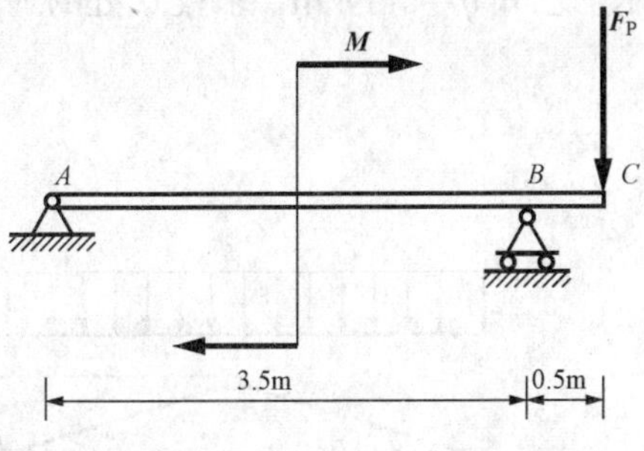

图3-41 习题3-6图

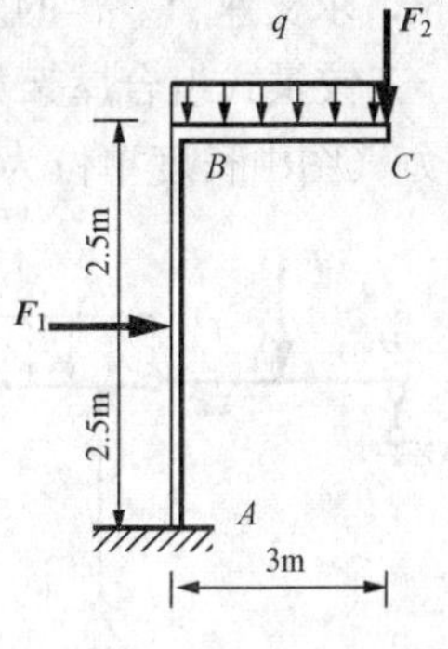

图3-42 习题3-7图

3-8 汽车起重机在图3-43所示位置保持平衡。已知起重量 F_Q=10kN，起重机自重 F_W=70kN。求 A、B 两处地面的反力。起重机在此位置的最大起重量为多少?

3-9 结构受力及尺寸如图3-44所示，试求 C、D 两处的约束力（图中长度单位为m)。

3-10 水平梁由 AC、BC 两部分组成，A 端插入墙内，B 端搁在辊轴支座上，C 处用铰连接，受 $\boldsymbol{F}$、$\boldsymbol{M}$ 作用，如图3-45所示。已知 F=4kN，M=6kN·m，求 A、B 两处的反力。

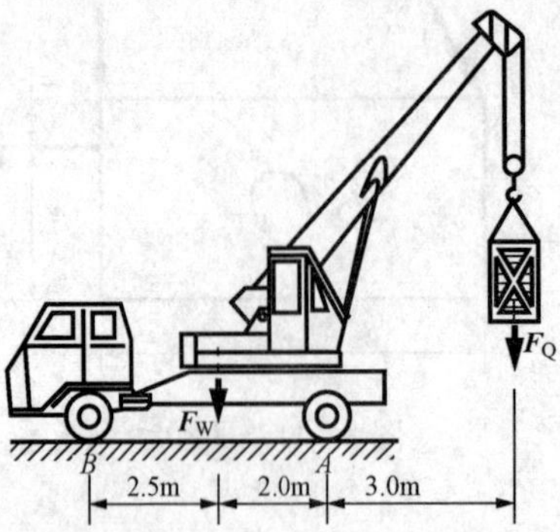

图 3-43　习题 3-8 图

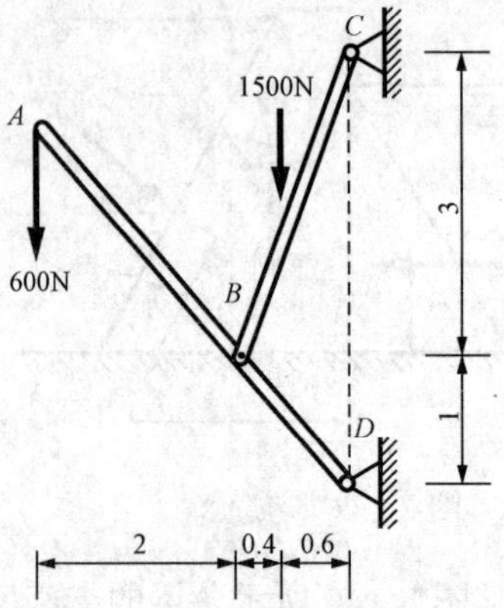

图 3-44　习题 3-9 图

3-11　梁上起重机起吊重物 $F_P = 10\text{kN}$，起重机重 $F_Q = 50\text{kN}$，其作用线位于铅垂线 EC 上，如图 3-46 所示。不计梁重，求 D 处及 B、A 处的支座反力。

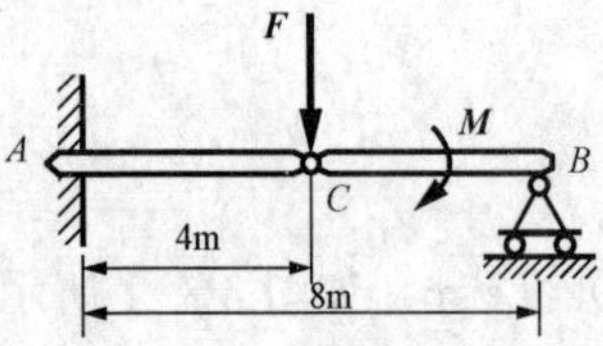

图 3-45　习题 3-10 图

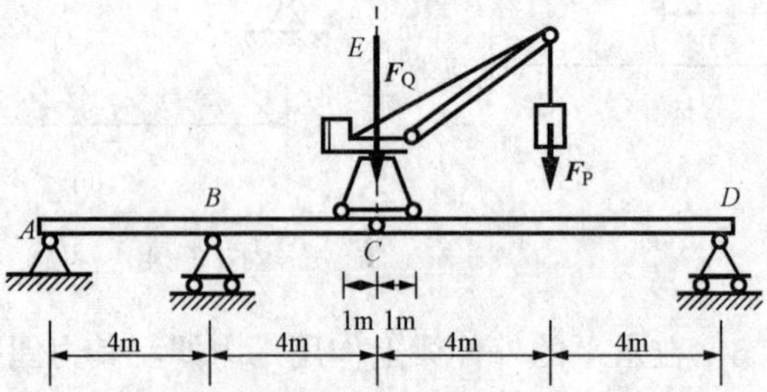

图 3-46　习题 3-11 图

3-12　刚架 ABC 和梁 CD，支承与荷载如图 3-47 所示。已知 $F = 5\text{kN}$，$q = 200\text{N/m}$，$q_0 = 300\text{N/m}$，求支座 A、B 的反力（图中长度单位为 m）。

3-13　三铰拱式组合屋架如图 3-48 所示，已知 $q = 5\text{kN/m}$，求铰 C 处的约束力及拉杆 AB 所受的力（图中长度单位为 m）。

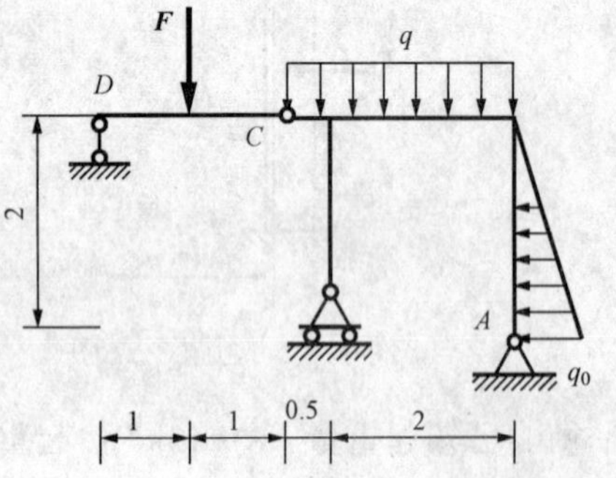

图 3-47　习题 3-12 图

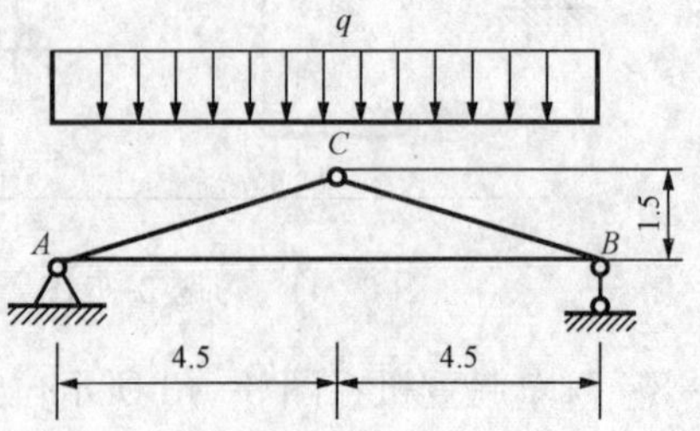

图 3-48　习题 3-13 图

3-14　一组合结构、尺寸及荷载如图 3-49 所示，求杆 1、2、3 所受的力（图中长度单位为 m）。

3-15　试用节点法计算图 3-50 所示桁架各杆的内力。

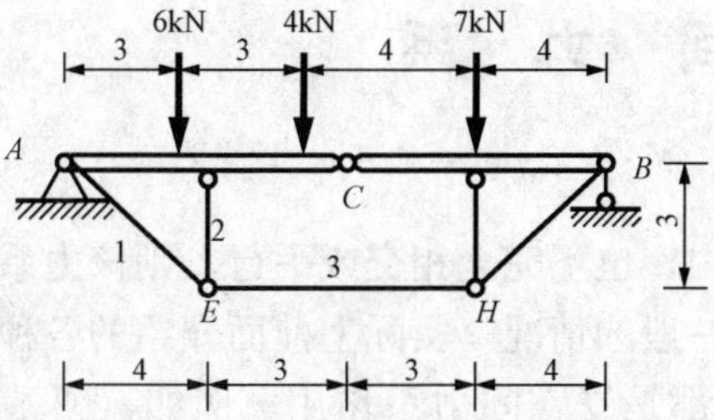

图 3-49 习题 3-14 图

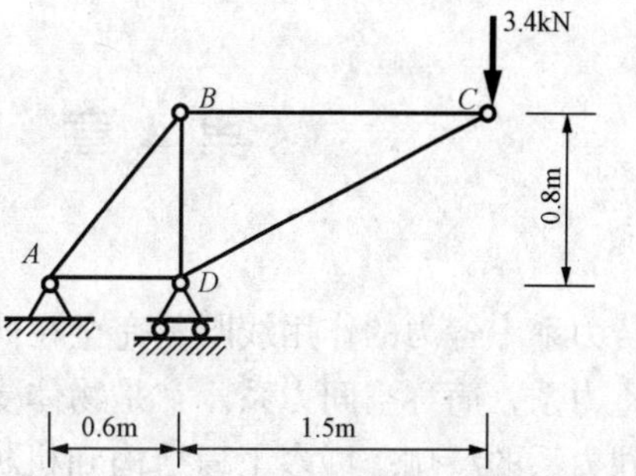

图 3-50 习题 3-15 图

3-16 试用节点法计算图 3-51 所示桁架指定杆件的内力。

3-17 试用截面法计算图 3-52 所示桁架指定杆件的内力。

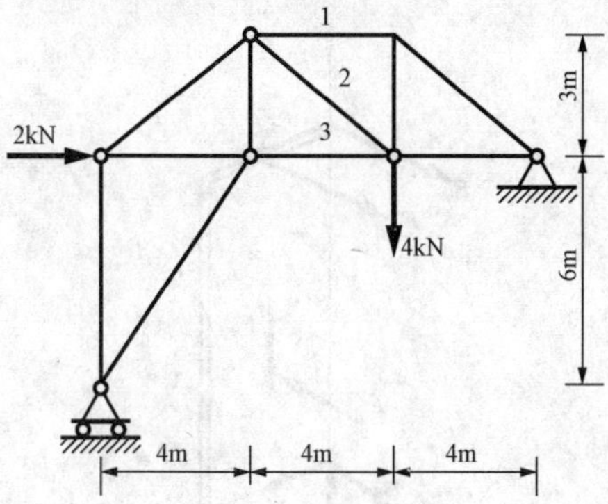

图 3-51 习题 3-16 图

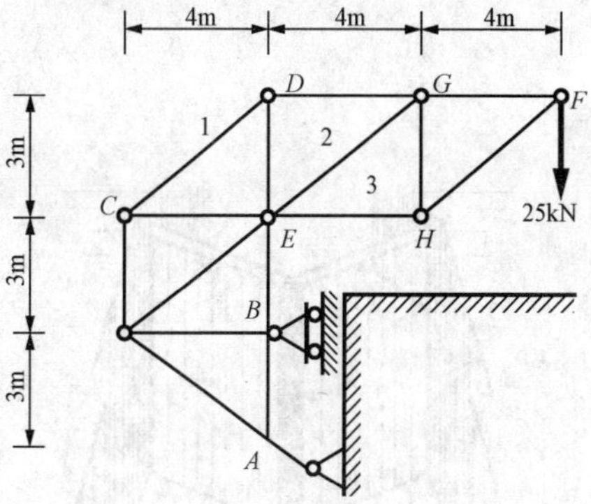

图 3-52 习题 3-17 图

3-18 矩形平板闸门宽 6m，重 150kN。为了减少摩擦，门槽以磁砖贴面，并在闸门上设置胶木滑块 A、B，位置如图 3-53 所示。磁砖与胶木的摩擦因数 $f_s=0.25$，水深 8m。求开启闸门时需要的启门力 $\boldsymbol{F}$。

3-19 图 3-54 所示为运送混凝土的装置，料斗连同混凝土总重 25kN，它与轨道面的动摩擦因数为 0.3，轨道与水平面的夹角为 70°，缆索和轨道平行。求料斗匀速上升及料斗匀速下降时缆绳的拉力 $\boldsymbol{F}_1$ 及 $\boldsymbol{F}_2$。

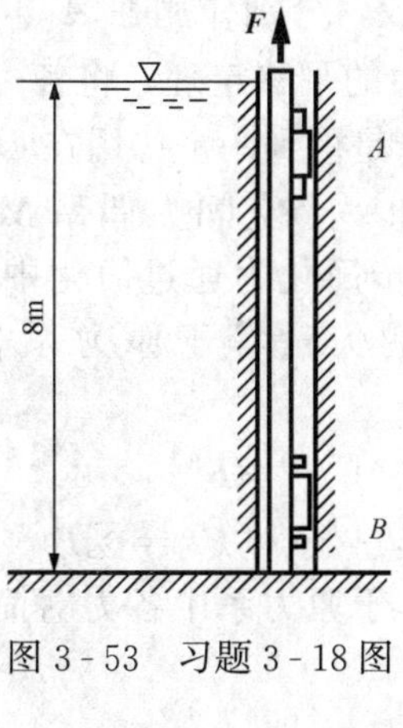

图 3-53 习题 3-18 图

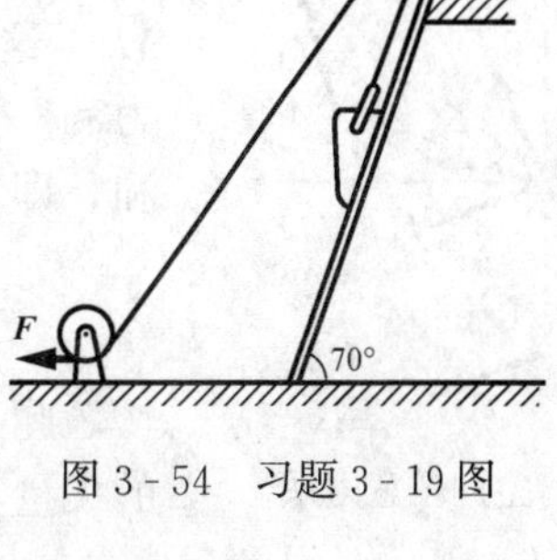

图 3-54 习题 3-19 图

第4章 空 间 力 系

若力系中各力的作用线既不完全在同一平面内，也不完全相交或平行，则该力系称为空间任意力系，简称空间力系。它是物体受力的最一般的情况，实际上前面介绍的各种力系都是空间力系的特例。许多工程结构和机械的构件都是受空间力系作用，例如，图 4-1（a）所示即为某些船闸上采用的人字形闸门。当上下游水位略有差别而开启闸门时，左边一扇门的受力情况如图 4-1（b）所示。其中，$\boldsymbol{F}_{\mathrm{P}}$ 是闸门所受的重力，$\boldsymbol{F}$ 是由于上下游水位差产生的静水压力与开门时的阻力简化而成的等效力，$\boldsymbol{F}_{\mathrm{T}}$ 是推拉杆作用在门上的力，其余各力则是约束力。所有这些力组成一空间任意力系。

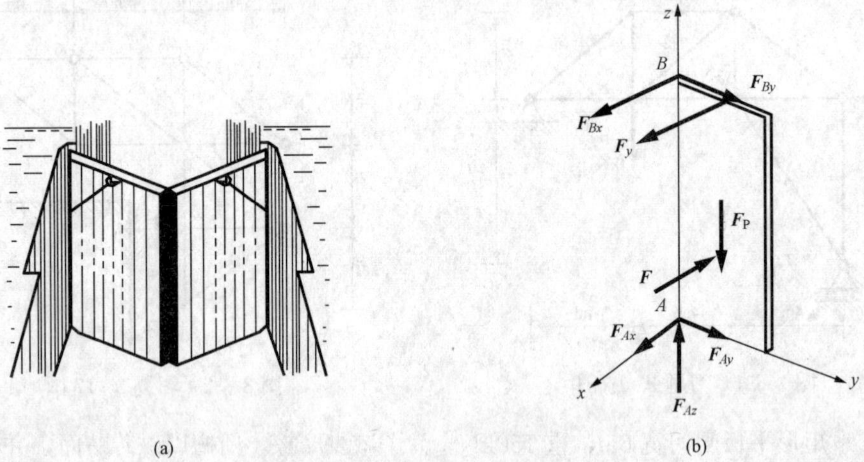

图 4-1　人字形闸门及其受力图

§4-1　空间力系的简化

一、空间任意力系向一点简化

设有一空间任意力系，由 $\boldsymbol{F}_1$、$\boldsymbol{F}_2$、…、$\boldsymbol{F}_n$ n 个力组成，分别作用在 A_1、A_2、…、A_n 点上，如图 4-2 所示。任取一点 O 作为简化中心，利用力的平移定理，将各力平行移到 O 点，并各附加一个力偶，于是得到一个作用在 O 点的空间汇交力系 $\boldsymbol{F}'_1$、$\boldsymbol{F}'_2$、…、$\boldsymbol{F}'_n$和一个空间力偶系 $\boldsymbol{M}_1$、$\boldsymbol{M}_2$、…、$\boldsymbol{M}_n$。这两个力系可以进一步简化为通过简化中心 O 的一个力和一个力偶，这个力的矢量等于原力系各力的矢量和，即

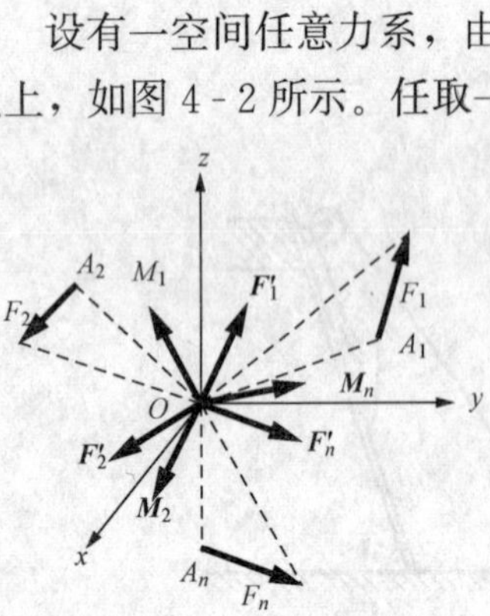

图 4-2　空间任意力系

$$\boldsymbol{F}_{\mathrm{R}} = \boldsymbol{F}'_1 + \boldsymbol{F}'_2 + \cdots + \boldsymbol{F}'$$
$$= \boldsymbol{F}_1 + \boldsymbol{F}_2 + \cdots + \boldsymbol{F}_n = \sum \boldsymbol{F}_i \qquad (4-1)$$

此力偶的力偶矩 $\boldsymbol{M}_O$ 等于原力系中各力对简化中心的矩的矢量和，即

$$\begin{aligned}\boldsymbol{M}_O &= \boldsymbol{M}_1+\boldsymbol{M}_2+\cdots+\boldsymbol{M}_n \\ &= \boldsymbol{M}_O(\boldsymbol{F}_1)+\boldsymbol{M}_O(\boldsymbol{F}_2)+\cdots+\boldsymbol{M}_O(\boldsymbol{F}_n)=\sum \boldsymbol{r}_i\times\boldsymbol{F}_i\end{aligned} \tag{4-2}$$

$\boldsymbol{F}_{\mathrm{R}}$ 称为原力系的主矢量，$\boldsymbol{M}_O$ 称为原力系对简化中心的主矩。

与平面一般力系简化结果一样，空间力系的主矢量 $\boldsymbol{F}_{\mathrm{R}}$ 也与简化中心的位置无关，而主矩 $\boldsymbol{M}_O$ 一般与简化中心的位置有关。

由此可得：空间力系向任一点简化的结果一般是一个力和一个力偶，这个力作用于简化中心，等于原力系中各力的矢量和，亦即等于原力系的主矢量；这个力偶的矩等于原力系中各力对简化中心的矩的矢量和，亦即等于原力系对简化中心的主矩。所以，主矢量和主矩是确定空间力系对刚体作用的两个基本物理量。

为了计算主矢量和主矩，可过简化中心取直角坐标系 $Oxyz$，因 $\boldsymbol{F}_{\mathrm{R}}=\sum\boldsymbol{F}_i$，因而有

$$F_{\mathrm{R}x}=\sum F_{ix},\quad F_{\mathrm{R}y}=\sum F_{iy},\quad F_{\mathrm{R}z}=\sum F_{iz} \tag{4-3}$$

其中 $F_{\mathrm{R}x}$、$F_{\mathrm{R}y}$、$F_{\mathrm{R}z}$ 及 F_{ix}、F_{iy}、F_{iz} 分别代表 $\boldsymbol{F}_{\mathrm{R}}$ 及 $\boldsymbol{F}_i$ 在坐标轴上的投影，而 $\boldsymbol{F}_{\mathrm{R}}$ 的大小及方向余弦分别为

$$\left.\begin{aligned}&F_{\mathrm{R}}=\sqrt{F_{\mathrm{R}x}^2+F_{\mathrm{R}y}^2+F_{\mathrm{R}z}^2}\\ &\cos(\boldsymbol{F}_{\mathrm{R}},x)=\frac{F_{\mathrm{R}x}}{F_{\mathrm{R}}},\cos(\boldsymbol{F}_{\mathrm{R}},y)=\frac{F_{\mathrm{R}y}}{F_{\mathrm{R}}},\cos(\boldsymbol{F}_{\mathrm{R}},z)=\frac{F_{\mathrm{R}z}}{F_{\mathrm{R}}}\end{aligned}\right\} \tag{4-4}$$

同样，由于 $\boldsymbol{M}_O=\sum\boldsymbol{M}_O(\boldsymbol{F}_i)$，可得

$$\begin{aligned}M_x&=\sum M_{ix}=\sum(y_iF_{iz}-z_iF_{iy})\\ M_y&=\sum M_{iy}=\sum(z_iF_{ix}-x_iF_{iz})\\ M_z&=\sum M_{iz}=\sum(x_iF_{iy}-y_iF_{ix})\end{aligned} \tag{4-5}$$

其中 M_x、M_y、M_z 分别表示主矩 $\boldsymbol{M}_O$ 在各坐标轴上的投影。可求得 $\boldsymbol{M}_O$ 的大小及方向余弦分别为

$$\left.\begin{aligned}&M_O=\sqrt{M_x^2+M_y^2+M_z^2}\\ &\cos(\boldsymbol{M}_O,x)=\frac{M_x}{M_O},\cos(\boldsymbol{M}_O,y)=\frac{M_y}{M_O},\cos(\boldsymbol{M}_O,z)=\frac{M_z}{M_O}\end{aligned}\right\} \tag{4-6}$$

二、空间力系简化结果的讨论

空间力系向任一点简化所得到的一个力和一个力偶，还可作进一步的简化。

1. 简化为一个力偶

当 $\boldsymbol{F}_{\mathrm{R}}=0$，$\boldsymbol{M}_O\neq0$ 时，原力系与一个力偶等效。这时力系可简化为一个力偶，其力偶矩矢等于主矩 $\boldsymbol{M}_O$，而且主矩与简化中心的位置无关。

2. 简化为一个合力

（1）当 $\boldsymbol{F}_{\mathrm{R}}\neq0$，$\boldsymbol{M}_O=0$ 时，原力系与作用在简化中心处的力 $\boldsymbol{F}_{\mathrm{R}}$ 等效。因此，这个力 $\boldsymbol{F}_{\mathrm{R}}$ 即原力系的合力。

（2）当 $\boldsymbol{F}_{\mathrm{R}}\neq0$，$\boldsymbol{M}_O\neq0$，但 $\boldsymbol{M}_O\perp\boldsymbol{F}_{\mathrm{R}}$（见图 4-3）时，原力系简化后得到的一个力和一个力偶共面，由力的平移定理的逆过程，它们可进一步简化为一个力 $\boldsymbol{F}'_{\mathrm{R}}$。此力即原力系的合力，其大小和方向与力 $\boldsymbol{F}_{\mathrm{R}}$ 相同，合力作用线到原简化中心 O 点的距离为

$$d=\frac{|\boldsymbol{M}_O|}{F'_{\mathrm{R}}}=\frac{|\boldsymbol{M}_O|}{F_{\mathrm{R}}}$$

当空间力系简化为一个合力 $\boldsymbol{F}'_{\mathrm{R}}$时，由图 4-3 可见，合力 $\boldsymbol{F}'_{\mathrm{R}}$对 O 点的矩就等于主矩

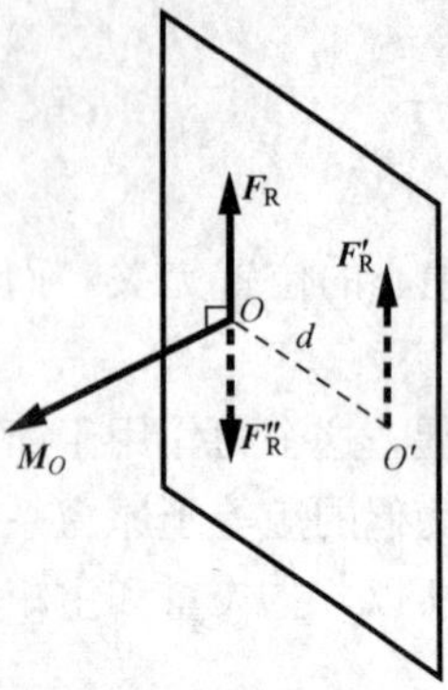

图 4-3 共面的一个力和一个力偶

$\boldsymbol{M}_O$，即

$$\boldsymbol{M}_O(\boldsymbol{F}'_R) = \boldsymbol{M}_O = \sum \boldsymbol{M}_O(\boldsymbol{F}_i) \tag{4-7}$$

将式（4-7）向通过 O 点的任一轴 z 上投影，并应用力对点的矩和力对轴的矩间的关系，又有

$$M_z(\boldsymbol{F}'_R) = \sum M_z(\boldsymbol{F}_i) \tag{4-8}$$

因简化中心 O 点是任意选定的，于是可以得如下结论：若空间力系可简化为一个合力，则合力对任一点（或轴）的矩等于力系中各分力对同一点（或轴）的矩的矢量和（或代数和）。这就是空间力系的合力矩定理。

3. 简化为一个力螺旋

当 $\boldsymbol{F}_R \neq 0$，$\boldsymbol{M}_O \neq 0$，但 $\boldsymbol{M}_O$ 与 $\boldsymbol{F}_R$ 不相垂直，而是成任一夹角时，如图 4-4（a）所示，可用下述方法进一步简化：将 $\boldsymbol{M}_O$ 沿与 $\boldsymbol{F}_R$ 平行和垂直的方向分解为两个分矢量 $\boldsymbol{M}_R$ 和 $\boldsymbol{M}_1$。因 $\boldsymbol{M}_1$ 所表示的力偶与力 $\boldsymbol{F}_R$ 在同一平面内，因此，此力偶 $\boldsymbol{M}_1$ 与力 $\boldsymbol{F}_R$ 可进一步合成为作用在 O' 点的力 $\boldsymbol{F}'_R$，$\overline{OO'} = \dfrac{|\boldsymbol{M}_1|}{F_R}$，再将 $\boldsymbol{M}_R$ 平移到 O' 与 $\boldsymbol{F}'_R$ 重合，如图 4-4（b）所示。这时，$\boldsymbol{M}_R$ 所代表的力偶位于与 $\boldsymbol{F}'_R$ 垂直的平面 H 内，如图 4-4（c）所示。这样的一个力和一个力偶称为力螺旋。力螺旋是空间力系简化在一般情况下可能得到的最简单的形式。日常生活和工程实际中不乏力螺旋的应用实例。例如，用手用力拧紧螺栓，作用于螺栓的力组成一力螺旋，使螺栓一面旋转，一面前进。空气作用于飞机螺旋桨上的推进力和阻力矩也构成一力螺旋。

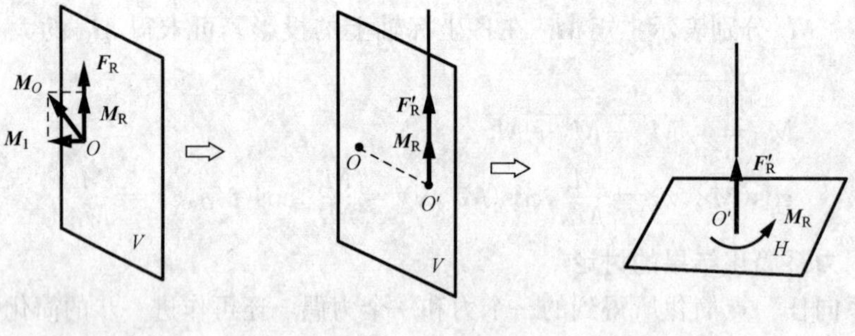

图 4-4 力螺旋

【例 4-1】 图 4-5 所示为一悬臂梁，长 $l=3\text{m}$，高 $a=0.2\text{m}$，宽 $b=0.15\text{m}$，重 $F_P=2\text{kN}$，在梁的自由端作用着两个力 $\boldsymbol{F}_1$、$\boldsymbol{F}_2$，$F_1=5\text{kN}$，$F_2=1\text{kN}$；$\boldsymbol{F}_1$ 沿端截面的对角线，$\boldsymbol{F}_2$ 经过端截面中心并平行于底边，指向如图所示。试将 $\boldsymbol{F}_1$、$\boldsymbol{F}_2$ 及 $\boldsymbol{F}_P$ 三个力向固定端截面中心 O 简化。

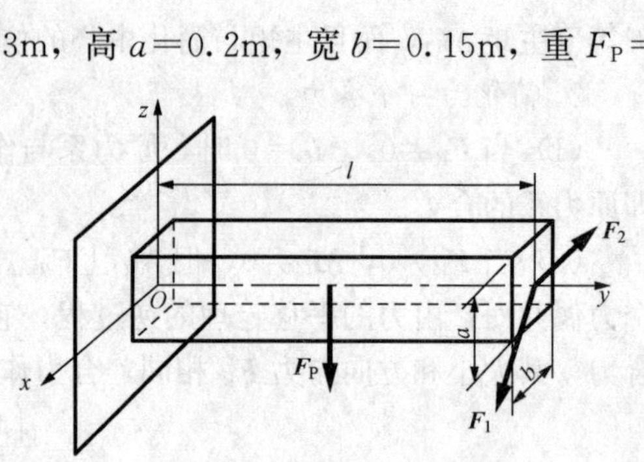

图 4-5 ［例 4-1］图

解 取坐标系 $Oxyz$，先求主矢量。

由式（4-3）有

$$F_{Rx} = F_1 \times \frac{15}{25} - F_2 = 2\text{kN}$$

$$F_{Ry} = 0$$

$$F_{Rz} = -F_P - F_1 \times \frac{20}{25} = -6\text{kN}$$

代入式（4-4），得

$$F_R = \sqrt{F_{Rx}^2 + F_{Ry}^2 + F_{Rz}^2} = 6.32\text{kN}$$

$$\cos(\boldsymbol{F}_R, x) = 0.316, \quad \cos(\boldsymbol{F}_R, y) = 0, \quad \cos(\boldsymbol{F}_R, z) = -0.949$$

再求对于O点的主矩。由式（4-5）、式（4-6）有

$$M_x = -F_P \times \frac{l}{2} - F_1 \times \frac{20}{25} \times l = -15\text{kN} \cdot \text{m}$$

$$M_y = 0$$

$$M_z = -F_1 \times \frac{15}{25} \times l + F_2 \times l = -6\text{kN} \cdot \text{m}$$

$$M_O = \sqrt{M_x^2 + M_y^2 + M_z^2} = 16.15\text{kN} \cdot \text{m}$$

$$\cos(\boldsymbol{M}_O, x) = -0.928, \quad \cos(\boldsymbol{M}_O, y) = 0, \quad \cos(\boldsymbol{M}_O, z) = -0.371$$

§4-2 空间力系的平衡

一、空间力系的平衡条件

从空间力系的简化结果可知，空间力系平衡的必要与充分条件是力系的主矢量和对任一点的主矩分别为零，即

$$\boldsymbol{F}_R = 0, \quad \boldsymbol{M}_O = 0 \tag{4-9}$$

由式（4-3）和式（4-5），以上平衡条件可以用解析式表示为

$$\left.\begin{aligned} \sum F_{ix} = 0, \sum F_{iy} = 0, \sum F_{iz} = 0 \\ \sum M_{ix} = 0, \sum M_{iy} = 0, \sum M_{iz} = 0 \end{aligned}\right\} \tag{4-10}$$

以上六个方程就是空间力系的平衡方程。它们表明：力系中所有各力在空间直角坐标系的每一轴上投影的代数和等于零，所有各力对每一轴的矩的代数和等于零。由于空间力系有六个独立的平衡方程，因此只能求解六个未知量。必须指出，平衡方程虽然是由直角坐标系导出的，但在求解具体问题时，三个投影轴或矩轴不一定要互相垂直，矩轴和投影轴也不一定要重合，可以分别选取合适的轴线作为投影轴或矩轴，使每一平衡方程中所含的未知数最少，以简化计算。此外，平衡方程也可采用四力矩式、五力矩式或六力矩式。

空间力系是物体受力的最一般的形式，其他各种力系都可认为是空间力系的特例，各力系的平衡方程也可由方程（4-10）导出。例如，对于空间平行力系，令z轴与各力平行，则$\sum F_{ix}=0$，$\sum F_{iy}=0$，$\sum M_{iz}=0$。因此空间平行力系的平衡方程为三个，即

$$\sum F_{iz} = 0, \quad \sum M_{ix} = 0, \quad \sum M_{iy} = 0 \tag{4-11}$$

【例4-2】 某厂房支承屋架和吊车梁的柱子下端固定，如图4-6所示。柱顶承受屋架传来的力$\boldsymbol{F}_1$，牛脚上承受吊车梁传来的铅直力$\boldsymbol{F}_2$及水平制动力$\boldsymbol{F}_3$。如以柱脚中心为坐标原点O，铅直轴为z轴，x及y轴分别平行于柱脚的两边，如图所示，则力$\boldsymbol{F}_1$及$\boldsymbol{F}_2$均在yz平面内，与z轴的距离分别为$e_1=0.1\text{m}$，$e_2=0.34\text{m}$，制动力$\boldsymbol{F}_3$平行于x轴。已知$F_1=120\text{N}$，$F_2=300\text{kN}$，$F_3=25\text{kN}$，$h=6\text{m}$。柱所受重力$\boldsymbol{F}_P$可认为沿z轴作用，且$F_P=40\text{kN}$。

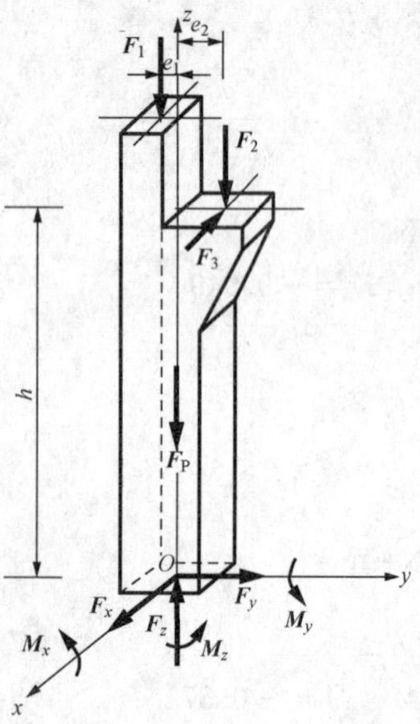

图 4-6 ［例 4-2］图

试求基础对柱作用的约束力及力偶矩。

解 柱子下端为固定端约束，其约束力是空间任意方向的一个力和一个力偶，分别用三个分量 $\boldsymbol{F}_x$、$\boldsymbol{F}_y$、$\boldsymbol{F}_z$ 和 $\boldsymbol{M}_x$、$\boldsymbol{M}_y$、$\boldsymbol{M}_z$ 表示，如图 4-6 所示。按以下次序列六个平衡方程，得

$$\sum F_{ix}=0,\quad 即\ F_x-F_3=0$$

$$\sum F_{iy}=0,\quad 即\ F_y=0$$

$$\sum F_{iz}=0,\quad 即\ F_z-F_1-F_2-F_P=0$$

$$\sum M_{ix}=0,\quad 即\ M_x+F_1e_1-F_2e_2=0$$

$$\sum M_{iy}=0,\quad 即\ M_y-F_3h=0$$

$$\sum M_{iz}=0,\quad 即\ M_z+F_3e_2=0$$

将已知值代入，解得

$$F_x=25\text{kN}\qquad F_y=0\qquad F_z=460\text{kN}$$

$$M_x=90\text{kN}\cdot\text{m}\quad M_y=150\text{kN}\cdot\text{m}\quad M_z=-8.5\text{kN}\cdot\text{m}$$

【例 4-3】 图 4-7 所示六连杆支承一水平板 $ABCD$。当板上作用铅直力 $\boldsymbol{F}$ 时，求各杆的内力（板的自重不计）。

解 取板 $ABCD$ 为研究对象，示力图如图 4-7 所示。这仍是空间力系平衡问题。建立直角坐标系 $Dxyz$。

由 $$\sum F_{ix}=0,\sum M_{iz}=0,\sum F_{iy}=0$$

得 $$F_6=0,F_2=0,F_4=0$$

由 $$\sum M_{BC}=0,\quad 即\ F_1\times 50+F\times 50=0$$

得 $$F_1=-F$$

由 $$\sum M_{iy}=0,\quad 即\ F_1\times 100+F_3\times 100=0$$

得 $$F_3=-F_1=F$$

由 $$\sum F_{iz}=0,\quad 即\ -F_1-F_3-F_5-F=0$$

得 $$F_5=-F$$

【例 4-4】 三轮卡车自重（包括车轮重）$F_W=8\text{kN}$，载重 $F_P=10\text{kN}$，作用点位置如图 4-8 所示，求静止时地面作用于三个轮子的反力（图中长度单位为 m）。

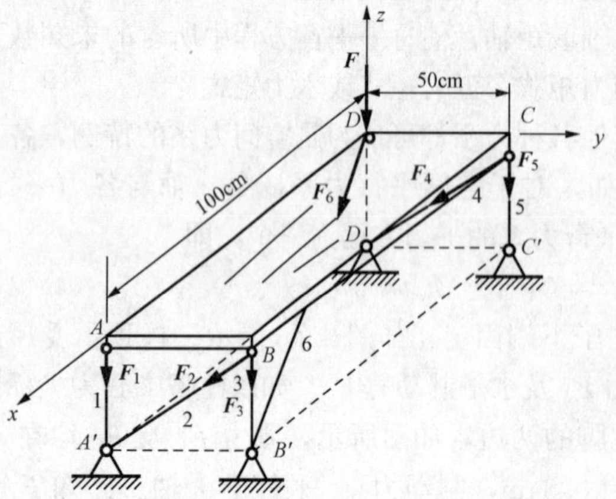

图 4-7 ［例 4-3］图

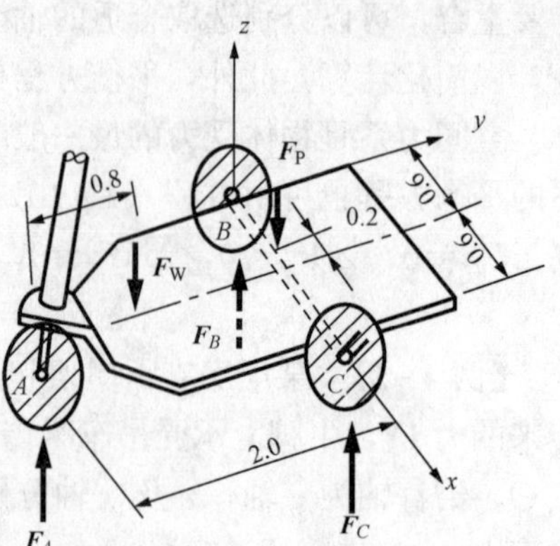

图 4-8 ［例 4-4］图

解 作三轮卡车的示力图，$\boldsymbol{F}_W$、$\boldsymbol{F}_P$ 及地面对轮子的铅直反力 $\boldsymbol{F}_A$、$\boldsymbol{F}_B$、$\boldsymbol{F}_C$ 组成一平衡的空间平行力系。取坐标轴如图，写出平衡方程求解各未知数

$$\sum M_{ix}=0,\quad 即\ F_W\times 1.2-F_A\times 2=0$$

得
$$F_A=0.6\times F_W=4.8\text{kN}$$

$$\sum M_{iy}=0,\quad 即\ F_W\times 0.6+F_P\times 0.4-F_A\times 0.6-F_C\times 1.2=0$$

将 F_W、F_P 及 F_A 的值代入，得 $F_C=4.93\text{kN}$

$$\sum F_{iz}=0,即\ F_A+F_B+F_C-F_P-F_W=0$$

得
$$F_B=8.27\text{kN}$$

二、物体的重心

在地球表面，物体都要受到重力的作用。如果把物体看作由许多质点组成，则物体的重力就是分布在这些质点上的一个力系。

由于地球半径比一般物体大得多，因此这个力系可以看作一个铅直的平行力系而足够精确，此力系的合力就是物体的重力。不论物体怎样放置，该合力的作用线总是通过一确定点，此点就称为物体的重心。在许多力学问题里，重心的位置对于物体的平衡或运动有着重要的影响。例如，起重机或重力坝的抗倾稳定性和汽车或飞机的运动稳定性都与它们的重心位置直接有关；机械的转动部分，若重心位置不在转动轴线上，转动起来就会引起剧烈振动和轴承的巨大动压力。因此，如何确定物体重心的位置，在实践上有着重要意义。

选直角坐标系 $Oxyz$，令坐标平面 Oxy 水平，z 轴铅直向上，如图 4-9 所示。将物体看作由许多微小部分组成，每一微小部分都受到重力作用。其中某一微小部分 M_i 所受重力为 ΔF_{Wi}，所有 ΔF_{Wi} 的合力 $\boldsymbol{F}_W$ 就是整个物体所受的重力。各 $\Delta\boldsymbol{F}_{Wi}$ 及合力 $\boldsymbol{F}_W$ 都平行于 z 轴且向下。设 M_i 的坐标为（x_i、y_i、z_i），整个物体重心 C 的坐标为（x_C、y_C、z_C），应用合力矩定理，分别对 y 轴及 x 轴求矩，有

$$F_W x_C=\sum\Delta F_{Wi}x_i$$

$$-F_W y_C=-\sum\Delta F_{Wi}y_i$$

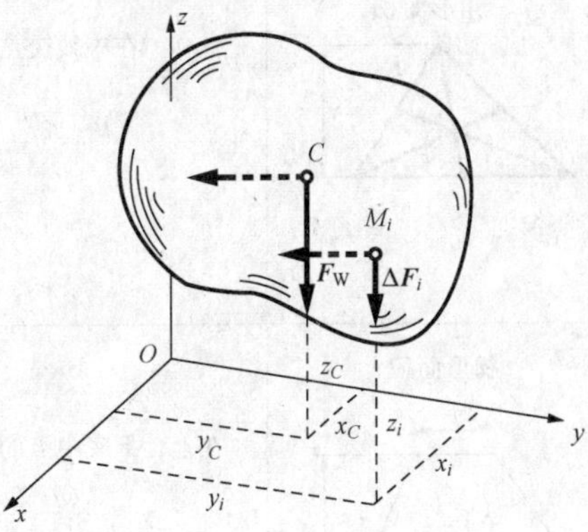

图 4-9 物体重心示意图

因为重心是物体上一个确定的点，它与物体在空中的放置情况无关，若将物体连同坐标系一起绕 x 轴逆时针方向转 90°，使 y 轴铅直向上，这时，各 $\Delta\boldsymbol{F}_{Wi}$ 和 $\boldsymbol{F}_W$ 都平行于 y 轴但指向相反，如图 4-9 中箭头的虚线所示，再对 x 轴应用合力矩定理，有

$$F_W z_C=\sum\Delta F_{Wi}z_i$$

于是，由上面三式可得物体重心的坐标公式为

$$x_C=\frac{\sum x_i\Delta F_{Wi}}{F_W},\quad y_C=\frac{\sum y_i\Delta F_{Wi}}{F_W},\quad z_C=\frac{\sum z_i\Delta F_{Wi}}{F_W}\tag{4-12}$$

如果物体是均质的，材料密度 $\rho=$ 常数，令 M_i 的体积为 ΔV_i，物体的体积为 $V=\sum\Delta V_i$，则 $\Delta F_{Wi}=\rho g\Delta V_i$，$F_W=\sum\Delta F_{Wi}=\rho g\sum\Delta V_i=\rho gV$，代入式（4-12）中，并消去 ρg，即得

$$x_C=\frac{\sum x_i\Delta V_i}{V},\quad y_C=\frac{\sum y_i\Delta V_i}{V},\quad z_C=\frac{\sum z_i\Delta V_i}{V}\tag{4-13}$$

式（4-13）表明，均质物体的重心位置完全取决于物体的几何形状，而与物体的重量无关。故均质物体的重心就是该物体的几何中心，即形心。

对于均质薄壳（或曲面），如飞机机翼、薄壁容器等，其重心（或形心）的坐标公式可写成

$$x_C = \frac{\sum x_i \Delta A_i}{A},\quad y_C = \frac{\sum y_i \Delta A_i}{A},\quad z_C = \frac{\sum z_i \Delta A_i}{A} \tag{4-14}$$

式中，ΔA_i 与 A 分别为薄壳微小部分的面积和总面积。

同样，对于均质细长曲杆（或曲线），其重心（或形心）的坐标公式见表 4-1。

表 4-1　　简单形体的形心

图　　形	形心坐标	图　　形	形心坐标
圆弧 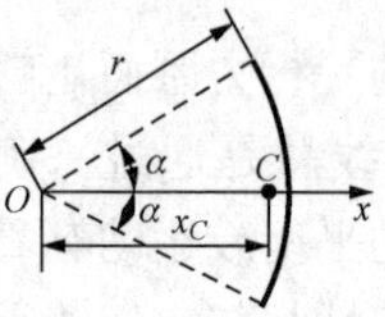	$x_C=\frac{r\sin\alpha}{\alpha}$ （α 以弧度计，下同） $\alpha=\frac{\pi}{2}$ $x_C=\frac{2r}{\pi}$	椭圆形面积 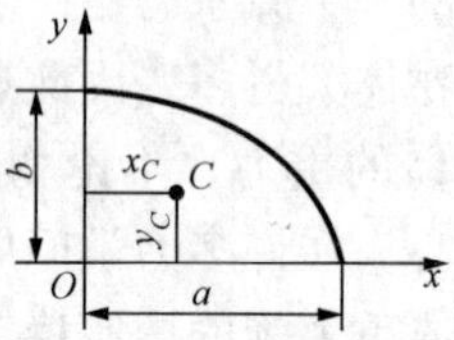	$x_C=\frac{4a}{3\pi}$ $y_C=\frac{4b}{3\pi}$ $\left(A=\frac{1}{4}\pi ab\right)$
三角形面积 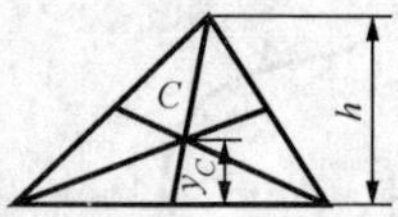	在中线交点 $y_C=\frac{1}{3}h$	抛物形面积 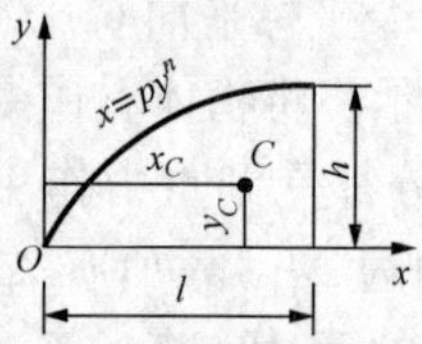	$x_C=\frac{n+1}{2n+1}l$ $y_C=\frac{n+1}{2(n+2)}h$ $\left(A=\frac{n}{n+1}lh\right)$ 当 $n=2$ 时 $x_C=\frac{3}{5}l$ $y_C=\frac{3}{8}h$
梯形面积 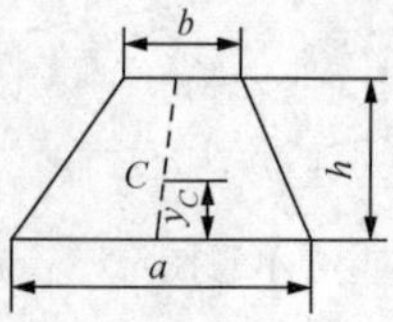	在上、下底中点的连线上 $y_C=\frac{h(a+2b)}{3(a+b)}$	半球体 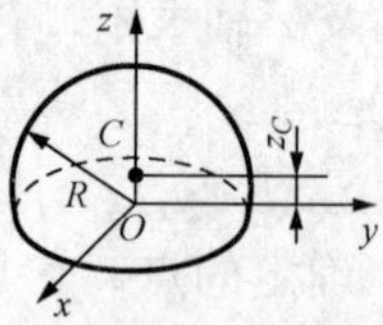	$z_C=\frac{3}{8}R$ $\left(V=\frac{2}{3}\pi R^3\right)$
扇形面积 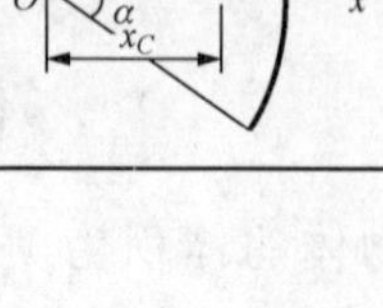	$x_C=\frac{2r\sin\alpha}{3\alpha}$ $(A=r^2\alpha)$ 半圆面积 $\alpha=\frac{\pi}{2}$，$x_C=\frac{4r}{3\pi}$	锥形 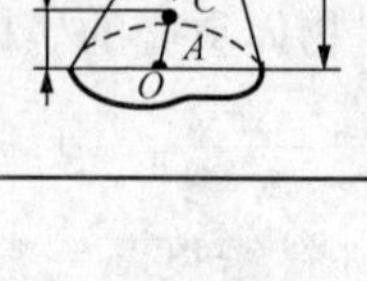	在顶点与底面中心 O 的连线上 $z_C=\frac{1}{4}h$ $\left(V=\frac{1}{3}Ah\text{，}A\text{ 为底面积}\right)$

$$x_C = \frac{\sum x_i \Delta L_i}{L},\quad y_C = \frac{\sum y_i \Delta L_i}{L},\quad z_C = \frac{\sum z_i \Delta L_i}{L} \tag{4-15}$$

式中，ΔL_i 与 L 分别为细杆微小部分的长度和总长度。

显然，将物体分割得越细，各微小部分体积就越小，式（4-13）中求得物体的重心

（或形心）位置就越准确。令 ΔV_i 趋近于零，在极限情况下，得到重心坐标的积分公式为

$$x_C = \frac{\int x \mathrm{d}V}{V}, y_C = \frac{\int y \mathrm{d}V}{V}, z_C = \frac{\int z \mathrm{d}V}{V} \tag{4-16}$$

式（4-14）和式（4-15）也可写成类似的形式。

由式（4-13）～式(4-15）不难证明，凡具有对称面、对称轴或对称中心的均质物体（或几何形体），其重心（或形心）必定在对称面、对称轴或对称中心上。

对于简单形状（如三角形、半圆、扇形等）的均质物体，其重心位置一般可用积分的方法求得，或查阅有关工程手册。表4-1列出了几种常见的简单形体的形心位置，可供参考。

工程上有些物体形状虽然比较复杂，但往往是由一些简单形体组合而成，这样的形体常称为组合形体。求组合形体重心的方法一般有两种，即分割法和负面积法（负体积法）。

【例4-5】 试求图4-10所示均质面积重心的位置。设 $a=20\text{cm}$，$b=30\text{cm}$，$d=10\text{cm}$，$e=40\text{cm}$。

解　1. 分割法

取 Oxy 坐标系，如图所示，此组合形体可以分割成Ⅰ、Ⅱ、Ⅲ三块矩形。因 Ox 轴为对称轴，故重心必在此轴上，$y_C=0$，只需求 x_C。由图上的尺寸可以算出这三块矩形的面积及其重心的 x 坐标如下

$$A_1 = 300\text{cm}^2, \quad x_1 = 15\text{cm}^2$$
$$A_2 = 200\text{cm}^2, \quad x_2 = 5\text{cm}^2$$
$$A_3 = 300\text{cm}^2, \quad x_3 = 15\text{cm}^2$$

由式（4-14）得物体重心的坐标为

$$x_C = \frac{A_1x_1 + A_2x_2 + A_3x_3}{A_1 + A_2 + A_3} = 12.5\text{cm}$$

2. 负面积法

这个组合形体也可以认为是由矩形 $ABDK$ 挖去矩形 $EFGH$ 而得，该小矩形的面积可看作"负面积"，如图4-11所示。由此可以算得这两块矩形的面积及其重心的坐标如下。

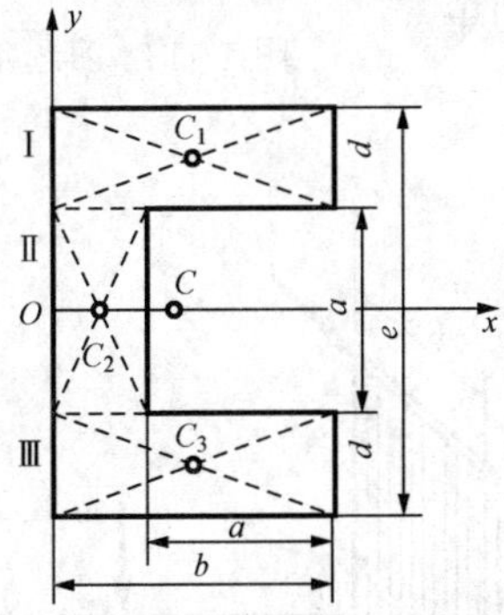

图4-10［例4-5］图（一）

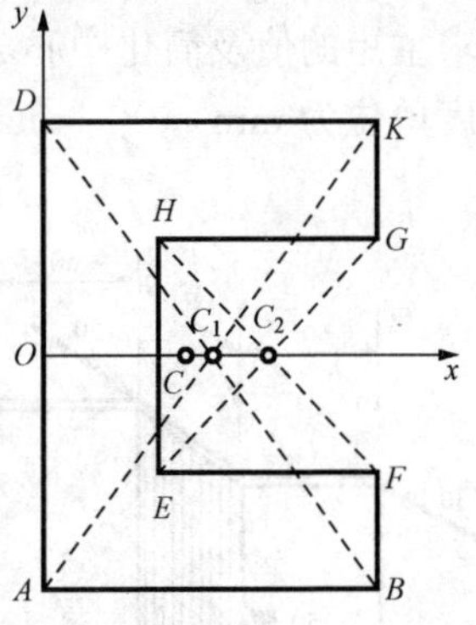

图4-11［例4-5］图（二）

对于矩形 $ABDK$：$A_1=1200\text{cm}^2$，$x_1=15\text{cm}$，$y_1=0$；

对于矩形 $EFGH$：$A_2=-400\text{cm}^2$，$x_2=20\text{cm}$，$y_2=0$。

故两块矩形重心 C 的坐标为

$$x_C=\frac{A_1x_1+A_2x_2}{A_1+A_2}=12.5\text{cm}$$

结果与前相同。

思 考 题

4-1 将两个等效的空间力系分别向 A_1、A_2 两点简化得 F_{R1}、M_1 和 F_{R2}、M_2，因两力系等效，固有 $F_{R1}=F_{R2}$、$M_1=M_2$，此结论是否正确？

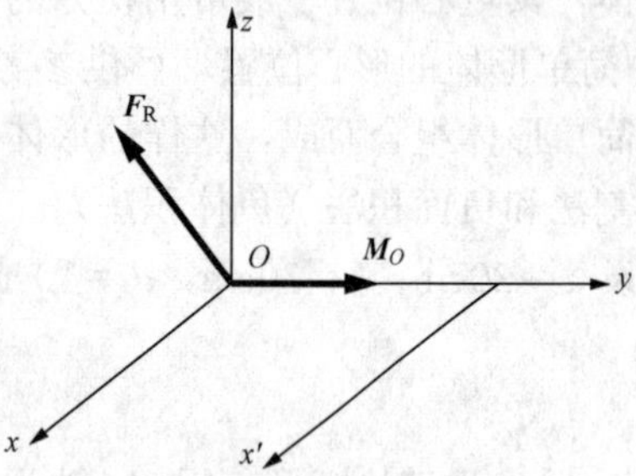

图 4-12 思考题 4-2 图

4-2 如图 4-12 所示，空间力系向 O 简化，若其主矩 $\boldsymbol{M}_O$ 沿 y 轴，则该力系中各力对 x 轴的矩的代数和是否等于零？对平行于 x 轴的另一轴 x' 的矩的代数和是否也等于零？

4-3 一空间力系，如各力对不在同一平面的三个平行轴的矩的代数和分别为零（$\sum M_{z1}=0$，$\sum M_{z2}=0$，$\sum M_{z3}=0$），试问该力系简化结果可能有哪几种情况？

习 题

4-1 一力系由四个力组成，已知 $F_1=60\text{N}$，$F_2=400\text{N}$，$F_3=500\text{N}$，$F_4=200\text{N}$，如图 4-13 所示，试将该力系向 A 点简化（图中长度单位为 mm）。

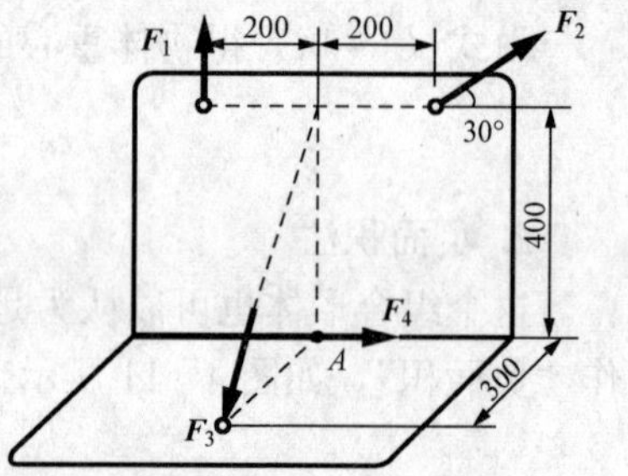

图 4-13 习题 4-1 图

4-2 图 4-14 所示一空间平行力系，求力系的合力及其作用线位置（图中力的单位为 N，长度单位为 mm）。

4-3 一力系由三个力组成，各力大小、作用线位置及方向如图 4-15 所示。已知将该力系向 A 简化所得的主矩最小，试求主矩的值及简化中心 A 的坐标（图中力的单位为 N，长度单位为 mm）。

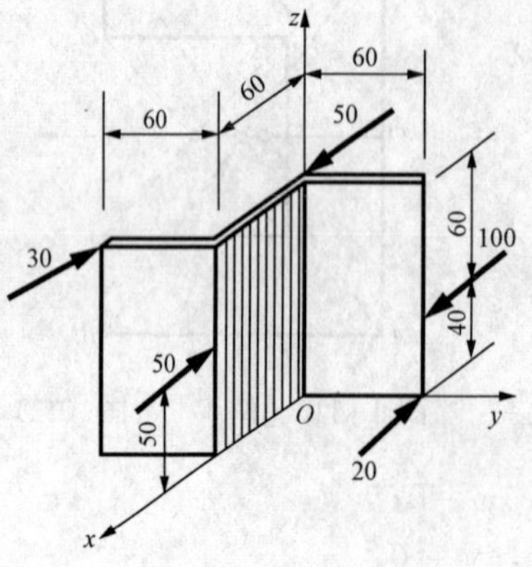

图 4-14 习题 4-2 图

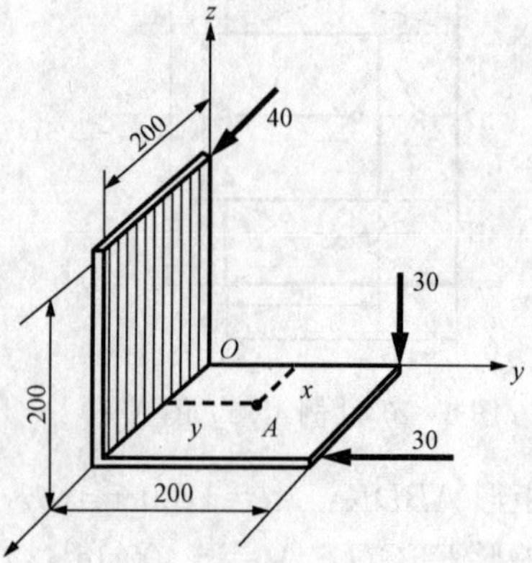

图 4-15 习题 4-3 图

4-4 设有一力系，如图4-16所示，已知 $F_1=F_2=F$，$M=Fa$，$OA=OD=OE=a$，$OB=OC=2a$。求此力系的简化结果。

4-5 有一均质矩形平板，其重量 $F_P=800N$，用三条铅垂绳索悬挂在水平位置，一绳系在一边的中点 A 处，另两绳分别系在其对边距各端点均为 $\frac{1}{4}$ 边长的 B、C 点上，如图4-17所示。求各绳所受的张力。

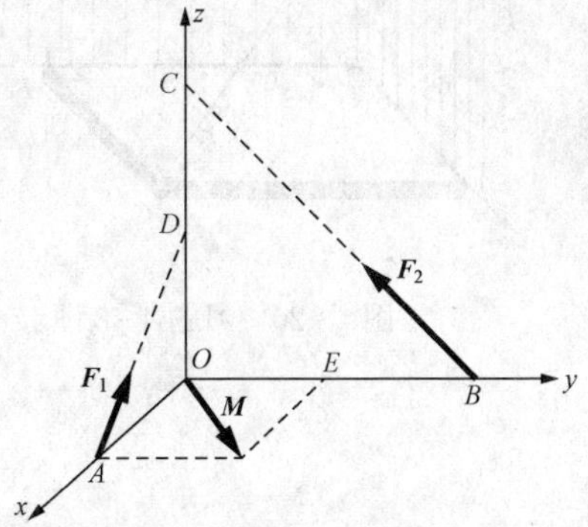

图4-16 习题4-4图

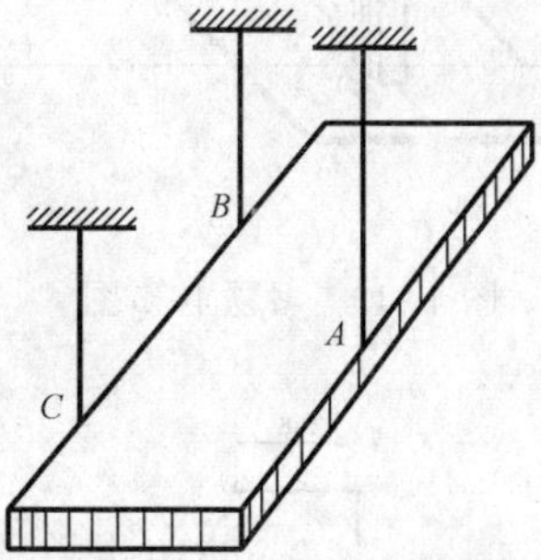

图4-17 习题4-5图

4-6 图4-18所示一起重机，机身重 $F_Q=100kN$，重心过 E 点。$\triangle ABC$ 为等边三角形，E 点为三角形的中心。臂 FGD 可绕铅直轴 GD 转动。已知 $a=5m$，$l=3.5m$。求：(1) 当载重 $F_P=20kN$，且起重臂的平面与 Ox 轴的夹角 $\alpha=30°$ 时 A、B、C 处的反力；(2) $\alpha=0$ 时的最大载重 $\boldsymbol{F}_P$。

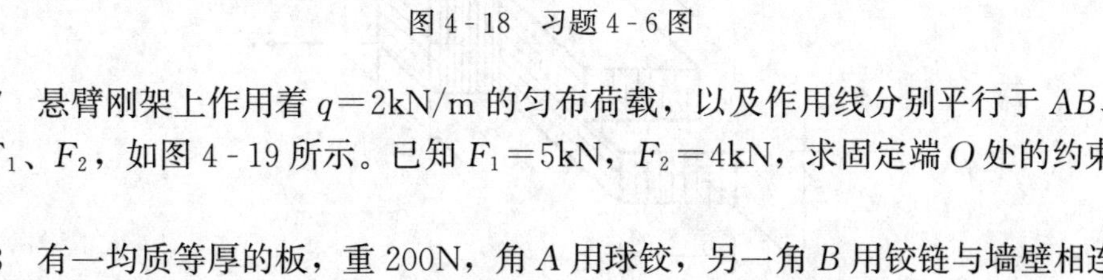

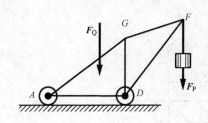

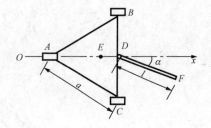

图4-18 习题4-6图

4-7 悬臂刚架上作用着 $q=2kN/m$ 的匀布荷载，以及作用线分别平行于 AB、CD 的集中力 F_1、F_2，如图4-19所示。已知 $F_1=5kN$，$F_2=4kN$，求固定端 O 处的约束力及力偶矩。

4-8 有一均质等厚的板，重200N，角 A 用球铰，另一角 B 用铰链与墙壁相连，再用一索 EC 维持于水平位置，如图4-20所示。若 $\angle ECA=\angle BAC=30°$，试求索内的拉力及 A、B 两处的反力（铰链 B 沿 y 方向无约束力）。

4-9 求图4-21所示平面图形的形心（图中长度单位为m）。

4-10 混凝土基础尺寸如图4-22所示，试求其重心的坐标位置（图中长度单位为m）。

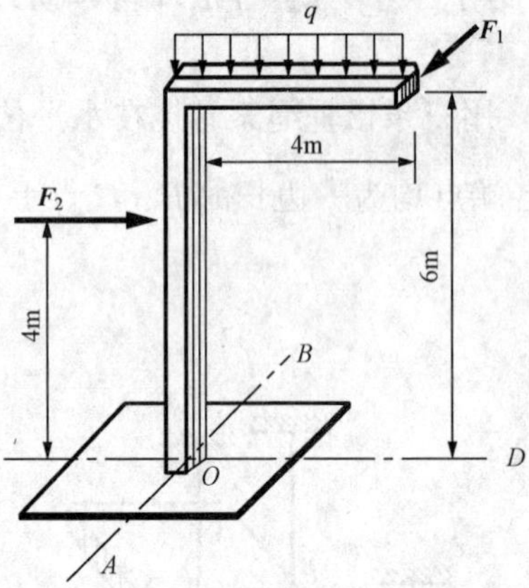

图 4-19 习题 4-7 图

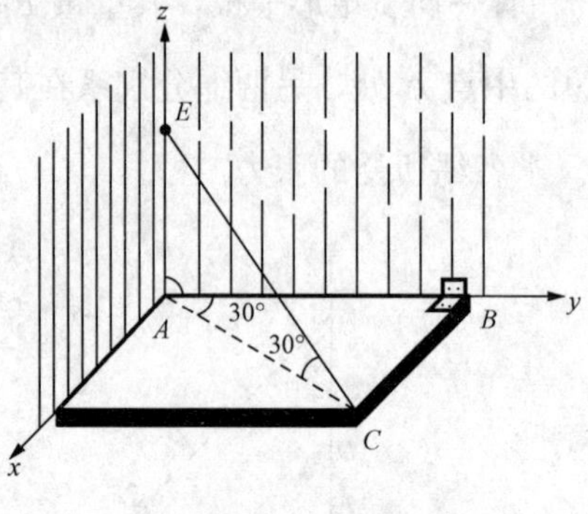

图 4-20 习题 4-8 图

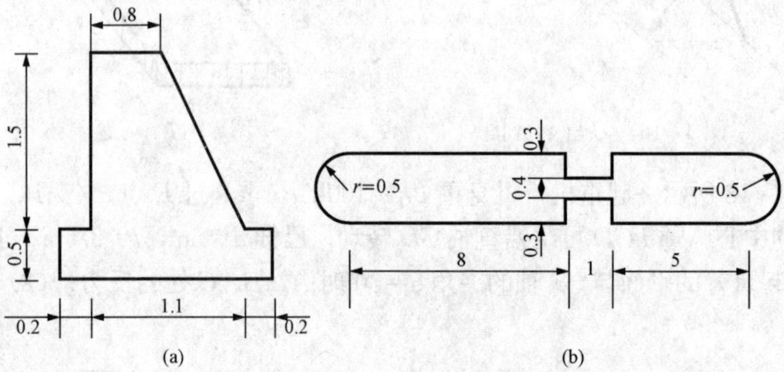

图 4-21 习题 4-9 图

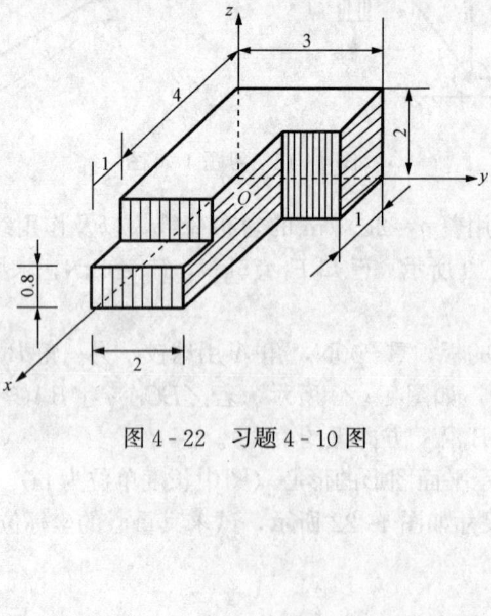

图 4-22 习题 4-10 图

第二篇　材　料　力　学

第5章　材料力学的任务及基本概念

§5-1　材料力学的任务

所有建筑物和机器都是由许多部件组成的，如建筑物中的梁、板、柱和机器中的轴、齿轮和连杆等，这些部件统称为构件。为了使建筑物和机器能正常地工作，必须对构件进行设计，即选择合适的尺寸和材料，使之满足下列三个方面的要求：

(1) 强度要求。构件抵抗破坏的能力称为强度。构件在外力作用下必须具有足够的强度才不致发生破坏，即不发生强度失效。

(2) 刚度要求。构件抵抗变形的能力称为刚度。在某些情况下，构件虽有足够的强度，但若受力后产生过大的变形，也会影响构件正常的工作。例如吊车梁，若其弯曲变形过大，行车时会产生较大的振动，影响吊车的正常运行。因此，设计时必须使其变形限制在工程允许的范围内，即不发生刚度失效。

(3) 稳定性要求。稳定性是指构件在外力作用下保持原有平衡形式的能力。例如某些受压构件，当所受压力过大时，压杆不能保持原有直线形式的平衡状态，变弯甚至折断。因此，这类构件必须具有足够的稳定性，即不发生稳定失效。

为了满足上述要求，一方面必须从理论上分析和计算构件受外力作用而产生的内力、应力和变形，建立强度、刚度和稳定性计算的方法和条件；另一方面，构件的强度、刚度和稳定性计算与材料的力学性质有关，而材料的力学性质需要通过试验确定。此外，理论分析要根据对实际现象的观察进行抽象简化，建立"力学模型"，而所得结果的可靠性也要用试验来检验；有些理论上无法解决的复杂问题，更需要借助于试验来进行分析。因此，理论分析和试验研究是材料力学中不可分割的内容。

总而言之，材料力学的任务就是通过理论和试验两方面，研究构件的内力、应力、变形及破坏规律，在此基础上进行强度、刚度和稳定性计算，以便合理地选择构件的尺寸和材料。

在选择构件的尺寸和材料时，首先要满足安全方面的条件，同时还要考虑经济方面的要求，即尽量降低材料的消耗和使用成本。

§5-2　材料力学的基本假设

材料力学的研究对象是受力后能变形的物体，这类物体称为变形固体。变形固体受力后所产生的物理现象是各种各样的。为了便于进行强度、刚度和稳定性分析，对变形固体作出下列基本假设：

(1) 连续性假设。假设物体内部充满了物质，没有任何空隙。实际上，工程材料中均存在着不同程度的空隙，但只要这些空隙的大小比物体的尺寸小得多，连续性假设是可以成立的。

（2）均匀性假设。假设物体内各处的力学性质是完全相同的。实际工程材料的力学性质都有一定程度的非均匀性。例如，金属材料由晶粒组成，各晶粒的性质不尽相同，晶粒与晶粒交界处的性质与晶粒本身的性质也不同；又如混凝土材料由水泥、砂和碎石组成，它们的性质也各不相同。但由于这些组成物质的大小与物体尺寸相比很小，而且排列也是随机的，因此，从宏观上看，可以将物体的性质看作各组成部分性质的统计平均量，而认为物体的性质是均匀的。

（3）各向同性假设。假设材料在各个方向的力学性质均相同。从统计学的观点看，金属材料（如铸钢、铸铁、铸铜等）均可认为是各向同性材料。同样，像玻璃、塑料、混凝土等非金属材料也可认为是各向同性材料。但是，有些材料，如经过碾压的钢材、纤维整齐的木材、冷扭的钢丝及纤维复合材料等在不同方向具有不同的力学性质，这些材料是各向异性材料。材料力学中主要研究各向同性的材料。

材料力学除了采用以上假设外，主要研究以下范围的变形固体：

（1）线弹性体。材料在弹性范围内，且变形与力呈线性关系的物体称为线弹性体。所谓弹性，是指物体在外力作用下产生变形，而当外力完全撤除以后，变形可以完全消失，并恢复原有的形状和尺寸的性质。

（2）小变形体。物体受外力作用后将产生变形，变形的大小与物体原始尺寸相比小得多的物体称为小变形体。在小变形情况下，研究构件在外力作用下的平衡问题时，均可忽略这种小变形，而按构件的原始尺寸计算。

§5-3 构件的分类和杆件的基本变形

一、构件的分类和材料力学的研究对象

构件按几何形状可分为杆、板和壳、块体三类。材料力学主要研究杆（或称杆件）。杆件是指一个方向的尺寸远远大于其他两个方向尺寸的构件，如房屋建筑中的梁、柱及机器中的轴、连杆等，其几何特征可由横截面和轴线来描述。根据轴线的形状，杆件可分为直杆和曲杆；根据横截面沿轴线的变化情况，杆件可分为等截面杆和变截面杆。材料力学主要研究等截面直杆，简称等直杆。

二、杆件的基本变形

杆件在各种形式的外力作用下，其变形形式是多种多样的，但不外乎是某一种基本变形或几种基本变形的组合。杆件的基本变形可分为：

（1）轴向拉伸和压缩。直杆受到与轴线重合的外力作用时，杆的变形主要是轴线方向的伸长或缩短。这种变形称为轴向拉伸［见图 5-1（a）］和压缩［见图 5-1（b）］。

（2）扭转。直杆在垂直于轴线的平面内受到平衡力偶系作用时，杆各横截面将产生相对转动。这种变形称为扭转，如图 5-1（c）所示。

（3）弯曲。直杆受到垂直于轴线的外力或在包含轴线在内的平面内的力偶作用时，杆的轴线将弯成曲线，横截面也将发生转动。这种变形称为弯曲，如图 5-1（d）所示。

杆在外力作用下，可能只产生上述一种基本变形，也可能是上述两种或两种以上基本变形

的组合，称为组合变形。本书先介绍杆件的基本变形问题，然后再介绍杆件的组合变形问题。

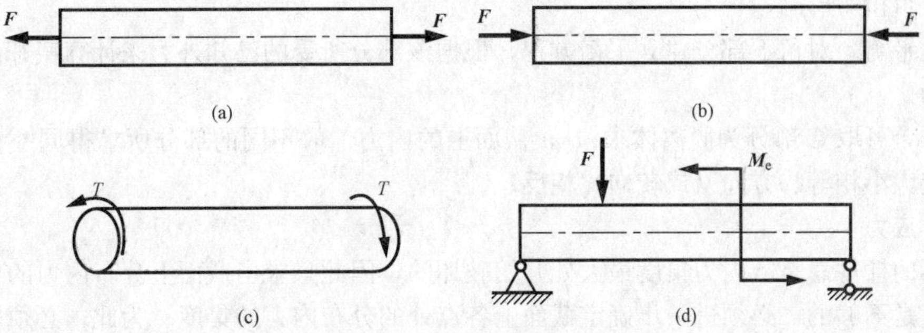

图 5-1　杆件的基本变形

§5-4　内力、截面法和应力

一、外力

作用在杆件上的外力包括荷载和约束反力。外力按其作用方式可分为体积力和表面力。体积力是分布作用在杆件整个体积内各质点上的力，如杆的自重、杆件加速运动时的惯性力等。表面力是分布作用在杆件表面的力。若作用面积很小，则称为集中力；若作用面积较大，则称为面分布力。若分布集度均匀，则称为均布力；若分布集度是变化的，则称为非均布力，如大坝上游面的水压力等。

外力按作用性质可分为静荷载和动荷载。静荷载是指由零缓慢地增加至最终值，以后不再变动的荷载；动荷载是指随时间作急剧变化的荷载。

二、内力

物体内各质点间的相互作用的力称为内力。物体在外力作用下发生变形时，其内部各质点间的相对位置将发生变化，与此同时，各质点间的相互作用力也发生了改变，这一改变量称为附加内力。材料力学中研究的正是这种附加内力，简称为内力。变形体中的内力是因变形而产生的，而内力又力图使变形消失。

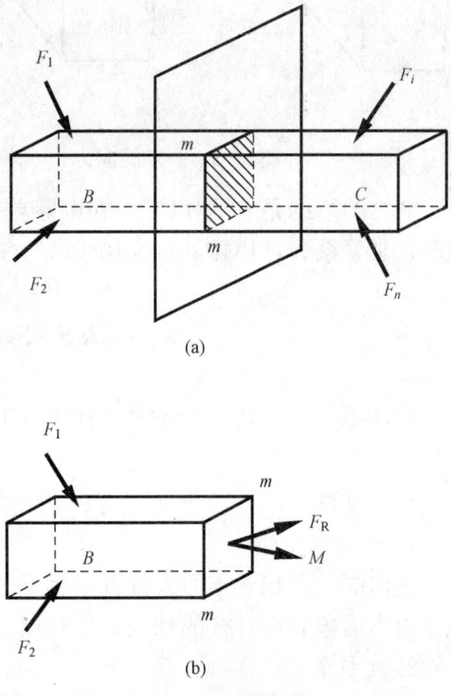

图 5-2　截面法

三、截面法

为了显示和计算杆件的内力，需采用截面法。杆［见图 5-2 (a)］在外力作用下处于平衡状态，采用截面法求 m-m 截面上的内力时，主要有以下三个步骤：

(1) 截开。在需要求内力的截面 m-m 处，假想用一平面将杆件截为两部分。

(2) 代替。留取其中任一部分（如 B 部分）作为脱离体，除了保留作用在该部分上的外力外，

还有 C 部分对 B 部分的作用，这就是该截面上的内力，通常可合成为一个力和一个力偶，如图 5-2（b）所示。

（3）平衡。对留下部分建立平衡方程，根据该部分所受的已知外力来计算截开截面上的未知内力。

同样，可取 C 部分为脱离体求 m-m 截面上的内力。取不同的部分所求得同一截面的内力，必定大小相等、方向（或转向）相反。

四、应力

实际的杆件总是从内力集度最大处开始破坏的，因此只求出截面上分布内力的合力（力和力偶）是不够的，必须进一步确定截面上各点处的分布内力的集度。为此，必须引入应力的概念。

研究某截面上任一点 M［见图 5-3（a）］的应力的方法是：在该点周围取一微面积 ΔA，设 ΔA 上分布内力的合力为 ΔF。$\dfrac{\Delta F}{\Delta A}$称为面积 ΔA 上分布内力的平均集度，又称为平均应力。如令 $\Delta A\to 0$，则比值$\dfrac{\Delta F}{\Delta A}$的极限值为

$$p=\lim_{\Delta A\to 0}\frac{\Delta F}{\Delta A} \tag{5-1}$$

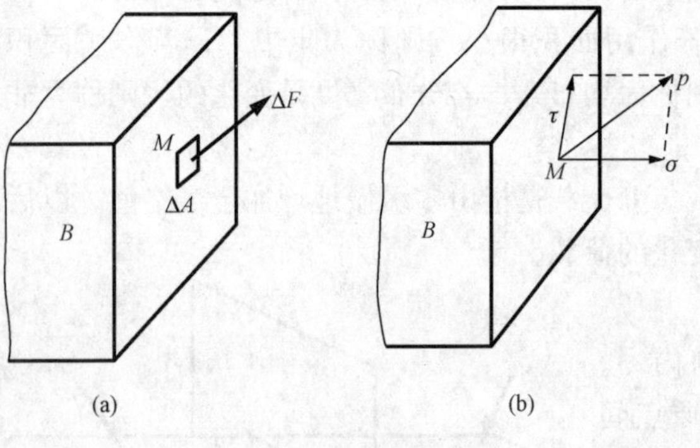

图 5-3 一点的应力

p 表示 M 点分布内力的集度，称为 M 点的总应力。可以将一点的总应力 p 分解为两个分量：一个是垂直于截面的应力，称为正应力，或称法向应力，用 σ 表示；另一个是平行于截面的应力，称为切应力，或称切向应力，用 τ 表示，如图 5-3（b）所示。物体的破坏现象表明，拉断破坏与正应力有关，剪切错动破坏与切应力有关。今后将只计算正应力和切应力，而不计算总应力。

应力的量纲是 $L^{-1}MT^{-2}$。在国际单位制中，应力的单位为 Pa，也可以用 MPa 或 GPa 表示，其关系为：$1MPa=1\times10^{6}Pa$，$1GPa=1\times10^{9}Pa$。

§5-5 位移和应变

物体受力后，其形状和尺寸都要发生变化，即发生变形。为了描述变形，现引入位移和应变的概念。

一、位移

1. 线位移

物体中一点相对于原来位置所移动的直线距离称为线位移。例如，图 5-4 所示的直杆受外力作用弯曲后，杆的轴线上任一点 A 的线位移为$\overline{AA'}$。

2. 角位移

物体中某一直线或平面相对于原来位置所转过的角度称为角位移。例如，图 5-4 中杆

的右端截面的角位移为 θ。

二、应变

设想在物体内一点 A 处取出一微小的长方体，它在 xy 平面内的边长为 Δx 和 Δy，如图 5-5所示（图中未画出厚度）。物体受力后，A 点位移至 A' 点，且长方体的尺寸和形状都发生了改变，如边长 Δx 和 Δy 变为 $\Delta x'$ 和 $\Delta y'$，直角变为锐角（或钝角），从而引出下面两种表示该长方体变形的量。

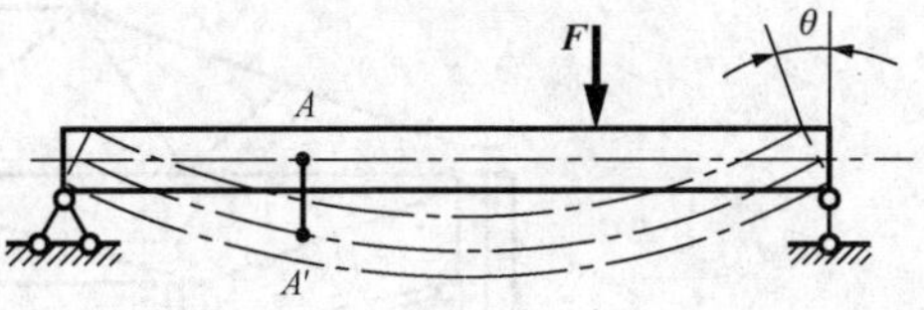

图 5-4 杆件的变形与位移

1. 线应变

线段长度的改变称为线变形，如图 5-5 中的 $\Delta x'$-Δx 和 $\Delta y'$-Δy。但是，线段长度的改变显然随线段原长的不同而变化。为消除线段原长的影响，现引入线应变（即相对变形）的概念。线应变定义为

$$\varepsilon_x = \lim_{\Delta x \to 0} \frac{\Delta x' - \Delta x}{\Delta x} \qquad (5-2)$$

$$\varepsilon_y = \lim_{\Delta y \to 0} \frac{\Delta y' - \Delta y}{\Delta y} \qquad (5-3)$$

式中 ε_x 和 ε_y 表示无限小长方体在 x 和 y 方向的线应变，也就是 A 点在 x 和 y 方向的线应变。线应变也称正应变，是一个量纲为 1 的量。

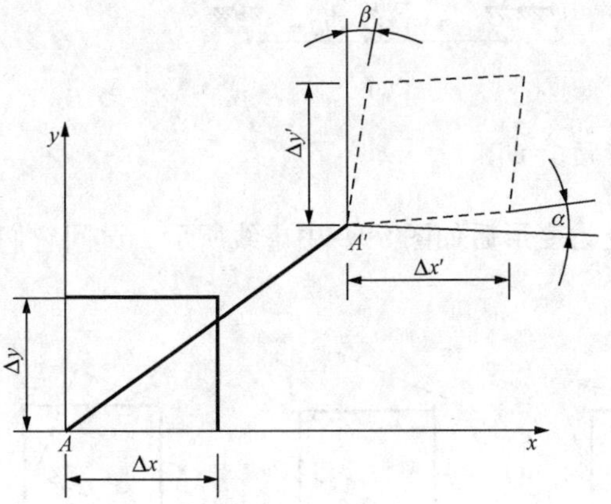

图 5-5 一点的应变

2. 切应变

通过一点互相垂直的两线段之间所夹直角的改变量称为切应变，用 γ 表示。例如，在图 5-5 中，当 $\Delta x \to 0$ 和 $\Delta y \to 0$ 时直角的改变量为

$$\gamma = \alpha + \beta \qquad (5-4)$$

这就是 A 点的切应变。切应变通常用弧度表示，也是量纲为 1 的量。

线（正）应变 ε 和切应变 γ 是描述物体内一点变形的两个基本量，它们分别与正应力和切应力有联系。

思　考　题

5-1　厂房结构如图 5-6 所示，试分析桥式吊车、吊车梁、屋架弦杆及柱会产生怎样的变形。

5-2　截面法求内力时，能否将图 5-7（a）中的杆右端的力偶 M_e 搬移到图 5-7（b）中的位置？能否将图 5-7（c）中杆上的均布荷载用图 5-7（d）中作用在杆中点的等效集中力代替？

5-3　在构件内 A 点处取长为 Δx 的微小线段 AB，受力变形后移至 $A'B'$，如图 5-8 所示。试问该线段的变形及 A 点的线应变各是多少？

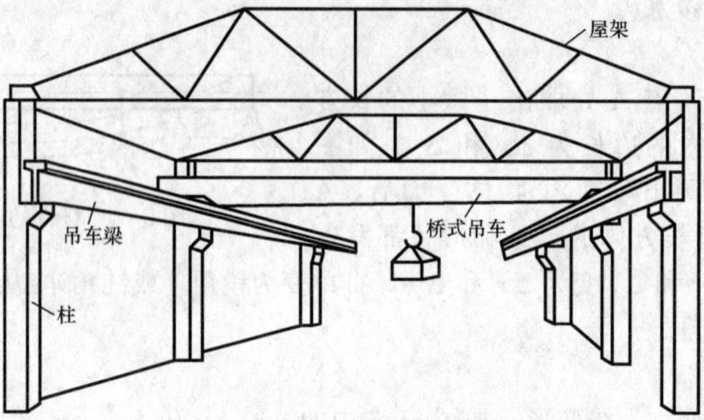

图 5-6 思考题 5-1 图

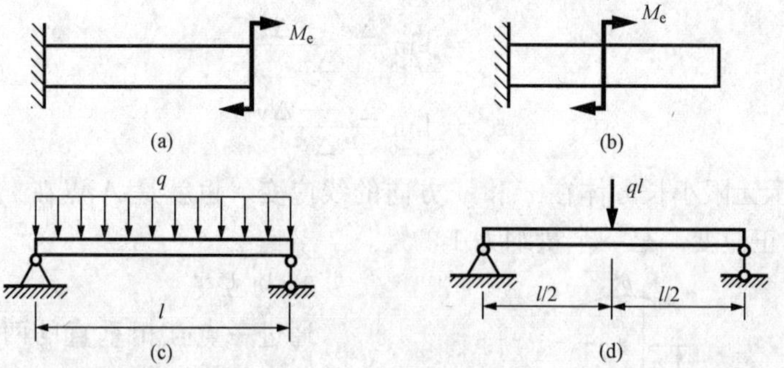

图 5-7 思考题 5-2 图

5-4 在构件内某点处取出一微小物体，受力变形后如图 5-9 中虚线所示。试问它们的切应变各是多少？

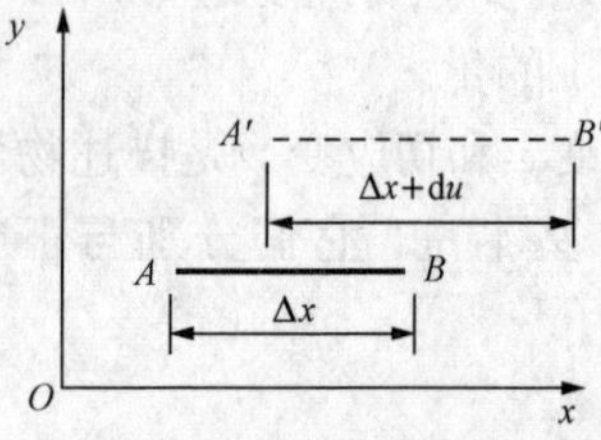

图 5-8 思考题 5-3 图

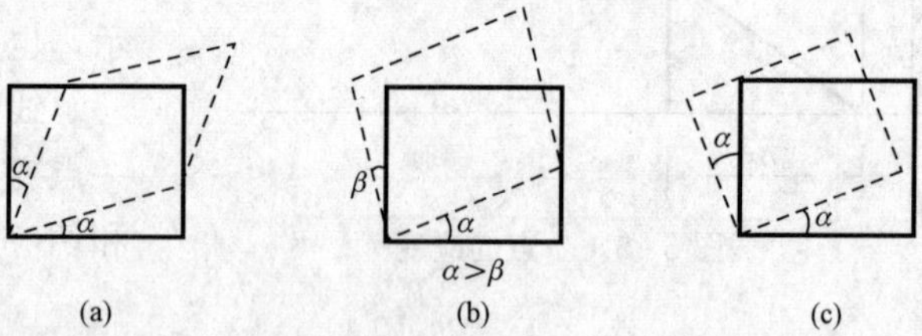

图 5-9 思考题 5-4 题

第6章 轴向拉伸和压缩

§6-1 概 述

工程上有一些直杆，在外力作用下，其主要变形是沿轴线方向的伸长或缩短，如图6-1（a）中屋架各桁杆及支承屋架的柱子、图6-1（b）中连杆机构的连杆等。尽管这些杆件端部的连接方式各有差异，但根据其受力和约束情况，均可用图6-2所示的计算简图来表示。其外力和变形特点是：

（1）外力特点：外力的合力作用线与杆的轴线重合。图6-2（a）所示为轴向拉伸，图6-2（b）所示为轴向压缩。

（2）变形特点：杆的主要变形是轴线方向的伸长或缩短，同时杆的横向（垂直于轴线方向）尺寸缩小或增大。图6-3（a）所示为轴向拉伸的变形情况，图6-3（b）所示为轴向压缩的变形情况。

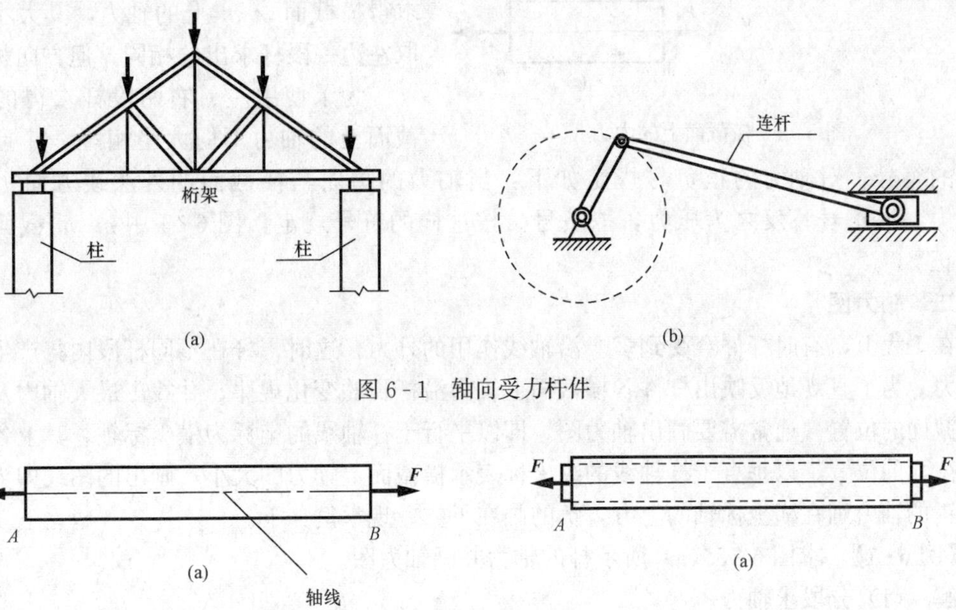

图6-1 轴向受力杆件

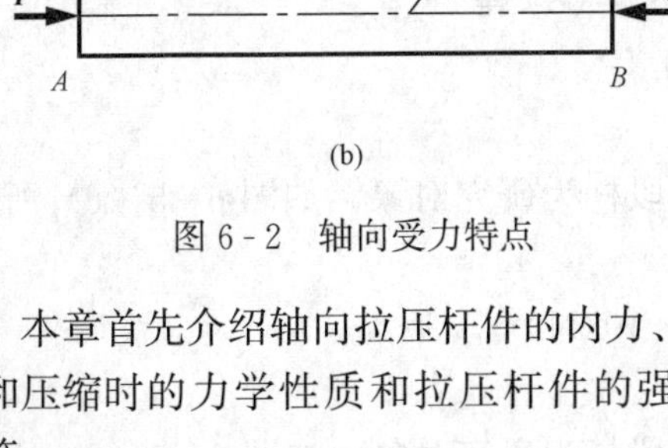

图6-2 轴向受力特点

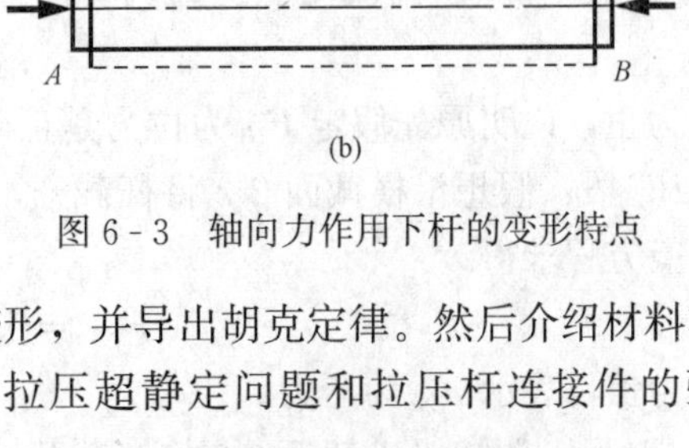

图6-3 轴向力作用下杆的变形特点

本章首先介绍轴向拉压杆件的内力、应力和变形，并导出胡克定律。然后介绍材料在拉伸和压缩时的力学性质和拉压杆件的强度计算、拉压超静定问题和拉压杆连接件的强度计算。

§6-2 轴力及轴力图

现以图 6-4（a）所示拉杆为例说明其内力（轴力）的计算方法。

一、轴力的计算

设拉杆 AB 如图 6-4（a）所示，求任意横截面 m-m 上的内力。应用截面法，假想在横截面 m-m 处将杆截为两段，取左边一段杆为研究对象，如图 6-4（b）所示。在该段杆上，除作用有外力 F 外，还有横截面上的内力 F_N。显然，内力 F_N 垂直于横截面并与杆的轴线重合，由该段杆的平衡方程 $\sum F_x=0$，求得

$$F_N = F$$

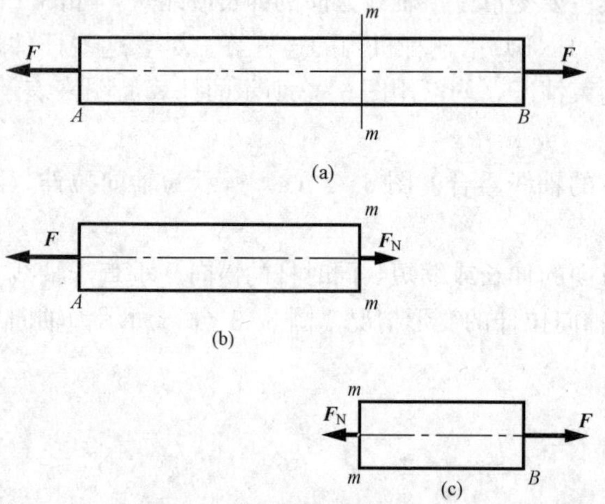

图 6-4 横截面上的内力

F_N 称为轴力。如果取右边一段杆为研究对象，如图 6-4（c）所示，同样可求得横截面 m-m 上的轴力，其大小必与取左边一段杆求出的相同，但方向相反。

为了使由左、右两段杆求得的同一截面上的轴力不但大小相等，并且具有相同的符号，对轴力的正负号规定如下：当轴力的指向与横截面的外法线方向一致时为拉力，取正号；反之为压力，取负号。按这样的符号规定，图 6-4 中 m-m 截面的轴力为正。

二、轴力图

在工程上，有时杆件会受到多个沿轴线作用的外力，这时，杆在不同杆段内将产生不同的轴力。为了直观地反映出杆件各横截面上轴力沿杆长的变化规律，并找出最大轴力及其所在横截面的位置，通常需要画出轴力图。即以平行于杆轴线的坐标为横坐标轴，其上各点表示横截面的位置，以垂直于杆轴线的纵坐标表示横截面上轴力的大小，画出的图线即为轴力图。正的轴力画在横坐标轴的上方，负的画在下方。现举例如下。

【例 6-1】 求图 6-5（a）所示杆的轴力并画轴力图。

解 （1）分段求轴力。

CD 段：假想沿任意横截面 1-1 将杆截开。为计算方便，取右边一段杆为研究对象，如图 6-5（b）所示，假定 F_{N1} 为拉力，由平衡方程 $\sum F_x=0$ 求得

$$F_{N1} = 10\text{kN}$$

结果为正，说明原先假定 F_{N1} 为拉力是正确的。

BC 段：假想沿横截面 2-2 将杆截开，取右边一段杆为研究对象，如图 6-5（c）所示。由平衡方程求得

$$F_{N2} = 10 - 20 = -10\text{kN}$$

结果为负，表示 F_{N2} 为压力。

AB 段：假想沿横截面 3-3 将杆截开，取右边一段杆为研究对象，如图 6-5（d）所示。

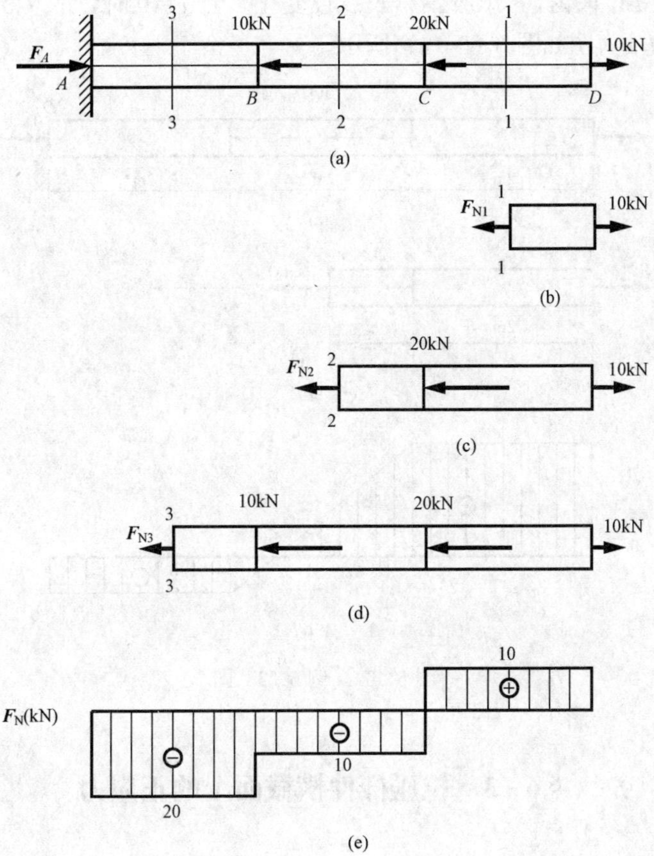

图 6-5 ［例 6-1］图

由平衡方程，求得

$$F_{N3} = 10 - 20 - 10 = -20\text{kN}$$

F_{N3} 也是压力。

在求各段杆的轴力时，也可取左边一段杆为研究对象，这时需首先由整个杆的平衡求出左端的约束力 F_A，然后再计算轴力。

（2）画轴力图。杆的轴力图如图 6-5（e）所示。由图可见，最大轴力为

$$|F_N|_{max} = 20\text{kN}$$

产生在 AB 段内的各横截面上。

通过以上计算可得轴力的计算规则：某一横截面上的轴力，在数值上等于该截面一侧杆段上所有轴向外力的代数和；轴力以拉力为正，压力为负。

【例 6-2】 图 6-6（a）所示的杆，除 A 端和 D 端各有一集中力作用外，在 BC 段作用有沿杆长均匀分布的轴向外力，集度为 2kN/m。试作杆的轴力图。

解 用截面法不难求出 AB 段和 CD 段杆的轴力分别为 3kN（拉力）和 1kN（压力）。

为了求 BC 段杆的轴力，假想在距 B 点 x 处将杆截开，取左边一段杆为研究对象，如图 6-6（b）所示。由平衡方程，可求得该截面的轴力为

$$F_N(x) = 3 - 2x$$

由此可见，在 BC 段内，$F_N(x)$ 沿杆长线性变化。当 $x=0$ 时，$F_N=3\text{kN}$；当 $x=2\text{m}$ 时，$F_N=-1\text{kN}$。杆的轴力图如图 6-6（c）所示。

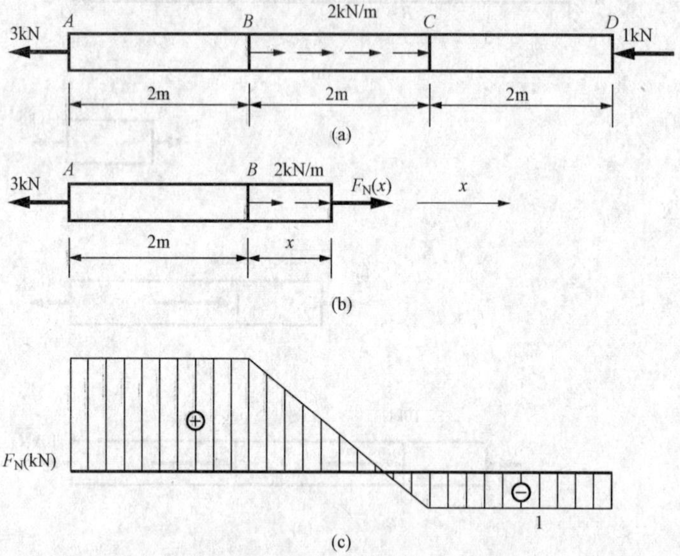

图 6-6 ［例 6-2］图

§6-3　拉压杆件横截面上的正应力

一、正应力公式

轴向拉伸（压缩）杆件横截面上的内力是轴力。要进行强度计算，还必须知道横截面上各点应力的大小和性质，即需要知道横截面上的应力分布。应力的分布与杆的变形情况有关，因此，需通过实验观察找出变形的规律，即变形的几何关系；然后利用变形和力之间的物理关系得到应力分布规律；最后由静力学关系可得到横截面上正应力的计算公式。下面就从这三个方面进行分析。

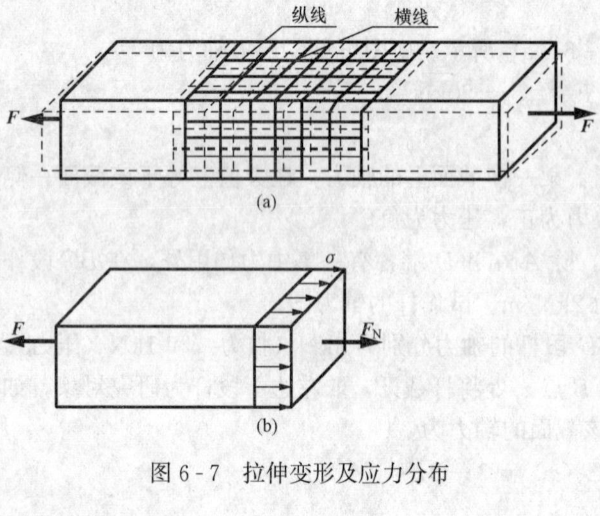

图 6-7　拉伸变形及应力分布

1. 几何关系

取一根等截面直杆，未受力之前，在杆的中部表面上画许多与杆轴线平行的纵线和与杆轴线垂直的横线；然后在杆的两端施加一对轴向拉力 F，使杆产生伸长变形，如图 6-7（a）所示。由变形后的情况可见，纵线和横线仍保持为直线，纵线仍平行于轴线，横线仍垂直于轴线，但产生了平行移动。横线可以看成是横截面的周线，因此，根据横线的变形情况去推测杆内部的变形，可以作出如下假设：变形前为平面的横截面，变形后仍为平面。这个假设称为平面截面假设或平面假设。

由平面假设可知，任意两个横截面间所有纵向线段的伸长是相同的，而这些线段的原长相同，于是可推知它们的线应变 ε 相同，这就是变形的几何关系。

2. 物理关系

根据物理学知识，当变形为线弹性变形时，变形与力成正比。因为各纵向线段的线应变 ε 相同，而线应变只能由正应力 σ 引起，故可推知横截面上各点处的正应力相同，即在横截面上，各点处的正应力 σ 为均匀分布，如图 6-7（b）所示。

3. 静力学关系

由静力学求合力的方法，可得

$$F_N = \int_A \sigma \mathrm{d}A = \sigma \int_A \mathrm{d}A = \sigma A$$

由此，可得杆的横截面上任一点处正应力的计算公式为

$$\sigma = \frac{F_N}{A} \tag{6-1}$$

式中 A——杆的横截面面积。

式（6-1）同样适用于轴向压缩，正应力的正负号与轴力的正负号相对应，即拉应力为正，压应力为负。由式（6-1）可见，正应力的大小只与横截面面积有关，而与横截面的形状无关。该式适用于等直杆，对于横截面沿杆长连续缓慢变化的变截面杆，其横截面上的正应力也可用式（6-1）作近似计算。

二、圣文南原理

必须指出，杆端外力的作用方式不同时，对横截面上的应力分布是有影响的。但法国科学家圣文南指出，当作用于弹性体表面某一小区域上的力系被另一静力等效的力系代替时，对该区域附近的应力和应变有显著的影响，而对稍远处的影响很小，可以忽略不计。这一结论称为圣文南原理。它已被许多计算结果和实验结果所证实。因此，杆端外力的作用方式不同，只对杆端附近的应力分布有影响。在材料力学中，可不考虑杆端外力作用方式的影响。

【例 6-3】 如图 6-8（a）所示，一小吊车架，受小车重力（F=18.4kN）作用。拉杆 AB 的横截面为圆形，直径 d=15mm。试求当吊车在图示位置时，AB 杆横截面上的应力。

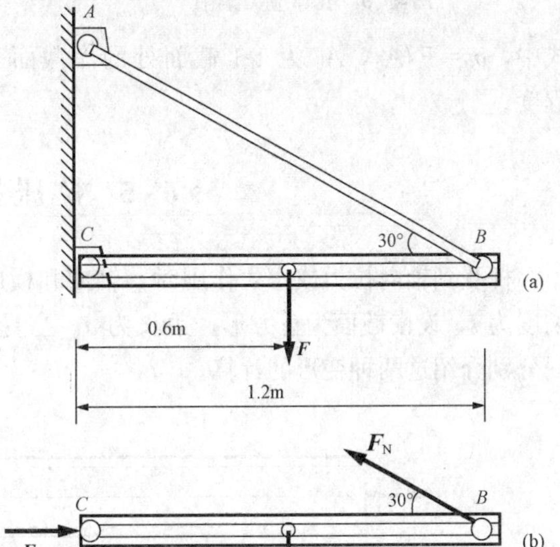

图 6-8 ［例 6-3］图

解 由于 A、B、C 三处用销钉连接，故可视为铰接，AB 杆受轴向拉伸。以 BC 为脱离体，画示力图如图 6-8（b）所示，由平衡方程 $\sum M_C=0$，求得 AB 杆的轴力为

$$F_N = \frac{18.4 \times 0.6}{1.2 \times \sin 30^\circ} = 18.4\text{kN}$$

再由式（6-1），求得 AB 杆横截面上的正应力为

$$\sigma = \frac{F_N}{A} = \frac{F_N}{\frac{1}{4}\pi d^2} = \frac{18.4 \times 10^3}{\frac{1}{4} \times \pi \times 0.015^2}$$

$$= 104.2 \times 10^6 \text{N/m}^2 = 104.2\text{MPa}$$

显然，当吊车在 BC 杆上行驶到其他位置时，AB 杆的应力将发生变化。

§6-4 应力集中的概念

工程中有些杆件，由于实际工作的需要，常有台阶、孔洞、沟槽、螺纹等，使杆的横截面在某些部位发生急剧的变化。理论和实验研究发现，在截面突变处的局部范围内，应力数值急剧增大，这种现象称为应力集中。

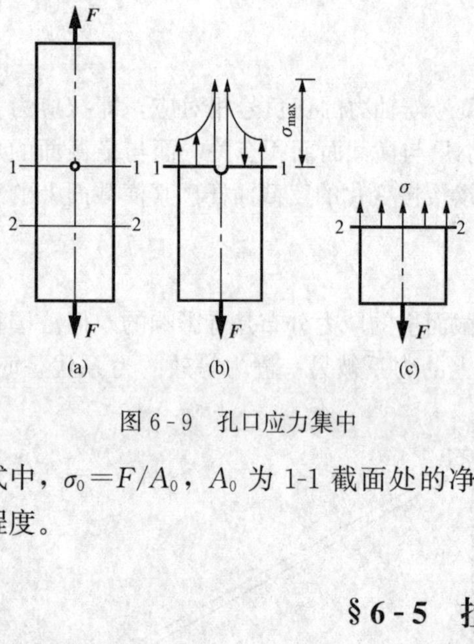

图 6-9 孔口应力集中

图 6-9（a）所示为一受轴向拉伸的直杆，在轴线上开一小圆孔。在横截面 1-1 上，应力分布不均匀，在靠近孔边的局部范围内，应力很大；在离开孔边稍远处，应力明显降低，如图 6-9（b）所示。在离开圆孔较远的 2-2 截面上，应力仍为均匀分布，如图 6-9（c）所示。

有应力集中的截面上的最大应力 σ_{max} 与该截面上的平均应力 σ_0 之比，称为应力集中因数 α，即

$$\alpha = \frac{\sigma_{max}}{\sigma_0} \tag{6-2}$$

式中，$\sigma_0 = F/A_0$，A_0 为 1-1 截面处的净截面面积。α 为大于 1 的数，它反映应力集中的程度。

§6-5 拉压杆件的变形

杆受到轴向拉力或压力作用时，轴向和横向均会产生变形。例如，图 6-10 所示的杆，长度为 l，设横截面为正方形，边长为 a。当受到轴向外力拉伸后，l 增至 l'，a 缩小到 a'。现分别介绍这两种变形的计算。

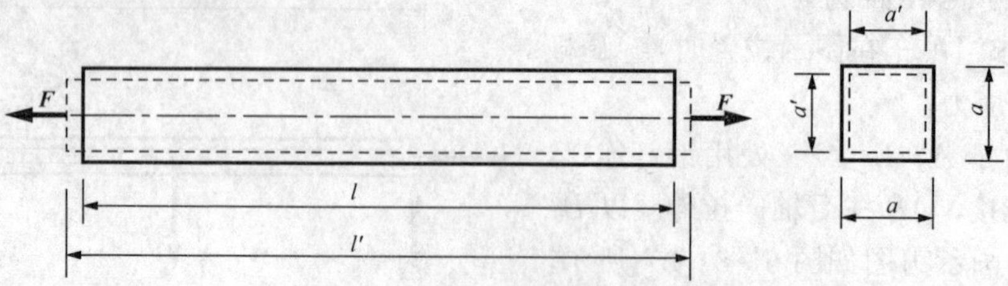

图 6-10 拉伸变形

一、轴向变形、胡克定律

杆的轴向伸长 $\Delta l = l' - l$，称为杆的绝对伸长。实验表明，当杆的变形为弹性变形时，杆的轴向伸长 Δl 与拉力 F、杆长 l 成正比，与杆的横截面面积 A 成反比，即

$$\Delta l \propto \frac{Fl}{A}$$

引进比例常数 E，并注意到轴力 $F_N = F$，则上式可表示为

$$\Delta l = \frac{F_N l}{EA} \tag{6-3}$$

这一关系是由英国科学家胡克首先提出的，故通常称为胡克定律。当杆受轴向外力压缩时，这一关系仍然成立。

式（6-3）中的 E 称为材料拉伸（或压缩）时的弹性模量。E 值越大，杆的变形越小；E 值越小，杆的变形越大。E 值的大小因材料而异，由试验测定。弹性模量 E 的量纲是 $L^{-1}MT^{-2}$，常用单位是 MPa 或 GPa。工程上，大部分材料在拉伸和压缩时的弹性模量 E 值可认为是相同的。式（6-3）中的 EA 称为杆的拉伸（压缩）刚度。当 F_N 和 l 不变时，EA 越大，则杆的轴向变形越小；EA 越小，则杆的轴向变形越大。

注意：式（6-3）适用于 F_N、A、E 为常数的一段杆内，且材料在线弹性范围内。

绝对变形 Δl 的大小与杆的长度 l 有关，为了消除杆长的影响，以便于比较同样外力作用下杆的变形程度，将式（6-3）变换为

$$\frac{\Delta l}{l} = \frac{F_N}{A}\frac{1}{E}$$

式中 $\frac{\Delta l}{l} = \varepsilon$，称为轴向线应变。它是相对变形，表示轴向变形的程度。又 $\frac{F_N}{A} = \sigma$，故上式可写为

$$\varepsilon = \frac{\sigma}{E} \text{或} \sigma = E\varepsilon \tag{6-4}$$

当材料为弹性变形时，一点的正应力与同一方向的线应变成正比，这一关系称为单向应力状态的胡克定律。该定律在理论分析和实验中经常用到。

二、横向应变、泊松比

图 6-10 所示的杆，其横向尺寸缩小，故横向应变为

$$\varepsilon' = \frac{\Delta a}{a} = \frac{a' - a}{a}$$

显然，在拉伸时，轴向应变 ε 为正值，横向应变 ε' 为负值。由实验可知，当变形为弹性变形时，横向应变与轴向应变的比值的绝对值为一常数，即

$$\nu = \left|\frac{\varepsilon'}{\varepsilon}\right| \text{或} \varepsilon' = -\nu\varepsilon \tag{6-5}$$

ν 称为泊松比，是由法国科学家泊松首先得到的。ν 是量纲为 1 的量，其数值因材料而异，由实验测定。通常情况下，$0 < \nu < 0.5$。

弹性模量 E 和泊松比 ν 都是材料的弹性常数。表 6-1 给出了一些常用材料的 E、ν 值。

表 6-1　　　　常用材料的 E、ν 值

材　料		E (GPa)	ν
钢		190～220	0.25～0.33
铜及其合金		74～130	0.31～0.36
灰口铸铁		60～165	0.23～0.27
铝合金		71	0.26～0.33
花岗岩		48	0.16～0.34
石灰岩		41	0.16～0.34
混凝土		14.7～35	0.16～0.18
橡胶		0.0078	0.47
木材	顺纹	9～12	
	横纹	0.49	

【例 6-4】 一矩形截面杆，长 1.5m，截面尺寸为 50mm×100mm。当杆受到 100kN 的轴向拉力作用时，由实验方法测得杆伸长 0.15mm，截面的长边缩短 0.003mm。试求该杆材料的弹性模量 E 和泊松比 ν。

解 利用式（6-3）可求得弹性模量为

$$E=\frac{F_{\mathrm{N}}l}{(\Delta l)A}=\frac{100\times 10^{3}\times 1.5}{0.15\times 10^{-3}\times 50\times 100\times 10^{-6}}=2.0\times 10^{11}\mathrm{N/m^{2}}=200\mathrm{GPa}$$

再由式（6-5），求得泊松比为

$$\nu=\left|\frac{\varepsilon'}{\varepsilon}\right|=\frac{0.003/100}{0.15/1500}=0.3$$

【例 6-5】 一木柱受力如图 6-11 所示。柱的横截面为边长 200mm 的正方形，材料可认为服从胡克定律，其弹性模量 $E=10\mathrm{GPa}$。如不计柱的自重，试求木柱顶端 A 截面的位移。

解 因为木柱下端固定，所以顶端 A 截面的位移就等于杆的总变形。

虽然 AB 段的内力与 BC 段不同，但每一段的内力是常数，可利用式（6-3）分别计算各段杆的变形，然后求其代数和，即为杆的总变形。

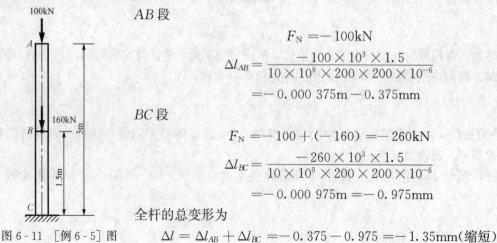

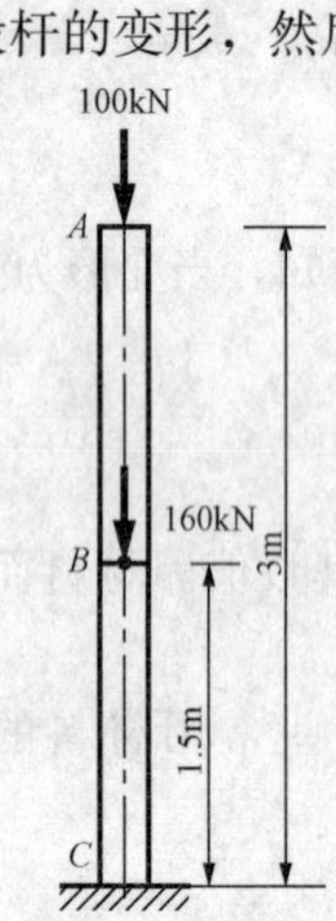

图 6-11 ［例 6-5］图

AB 段

$$F_{\mathrm{N}}=-100\mathrm{kN}$$

$$\Delta l_{AB}=\frac{-100\times 10^{3}\times 1.5}{10\times 10^{9}\times 200\times 200\times 10^{-6}}$$
$$=-0.000\,375\mathrm{m}-0.375\mathrm{mm}$$

BC 段

$$F_{\mathrm{N}}=-100+(-160)=-260\mathrm{kN}$$

$$\Delta l_{BC}=\frac{-260\times 10^{3}\times 1.5}{10\times 10^{9}\times 200\times 200\times 10^{-6}}$$
$$=-0.000\,975\mathrm{m}=-0.975\mathrm{mm}$$

全杆的总变形为

$$\Delta l=\Delta l_{AB}+\Delta l_{BC}=-0.375-0.975=-1.35\mathrm{mm}(\text{缩短})$$

木柱顶端 A 截面的位移等于 1.35mm，方向向下。

【例 6-6】 试求：图 6-12（a）所示等截面直杆由自重引起的最大正应力以及杆的轴向总变形。设该杆的长度 l、横截面面积 A、材料密度 ρ 和弹性模量 E 均为已知。

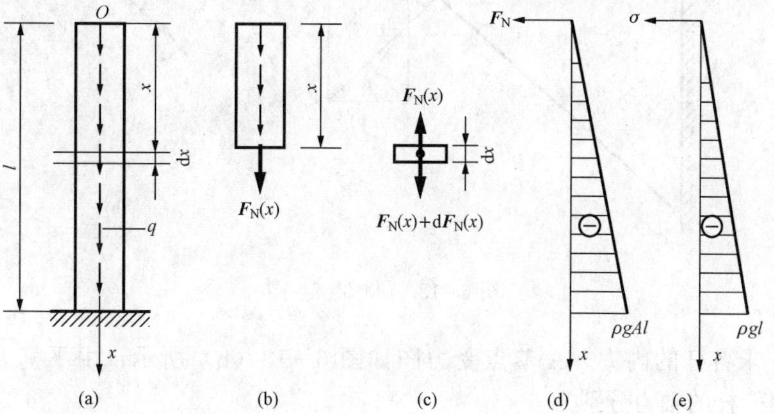

图 6-12 ［例 6-6］图

解　自重为体积力。对于均质材料的等截面杆，可将杆的自重简化为沿轴线作用的均布荷载，其集度 $q=\rho gA$。

（1）求最大正应力。应用截面法，求得 x 截面［见图 6-12（b）］上的轴力为

$$F_N(x)=-qx=-\rho gAx$$

上式表明，自重引起的轴力沿杆轴线按线性规律变化。轴力图如图 6-12（d）所示。

x 截面上的正应力为

$$\sigma(x)=\frac{F_N(x)}{A}=-\rho gx\text{（压应力）}$$

由上式可见，在杆底部（$x=l$）的横截面上，正应力的数值最大，其值为

$$|\sigma|_{\max}=\rho gl$$

正应力沿轴线的变化规律如图 6-12（e）所示。

（2）求轴向变形。由于杆的各个横截面的内力均不同，因此不能直接用式（6-3）计算变形。为此，先计算 dx 微段［见图 6-12（c）］的变形 $d(\Delta l)$。略去微量的 $dF_N(x)$ 影响，dx 微段的变形为

$$d(\Delta l)=\frac{F_N(x)dx}{EA}$$

杆的总变形可沿杆长 l 积分得到，即

$$\Delta l=\int_0^l d(\Delta l)=\int_0^l\frac{F_N(x)dx}{EA}=\int_0^l\frac{-\rho gAx\,dx}{EA}=\frac{-\rho gAl^2}{2EA}=-\frac{\frac{P}{2}l}{EA}\text{（缩短）}$$

式中 $P=\rho gAl$，为杆的总重。

由此可见，因自重引起直杆的变形，在数值上等于将杆的总重的一半集中作用在杆端所产生的变形。

【例 6-7】 图 6-13（a）所示三脚架中，AB 和 AC 杆均为钢杆，弹性模量 $E=200\text{GPa}$，横截面积分别为 $A_1=100\text{mm}^2$、$A_2=400\text{mm}^2$，$F=40\text{kN}$。试求 A 点的位移。

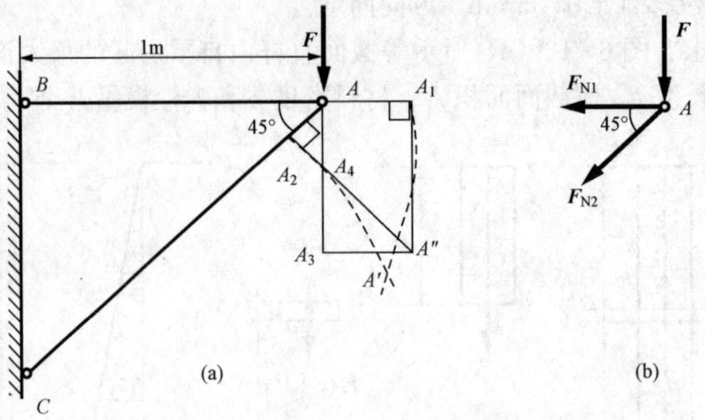

图 6-13 [例 6-7] 图

解 (1) 求各杆的内力。A 节点受力图如图 6-13(b)所示，由平衡方程 $\sum F_y=0$、$\sum F_x=0$ 求得两杆的轴力分别为

$$F_{N2}=-\frac{F}{\sin 45^\circ}=-56.6\text{kN}$$

$$F_{N1}=-F_{N2}\cos 45^\circ=40\text{kN}$$

(2) 求各杆的变形

$$\Delta l_1=\frac{F_{N1}l_1}{EA_1}=\frac{40\times 10^3\times 1}{2\times 10^{11}\times 100\times 10^{-6}}=0.002\text{m}$$

$$\Delta l_2=\frac{F_{N2}l_2}{EA_2}=\frac{-56.6\times 10^3\times\sqrt{2}}{2\times 10^{11}\times 400\times 10^{-6}}=-0.001\text{m}$$

(3) 求节点 A 的位移。AB 和 AC 两杆在未受力之前是连接在一起的，受力变形后它们仍应不脱开，于是两杆变形后 A 点的新位置可由以下方法确定：先假设 A 点无约束，可自由变形，然后分别以 B、C 两点为圆心，分别以 $l_1+\Delta l_1$ 和 $l_2+\Delta l_2$ 为半径作圆弧，两圆弧的交点即为节点的新位置 A'，如图 6-13(a)所示。在小变形情况下，为简化计算，可近似地用垂线来代替圆弧，即过 A_1 和 A_2 两点分别作垂线交于 A'' 点，即为 A 点的新位置。从位移图中的几何关系可求得 A 点的水平位移和竖直位移分别为

$$\Delta_H=\overline{A_3A''}=\overline{AA_1}=\Delta l_1=0.002\text{m}=2\text{mm}$$

$$\Delta_V=\overline{A_1A''}=\overline{AA_3}=\overline{AA_4}+\overline{A_4A_3}=\frac{|\Delta l_2|}{\cos 45^\circ}+\frac{\Delta l_1}{\tan 45^\circ}=\sqrt{2}|\Delta l_2|+\Delta l_1$$

$$=\sqrt{2}\times 0.001+0.002=0.003\,41\text{m}=3.41\text{mm}$$

所以 A 点的总位移为

$$\Delta_A=\overline{AA''}=\sqrt{2^2+3.41^2}\text{mm}=3.95\text{mm}$$

§6-6 拉伸和压缩时材料的力学性质

材料的力学性质是指材料受外力作用后，在强度和变形方面所表现出来的特性，也称机械性质，如材料的弹性常数 E、ν 及极限应力等，必须由实验来测定。材料的力学性质不仅与材料内部的成分和组织结构有关，还受到加载速度、温度、受力状态等因素的影响。本节

主要介绍在常温和静荷载作用下，处于轴向拉伸和压缩时材料的力学性质，这是材料最基本的力学性质。

在常温和静荷载作用下，根据拉伸时变形的大小，材料可分为以下两大类：

（1）塑性材料：破坏时有明显变形的材料，如低碳钢、铜、铝等。

（2）脆性材料：破坏时变形很小的材料，如铸铁、混凝土、砖石等。

下面以低碳钢和铸铁为典型材料，分别介绍塑性材料和脆性材料的力学性质。

一、拉伸时材料的力学性质

材料的力学性质与试样的几何尺寸有关。为了便于比较试验结果，应将材料制成标准试样。

对金属材料拉伸有两种标准试样：一种是圆截面试样，如图 6-14 所示。在试样中部 A、B 之间的长度 l 称为标距，试验时用仪表测量该段的伸长。标距 l 与标距内横截面直径 d 的关系为 $l=10d$ 或 $l=5d$。另一种为矩形截面试样，标距 l 与横截面面积 A 的关系为 $l=11.3\sqrt{A}$，或 $l=5.65\sqrt{A}$。

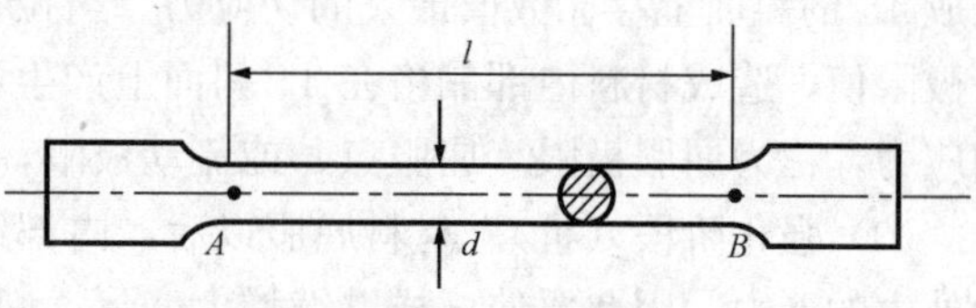

图 6-14　标准试样

（一）低碳钢的拉伸试验

低碳钢是指含碳量较低（0.25%以下）的普通碳素钢，如 Q235 钢，是工程上广泛使用的材料。试验时，将试样安装在电子试验机上，然后均匀缓慢地加载，使试样拉伸直至断裂。试验机自动绘制的荷载与变形的关系曲线，即 F-Δl 曲线，称为拉伸图，如图 6-15 所示。为了消除试样尺寸的影响，将拉力 F 除以试样的原横截面面积 A，伸长 Δl 除以原标距 l，得到材料的应力—应变图，即 σ-ε 图，如图 6-16 所示。这一图形与拉伸图的图形相似。从拉伸图和应力—应变图各个阶段的特性点可确定低碳钢的主要力学特性。

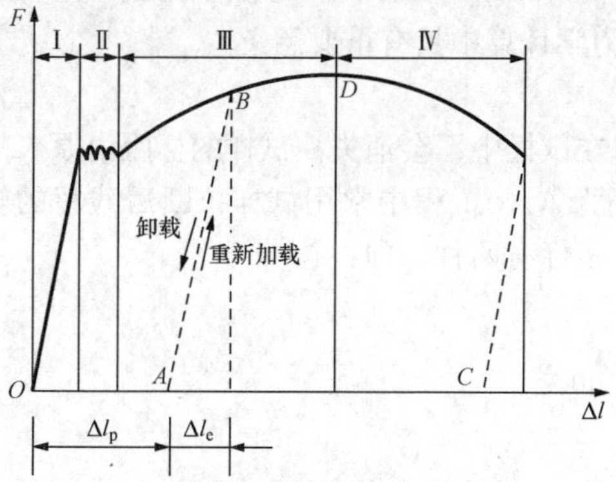

图 6-15　低碳钢拉伸图

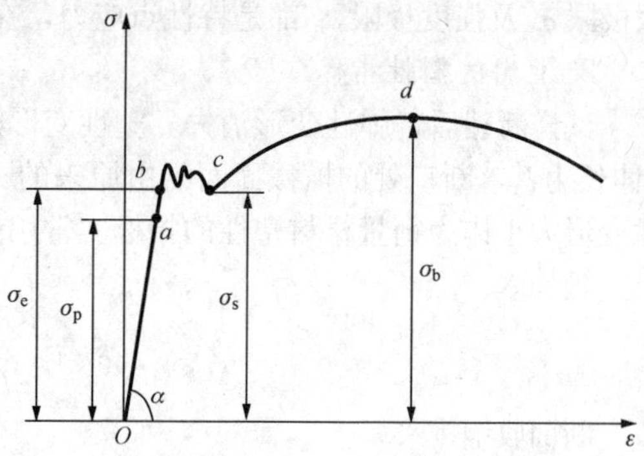

图 6-16　低碳钢 σ-ε 图

1. 拉伸过程的各个阶段及特性点

整个拉伸过程大致可分为以下四个阶段：

（1）弹性阶段（Ⅰ）。当试样中的应力不超过图 6-16 中 b 点的应力时，试样的变形是弹性的。在这个阶段内，当卸去荷载后，变形完全消失。b 点对应的应力为弹性阶段的应力最高限，称为弹性极限，用 σ_e 表示。在弹性阶段内，Oa 段为直线，应力和应变呈线性关系，即材料服从胡克定律。该阶段的最高点 a 所对应的应力称为比例极限，用 σ_p 表示。在

比例极限范围内，可以确定材料的弹性模量 E，即

$$\tan\alpha = \frac{\sigma}{\varepsilon} = E$$

试验结果表明，材料的弹性极限和比例极限数值上非常接近，故工程上对它们往往不加以严格区分。

（2）屈服阶段（Ⅱ）。此阶段亦称为流动阶段。当增加荷载使应力超过弹性极限后，变形增加很快，而应力不增加或产生波动，在 σ-ε 曲线上或 F-Δl 曲线上呈锯齿形线段，这种现象称为材料的屈服或流动。在屈服阶段内，若卸去荷载，则变形不能完全消失。这种不能消失的变形即为塑性变形，或称为残余变形。当材料屈服时，在抛光的试样表面能观察到两组与试样轴线成 45°的正交细条纹，这些条纹称为滑移线。这种现象的产生，是由于与杆轴线成 45°的斜面上存在数值最大的切应力。当拉力增加到一定数值后，最大切应力超过了某一极限值，造成材料内部晶格在 45°斜面上产生相互间的滑移。屈服阶段内最低点 c 所对应的应力，称为屈服极限（屈服点）或流动极限，用 σ_s 表示。

（3）强化阶段（Ⅲ）。材料屈服以后，内部组织结构发生了调整，重新获得了进一步承受外力的能力，因此要使试样继续增大变形，必须增加外力，这种现象称为材料的强化。在强化阶段，材料主要产生塑性变形，而且随着外力的增加，塑性变形量显著增加。这一阶段的最高点 d 所对应的应力称为强度（破坏）极限，用 σ_b 表示。

（4）破坏阶段（Ⅳ）。从 d 点以后，试样在某一薄弱区域内的伸长急剧增加，试样横截面在这薄弱区域内显著缩小，形成了“颈缩”现象，如图 6-17 所示。由于试样“颈缩”，使试样继续变形所需的拉力迅速减小。因此，F-Δl 曲线和 σ-ε 曲线出现下降现象，最后试样在最小截面处被拉断。

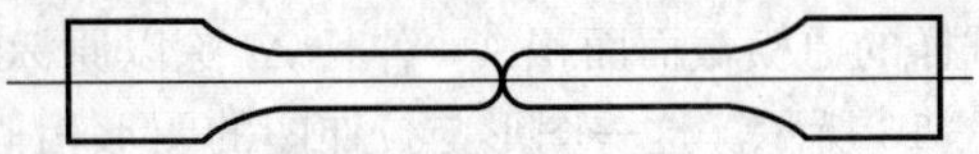

图 6-17 试样颈缩

材料的比例极限 σ_p（或弹性极限 σ_e）、屈服极限 σ_s 及强度极限 σ_b 都是特性点应力，在材料力学计算中具有重要意义。

2. 材料的塑性指标

试样断裂后，弹性变形消失，塑性变形则残留在试样中不会消失。试样的标距由原来的 l 伸长为 l_1，断口处的横截面面积由原来的 A 缩小为 A_1。工程中常用试样拉断后残留的塑性变形大小作为衡量材料塑性的指标。常用的塑性指标有两种，即：

延伸率

$$\delta = \frac{l_1 - l}{l} \times 100\%$$

断面收缩率

$$\psi = \frac{A - A_1}{A} \times 100\%$$

工程中一般将延伸率 $\delta \geqslant 5\%$ 的材料称为塑性材料，$\delta < 5\%$ 的材料称为脆性材料。低碳钢的延伸率大约为 26%，故为塑性材料。

3. 应变硬化现象

在材料的强化阶段中，如果卸去荷载，则卸载时拉力和变形之间仍为线性关系，如图 6-15中的虚线 BA 所示。由图可见，试样在强化阶段的变形包括弹性变形 Δl_e 和塑形变形 Δl_p。如卸载后重新加载，则拉力与变形之间大致仍按 AB 直线变化，直到 B 点后再按原曲

线 BDC 变化。比较 $OBDC$ 曲线和 $ABDC$ 曲线后看出：①卸载后重新加载时，材料的比例极限提高了（由原来的 σ_p 提高到 B 点所对应的应力），而且不再有屈服现象；②拉断后的塑性变形减少了（即拉断后的残余伸长由原来的 OC 减小为 AC）。这一现象称为应变硬化现象，工程上称为冷作硬化现象。

材料经过冷作硬化处理后，其比例极限提高，表明材料的强度可以提高，这是有利的一面。但另一方面，材料经冷作硬化处理后，其塑性降低，这在许多情况下又是不利的。

（二）其他塑性材料拉伸时的力学性质

图 6-18 给出了五种金属材料在拉伸时的应力—应变曲线。由图可见，这五种材料的延伸率都较大（$\delta > 5\%$）。45 号钢和 Q235 钢的应力—应变曲线大体相似，有弹性阶段、屈服阶段和强化阶段。其他三种材料都没有明显的屈服阶段。对于没有明显屈服阶段的塑性材料，通常以产生 0.2% 的塑性应变时的应力作为屈服极限，称为条件屈服极限，或称为规定非比例伸长应力，用 $\sigma_{0.2}$ 表示，如图 6-19 所示。

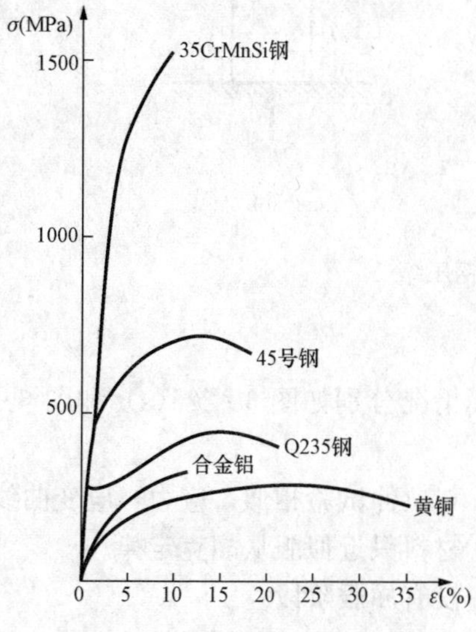

图 6-18　塑性材料 σ-ε 曲线

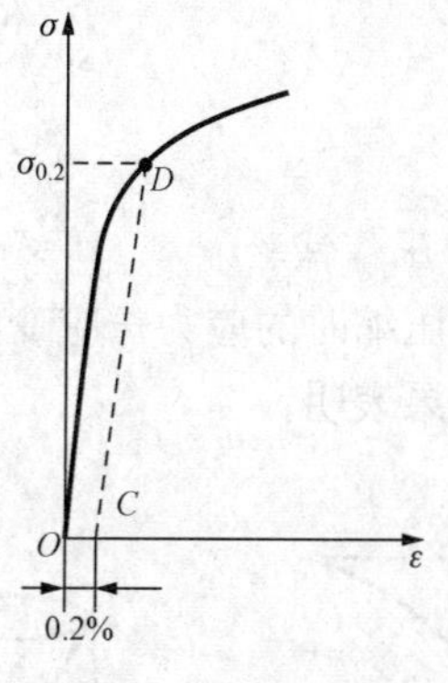

图 6-19　条件屈服极限

（三）铸铁的拉伸试验

图 6-20 所示为灰口铸铁拉伸时的应力—应变曲线。从图中可看出：

（1）应力—应变曲线上没有明显的直线段，即材料不服从胡克定律。但直至试样拉断为止，曲线的曲率都很小。因此，工程上通常用取割线（如图中虚线所示）方法，认为材料近似服从胡克定律。

（2）变形很小，拉断后的残余变形只有 0.5%～0.6%，是典型的脆性材料。拉断时断口与轴线垂直，表明是由横截面上的拉应力所致。

（3）没有屈服阶段和“颈缩”现象。唯一的强度指标是拉断时的应力，即强度极限 σ_b，但强度极限很低，所以不宜作为拉伸构件的材料。

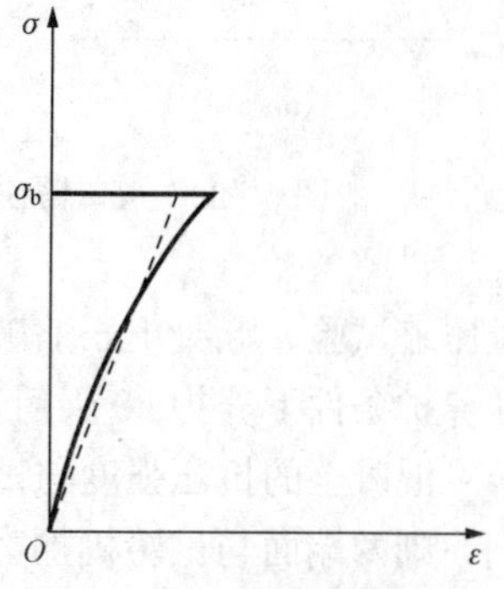

图 6-20　灰口铸铁拉伸 σ-ε 曲线

二、压缩时材料的力学性质

为了避免压弯，金属材料压缩试验通常采用短圆柱体试样，试样高度和直径的关系为 $l=(1.0\sim3.0)d$。

1. 低碳钢的压缩试验

低碳钢压缩试验得到的应力—应变曲线如图 6-21（a）所示。试验结果表明：

（1）低碳钢压缩时的比例极限 σ_p、屈服极限 σ_s 及弹性模量 E 都与拉伸时基本相同。

（2）当应力超过屈服极限之后，压缩试样产生很大的塑性变形，越压越扁，横截面面积不断增大，如图 6-21（b）所示，故试样不会断裂，无法得到压缩的强度极限。

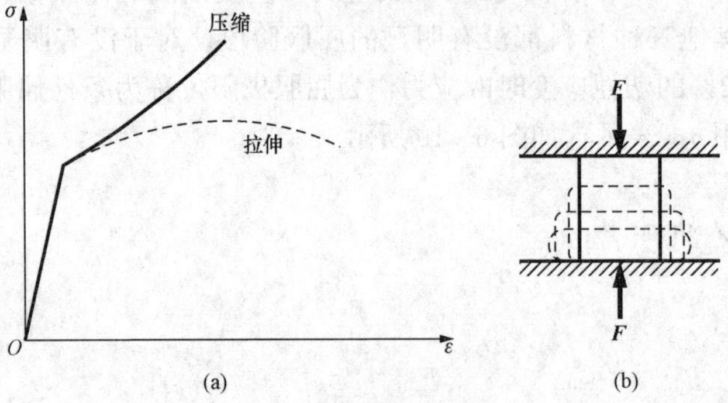

图 6-21 低碳钢压缩

2. 铸铁的压缩试验

灰口铸铁压缩时的应力—应变曲线与试样破坏情况分别如图 6-22（a）和图 6-22（b）所示。试验结果表明：

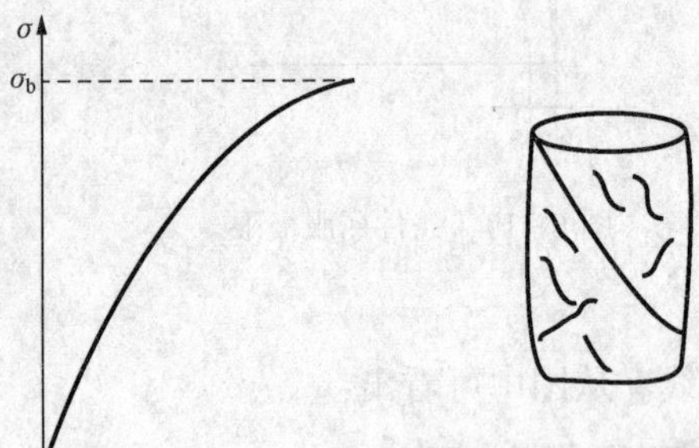

图 6-22 灰口铸铁压缩

（1）与拉伸试验相似，应力—应变曲线上没有直线段，材料只近似服从胡克定律。

（2）没有屈服阶段。

（3）与拉伸相比，破坏后的轴向应变较大，为 5%～10%。

（4）试样沿着与横截面大约成 55°的斜截面剪断。通常以试样剪断时横截面上的正应力作为强度极限 σ_b。铸铁压缩强度极限比拉伸强度极限高 4～5 倍，宜作为受压构件。

3. 混凝土的压缩试验

混凝土构件一般用以承受压力，故混凝土常需做压缩试验。混凝土压缩破坏试验常采用边长为 150mm 的立方块试样。试样成型后，在标准养护条件下养护 28 天后进行试验。

混凝土的抗压强度与试验方法有密切关系。在压缩试验中，若试样上下两端面不加减摩剂，则两端面与试验机加力面之间的摩擦力会使试样的横向变形受到阻碍，提高其抗压强度。随着压力的增加，中部四周逐渐剥落，最后试样剩下两个相连的截顶角锥体而破坏，如图 6-23（a）所示。若在两个端面加减摩剂，则减少了两端面间的摩擦力，使试样易于横向变形，因而降低了抗压强度。最后试样沿纵向开裂而破坏，如图 6-23（b）所示。

标准的压缩试验是在试样的两端面之间不加减摩剂，直至加载到材料破坏，得到混凝土受压的强度极限 σ_b。

表 6-2 给出了几种常用材料在拉伸和压缩时的部分力学性质。

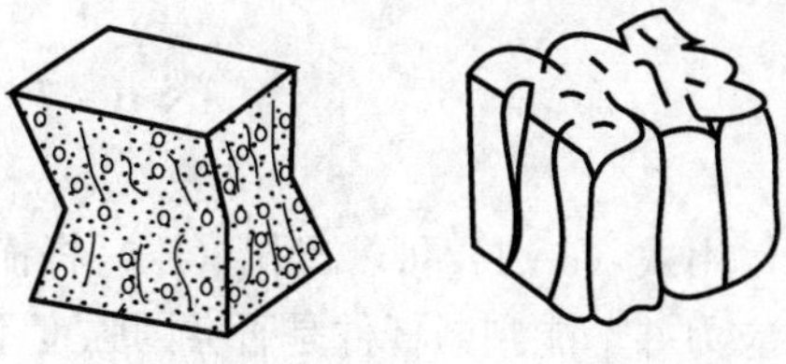

(a)　(b)

图 6-23　混凝土压缩破坏

表 6-2　几种常用材料在拉伸和压缩时的部分力学性质（常温、静荷载）

材料名称或牌号	屈服极限 σ_s（MPa）	强度极限（MPa）		塑性指标	
		σ_b^t	σ_b^c	δ（%）	ψ（%）
Q235 钢	216～235	380～470	380～470	24～27	60～70
Q274 钢	255～274	490～608	490～608	19～21	
35 号钢	310	530	530	20	45
45 号钢	350			16	40
15Mn 钢	300	520	520	23	50
16Mn 钢	270～340	470～510	470～510	16～21	45～60
灰口铸铁		150～370	600～1300	0.5～0.6	
球墨铸铁	290～420	390～600	≥1568	1.5～10	
有机玻璃		755	>130		
红松（顺纹）		98	≈33		
普通混凝土		0.3～1	2.5～80		

三、塑性材料和脆性材料的比较

从以上材料的试验结果可见，塑性材料和脆性材料在常温、静荷载作用下的力学性质有很大差别，现简单地加以比较。

（1）塑性材料的拉伸强度和压缩强度相同，塑性材料的拉伸强度比脆性材料高得多，故塑性材料一般用作受拉杆件；脆性材料的压缩强度比拉伸强度高，故一般用作受压构件，而且成本较低。

（2）塑性材料能产生较大的塑性变形，而脆性材料的变形很小。要使塑性材料破坏，需消耗较大的能量，因此这种材料承受冲击的能力较好，因为材料抵抗冲击能力的大小决定于它能吸收多大的能量。

（3）当构件中存在应力集中时，塑性材料对应力集中的敏感性较小。因此，塑性材料一般可不考虑应力集中的影响，而脆性材料应考虑应力集中的影响。

必须指出，影响材料力学性质的因素是多方面的，以上所述的塑性或脆性均指在常温、静荷载条件下的。

§6-7 拉压杆件的强度计算

由式（6-1）可求出拉（压）杆横截面上的正应力，这种应力称为工作应力。但仅有工作应力并不能判断杆件是否会因强度不足而发生失效，只有将杆件的最大工作应力与材料的强度指标联系起来才能作出判断。

一、容许应力和安全因数

由材料的拉伸和压缩试验得知，当脆性材料的应力达到强度极限时，材料将会产生破坏（拉断或剪断）；当塑性材料的应力达到屈服极限时，材料将产生较大的塑性变形。工程上的构件，既不允许破坏，也不允许产生较大的塑性变形。因此，常将脆性材料的强度极限 σ_b 和塑性材料的屈服极限 σ_s（或 $\sigma_{0.2}$）作为材料的极限应力，用 σ_u 表示。要保证杆件安全、正常地工作，其最大工作应力不能超过材料的极限应力。

考虑到一些主观和客观存在的不利因素，如计算荷载难以估计准确，或者计算时所作的简化不完全符合实际情况，因而杆件中实际产生的最大工作应力可能超过计算的数值；实际的材料与标准试件材料之间的差异，实际的极限应力往往小于试验所得的结果；此外，还要给杆件必要的强度储备。因此，设计时杆件的最大工作应力必须小于材料的极限应力。

工程上将极限正应力除以一个大于 1 的安全因数 n 作为材料的容许正应力，即

$$[\sigma]=\frac{\sigma_u}{n} \tag{6-6}$$

对于脆性材料，$\sigma_u=\sigma_b$；对于塑性材料，$\sigma_u=\sigma_s$ 或 $\sigma_{0.2}$。

安全因数 n 的选取，除了需要考虑上述不利因素外，还要考虑工程的重要性、杆件失效所引起的后果的严重性及经济效益等。通常情况下，对静荷载问题，塑性材料一般取 $n=1.2\sim2.0$，脆性材料一般取 $n=2.0\sim5.0$。

几种常用材料的容许正应力值见表 6-3。

表 6-3　几种常用材料的容许正应力值

材料名称		容许正应力值（MPa）	
		容许拉应力 $[\sigma_t]$	容许压应力 $[\sigma_c]$
低碳钢		170	170
低合金钢		230	230
灰口铸铁		34～54	160～200
松木	顺纹	6～8	9～11
松木	横纹	—	1.5～2
混凝土		0.4～0.7	7～11

二、强度条件与强度计算

对于等截面直杆，轴力最大的横截面称为危险截面，危险截面上应力最大的点就是危险点。拉压杆件危险点处的最大工作应力由式（6-1）计算，当该点的最大工作应力不超过材料的容许正应力时，就能保证杆件安全、正常地工作。

因此，等截面直杆的强度条件为

$$\sigma_{\max}=\frac{F_{\mathrm{N,max}}}{A}\leqslant[\sigma] \tag{6-7}$$

式中　$F_{\mathrm{N,max}}$——杆的最大轴力。

利用式（6-7）可以进行以下三个方面的强度计算：

（1）校核强度。当杆的横截面面积A、材料的容许正应力［σ］及杆所受荷载为已知时，可由式（6-7）校核杆的最大工作应力是否满足强度条件的要求。如果杆的最大工作应力超过了容许应力，工程上规定，只要超过的部分在容许应力的5%以内，仍可以认为杆是安全的。

（2）设计截面。当杆所受荷载及材料的容许正应力［σ］为已知时，可由式（6-7）设计杆所需的横截面面积，即

$$A\geqslant\frac{F_{\mathrm{N,max}}}{[\sigma]}$$

再根据不同的截面形状，确定截面的尺寸。

（3）求容许荷载。当杆的横截面面积A及材料的容许正应力［σ］为已知时，可由式（6-7）求出杆所容许产生的最大轴力，即

$$F_{\mathrm{N,max}}\leqslant A[\sigma]$$

再由此可确定杆所容许承受的荷载。

【例6-8】　如图6-24所示，用两根钢索吊起一扇平面闸门。已知闸门的启门力共为60kN，钢索材料的容许拉应力［σ］=170MPa，试求钢索所需的直径d。

解　每根钢索的轴力为

$$F_{\mathrm{N}}=30\mathrm{kN}$$

由强度条件式（6-7），得

$$A=\frac{1}{4}\pi d^2\geqslant\frac{F_{\mathrm{N}}}{[\sigma]}=\frac{30\times10^3}{170\times10^6}$$

故

$$d\geqslant15.0\mathrm{mm}$$

【例6-9】　图6-25所示为一墙体的剖面。已知：墙体材料的容许压应力$[\sigma_c]_1$=1.2MPa，单位体积重量ρg=16kN/m³；地基的容许压应力$[\sigma_c]_2$=0.5MPa。试求上段墙每米长度上的容许荷载q及下段墙的厚度。

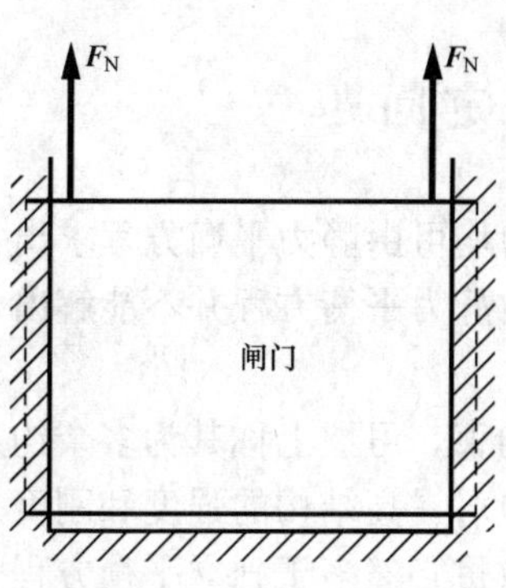

图6-24　［例6-8］图

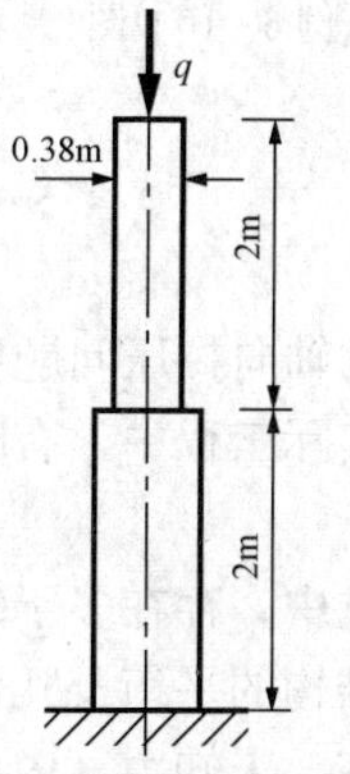

图6-25　［例6-9］图

解 取1m长的墙进行计算。对于上段墙，由式（6-7），得

$$\sigma_{max}=\frac{F_N}{A}=\frac{q+\rho g A_1 l_1}{A_1}\leqslant[\sigma_c]_1$$

代入已知数据后，得到容许荷载为

$$q\leqslant A_1([\sigma]_1-\rho g l_1)=0.38\times1\times(1.2\times10^6-16\times10^3\times2)/1$$
$$=443.8\text{kN/m}$$

对于下段墙，最大压应力发生在底部，但地基的容许压应力小于墙的容许压应力。所以，应根据地基的容许压应力进行计算。由式（6-7），得

$$\sigma_{max}=\frac{q+\rho g A_1 l_1+\rho g A_2 l_2}{A_2}\leqslant[\sigma_c]_2$$

代入已知数据后，得到

$$A_2\geqslant\frac{q+\rho g A_1 l_1}{[\sigma_c]_2-\rho g l_2}=\frac{443.8\times10^3+16\times10^3\times0.38\times1\times2}{0.5\times10^6-16\times10^3\times2}=0.97\text{m}^2$$

因为取1m长的墙计算，所以下段墙的厚度为0.97m。

【例6-10】 图6-26所示的结构是由两根杆组成的桁架。已知AC杆的截面面积为450mm²，BC杆的截面面积为250mm²，材料的容许应力$[\sigma]$=100MPa。试求结构的容许荷载$[F]$。

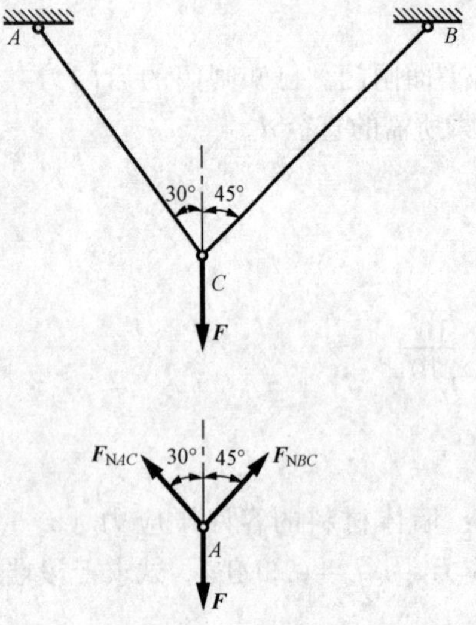

图6-26 ［例6-10］图

解 （1）首先确定各杆轴力与荷载F之间的关系。由节点C的平衡条件可得

$$\sum F_x=0，即\ F_{NBC}\sin45°-F_{NAC}\sin30°=0$$
$$\sum F_y=0，即\ F_{NBC}\cos45°+F_{NAC}\cos30°-F=0$$

联立求解得到

$$F_{NAC}=0.732F,\quad F_{NBC}=0.517F$$

（2）求容许荷载。由强度条件式（6-7），有

$$F_{NAC}=0.732F\leqslant100\times10^6\times450\times10^{-6}$$

得$F\leqslant61.48$kN

$$F_{NBC}=0.517F\leqslant100\times10^6\times250\times10^{-6}$$

得$F\leqslant48.36$kN

所以，该结构的容许荷载为

$$[F]=48.36\text{kN}$$

§6-8 拉压超静定问题

在前面介绍的轴向拉压问题中，其约束力或轴力均可由静力平衡方程求出，这类问题称为静定问题。在实际工程中，有时约束力或轴力仅由静力平衡方程并不能解出，这类问题称为超静定问题。

在超静定问题中，存在多于维持平衡所必需的约束，习惯上称其为多余约束。这种“多余”只是对保证结构的平衡及几何不变性而言的，但对提高结构的强度和刚度是必需的。由于多余约束的存在，未知力（内力或约束反力）的数目必然多于独立平衡方程的数目。未知力个数与独立平衡方程数的差值，称为超静定次数。多余约束使结构由静定变为超静定，因

而仅由静力平衡方程不能求解。为了求解超静定问题，必须寻求补充方程。因此，在求解超静定问题时，除了根据静力平衡条件列出平衡方程外，还必须根据变形协调的几何关系（或称变形协调条件），以及弹性范围内力与变形之间的物理关系建立补充方程。将静力平衡方程与补充方程联立求解，就可解出全部未知力。

可见，求解超静定问题需要综合考虑静力平衡、几何和物理三方面关系，这是分析超静定问题的基本方法。下面通过例题来说明拉压超静定问题的解法。

【例 6-11】 如图 6-27 所示，一两端固定的等直杆 AB 在截面 C 处受轴向力 F 作用，杆的拉压刚度为 EA。试求两端的约束反力。

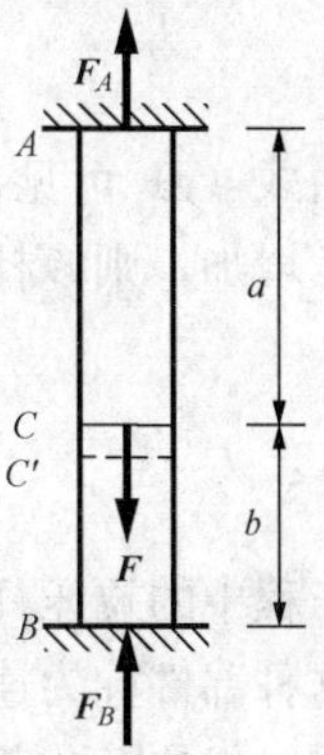

图 6-27 ［例 6-11］图

解 杆 AB 为轴向拉压杆，故两端的约束反力也均沿轴线方向，独立平衡方程只有一个，故为一次超静定问题，所以需建立一个补充方程。

静力平衡方程为

$$F_A + F_B = F \tag{a}$$

为建立补充方程，需要先分析变形协调的几何关系。在荷载 F 作用下，截面 C 位移至截面 C'，即 AC 段伸长了 Δl_{AC} 和 CB 段缩短了 Δl_{CB}，但由于两端是固定的，杆的总变形必须等于零，即

$$\Delta l_{AB} = \Delta l_{AC} + \Delta l_{CB} = 0 \tag{b}$$

这就是变形协调的几何关系式。

再根据胡克定律，即式（6-3），得到各段的轴力与变形之间的物理关系为

$$\Delta l_{AC} = \frac{F_{NAC}a}{EA} = \frac{F_A a}{EA}, \quad \Delta l_{CB} = \frac{F_{NCB}b}{EA} = -\frac{F_B b}{EA} \tag{c}$$

将式（c）代入式（b），得补充方程为

$$F_A = \frac{b}{a}F_B \tag{d}$$

最后，由式（a）、式（d）即可解出两端的约束反力，即

$$F_A = \frac{Fb}{a+b}, \quad F_B = \frac{Fa}{a+b}$$

【例 6-12】 图 6-28 所示结构，AB 杆为刚性杆，左端用铰链固定于 A 点，并用两根钢杆 CD（1 杆）和 EF（2 杆）拉住，B 端受集中力 F 作用。已知 1 杆和 2 杆的拉压刚度分别为 E_1A_1 和 E_2A_2。求 1 杆和 2 杆的轴力。

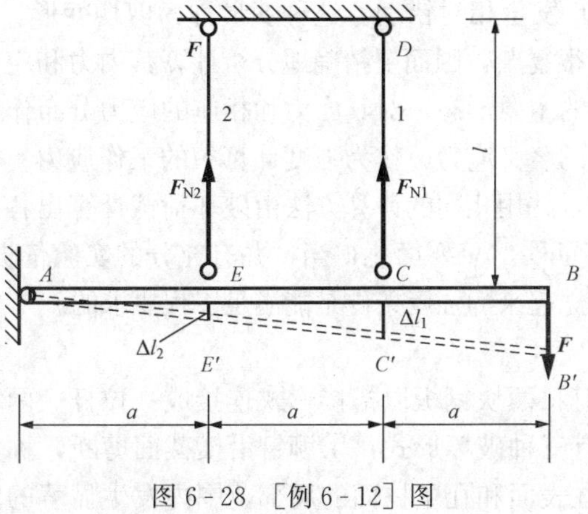

图 6-28 ［例 6-12］图

解 根据结构的受力情况，F_{N1} 和 F_{N2} 均为拉力，有静力平衡方程

$$\sum M_A = 0,$$

即 $$F_{N1} \times 2a + F_{N2} \times a = F \times 3a \tag{a}$$

结构受力 F 作用，由于 AB 杆为刚性杆，只能绕 A 点由 AB 位置转到 AB'，在小变形情况下，1、2 两杆产生的伸长变形 $\Delta l_1 = \overline{EE'}$、$\Delta l_2 = \overline{CC'}$，它们仍垂直于 AB，所以变形协调的几何关系为

$$\Delta l_1 = 2\Delta l_2 \tag{b}$$

力与变形之间的物理关系为

$$\Delta l_1=\frac{F_{N1}l}{E_1A_1},\quad \Delta l_2=\frac{F_{N2}l}{E_2A_2} \tag{c}$$

将式（c）代入式（b），得到补充方程为

$$F_{N1}=2\frac{E_1A_1}{E_2A_2}F_{N2} \tag{d}$$

最后，由式（a）和式（d）即可解出 CD 和 EF 两杆的轴力为

$$F_{N1}=\frac{6F}{4+\dfrac{E_2A_2}{E_1A_1}},\quad F_{N2}=\frac{3F}{1+4\dfrac{E_1A_1}{E_2A_2}} \tag{e}$$

由式（e）可见，在超静定结构中，各杆的内力大小与各杆的刚度比值有关，如果某杆的刚度增加，则该杆的内力也增加。这是超静定结构的特点。

§6-9 拉压杆连接件的强度计算

工程中的拉压杆件有时是由几部分连接而成的。在连接部位，一般要有起连接作用的部件，这种部件称为连接件。例如，图 6-29（a）所示两块钢板用铆钉（也可用螺栓或销钉）连接成一根拉杆，其中的铆钉（螺栓或销钉）就是连接件。

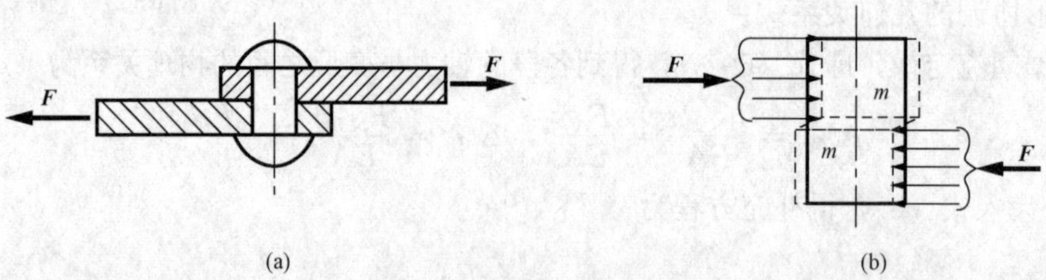

图 6-29 连接和连接件

为了保证连接后的杆件或构件能够安全地工作，除杆件或构件整体必须满足强度、刚度和稳定性要求外，连接件也应具有足够的强度。

铆钉、螺栓等连接件的主要受力和变形特点如图 6-29（b）所示。作用在连接件两侧的一对外力的合力大小相等，均为 F，而方向相反，作用线相距很近，并使各自作用的部分沿着与合力作用线平行的截面 m-m（称为剪切面）发生相对错动。这种变形称为剪切变形。

由于连接件不是杆件，其受力和变形情况也很复杂，因而要精确地分析计算其内力和应力也比较困难。工程上通常是根据连接件实际破坏的主要形态，对其内力和相应的应力分布作一些合理的简化，采用实用计算法计算出各种相应的名义应力，作为强度计算中的工作应力。材料的容许应力，则是通过对连接件进行破坏试验，并用相同的计算方法由破坏荷载计算出各种极限应力，再除以相应的安全因数而获得。实践证明，只要简化得当，并有充分的实验依据，按这种实用计算法得到的工作应力和容许应力建立起来的强度条件是能满足工程要求的。

一、简单铆接接头

图 6-30（a）所示的铆接接头是用一个铆钉将两块钢板以搭接形式连接成一拉杆。两块钢板通过铆钉相互传递作用力。这种接头可能有三种破坏形式：①铆钉沿横截面剪断，称为剪切破坏；②铆钉与板孔壁相互挤压而在铆钉柱表面和孔壁柱面的局部范围内发生显著的塑

性变形，称为挤压破坏；③板在钉孔位置由于截面削弱而被拉断，称为拉断破坏。因此，在铆接强度计算中，均应考虑这三种可能的破坏情况。

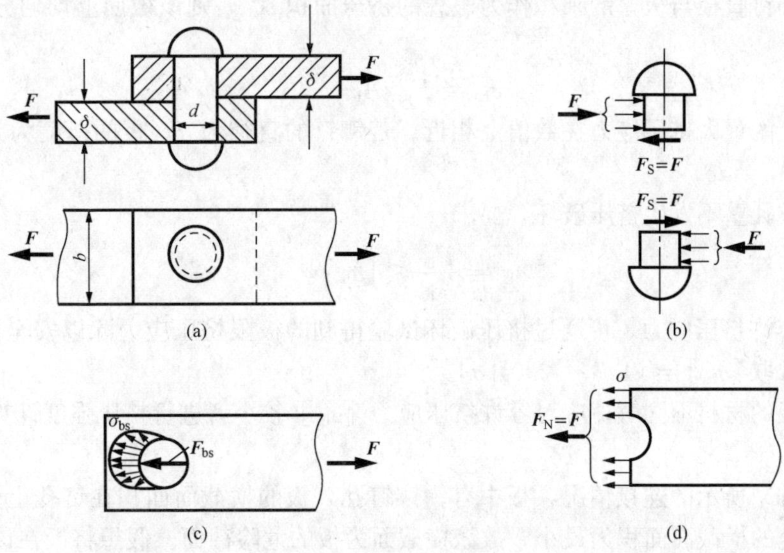

图 6-30　铆接接头的强度计算

1. 剪切强度计算

图 6-30（a）所示连接情况下，铆钉的受力情况如图 6-30（b）所示。应用截面法，可求得铆钉中间横截面的内力为剪力 F_S。该横截面就是剪切面。铆钉将可能沿该横截面发生剪切破坏。由铆钉上半部或下半部的平衡方程可求得

$$F_S = F$$

在连接件的实用计算中，假定剪切面上只有切应力且均匀分布，因此，剪切面上的名义切应力为

$$\tau = \frac{F_S}{A_S}$$

式中 A_S 为剪切面面积。若铆钉直径为 d，则 $A_S=\pi d^2/4$。

为使铆钉不发生剪切破坏，要求

$$\tau = \frac{F_S}{A_S} \leqslant [\tau] \tag{6-8}$$

式中 $[\tau]$ 为铆钉的容许切应力，是将铆钉按上述实际受力情况进行剪切破坏试验，测出铆钉在剪断时的极限荷载，并由此计算出铆钉剪切破坏的极限切应力，再除以安全因数得到的。对于钢材，通常取 $[\tau]=(0.6\sim 0.8)[\sigma]$。

在这种搭接连接中，铆钉的剪切面只有一个，称为单剪。

2. 挤压强度计算

图 6-30（a）所示的连接情况中，铆钉柱面和板的孔壁面上将因相互压紧而产生挤压力 F_{bs}，从而在相互压紧的范围内引起挤压应力 σ_{bs}。

挤压力 F_{bs} 也可由铆钉上半部或下半部，或一块钢板的平衡方程求得，即

$$F_{bs} = F$$

挤压应力的实际分布情况比较复杂。根据理论和试验分析的结果，半个铆钉圆柱面与孔壁柱面间挤压应力的分布大致如图 6 - 30（c）所示。分析结果表明，如果以铆钉或孔的直径平面面积，即铆钉直径与板厚的乘积作为假想的挤压面积 A_{bs}，则该截面上均匀分布的挤压应力为

$$\sigma_{bs} = F_{bs}/A_{bs}$$

与实际挤压面上的最大挤压应力在数值上相近。若铆钉的直径为 d，板的厚度为 δ，则式中的挤压面面积 $A_{bs}=d\delta$。

为使铆钉或孔壁不发生挤压破坏，要求

$$\sigma_{bs} = \frac{F_{bs}}{A_{bs}} \leqslant [\sigma_{bs}] \tag{6-9}$$

式中 $[\sigma_{bs}]$ 为容许挤压应力，可通过挤压破坏试验得到的极限挤压应力除以安全因数得到。对于钢材，通常取 $[\sigma_{bs}] = (1.7 \sim 2.0)[\sigma]$。

当铆钉与板的材料不同时，应对容许挤压应力 $[\sigma_{bs}]$ 较小者进行挤压强度计算。

3. 拉伸强度计算

图 6 - 30（a）所示的连接情况，板中有一铆钉孔，板的横截面面积在钉孔上受到削弱，并以钉孔直径处的横截面面积为最小，故该横截面为板的危险截面。假想将板在该截面处截开，则板的受力情况如图 6 - 30（d）所示。根据平衡方程，可以求出该截面的轴力为

$$F_N = F$$

在实用计算中，假定该截面的拉应力是均匀分布的，因此可计算出该截面的名义拉应力为

$$\sigma_t = F_N/A_t$$

若铆钉直径为 d，板的厚度为 δ，宽度为 b，则 $A_t = (b-d)\delta$。

为使板在该截面不发生拉断破坏，要求

$$\sigma_t = \frac{F_N}{A_t} \leqslant [\sigma_t] \tag{6-10}$$

式中　$[\sigma_t]$ ——板的容许拉应力。

为保证铆接接头的强度，应同时满足强度条件式（6 - 8）～式（6 - 10）。根据这三个强度条件，可校核铆接接头的强度，设计铆钉直径和计算容许荷载。

图 6 - 31（a）所示的铆接形式称为对接接头。这种接头是用两块盖板，左、右各用一个铆钉将对置的两块主板连接起来。两主板通过铆钉及盖板相互传递作用力。

在这种对接连接中，任一铆钉的受力情况如图 6 - 31（b）所示。它有两个剪切面，称为双剪。在实用计算中，假定两个剪切面上的剪力相等，均为 $F_S=\dfrac{F}{2}$。

对接连接中，主板的厚度通常小于两盖板厚度之和，即 $\delta<2\delta_1$，因而需要校核铆钉中段圆柱面与主板孔壁间的相互挤压。同时，由于 $\delta<2\delta_1$，故只需计算主板的拉伸强度。

二、铆钉群接头

如果搭接接头每块板或对接接头的每块主板中的铆钉超过一个，这种接头就称为铆钉群接头。在铆钉群接头中，各铆钉的直径通常相等，材料也相同，且外力通过铆钉群的中心时，可假定每一个铆钉所受的力相等。例如，图 6 - 32（a）所示的铆钉群接头是用 4 个铆钉将两块板以搭接形式连接，外力 F 通过铆钉群中心。每个铆钉所受的外力均为 $F/4$。各铆钉

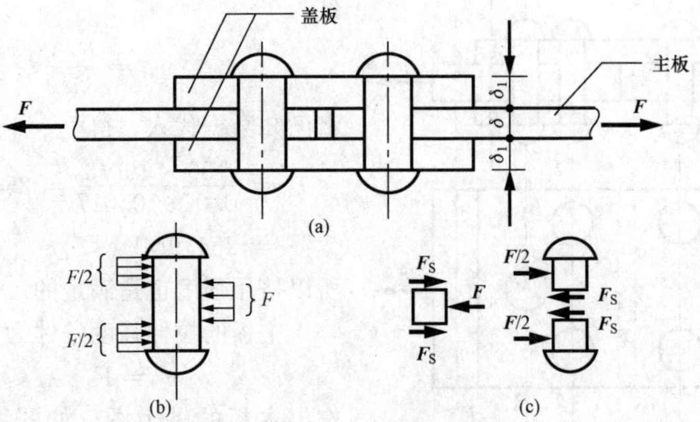

图 6-31　对接铆接接头

剪切面上，名义切应力、各铆钉柱面或板孔壁面上的名义挤压应力也将相等。因此，可取任一铆钉作剪切强度计算，取任一铆钉柱面或孔壁面作挤压强度计算。具体方法可参照上述简单铆接情况进行。

但是，对这种接头进行板的拉伸强度计算时，要注意铆钉的实际排列情况。图 6-32（a）所示的接头，上面一块板的受力图及轴力图分别如图 6-32（b）和图 6-32（c）所示。该板的危险截面要综合考虑钉孔削弱后的截面面积和轴力大小两个因素。

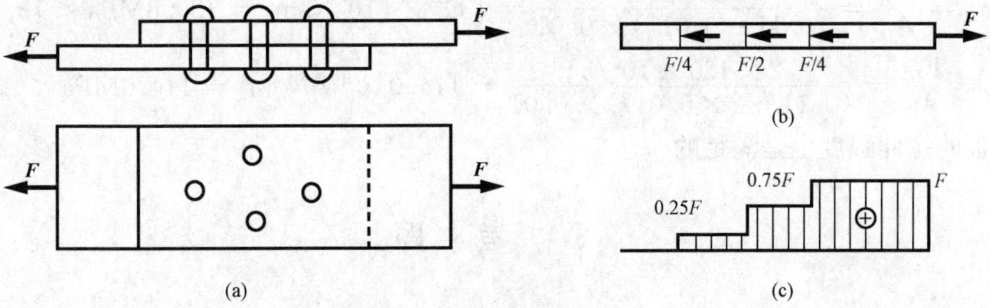

图 6-32　铆钉群接头

【例 6-13】 图 6-33（a）所示为一对接铆接接头。每边有 3 个铆钉，受轴向拉力 F 作用，$F=130\text{kN}$。已知主板及盖板宽 $b=110\text{mm}$，主板厚 $\delta=10\text{mm}$，盖板厚 $\delta_1=7\text{mm}$，铆钉直径 $d=17\text{mm}$。材料的容许应力分别为 $[\tau]=120\text{MPa}$，$[\sigma_t]=170\text{MPa}$，$[\sigma_{bs}]=300\text{MPa}$。试校核铆接头的强度。

解　由于主板所受外力 F 通过铆钉群中心，因此每个铆钉受力相等，均为 $F/3$。

由于是对接，铆钉受双剪。由式（6-8），铆钉的剪切强度条件为

$$\tau=\frac{F/6}{\pi d^2/4}\leqslant[\tau]$$

将已知数据代入，得

$$\tau=\frac{130\times10^3/6}{\pi\times0.017^2/4}=95.5\times10^6\text{N/m}^2=95.5\text{MPa}<[\tau]$$

所以铆钉的剪切强度是足够的。

由于 $\delta<2\delta_1$，故需校核主板（或铆钉中间段）的挤压强度，由式（6-9）可知，强度条

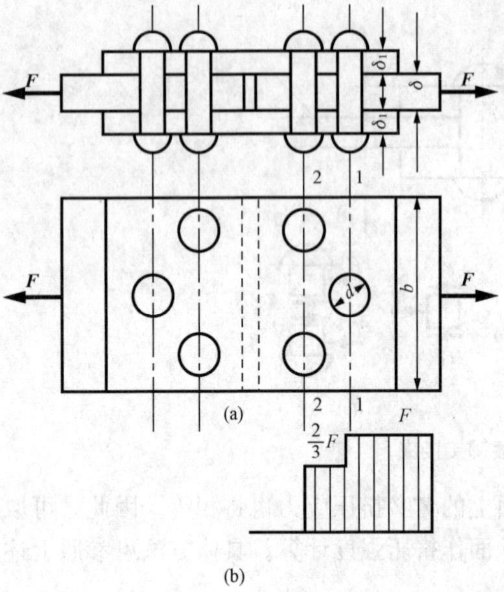

图 6-33 ［例 6-13］图

件为

$$\sigma_{bs}=\frac{F/3}{\delta d}\leqslant[\sigma_{bs}]$$

将已知数据代入，得

$$\sigma_{bs}=\frac{130\times10^3/3}{0.01\times0.017}=254.9\times10^6\,\text{N/m}^2$$
$$=254.9\text{MPa}<[\sigma_{bs}]$$

所以挤压强度也是满足的。

主板的拉伸强度条件为

$$\sigma_t=F_N/A_t\leqslant[\sigma_t]$$

作出主板的轴力图，如图 6-33（b）所示。由图可见：在 1-1 截面上，轴力 $F_{N1}=F$，并只被 1 个铆钉孔削弱，$A_{t1}=(b-d)\delta$；在 2-2 截面上，轴力 $F_{N2}=\frac{2F}{3}$，但被两个钉孔削弱，$A_{t2}=(b-2d)\delta$，无法直观判断哪一个是危险截面，故应对两个截面都按式（6-10）进行拉伸强度校核。由已知数据，求得这两个横截面上的拉伸应力分别为

$$\sigma_{t1}=\frac{F_{N1}}{A_{t1}}=\frac{130\times10^3}{(0.11-0.017)\times0.01}=139.8\times10^6\,\text{N/m}^2=139.8\text{MPa}<[\sigma_t]$$

$$\sigma_{t2}=\frac{F_{N2}}{A_{t2}}=\frac{2\times130\times10^3/3}{(0.11-2\times0.017)\times0.01}=114.0\times10^6\,\text{N/m}^2=114.0\text{MPa}<[\sigma_t]$$

所以主板的拉伸强度也是满足的。

思 考 题

6-1 两根直杆，其横截面面积相同，长度相同，两端所受轴向外力也相同，而它们的材料不同。试问它们的内力、应力、应变、伸长变形是否相同？

6-2 受轴向拉伸（压缩）的圆杆，横截面上沿圆周方向的线应变等于直径方向的线应变，对否？为什么？

6-3 钢芯和铜套组成的直杆，两端的轴向荷载 F 通过刚性板加在杆上，如图 6-34 所示，试分析横截面上的正应力分布规律及正应力与 F、E_s、E_c、d、D 的关系。

6-4 图 6-35 所示薄壁圆管（$r_0\geqslant10\delta$）受内压力 p 作用，试问沿圆周方向的应力、圆周的伸长和半径的伸长各是多少？

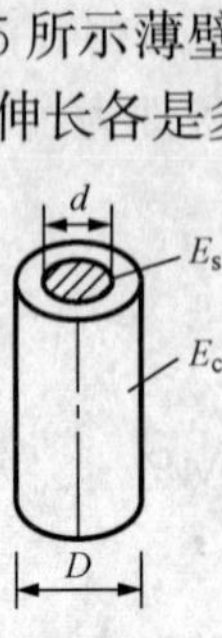

图 6-34 思考题 6-3 图

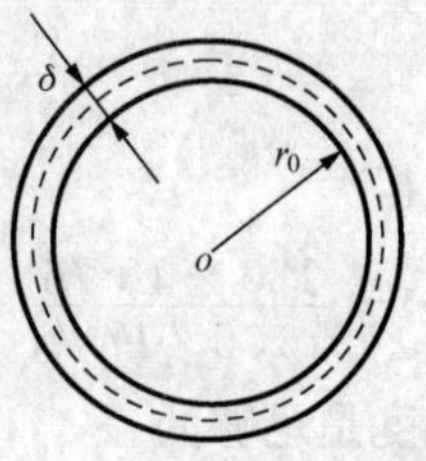

图 6-35 思考题 6-4 图

习　题

6 - 1　试绘出图 6 - 36 中所示各杆的轴力图。

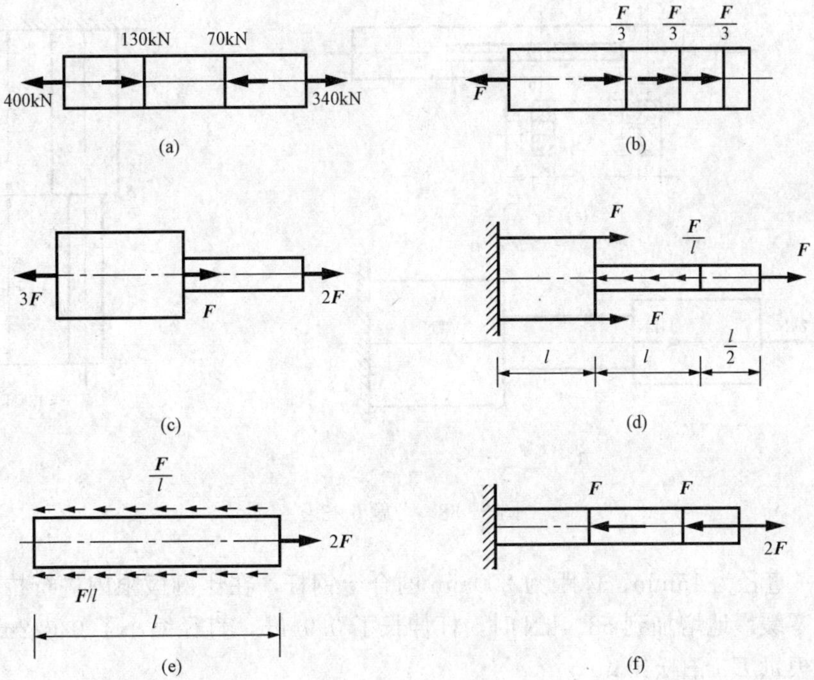

图 6 - 36　习题 6 - 1 图

6 - 2　求图 6 - 37 所示结构中指定杆的应力。已知：图中杆的横截面面积 $A_1 = A_2 =$ 1150mm^2；图中杆的横截面面积 $A_1 = 850\text{mm}^2$，$A_2 = 600\text{mm}^2$，$A_3 = 500\text{mm}^2$。

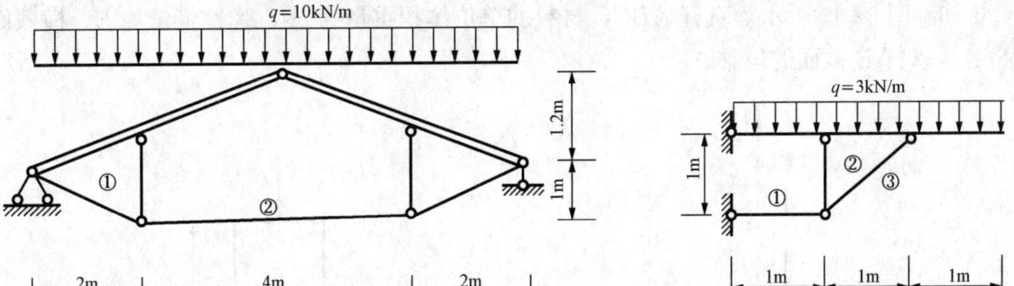

图 6 - 37　习题 6 - 2 图

6 - 3　求图 6 - 38 中所示各杆的最大正应力。

(1) 图 6 - 38（a）所示为开槽拉杆，两端受力 $F = 14\text{kN}$，$b = 20\text{mm}$，$b_0 = 10\text{mm}$，$\delta = 4\text{mm}$。

(2) 图 6-38 (b) 所示为阶梯形杆，AB 段杆横截面面积为 $80mm^2$，BC 段杆横截面面积为 $20mm^2$，CD 段杆横截面面积为 $120mm^2$。

(3) 图 6-38 (c) 所示为变截面杆，AB 段的横截面面积为 $400mm^2$，BC 段的横截面面积为 $300mm^2$。

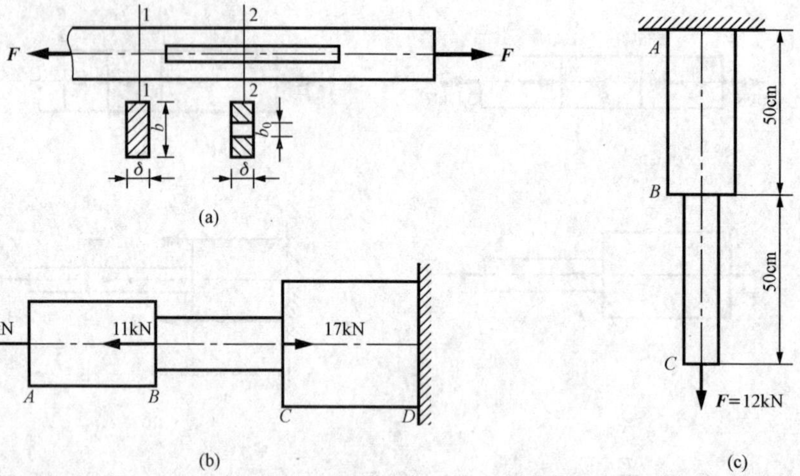

图 6-38　习题 6-3 图

6-4　一直径为 15mm、标距为 200mm 的合金钢杆，在比例极限内进行拉伸试验，当轴向荷载从零缓慢地增加到 58.4kN 时，杆伸长了 0.9mm，直径缩小了 0.022mm，试确定材料的弹性模量 E、泊松比 ν。

6-5　图 6-39 所示短柱，上段为钢制，长 200mm，截面尺寸为 100mm×100mm，钢的弹性模量 $E_1=200GPa$；下段为铝制，长 300mm，截面尺寸为 200mm×200mm，铝的弹性模量 $E_2=70GPa$。当柱顶受 F 力作用时，柱子总长度减少了 0.4mm，试求 F 值（不计杆的自重）。

6-6　图 6-40 所示等直杆 ABC，材料的单位体积重量为 ρg，弹性模量为 E，横截面面积为 A。求杆 B 截面的位移 Δ_B。

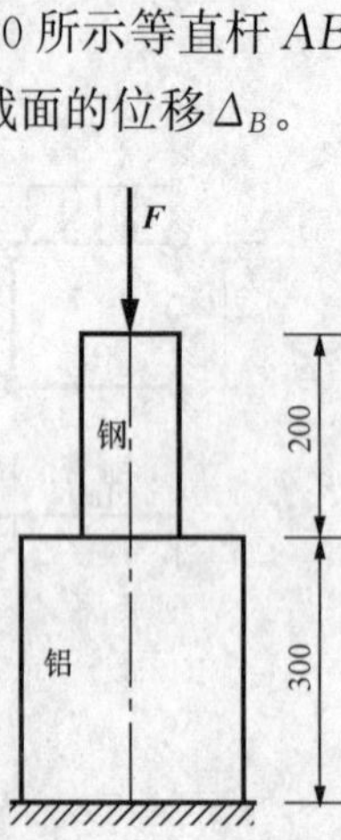

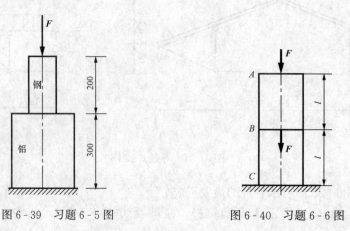

图 6-39　习题 6-5 图

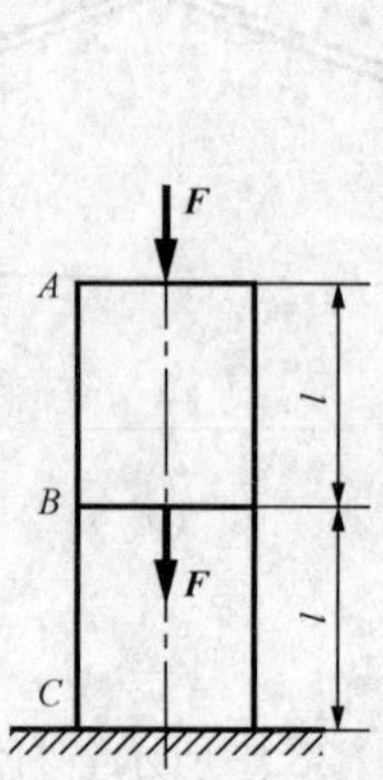

图 6-40　习题 6-6 图

6-7　图 6-41 所示结构中，AB 为刚性杆，AD 为钢杆，面积 $A_1=500mm^2$，弹性模量

$E_1=200\text{GPa}$；CG 为铜杆，面积 $A_2=1500\text{mm}^2$，弹性模量 $E_2=100\text{GPa}$；BE 为木杆，面积 $A_3=3000\text{mm}^2$，弹性模量 $E_3=10\text{GPa}$。当 G 点受力 $F=60\text{kN}$ 作用时，求该点的竖直位移 Δ_G。

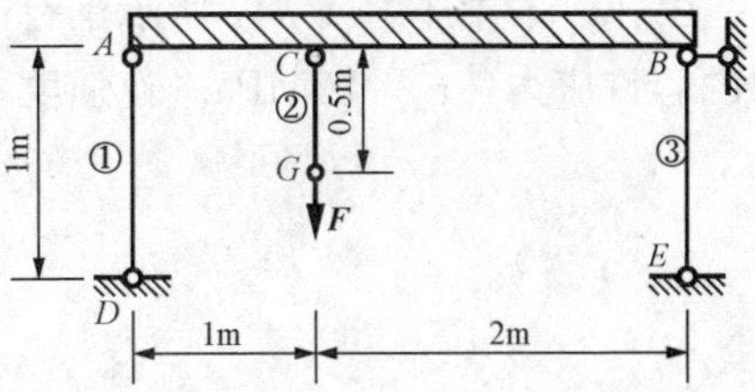

图 6-41　习题 6-7 图

6-8　图 6-42 所示一挡水墙，其中 AB 杆支承着挡水墙。若 AB 杆为圆木，其容许应力 $[\sigma]=11\text{MPa}$，试求 AB 杆所需的直径 d（挡水墙下端可视为铰接）。

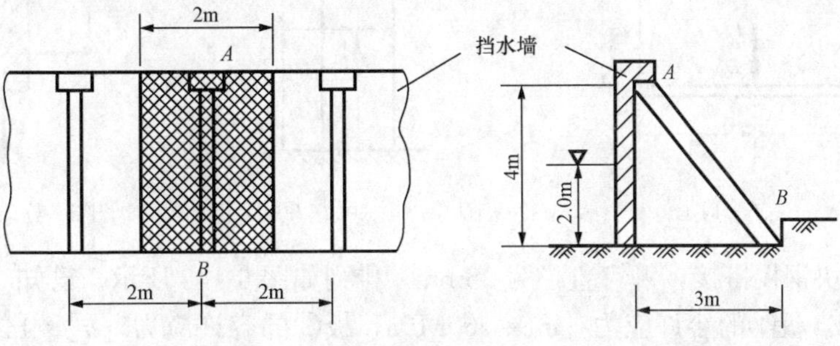

图 6-42　习题 6-8 图

6-9　图 6-43 所示结构中，CD 杆为刚性杆，C 端铰接于墙壁上；AB 杆为钢杆，直径 $d=30\text{mm}$，容许应力 $[\sigma]=170\text{MPa}$，弹性模量 $E=2.0\times10^5\text{MPa}$。试求结构的容许荷载 F。

6-10　图 6-44 所示正方形砖柱，顶端受集中力 $F=16\text{kN}$ 作用，柱边长为 0.4m，砌筑在高为 0.4m 的正方形块石底脚上。已知砖的容重 $\rho_1 g=16\text{kN/m}^3$，块石容重 $\rho_2 g=20\text{kN/m}^3$，地基容许应力 $[\sigma]=0.08\text{MPa}$。试设计正方形块石底脚的边长 a。

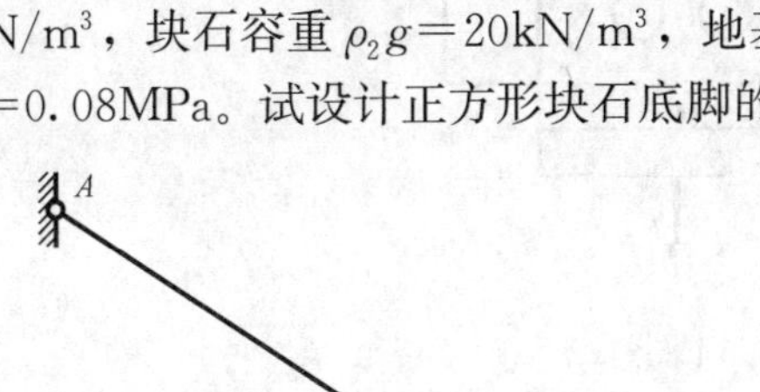

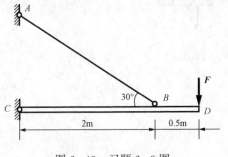

图 6-43　习题 6-9 图

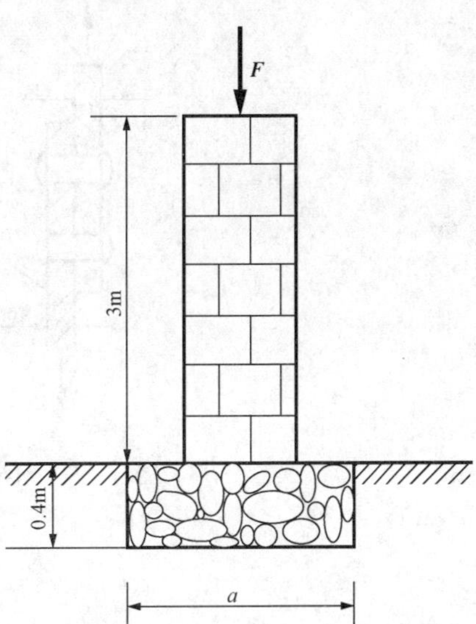

图 6-44　习题 6-10 图

6-11　图 6-45 所示 AB 杆为刚性杆，长为 $3a$。A 端铰接于墙壁上，在 C、B 两处分别用同材料、同面积的①、②两杆拉住，使 AB 杆保持水平。在 D 点受力 F 作用，求①、②两杆的应力（设弹性模量为 E，横截面面积为 A）。

6-12　如图 6-46 所示，两端固定、长度为 l、横截面面积为 A、弹性模量为 E 的杆，在 B、C 截面各受一 F 力作用。求 B、C 截面间的相对位移。

6-13　试校核图 6-47 所示销钉的剪切强度。已知 $F=120\text{kN}$，销钉直径 $d=30\text{mm}$，材料的容许应力 $[\tau]=70\text{MPa}$。若强度不够，应改用多大直径的销钉？

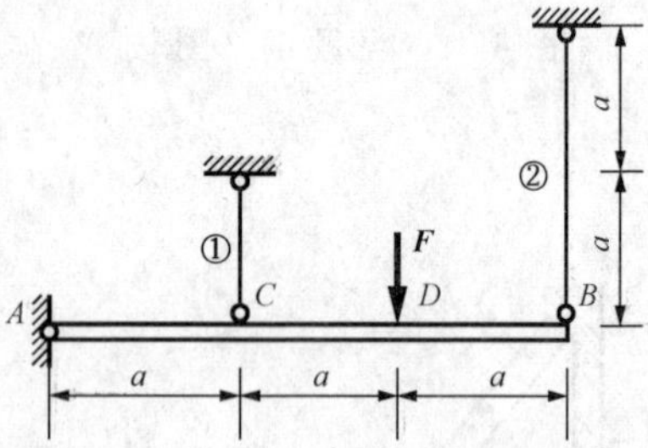

图 6-45　习题 6-11 图

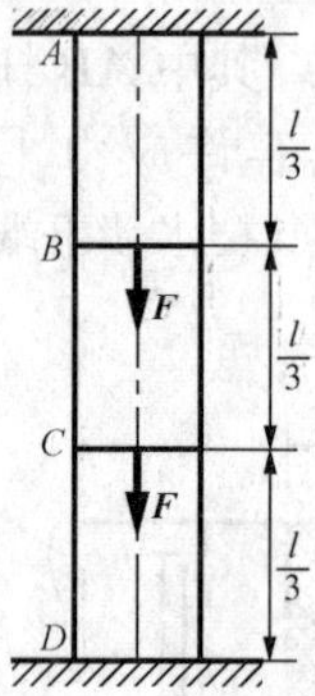

图 6-46　习题 6-12 图

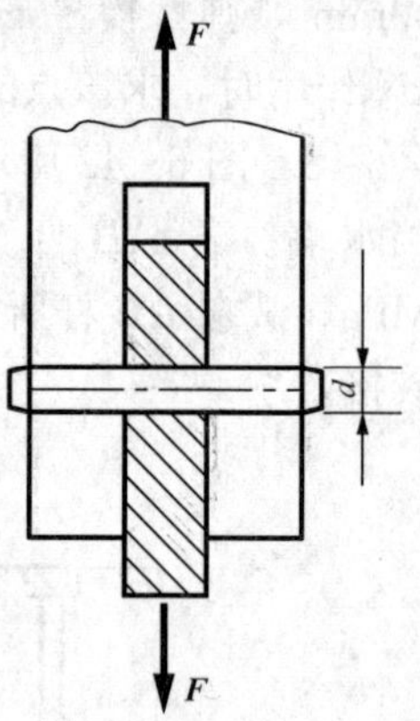

图 6-47　习题 6-13 图

6-14　两块钢板搭接，铆钉直径为 25mm，排列如图 6-48 所示。已知 $[\tau]=100\text{MPa}$，$[\sigma_{bs}]=280\text{MPa}$，板①的容许应力 $[\sigma]=160\text{MPa}$，板②的容许应力 $[\sigma]=140\text{MPa}$，求拉力 F 的容许值。如果铆钉排列次序相反，即自上而下，第一排是两个铆钉，第二排是三个铆钉，则 F 的容许值又为多少？

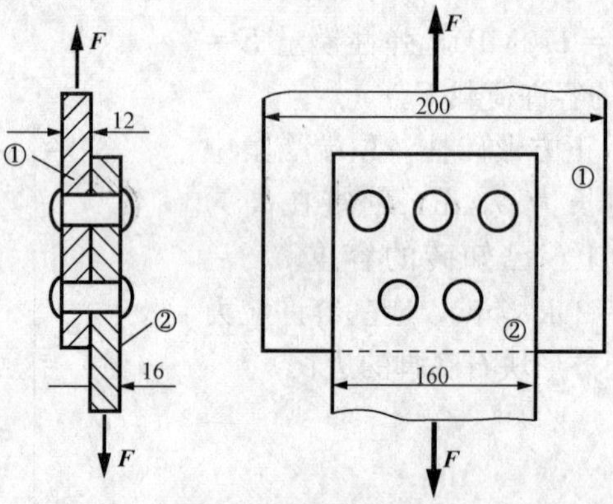

图 6-48　习题 6-14 图

第7章 扭 转

§7-1 概 述

工程上有许多杆件，在外力作用下，其主要变形是扭转，如图7-1（a）中攻螺纹的丝锥、图7-1（b）中传动机构的传动轴等。

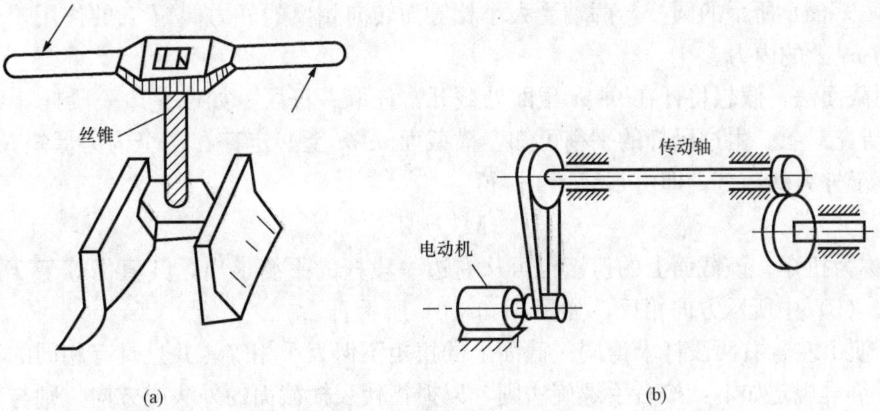

图7-1 扭转变形杆件

以上杆件的计算简图如图7-2所示，其外力和变形特点是：

（1）外力特点：外力是平衡力偶系，作用在垂直于杆轴线的平面内，一般由外力简化得到。

（2）变形特点：杆的横截面绕杆轴线作相对转动，任意两横截面之间产生相对角位移，称为扭转角。图7-2中的φ为右端截面相对于左端截面的扭转角，纵线也随之转过一角度γ。

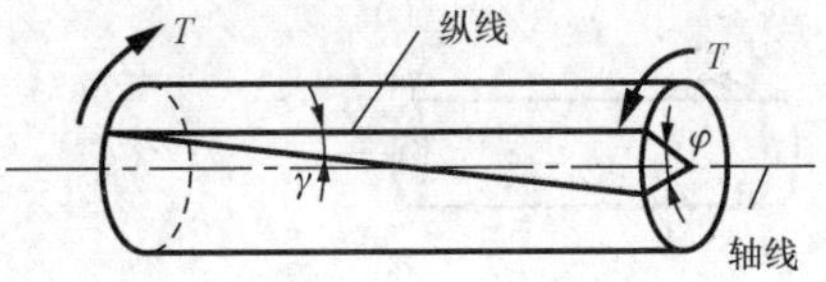

图7-2 扭转变形

工程上，以扭转为主要变形的圆杆通常称为轴。

本章主要介绍圆截面杆扭转时的内力、应力、变形及强度和刚度计算，同时简单介绍矩形截面杆扭转时的应力和变形。

§7-2 扭矩及扭矩图

一、功率、转速与外力偶矩的关系

工程上的传动轴并不直接给出轴上所作用的外力偶矩，常常是已知它所传递的功率P和转速n。因此，首先要根据它所传递的功率和转速，计算作用在轴上的外力偶矩。

力偶所做的功W等于力偶矩T和相应角位移α的乘积，即

$$W = T\alpha$$

力偶矩在单位时间内所做的功称为功率。功率P的表达式为

$$P = \frac{W}{t} = T\omega$$

式中 ω 为角速度，单位为 rad/s；力偶矩 T 的单位为 N·m。若功率的单位为 kW，转速为 r/min，因 1kW=1000N·m/s，1r/min=$\frac{2\pi}{60}$rad/s，则由上式可得外力偶矩与功率、转速的关系为

$$T = 9.55\frac{P}{n} \quad (\text{kN}\cdot\text{m}) \tag{7-1}$$

二、扭矩的计算

图 7-3（a）所示的圆杆，两端受大小相等而转向相反的外力偶矩 T 的作用，现求任一横截面 m-m 上的内力。

采用截面法，假想将杆在 m-m 截面处截开，任取一杆段，如取左边一段杆［见图 7-3（b）］为研究对象。由这段杆的平衡可知，横截面 m-m 上必定存在一个内力偶矩 M_x，它在数值上等于外力偶矩 T，即由 $\sum M_x=0$，得

$$M_x = T$$

M_x 称为扭矩。该截面上的扭矩也可从右边一段杆的平衡求出，其值仍等于 T，但转向与图 7-3（b）中所示方向相反，如图 7-3（c）所示。

为了使由左、右两段杆求得同一截面上的扭矩不但大小相等，并且具有相同的符号，对扭矩的正负号规定如下：按右手螺旋法则，以拇指代表横截面的外法线方向，则与其余四指的转向相同的扭矩为正；反之为负，如图 7-4（a）和图 7-4（b）所示。按这样的规定，图 7-3 中 m-m 截面上的扭矩为正。

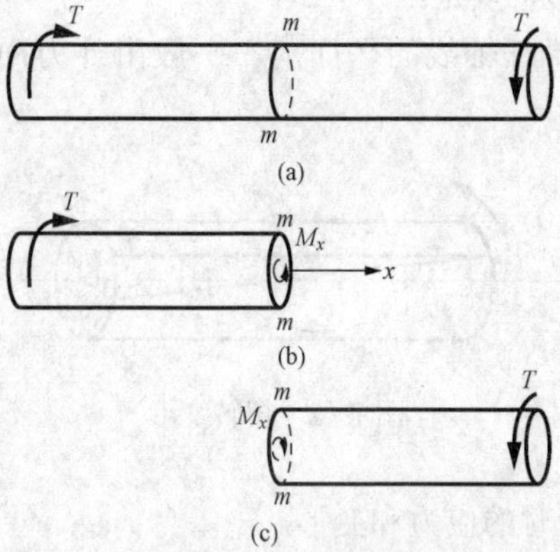

图 7-3　横截面上的扭矩

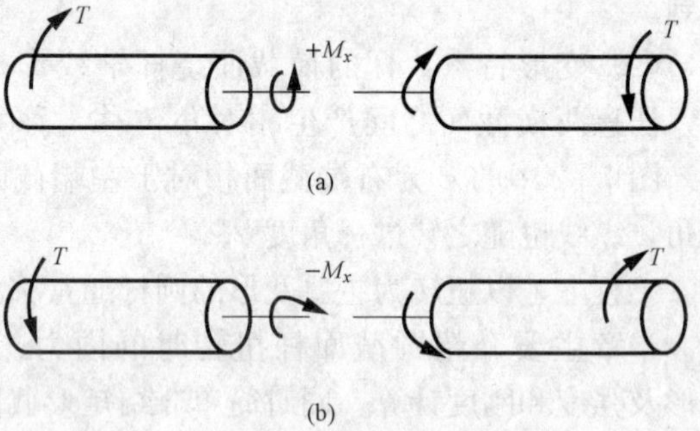

图 7-4　扭矩的正负号规定

三、扭矩图

如果杆上受多个外力偶作用，如图 7-5（a）所示，则各段杆横截面上的扭矩是不相同的，需分段求解。仍采用截面法，并分别取图 7-5（b）～图 7-5（d）所示的杆段为研究对象。由平衡方程，可求得 1-1、2-2 和 3-3 截面的扭矩分别为

$$M_{x1} = T,\quad M_{x2} = -2T,\quad M_{x3} = -T$$

为了表示各横截面上的扭矩沿杆长的变化规律，并求出杆内的最大扭矩及所在截面的位置，应画出扭矩图。扭矩图的画法与轴力图的画法相似，即以平行于杆轴线的坐标轴为横坐

标轴，其上各点表示横截面的位置，以垂直于杆轴线的纵坐标表示横截面上的扭矩，画出的图线即为扭矩图。正的扭矩画在横坐标轴的上方，负的画在下方。图 7-5（a）所示杆的扭矩图如图 7-5（e）所示。可见，该杆的最大扭矩发生在 BC 段，其值为

$$|M_x|_{\max} = 2T$$

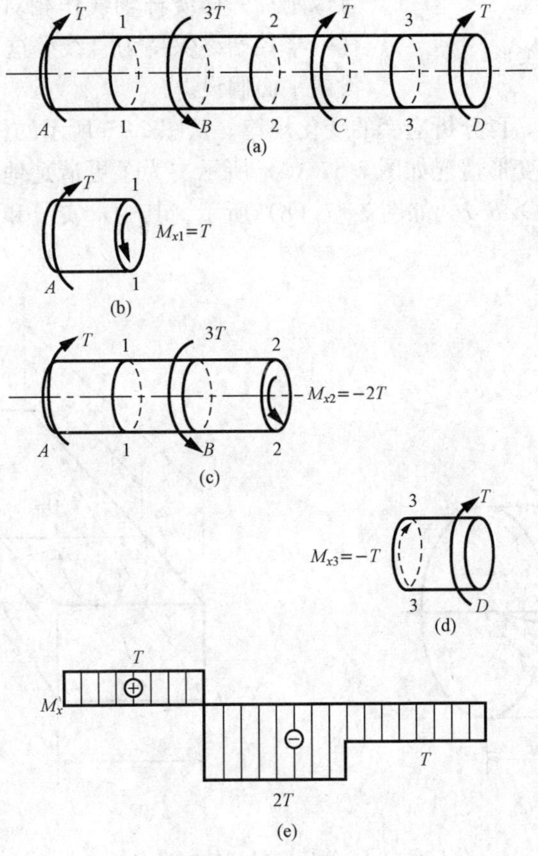

图 7-5　扭矩图

§7-3　圆杆扭转时横截面上的切应力

一、横截面上的应力

用截面法只能求出圆杆横截面的内力——扭矩，现进一步分析圆杆横截面上的应力。由于横截面上的扭矩只能由切向微内力 $\tau \mathrm{d}A$ 组成，因此横截面上只有切应力。为了确定横截面上切应力的分布规律，必须首先找出杆扭转时的变形规律，即变形的几何关系，然后再利用物理关系和静力学关系综合进行分析。

1. 几何关系

取一圆杆，在表面画上一系列圆周线和垂直于圆周线的纵线，它们组成柱面矩形网格，如图 7-6 所示；然后在其两端施加一对大小相等、转向相反的力偶矩 T，使其发生扭转。当变形很小时，可以观察到：①变形后所有圆周线的形状、大小和间距均未改变，只是绕杆

的轴线作相对转动；②所有纵线都转过了同一角度 γ，因而所有矩形都变成了平行四边形。

根据以上表面现象推测杆内部的变形，可作出如下假设：变形前为平面的横截面，变形后仍为平面，且像刚片一样绕杆轴线作相对转动。这样，横截面上任一半径始终保持为直线。这一假设称为平面截面假设或平面假设。

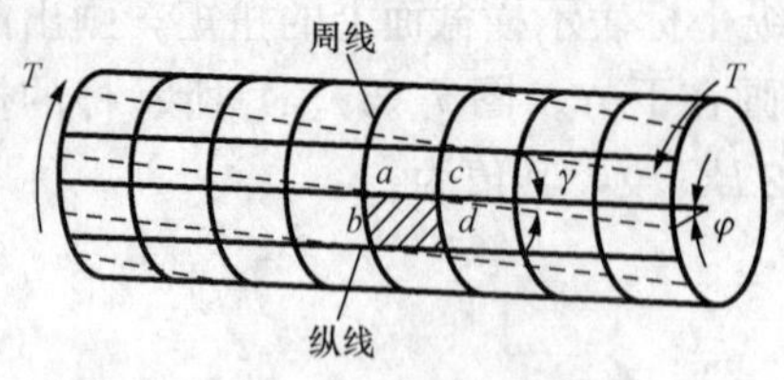

图 7-6　扭转变形

在此假设的基础上，再分析应变的变化规律。从图 7-6 所示的杆中，截取长为 $\mathrm{d}x$ 的一段杆，其扭转后的相对变形情况如图 7-7（a）所示。为了更清楚地表示杆的变形，再从微段中截取一楔形微体 $OO'abcd$，如图 7-7（b）所示。其中，实线和虚线分别表示变形前后的形状。

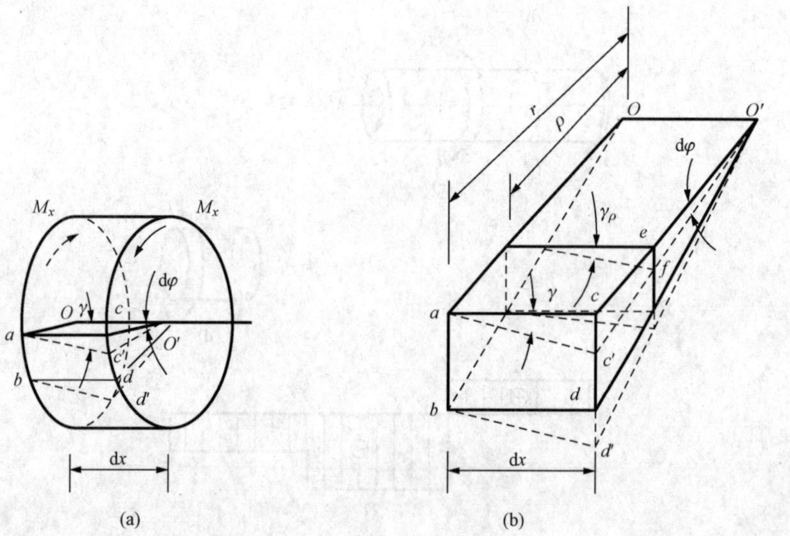

图 7-7　微段圆轴扭转变形分析

由图可见，在圆杆表面上的矩形 $abcd$ 变为平行四边形 $abc'd'$，边长不变，但直角改变了一个 γ 角，γ 即为切应变。在圆杆内部，距圆心 ρ 处的矩形也变为平行四边形，其切应变为 γ_ρ。设 $\mathrm{d}x$ 段左、右两截面的相对扭转角用半径 $O'c$ 转到 $O'c'$ 的角度 $\mathrm{d}\varphi$ 表示，则由几何关系可以得到

$$\gamma_\rho \approx \tan\gamma_\rho = \frac{\overline{ef}}{\mathrm{d}x} = \frac{\rho\mathrm{d}\varphi}{\mathrm{d}x} \quad \text{或} \quad \gamma_\rho = \rho\frac{\mathrm{d}\varphi}{\mathrm{d}x} = \rho\theta \tag{a}$$

式中 $\theta = \dfrac{\mathrm{d}\varphi}{\mathrm{d}x}$ 为单位长度杆的相对扭转角。对于同一横截面，θ 为一常量，故由式（a）可见，切应变 γ_ρ 与 ρ 成正比。

2. 物理关系

切应变是由于矩形的两侧相对错动而引起的，发生在垂直于半径的方向，所以与它对应的切应力的方向也垂直于半径。由试验可知，在弹性范围内，切应力与切应变之间存在如下关系

$$\tau = G\gamma \tag{7-2}$$

这一关系称为剪切胡克定律。式中 G 为切变模量，是一材料常数，由试验测定，其量纲与弹性模量 E 相同，单位为 MPa 或 GPa。

由式（a）和式（7-2）可得横截面上任一点处的切应力为

$$\tau_\rho = G\gamma_\rho = G\rho\frac{d\varphi}{dx} \tag{b}$$

由于同一截面的$\frac{d\varphi}{dx}$为常量，可见横截面上各点处的切应力与 ρ 成正比；ρ 相同的圆周上各点处的切应力相同，切应力的方向垂直于半径；在圆杆周边上各点处的切应力具有相同的最大值，在圆心处 $\tau=0$，如图 7-8 所示。

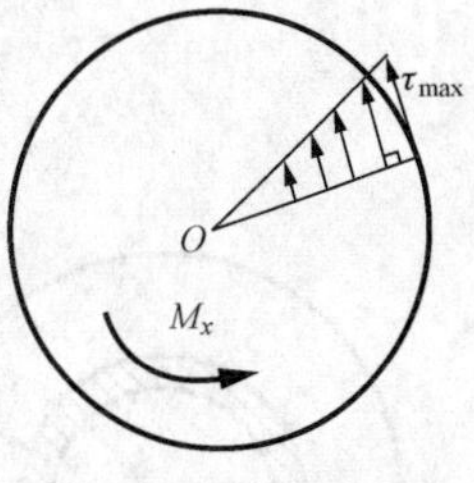

图 7-8　圆杆扭转时横截面上切应力的分布

式（b）虽然确定了切应力的分布规律，但$\frac{d\varphi}{dx}$尚未确定，故无法计算切应力。因此，还需用静力学关系求解。

3. 静力学关系

图 7-9 所示横截面上的扭矩 M_x 是由无数个微面积 dA 上的微内力 τdA 对圆心 O 点的力矩合成得到的，即

$$M_x = \int_A \rho\tau_\rho dA \tag{c}$$

式中 A 为横截面面积。将式（b）代入式（c），得

$$M_x = \int G\rho^2\frac{d\varphi}{dx}dA = G\frac{d\varphi}{dx}\int_A \rho^2 dA \tag{d}$$

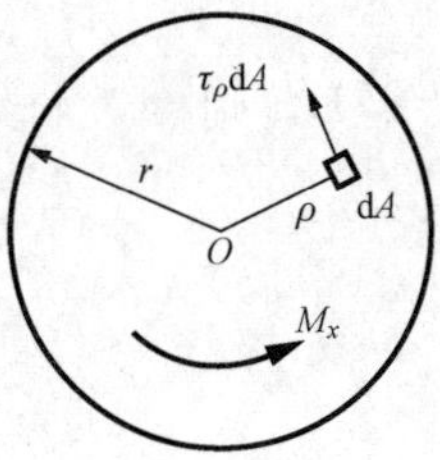

图 7-9　横截面应力的合成

式中 $\int_A \rho^2 dA$ 只与横截面尺寸有关，令

$$I_P = \int_A \rho^2 dA \tag{7-3}$$

I_P 称为截面的极惯性矩，量纲为 L^4，常用单位为 mm^4 或 m^4。于是式（d）可改写成

$$\frac{d\varphi}{dx} = \frac{M_x}{GI_P} \tag{7-4}$$

将式（7-4）代入式（b），得到圆杆横截面上任一点处的切应力公式为

$$\tau_\rho = \frac{M_x\rho}{I_P} \tag{7-5}$$

横截面上的最大切应力发生在 $\rho=r$ 的周边上各点处，其值为

$$\tau_{max} = \frac{M}{I_P/r}$$

令

$$W_P = \frac{I_P}{r} \tag{7-6}$$

则

$$\tau_{max} = \frac{M_x}{W_P} \tag{7-7}$$

式中 W_P 为扭转截面系数，只与横截面尺寸有关，其量纲为 L^3，常用单位为 mm^3 或 m^3。

二、极惯性矩和扭转截面系数的计算

1. 实心圆截面

图 7-10（a）所示为一直径为 d 的实心圆截面。取微面积 $dA=2\pi\rho d\rho$，则由式（7-3）及式（7-6）得

$$I_P=\int_A\rho^2 dA=\int_0^{d/2}2\pi\rho^3 d\rho=\frac{\pi d^4}{32} \tag{7-8}$$

$$W_P=\frac{I_P}{r}=\frac{\pi d^4}{32}\frac{2}{d}=\frac{\pi d^3}{16} \tag{7-9}$$

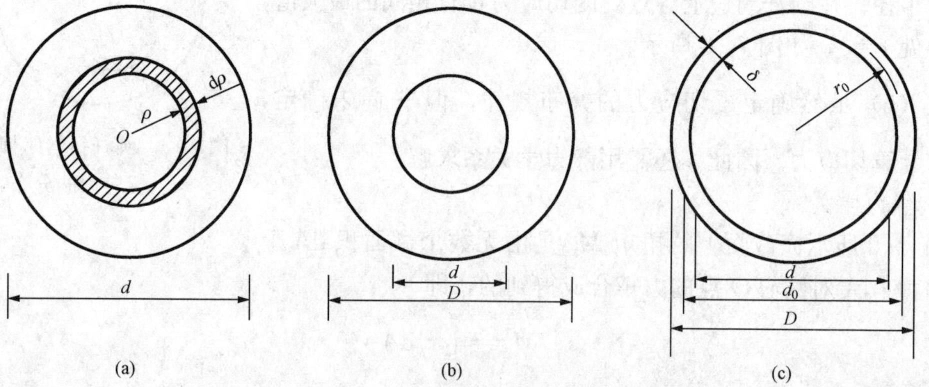

图 7-10 实心、空心和薄壁圆截面
（a）实心圆截面；（b）空心圆截面；（c）薄壁圆截面

2. 空心圆截面

图 7-10（b）所示为一空心圆截面，内径为 d，外径为 D。设 $\alpha=d/D$，则

$$I_P=\int_A\rho^2 dA=\int_{d/2}^{D/2}2\pi\rho^3 d\rho=\frac{\pi D^4}{32}(1-\alpha^4) \tag{7-10}$$

$$W_P=\frac{\pi D^4}{32}(1-\alpha^4)\frac{2}{D}=\frac{\pi D^3}{16}(1-\alpha^4) \tag{7-11}$$

3. 薄壁圆环截面

图 7-10（c）所示为一薄壁圆环截面，内、外径分别为 d、D。设其平均直径为 d_0，平均半径为 r_0，壁厚为 δ。将 $D=2r_0+\delta$、$d=2r_0-\delta$ 分别代入式（7-10）和式（7-11），略去壁厚 δ 的平方项后，得到

$$I_P\approx 2\pi r_0^3\delta \tag{7-12}$$

$$W_P\approx 2\pi r_0^2\delta \tag{7-13}$$

【例 7-1】 图 7-11（a）所示为一直径为 50mm 的传动轴。转速 $n=300$r/min 的电动机通过 A 轮输入 100kW 的功率，由 B、C 和 D 轮分别输出 45、25kW 和 30kW，以带动其他部件。

（1）画轴的扭矩图。

（2）求轴的最大应力。

解 （1）作用在轮上的力偶矩可由式（7-1）计算得到，分别为

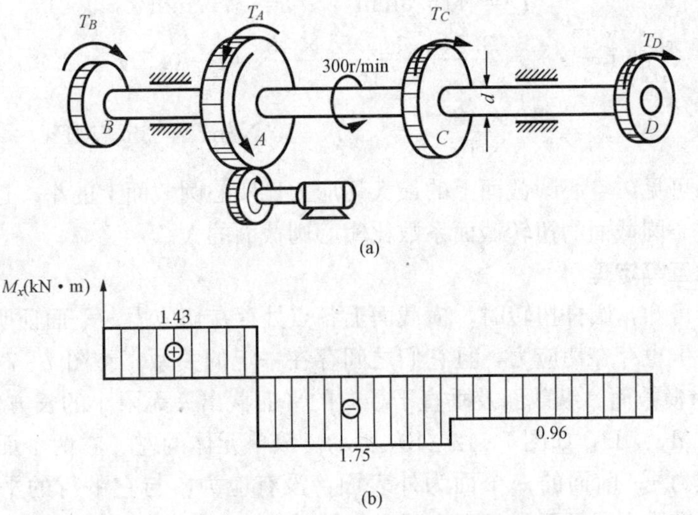

图 7-11 ［例 7-1］图

$$T_A = 9.55 \times \frac{100}{300} = 3.18\text{kN} \cdot \text{m} \quad T_B = 9.55 \times \frac{45}{300} = 1.43\text{kN} \cdot \text{m}$$

$$T_C = 9.55 \times \frac{25}{300} = 0.80\text{kN} \cdot \text{m} \quad T_D = 9.55 \times \frac{30}{300} = 0.96\text{kN} \cdot \text{m}$$

扭矩图如图 7-6（b）所示。

（2）由扭矩图可知，最大扭矩发生在 AC 段内，$|M_x|_{\max} = 1.75\text{kN} \cdot \text{m}$。因为传动轴为等截面，故最大切应力发生在 AC 段内各横截面周边上各点处，其值由式（7-7）和式（7-9）计算得到

$$W_P = \frac{\pi d^3}{16} = \frac{3.14 \times 50^3 \times 10^{-9}}{16} = 24.5 \times 10^{-6}\text{m}^3$$

$$\tau_{\max} = \frac{|M_x|_{\max}}{W_P} = \frac{1.75 \times 10^3}{24.5 \times 10^{-6}} = 71.4 \times 10^6\text{N/m}^2 = 71.4\text{MPa}$$

【例 7-2】 直径 d=100mm 的实心圆轴，两端受力偶矩 T=10kN·m 作用而扭转，求横截面上的最大切应力。若改用内、外直径比值为 0.5 的空心圆轴，且横截面面积与以上实心轴横截面面积相等，问最大切应力是多少？

解 圆轴各横截面上的扭矩均为 $M_x = T = 10\text{kN} \cdot \text{m}$。

（1）实心圆截面：由式（7-7）和式（7-9），得

$$W_P = \frac{\pi d^3}{16} = \frac{3.14 \times 100^3 \times 10^{-9}}{16} = 1.96 \times 10^{-4}\text{m}^3$$

$$\tau_{\max} = \frac{|M_x|_{\max}}{W_P} = \frac{10 \times 10^3}{1.96 \times 10^{-4}} = 51.0 \times 10^6\text{N/m}^2 = 51.0\text{MPa}$$

（2）空心圆截面：由面积相等的条件，可求得空心圆截面的内、外直径。令内直径为 d_1，外直径为 D，$\alpha = d_1/D = 0.5$，则有

$$\frac{\pi d^2}{4} = \frac{\pi D^2}{4}(1 - \alpha^2)$$

由此求得

$$D = 115.5\text{mm}, \quad d_1 = 57.7\text{mm}$$

$$W_P = \frac{\pi D^3}{16}(1-\alpha^4) = \frac{3.14 \times 115.5^3 \times 10^{-9}}{16}(1-0.5^4) = 2.8 \times 10^{-4}\text{m}^3$$

$$\tau_{\max} = \frac{10 \times 10^3}{2.8 \times 10^{-4}} = 35.7 \times 10^6 \text{N/m}^2 = 35.7\text{MPa}$$

由计算结果可见，空心圆截面上的最大切应力比实心圆截面上的小。这是因为在面积相同的条件下，空心圆截面的扭转截面系数比实心圆截面的大。

三、切应力互等定理

由以上分析可知，圆杆扭转时，横截面上各点处存在切应力。下面证明，在圆杆的纵截面（径向平面）上也存在切应力，且它们之间存在一定的关系。在图 7-7（a）所示圆杆表面 A 点周围，沿横截面、纵截面及垂直于径向的平面截出一无限小的长方体，称为单元体，设其边长为 dx、dy、dz，如图 7-12（b）所示。该单元体的左、右两个面是横截面的一部分，作用有切应力 τ；前面的一个面为外表面，没有应力，与它平行的平面，由于相距很近，也可认为没有应力。从平衡的观点看，如果单元体上只有左、右两个面上有切应力，则该单元体将会转动，所以在上、下两个纵截面上必定存在图示的切应力 τ'。由于各面的面积很小，因此可认为切应力在各面上均匀分布。由平衡方程 $\sum M_z = 0$ 得到

$$(\tau \mathrm{d}y\mathrm{d}z)\mathrm{d}x = (\tau' \mathrm{d}x\mathrm{d}z)\mathrm{d}y$$

由此可得

$$\tau = \tau' \tag{7-14}$$

式（7-14）所表示的关系称为切应力互等定理，即过一点的互相垂直的两个截面上，垂直于两截面交线的切应力大小相等，并均指向或背离这一交线。图 7-12（b）所示单元体的四个侧面上只有切应力时，这种单元体所对应的应力状态称为纯剪切应力状态。

切应力互等定理在应力分析中具有很重要的作用。例如，在圆杆扭转时，当已知横截面上的切应力及其分布规律后，由切应力互等定理便可知道纵截面上的切应力及其分布规律，如图 7-13 所示。

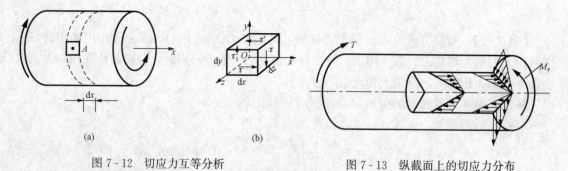

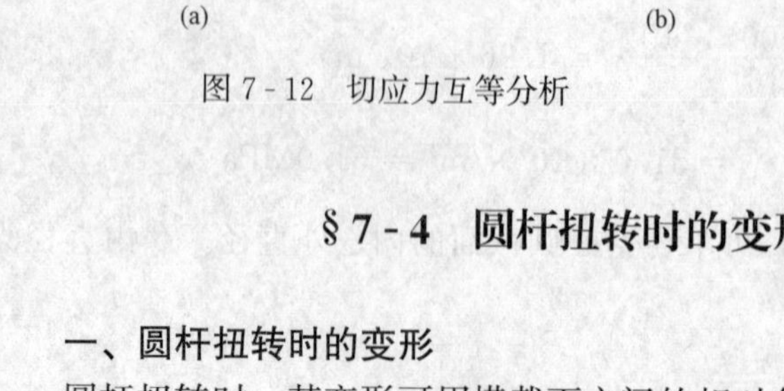

图 7-12 切应力互等分析

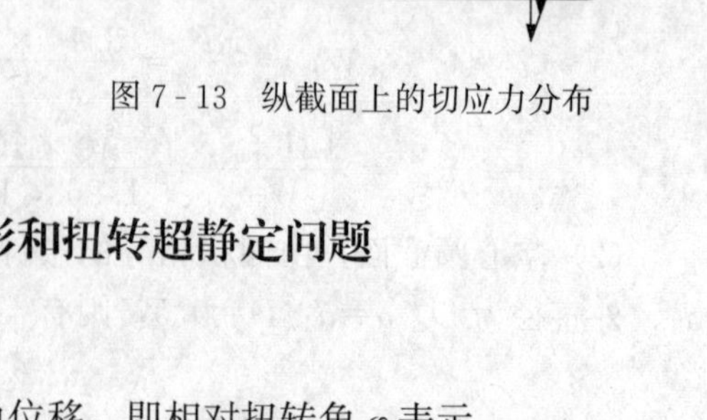

图 7-13 纵截面上的切应力分布

§7-4 圆杆扭转时的变形和扭转超静定问题

一、圆杆扭转时的变形

圆杆扭转时，其变形可用横截面之间的相对角位移，即相对扭转角 φ 表示。

由式（7-4）可得，相距 dx 的两个横截面的相对扭转角为

$$d\varphi = \frac{M_x}{GI_P}dx$$

若杆长为 l，则两端截面的相对扭转角为

$$\varphi = \int_l d\varphi = \int_0^l \frac{M_x dx}{GI_P} \tag{7-15}$$

当杆长 l 之内的 M_x、G、I_P 为常数时，则

$$\varphi = \frac{M_x l}{GI_P} \tag{7-16}$$

式中　GI_P——圆杆的扭转刚度。

式（7-16）表明，相对扭转角与杆的长度 l 成正比，与扭转刚度 GI_P 成反比。当 M_x 和 l 不变时，GI_P 越大，扭转角越小；GI_P 越小，扭转角越大。扭转角的单位为 rad。

为消除杆长度的影响，圆杆的扭转变形也可用单位长度杆的相对扭转角 θ 表示，显然

$$\theta = \frac{M_x}{GI_P} \tag{7-17}$$

θ 的单位为 rad/m。

【例 7-3】 图 7-14 所示为钢制实心圆截面传动轴。已知：$T_1 = 0.82\text{kN}\cdot\text{m}$，$T_2 = 0.50\text{kN}\cdot\text{m}$，$T_3 = 0.32\text{kN}\cdot\text{m}$，$l_{AB} = 300\text{mm}$，$l_{AC} = 500\text{mm}$。轴的直径 $d = 50\text{mm}$，材料的切变模量 $G = 80\text{GPa}$。试求截面 C 相对于 B 的扭转角。

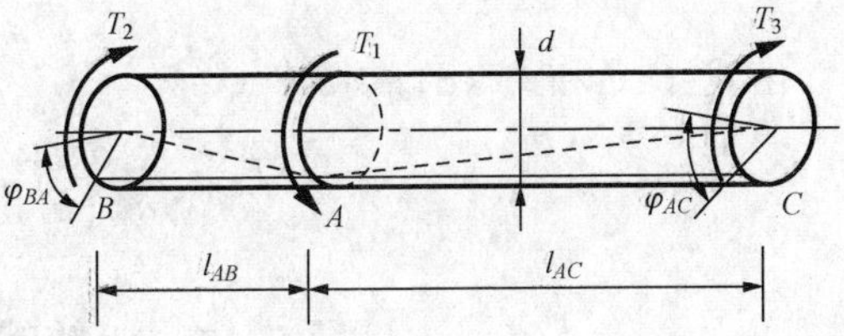

图 7-14 ［例 7-3］图

解　AB、AC 两轴段的扭矩分别为 $M_{x1} = 0.50\text{kN}\cdot\text{m}$、$M_{x2} = -0.32\text{kN}\cdot\text{m}$。

由式（7-16）可得

$$\varphi_{BA} = \frac{M_{x1} l_{AB}}{GI_P},\quad \varphi_{AC} = \frac{M_{x2} l_{AC}}{GI_P}$$

式中　$I_P = \frac{\pi d^4}{32}$。将有关数据代入以上两式，即得

$$\varphi_{BA} = \frac{500 \times 0.3}{80 \times 10^9 \times \frac{\pi}{32}(5 \times 10^{-2})^4} = 0.0031\text{rad}$$

$$\varphi_{AC} = \frac{-320 \times 0.5}{80 \times 10^9 \times \frac{\pi}{32}(5 \times 10^{-2})^4} = -0.0033\text{rad}$$

截面 C 相对于 B 的扭转角 φ_{BC} 为

$$\varphi_{BC} = \varphi_{BA} + \varphi_{AC} = -0.0002\text{rad}$$

其转向与 T_3 相同。

二、扭转超静定问题

如果扭转杆件的约束反力偶矩或扭矩仅用静力平衡方程不能求出，这类问题称为扭转超静定问题，其求解方法与拉压超静定问题类似。现举例说明。

图 7-15 所示的圆杆 A、B 两端固定。在 C 截面处作用一扭转外力偶矩 T 后，两固定端产生反力偶矩 T_A 和 T_B。静力学平衡方程为

$$T_A + T_B = T \tag{a}$$

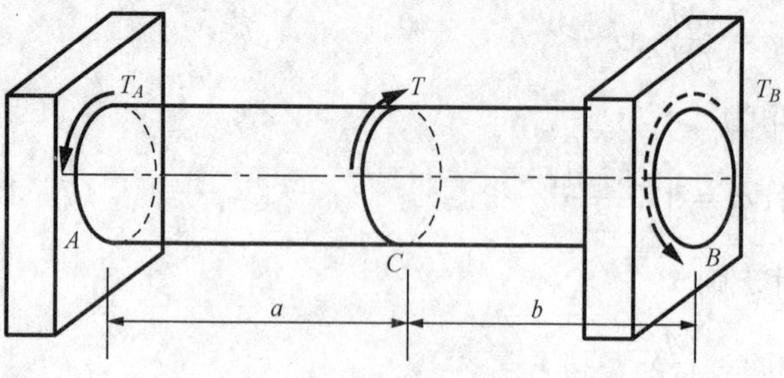

图 7-15 扭转超静定杆件

由式（a）不能求出 T_A 和 T_B 的大小，所以这是一次超静定问题。为了求出 T_A 和 T_B，必须考虑变形协调的几何关系。

杆在 T 的作用下，C 截面绕杆的轴线转动。C 截面相对于 A 端产生扭转角 φ_{CA}，相对于 B 端产生扭转角 φ_{CB}。由于 A、B 两端固定，φ_{CA} 和 φ_{CB} 的数值应相等，所以变形协调的几何关系为

$$\varphi_{CA} = \varphi_{CB} \tag{b}$$

设杆的扭转刚度为 GI_P，由式（7-16）得到扭矩与扭转角之间的物理关系为

$$\varphi_{CA} = \frac{M_{x1}a}{GI_P} = \frac{T_A a}{GI_P}$$

$$\varphi_{CB} = \frac{M_{x2}b}{GI_P} = \frac{T_B b}{GI_P} \tag{c}$$

将式（c）代入式（b）后，得到补充方程为

$$T_A = \frac{b}{a}T_B \tag{d}$$

由式（a）和式（d），求得

$$T_A = \frac{b}{a+b}T, \quad T_B = \frac{a}{a+b}T$$

§7-5 扭转时材料的力学性质

对于低碳钢材料，可通过薄壁圆筒扭转试验得到切应力与切应变之间的关系，并确定极限切应力。

图 7-16（a）所示一薄壁圆筒，在自由端受外力偶矩 T 作用。由于筒壁很薄，故圆筒扭转后，可认为横截面上的切应力 τ 沿壁厚均匀分布，如图 7-16（b）所示。

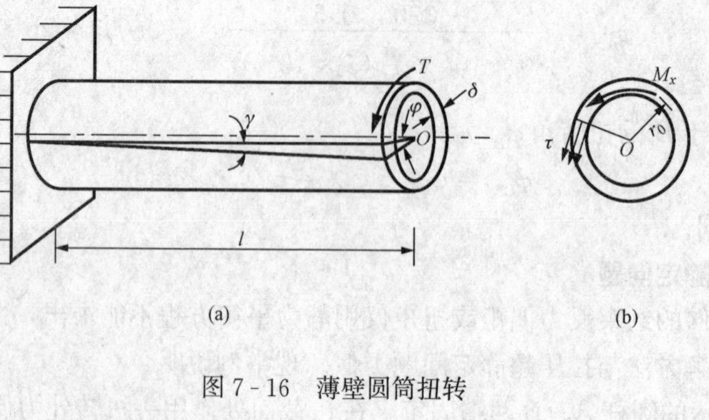

图 7-16 薄壁圆筒扭转

由式（7-7）和式（7-13），并注意 $M_x = T$，有

$$\tau = \frac{T}{2\pi r_0^2 \delta} \tag{a}$$

圆筒扭转后，切应变 γ 与扭转角 φ 的几何关系为

$$\gamma l = r_0 \varphi$$

即

$$\gamma = \frac{r_0}{l}\varphi \tag{b}$$

在扭转试验机上可画出 T-φ 曲线。再通过式（a）和式（b），可画出 τ-γ 曲线。低碳钢的 τ-γ 曲线如图 7-17 所示。由图可见，在 Oa 范围内，切应力 τ 与切应变 γ 之间呈线性关系，因此得到

$$\tau = G\gamma$$

上式就是剪切胡克定律式（7-2）。a 点的切应力称为剪切比例极限，用 τ_p 表示。当切应力超过比例极限 τ_p 后，材料将发生屈服，b 点的切应力称为剪切屈服极限，用 τ_s 表示。由于薄壁圆筒容易发生皱折，因此扭转试验不易得到全曲线。

对铸铁材料，则采用实心圆截面试件，同样可画出 τ-γ 曲线。

灰口铸铁的 τ-γ 曲线如图 7-18 所示。曲线上没有直线的段，故一般用割线代替，因而剪切胡克定律近似成立；铸铁扭转时没有屈服阶段，最大应力为 τ_b，称为剪切强度极限；铸铁试件破坏时变形很小，在与轴线成 45°倾角的螺旋面发生断裂。

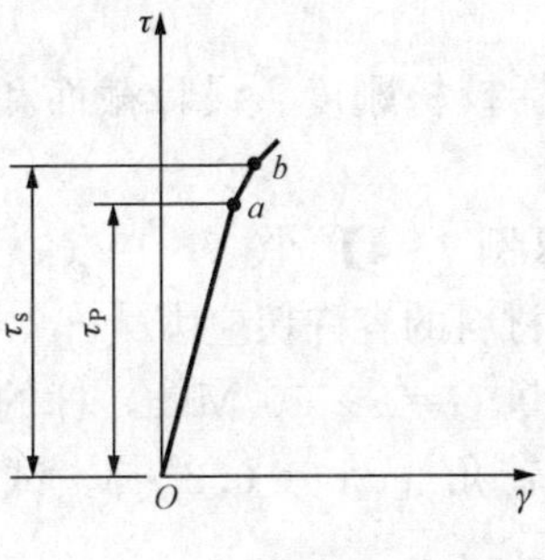

图 7-17　低碳钢 τ-γ 曲线

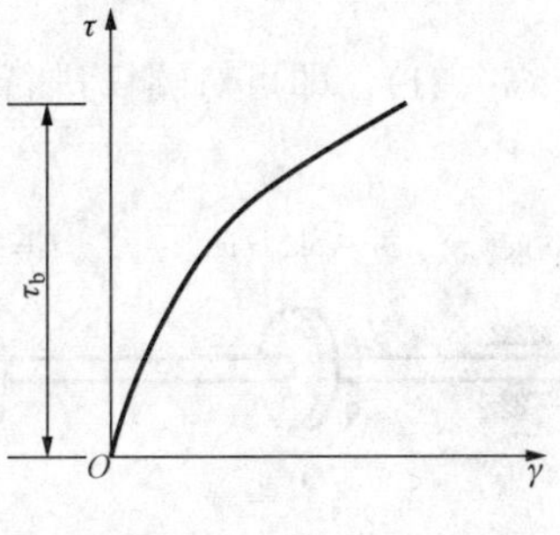

图 7-18　灰口铸铁 τ-γ 曲线

弹性模量 E、泊松比 ν 和切变模量 G 是材料的三个弹性常数，对于各向同性材料，它们之间存在如下关系

$$G = \frac{E}{2(1+\nu)} \tag{7-18}$$

可见，三个常数中只有两个是独立的。只要试验测得其中两个常数，便可由式（7-18）确定第三个常数。

§7-6　圆杆扭转时的强度和刚度计算

工程上，为保证扭转杆件正常工作，除不发生强度失效外，还应对其变形加以限制，确保不发生刚度失效。因此，必须进行强度计算和刚度计算。

一、强度计算

等直圆杆扭转时，最大切应力 τ_{max} 发生在最大扭矩所在截面的周边上任一点处，即危险

截面的周边上各点为危险点。其强度条件应为$\tau_{\max}$不超过材料的容许切应力［τ］，即

$$\tau_{\max}=\frac{M_{x,\max}}{W_P}\leqslant[\tau] \tag{7-19}$$

由式（7-19）即可进行圆杆的强度计算，包括校核强度、设计截面和求容许外力偶矩。

式（7-19）中，［τ］为容许切应力。可由试验的方法，得到塑性材料的剪切屈服极限τ_s和脆性材料的剪切强度极限τ_b（统称为材料的极限切应力τ_u），将其除以安全因数，即可得到容许切应力的数值。根据大量试验，容许切应力与容许拉应力之间存在下列关系

$$\left.\begin{aligned}&\text{塑性材料}\quad [\tau]=(0.5\sim0.6)[\sigma]\\&\text{脆性材料}\quad [\tau]=(0.8\sim1.0)[\sigma]\end{aligned}\right\} \tag{7-20}$$

因此，只要知道材料的容许拉应力，就可以确定其容许切应力。

有些受扭转的圆轴也有连接接头，对其连接件也应进行强度计算，以保证足够的强度。

二、刚度计算

对扭转圆杆，通常是限制其最大单位长度杆的相对扭转角不超过规定的数值。因此，等直圆杆扭转时的刚度条件为

$$\theta_{\max}=\frac{M_{x,\max}}{GI_P}\leqslant[\theta] \tag{7-21}$$

式中［θ］为规定的单位长度杆扭转角，其值可在设计手册中查到。例如，对精密机器，$[\theta]=(0.15^\circ\sim0.3^\circ)/\text{m}$；对一般传动轴，$[\theta]=(0.3^\circ\sim2.0^\circ)/\text{m}$；对钻杆，$[\theta]=(2.0^\circ\sim4.0^\circ)/\text{m}$。

利用式（7-21），即可对圆杆进行刚度计算，包括校核刚度、设计截面和求容许外力偶矩。

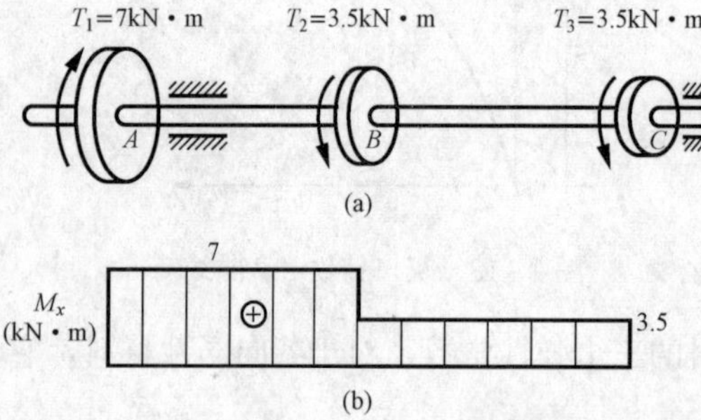

图7-19 ［例7-4］图

【例7-4】 图7-19（a）所示一传动轴。材料的容许切应力［τ］=40MPa，切变模量$G=8\times10^4$MPa，杆的容许单位长度扭转角［θ］=0.2°/m。试求轴所需的直径。

解 （1）画出扭矩图如图7-19（b）所示。

（2）由强度条件求直径。危险截面是AB段内的各截面。由式（7-19），得

$$W_P\geqslant\frac{M_{x,\max}}{[\tau]}=\frac{7\times10^3}{40\times10^6}=0.175\times10^6\text{mm}^3$$

由此得到

$$d\geqslant\sqrt[3]{\frac{16W_P}{\pi}}=\sqrt[3]{\frac{16\times0.175\times10^6}{\pi}}=96\text{mm}$$

（3）由刚度条件求直径。由式（7-21），得

$$I_P\geqslant\frac{M_{x,\max}}{G[\theta]}=\frac{7\times10^3}{8\times10^4\times10^6\times0.2\times\dfrac{\pi}{180}}=2.51\times10^{-5}\text{m}^4=2.51\times10^7\text{mm}^4$$

由此得到

$$d \geqslant \sqrt[4]{\frac{32I_P}{\pi}} = \sqrt[4]{\frac{32 \times 2.51 \times 10^7}{\pi}} = 126\text{mm}$$

要同时满足强度和刚度条件，轴的直径应取 $d=126\text{mm}$。

【例 7-5】 图 7-20 所示直径 $D=100\text{mm}$ 的轴由两段连接而成，连接处加凸缘，并在 $D_0=200\text{mm}$ 的圆周上布置 8 个螺栓紧固。已知轴在扭转时的最大切应力 $\tau_{\max}=70\text{MPa}$，螺栓的容许切应力 $[\tau]=60\text{MPa}$，试求螺栓所需直径 d。

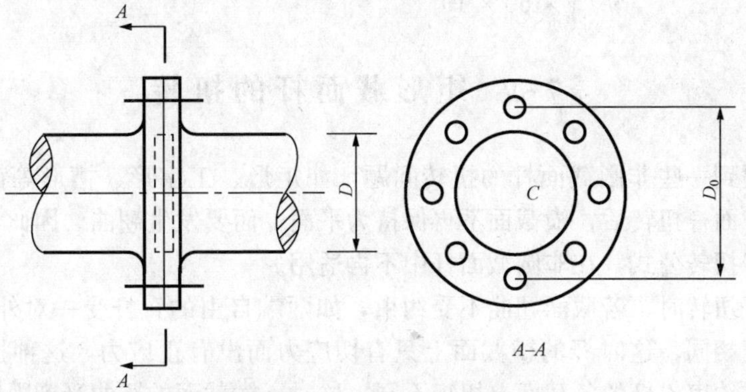

图 7-20 ［例 7-5］图

解 该螺栓群接头所受的外力是两轴段之间所传递的外力偶矩 T，因而是一个仅承受力偶矩作用的螺栓群接头问题。螺栓均为单剪。

设每个螺栓所受的力为 F_i，至螺栓群中心 C 的距离为 r_i，由力矩平衡方程，得

$$T = \sum_{i=1}^{8} F_i r_i$$

由于 8 个螺栓布置在同一圆周上，各 r_i 相等，均为$\frac{D_0}{2}$，因而各螺栓剪切面上的剪力必相等，为 F_S，从而可得

$$T = 8F_S \frac{D_0}{2}$$

即

$$F_S = T/4D_0$$

力偶矩 T 的大小可由轴的最大切应力求得

$$T = \tau_{\max} W_P = \tau_{\max} \frac{\pi D^3}{16}$$

所以，每个螺栓剪切面上的剪力为

$$F_S = \frac{\tau_{\max} \pi D^3}{4D_0 \times 16}$$

将已知数据代入，得

$$F_S = \frac{70 \times 10^6 \times \pi \times 0.1^3}{4 \times 0.2 \times 16} = 17.1 \times 10^3\text{N}$$

再由式（6-8）的剪切强度条件，得

$$\tau = \frac{F_S}{A_S} = \frac{4F_S}{\pi d^2} \leqslant [\tau]$$

可得螺栓所需直径

$$d = \sqrt{4F_S/\pi[\tau]}$$

将已知数据代入，得

$$d = \sqrt{\frac{4 \times 17.1 \times 10^3}{\pi \times 60 \times 10^6}} = 1.91 \times 10^{-2}\text{m} = 19.1\text{mm}$$

§7-7 矩形截面杆的扭转

工程上常遇到一些非圆截面杆的扭转问题，如矩形、工字形、槽形等截面杆。试验表明，这些非圆截面杆扭转后，横截面不再保持为平面，而要发生翘曲。因此，根据平面假设建立起来的圆杆扭转公式，在非圆截面杆中不再适用。

非圆截面杆扭转时，若截面翘曲不受约束，如两端自由的直杆受一对外力偶矩扭转时，各截面翘曲程度相同，这时杆的横截面上只有切应力而没有正应力，这种扭转称为自由扭转。若杆端存在约束或杆的各截面上扭矩不同，这时，横截面的翘曲受到限制，因而各截面上翘曲程度不同，这时杆的横截面上除有切应力外，还伴随有正应力，这种扭转称为约束扭转。由约束扭转产生的正应力，在实体截面杆中很小，可不予考虑。本节只介绍矩形截面杆扭转时的应力和变形计算。

矩形截面杆扭转时，变形情况如图 7 - 21（a）所示。由于截面翘曲，无法用材料力学的方法分析杆的应力和变形。现在介绍由弹性力学分析所得到的一些主要结果：

（1）矩形截面杆扭转时，横截面上沿截面周边、对角线及对称轴上的切应力呈抛物线分布的情况如图 7 - 21（b）所示。

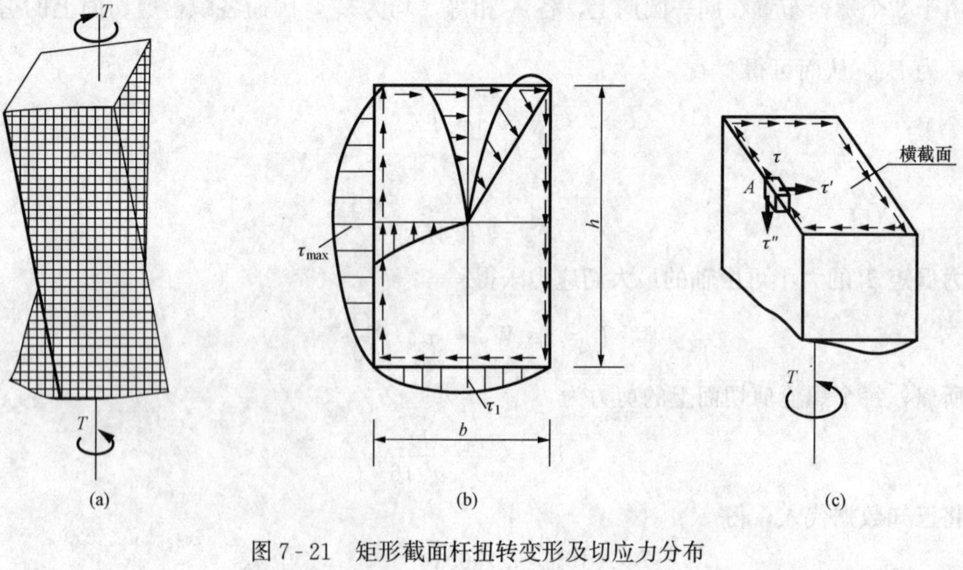

图 7 - 21 矩形截面杆扭转变形及切应力分布

由图可见，横截面周边上各点处的切应力平行于周边。这个事实可由切应力互等定理及杆表面无应力的情况得到证明；凸角处及截面中心无切应力；长边中点处的切应力是整个横截面上的最大切应力。

(2) 切应力和单位长度扭转角的计算公式为

最大切应力 $$\tau_{\max}=\frac{M_x}{W_T} \tag{7-22}$$

短边中点的切应力 $$\tau_1=\gamma\tau_{\max} \tag{7-23}$$

单位长度杆的扭转角 $$\theta=\frac{M_x}{GI_T} \tag{7-24}$$

式中 $W_T=\alpha b^3$，$I_T=\beta b^4$，h 和 b 分别为矩形截面的长边和短边。α、β 和 γ 的数值见表 7-1。

表 7-1　矩形截面杆自由扭转的系数 α、β 和 γ

$m=h/b$	1.0	1.2	1.5	2.0	2.5	3.0	4.0	6.0	8.0	10.0
α	0.208	0.263	0.346	0.493	0.645	0.801	1.150	1.789	2.456	3.12
β	0.140	0.190	0.294	0.457	0.622	0.790	1.123	1.789	2.456	3.12
γ	1.00	0.930	0.858	0.796	0.766	0.753	0.745	0.743	0.743	0.74

(3) 对于狭长矩形截面$\left(m=\dfrac{h}{b}\geqslant 10\right)$，由表 7-1 可见

$$\alpha=\beta\approx\frac{1}{3}m$$

于是

$$W_T=\frac{m}{3}b^3=\frac{1}{3}hb^2 \tag{7-25}$$

$$I_T=\frac{m}{3}b^4=\frac{1}{3}hb^3 \tag{7-26}$$

截面上的切应力分布规律如图 7-22 所示。

最大切应力和单位长度杆的扭转角计算公式为

$$\tau_{\max}=\frac{M_x}{W_T}=\frac{3M_x}{hb^2} \tag{7-27}$$

$$\theta=\frac{M_x}{GI_T}=\frac{3M_x}{Ghb^3} \tag{7-28}$$

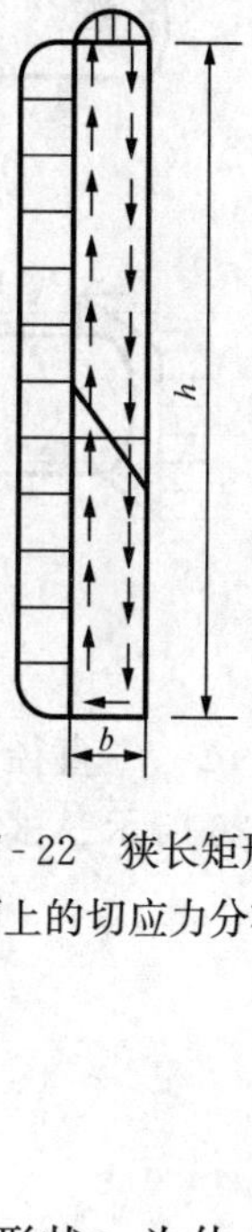

图 7-22　狭长矩形截面上的切应力分布

思　考　题

7-1　若在圆轴表面上画一小圆，试分析圆轴受扭后小圆将变成什么形状？为什么会使小圆产生如此形状？

7-2　两根长度、直径相同而由不同材料制成的圆杆，受到同样的外力偶矩作用，它们的最大切应力和相对扭转角是否相同？为什么？

7-3　轴线与木纹平行的木质圆杆试样进行扭转试验时，试样最先出现什么样的破坏？为什么？

7-4　图 7-23 所示组合圆轴，其内部为钢，外圈为铜，内、外层之间无相对滑动。若该轴受扭后两种材料均处于弹性范围，则横截面上的切应力应如何分布？

7-5 图 7-24 所示非圆截面杆，发生扭转时截面上凸角 a 点和凹角 b 点是否存在切应力？为什么？

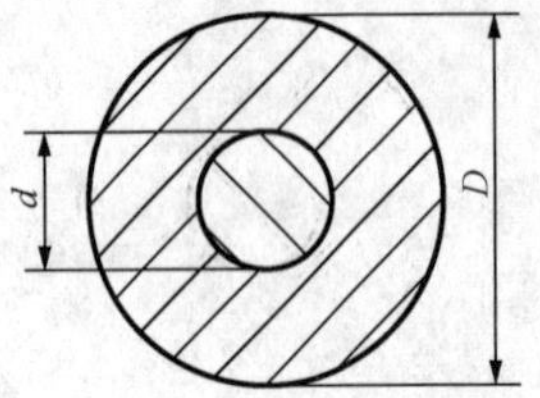

图 7-23 思考题 7-4 图

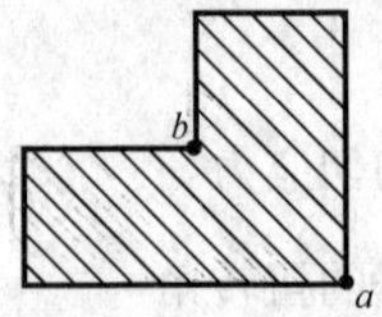

图 7-24 思考题 7-5 图

习 题

7-1 试作图 7-25 中所示各杆的扭矩图。

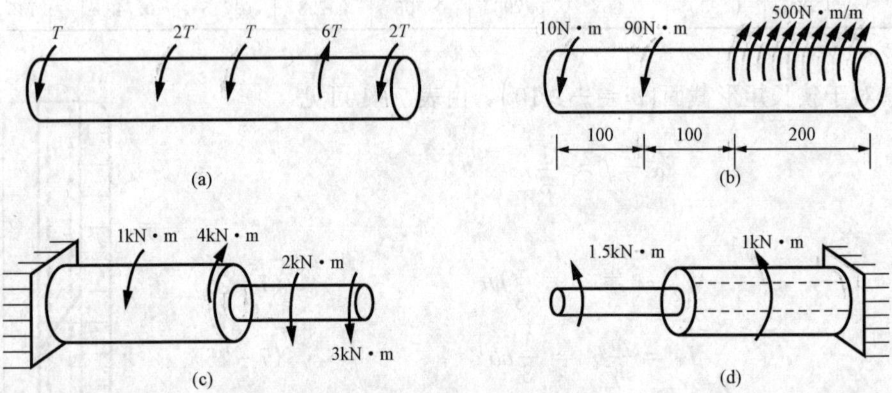

图 7-25 习题 7-1 图

7-2 一直径 $d=60$mm 的圆杆，两端受外力偶矩 $T=2$kN·m 的作用而发生扭转，如图 7-26 所示。试求横截面上 1、2、3 点处的切应力和最大切应变（$G=80$GPa）。

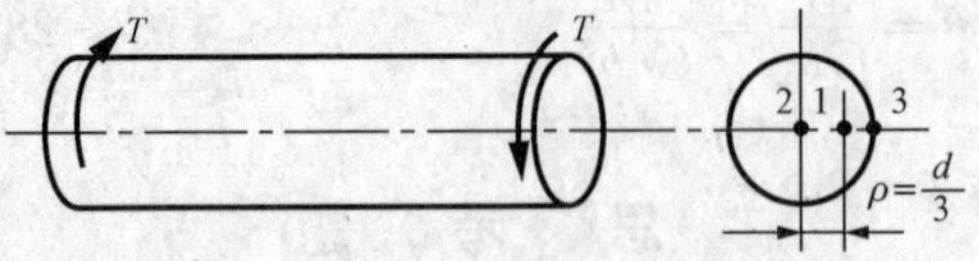

图 7-26 习题 7-2 图

7-3 图 7-27 所示变截面实心圆轴受外力偶矩作用，求轴的最大切应力。

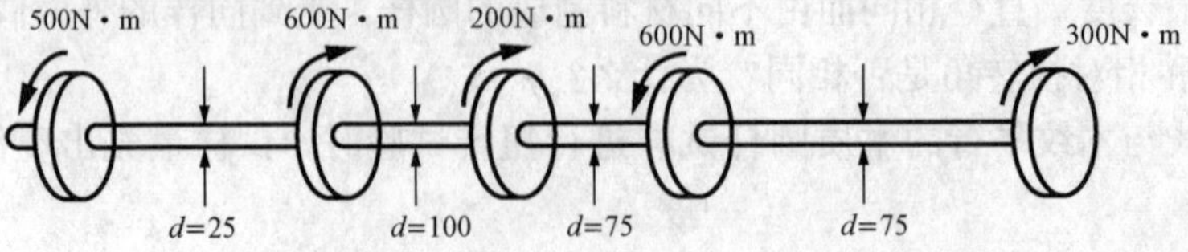

图 7-27 习题 7-3 图

7-4 从直径为300mm的实心轴中镗出一个直径为150mm的通孔而成为空心轴，问最大切应力增大了百分之几？

7-5 图7-28所示圆轴AC、AB段为实心，直径为50mm；BC段为空心，外径为50mm，内径为35mm。要使杆的总扭转角为0.12°，试确定BC段的长度a（设切变模量G=80GPa）。

7-6 图7-29所示实心圆轴承受均匀分布的外力偶矩作用。设轴的切变模量为G，求自由端的扭转角（用$\overline{m_x}$、l、G、d表示）。

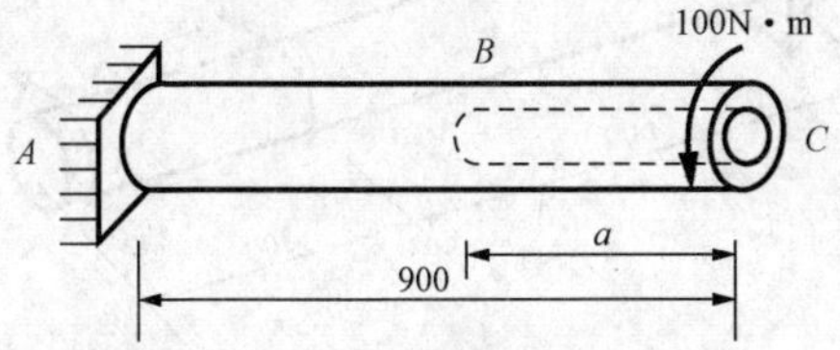

图7-28 习题7-5图

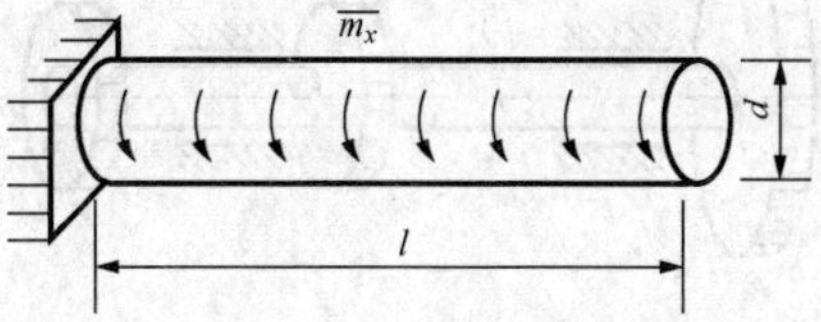

图7-29 习题7-6图

7-7 图7-30所示传动轴的转速为200r/min，主动轮3的输入功率P_3=80kW，从动轮1、2、4、5输出的功率分别为P_1=25kW、P_2=15kW、P_4=30kW和P_5=10kW。已知轴的容许切应力［τ］=20MPa。

（1）试按强度条件选定轴的直径。

（2）若改用变截面轴，试分别定出每一段轴的直径。

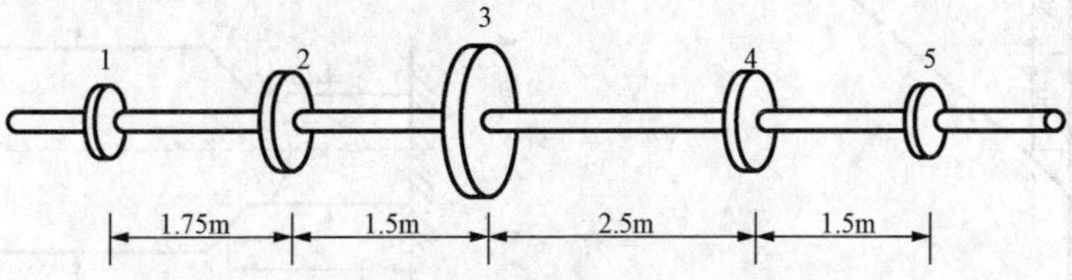

图7-30 习题7-7图

7-8 如图7-31所示，传动轴的转速n=500r/min，主动轮1输入功率P_1=500kW，从动轮2、3分别输出功率P_2=200kW、P_3=300kW。已知容许切应力［τ］=70MPa，切变模量G=80GPa，单位长度杆的容许扭转角［θ］=1°/m。

（1）确定AB段的直径d_1和BC段的直径d_2。

（2）若AB和BC两段选用同一直径，试确定直径d。

7-9 图7-32所示实心圆钢杆直径d=100mm，受外力偶矩T_1和T_2作用。若杆的容许切应力［τ］=80MPa，900mm长度内的容许扭转角［φ］=0.014rad，求T_1和T_2的值（已知切变模量$G=8.0\times10^4$MPa）。

7-10 图7-33所示托架，F=40kN，铆钉直径d=20mm，铆钉为单剪，求最危险铆钉上切应力的大小及方向。

7-11 两端固定的阶梯圆杆AB，在C截面处受一外力偶矩T作用，如图7-34所示，试导出使两端约束力偶矩数值上相等时a/l的表达式。

7-12 一外径为50mm、壁厚为2mm的管子，两端用刚性法兰盘与直径为25mm的实心圆轴相连接，如图7-35所示，设管子与实心轴材料相同，试问管子承担外力偶矩T的百分之几？

7-13　图 7-36 所示矩形截面钢杆，已知力偶矩 $T=3\text{kN}\cdot\text{m}$，材料的切变模量 $G=80\text{GPa}$。求：

（1）杆内最大切应力的大小、方向、位置。

（2）最大单位长度杆的扭转角。

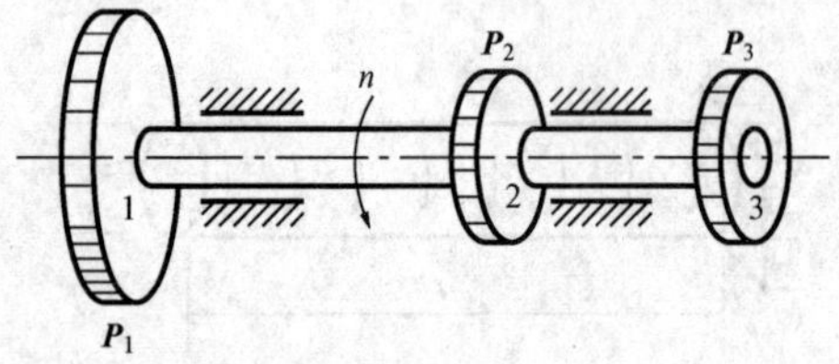

图 7-31　习题 7-8 图

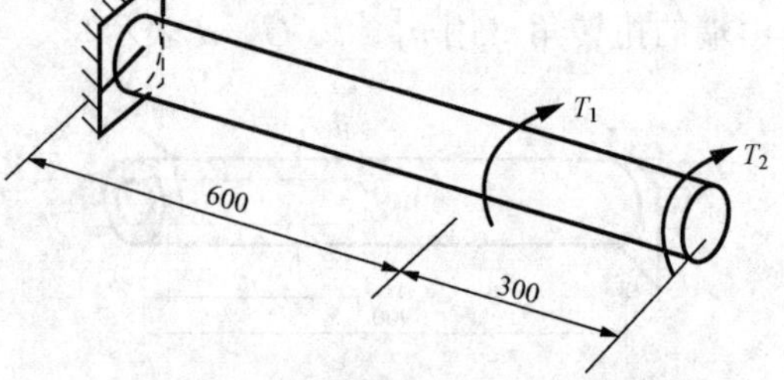

图 7-32　习题 7-9 图

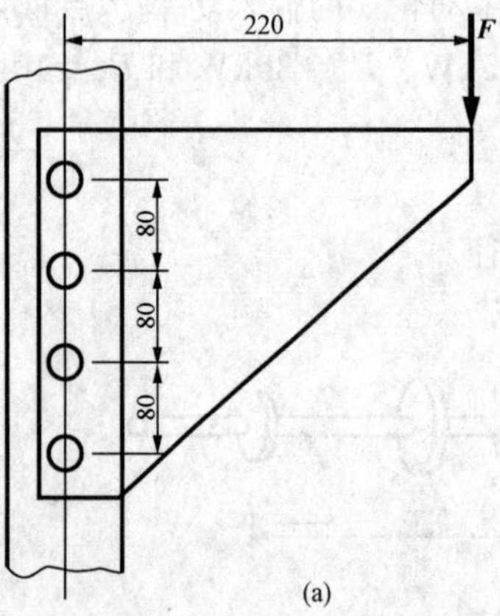

图 7-33　习题 7-10 图

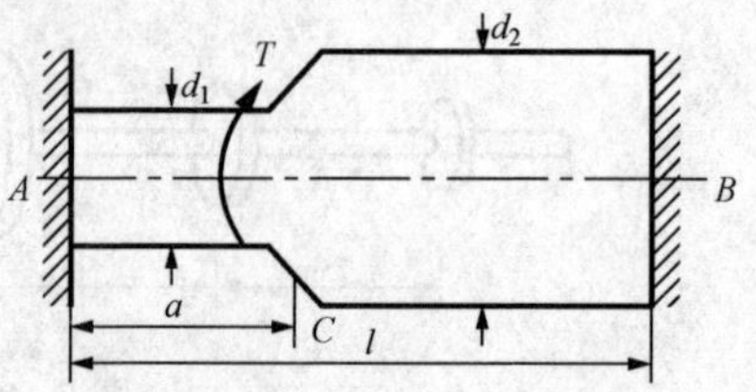

图 7-34　习题 7-11 图

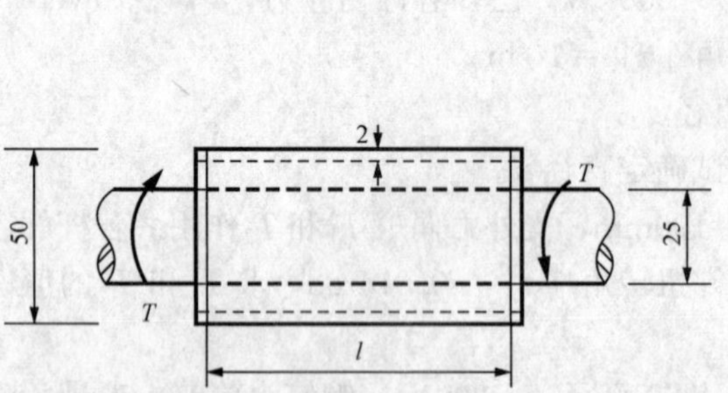

图 7-35　习题 7-12 图

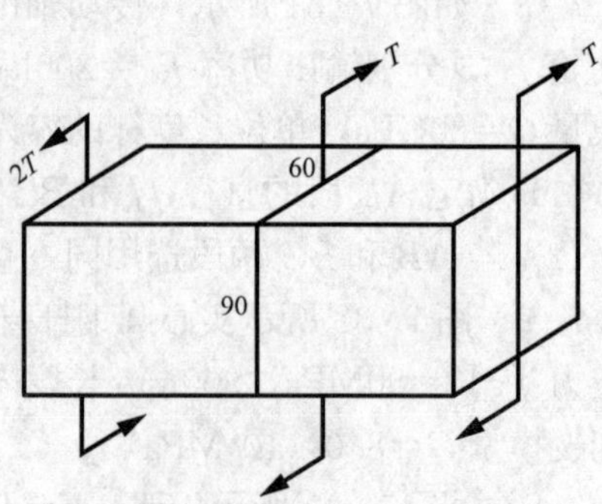

图 7-36　习题 7-13 图

第8章 弯 曲 内 力

§8-1 概 述

工程上有许多直杆，在外力作用下，其主要变形是弯曲，如图8-1（a）中的大梁、图8-2（a）中的叠梁（只画了一半）、图8-3（a）中的车轴及图8-4（a）中的挡水结构等。

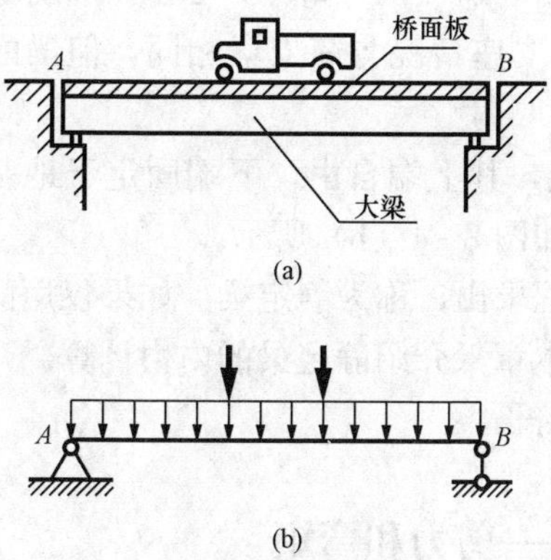

图8-1 大梁

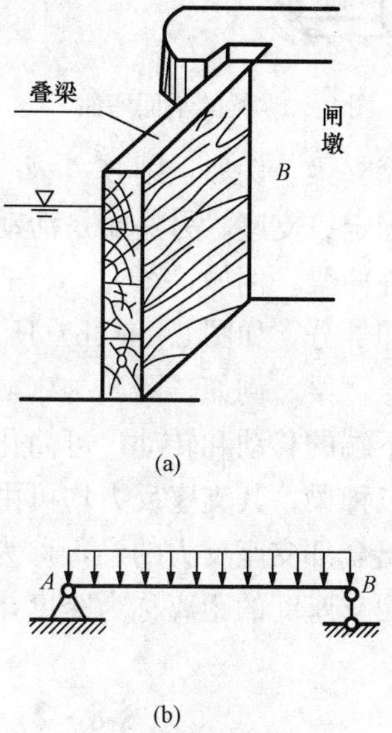

图8-2 叠梁

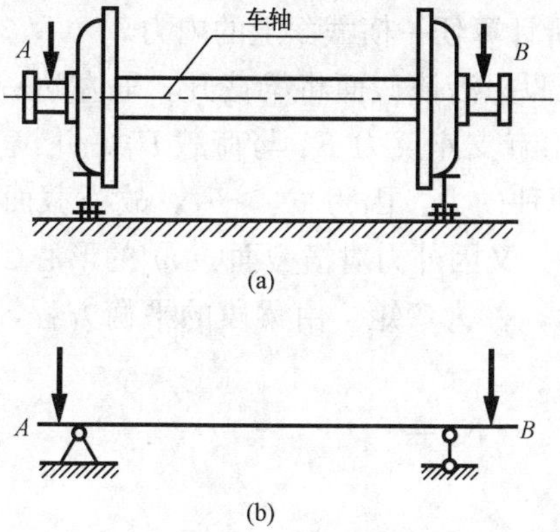

图8-3 车轴

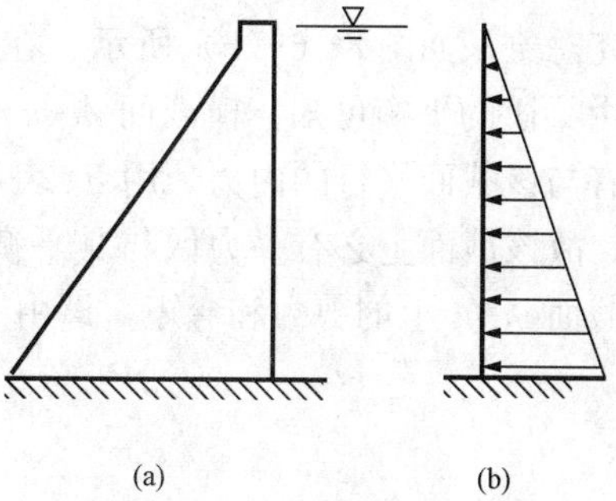

图8-4 挡水结构

对于弯曲变形杆件，其外力和变形特点为：

（1）外力特点：外力是垂直于杆轴线的力（集中力或分布力），或作用在包含轴线的平面（图8-5中的阴影线平面）内的力偶。

（2）变形特点：杆的轴线弯成曲线，且杆的横截面也作相对转动。

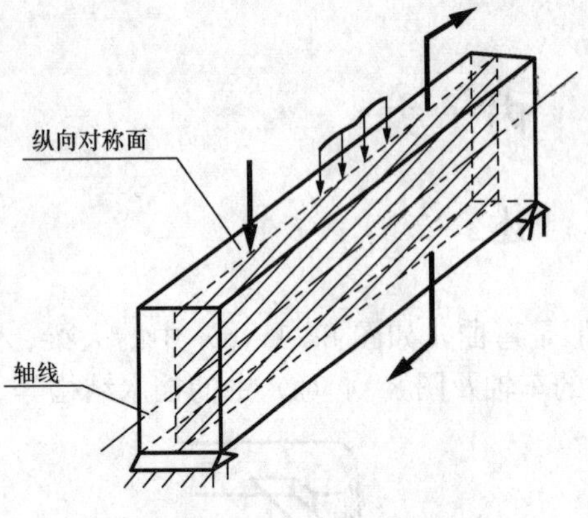

图 8-5 梁的平面弯曲

以弯曲为主要变形的杆称为梁。工程上常用的梁大多有一个纵向对称面（各横截面的对称轴所联成的平面），且外力都作用在此对称面内。由变形的对称性可知，梁的轴线将在此平面内弯成一条平面曲线，这种弯曲称为平面弯曲。

在计算梁的内力前，首先应将梁进行合理的简化，得到梁的计算简图。通常用轴线表示梁，梁上的荷载可简化为集中力、分布力和集中力偶；根据不同支承情况，梁的支座可简化为固定铰支座、活动铰支座和固定端。根据支座的简化情况，可以把梁分为以下三种基本形式：

（1）简支梁。例如，图 8-1（a）中的大梁和图 8-2（a）中的一根叠梁，可将支座简化为一端是固定铰支座，另一端是活动铰支座，如图 8-1（b）和图 8-2（b）所示。

（2）外伸梁。例如，图 8-3（a）中的车轴，支座情况与简支梁相同，但梁的一端或两端具有外伸部分，如图 8-3（b）所示。

（3）悬臂梁。例如，图 8-4（a）中的挡水坝，其上端自由，下端固定于地基，地基限制了坝体下端的移动和转动，可简化为固定端，如图 8-4（b）所示。

以上三种梁，其支座反力均可由静力平衡方程求出，称为静定梁。如果仅用静力平衡方程不能求出全部支座反力的梁，称为超静定梁。本章只介绍静定梁的内力计算。

梁的两支座间的距离称为跨度，其长度称为跨长。

§8-2 弯曲内力——剪力和弯矩

现以图 8-6 所示的简支梁为例，说明梁的内力计算方法。梁上作用有荷载 F_1 和 F_2，根据平衡方程，可求得支座反力，然后再用截面法分析计算任一横截面上的内力。

设任一横截面 m-m 距左端支座的距离为 x，现假想沿该截面将梁截开，取左边一段梁为研究对象，如图 8-6（b）所示。在该段梁上作用有支座反力 F_A 与荷载 F_1，并设 $F_A > F_1$。由梁段的平衡可知，横截面 m-m 上必定存在两种内力：因为 $F_A > F_1$，故横截面 m-m 上必有与该截面平行的内力，用 F_S 表示，称为剪力。又因外力对横截面 m-m 的形心 C 有一力矩，故该截面上必有一力偶与其平衡，用 M 表示，称为弯矩。由梁段的平衡方程，可求得横截面 m-m 上的剪力和弯矩，即由

$$\sum F_y = 0,\quad 即\ F_A - F_1 - F_S = 0$$

得

$$F_S = F_A - F_1 \tag{a}$$

由

$$\sum M_C = 0,\quad 即\ F_A x - F_1(x-a) - M = 0$$

得

$$M = F_A x - F_1(x-a) \tag{b}$$

横截面 m-m 上的剪力和弯矩也可由右边一段梁的平衡方程求出，其大小与由左边一段

梁求得的相同，但方向或转向相反，如图8-6（c）所示。

为了使由左、右梁段求得的同一横截面上的内力具有相同的正负号，现对剪力和弯矩的正、负号作如下规定：

（1）剪力。使截开部分杆产生顺时针方向转动的剪力为正，如图8-7（a）所示；反之为负，如图8-7（b）所示。也可以由外力的方向来确定剪力的符号：当横截面左侧的外力向上或横截面右侧的外力向下时，该截面的剪力为正；反之为负。

（2）弯矩。在截面一侧的外力矩$\sum M$和弯矩M的共同作用下，使梁段向下凸起时，横截面上的弯矩为正，如图8-8（a）所示；梁段向上凸起时，横截面上的弯矩为负，如图8-8（b）所示。

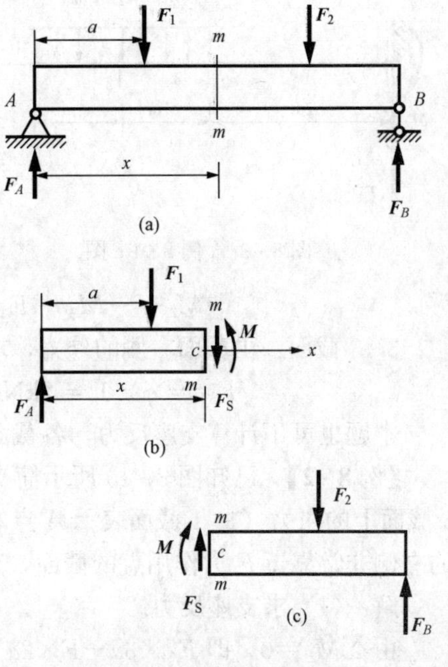

图8-6　梁的内力

按照上述正负号的规定，由式（a）及式（b）算得的横截面m-m上的剪力和弯矩为正。

由式（a）和式（b）可见：任一横截面上的剪力，在数值上等于该截面一侧（左侧或右侧）梁段上所有外力的代数和；任一横截面上的弯矩，在数值上等于该截面一侧（左侧或右侧）梁段上所有外力对该截面形心力矩的代数和。剪力和弯矩的正负号由符号规定确定。

熟练掌握了剪力和弯矩的计算方法和正负号规定后，就可直接计算任一横截面上的剪力和弯矩，而不必取出梁段和列出平衡方程了。

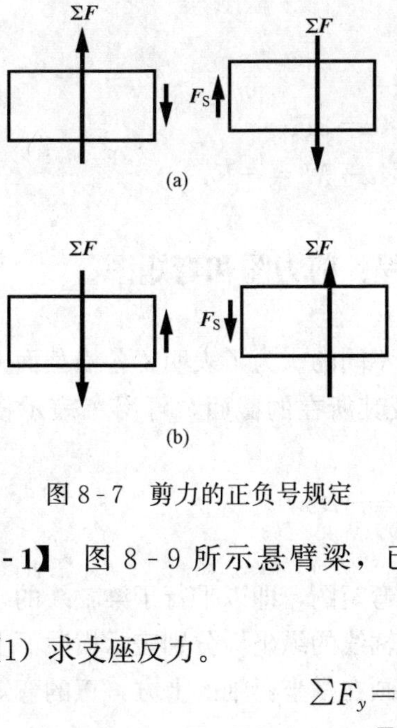

图8-7　剪力的正负号规定

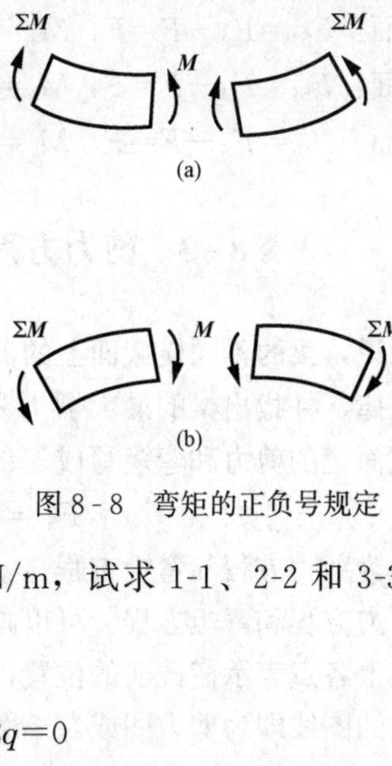

图8-8　弯矩的正负号规定

【例8-1】　图8-9所示悬臂梁，已知$q=2\text{kN/m}$，试求1-1、2-2和3-3截面上的内力。

解　（1）求支座反力。

由
$$\sum F_y=0，即\ F_A-2q=0$$
求得
$$F_A=2q=4\text{kN}$$

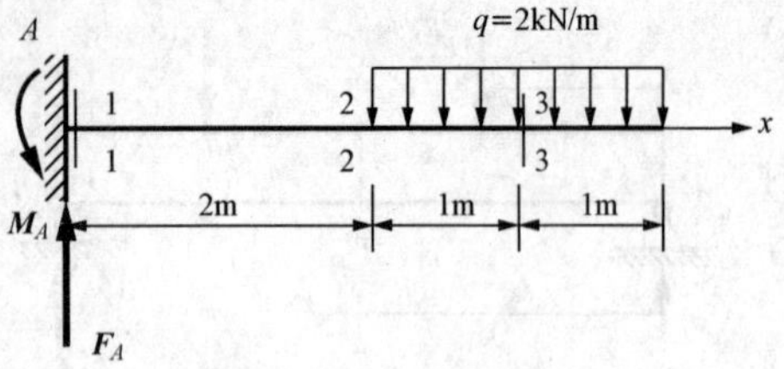

图 8-9 ［例 8-1］图

由 $\sum M_A=0$，即 $M_A-2q\times3=0$

求得 $M_A=6q=12\text{kN}\cdot\text{m}$

（2）求各指定截面上的内力。

1-1 截面：由截面左侧一段梁的外力，求得

$$F_{S1}=F_A=4\text{kN},\quad M_1=-M_A=-12\text{kN}\cdot\text{m}$$

2-2 截面：由截面左侧梁段的外力，求得

$$F_{S2}=F_A=4\text{kN}$$

$$M_2=-M_A+F_A\times2=-12+4\times2=-4\text{kN}\cdot\text{m}$$

3-3 截面：由截面右侧的外力，求得

$$F_{S3}=q\times1=2\text{kN},\quad M_3=-q\times1\times0.5=-1\text{kN}\cdot\text{m}$$

本题也可不计算支座反力，各截面的内力均由截面右侧的外力计算。

【例 8-2】 已知图 8-10 所示简支梁及其上所受荷载，求 1-1、2-2、3-3、4-4 及 5-5 截面上的内力（1-1 截面表示 A 点右侧非常靠近 A 点的截面，2-2 截面表示 F 力作用点的左侧非常靠近 F 力作用点的截面，其余类推）。

解 （1）求支座反力。

由 $\sum M_B=0$，即 $F_A\times3a-F\times2a-M_e=0$

求得 $F_A=\dfrac{2Fa+4Fa}{3a}=2F$

由 $\sum M_A=0$，即 $F_B\times3a-F\times a+M_e=0$

求得 $F_B=\dfrac{-4Fa+Fa}{3a}=-F$

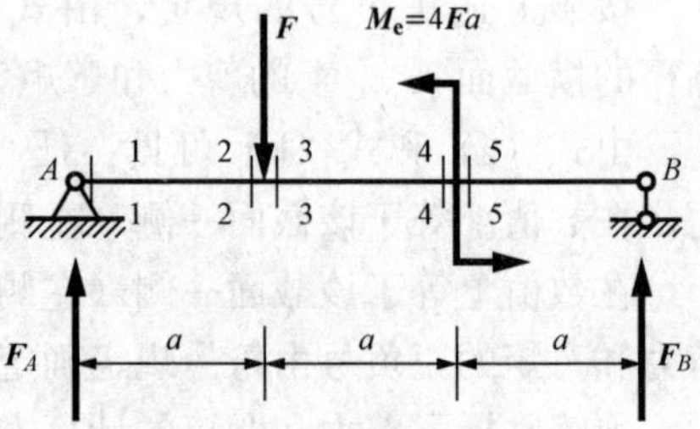

图 8-10 ［例 8-2］图

（2）求各指定截面上的内力。

1-1 截面：$F_{S1}=F_A=2F$，$M_1=0$

2-2 截面：$F_{S2}=F_A=2F$，$M_2=F_A\times a=2Fa$

3-3 截面：$F_{S3}=F_A-F=F$，$M_3=F_A\times a=2Fa$

4-4 截面：$F_{S4}=F_A-F=F$，$M_4=F_A\times2a-F\times a=3Fa$

5-5 截面：$F_{S5}=F_A-F=F$，$M_5=F_A\times2a-F\times a-M_e=-Fa$

§8-3 剪力方程和弯矩方程、剪力图和弯矩图

一般来说，梁的不同横截面上的剪力和弯矩是不同的。为了表明梁各横截面上剪力和弯矩的变化规律，并找出梁的最大剪力和最大弯矩及其所在的截面，可用 x 表示横截面的位置，把横截面上的剪力和弯矩写成 x 的函数，即

$$F_S=F_S(x),\quad M=M(x)$$

它们分别称为剪力方程和弯矩方程。

根据剪力方程和弯矩方程，可以画出剪力图和弯矩图，即以平行于梁轴线的坐标轴为横坐标轴，其上各点表示横截面的位置，以垂直于杆轴线的纵坐标分别表示横截面上的剪力或弯矩，画出的图线即为剪力图或弯矩图。正的剪力画在横坐标轴的上方，正的弯矩画在横坐标轴的下方（即弯矩图画在梁的受拉一侧）。

由剪力图和弯矩图可以看出梁的各横截面上剪力和弯矩的变化情况，同时可找出梁的最大剪力和最大弯矩，以及它们所在的截面。

【例8-3】 图8-11（a）所示简支梁受均布荷载作用，试列出剪力方程和弯矩方程，并画剪力图和弯矩图。

解 （1）求支座反力。由平衡方程及对称性条件得到

$$F_A = F_B = \frac{1}{2}ql$$

（2）列剪力方程和弯矩方程。将坐标原点取在梁的左端A点，距A点x处的任一横截面上的内力为

$$F_S(x) = \frac{1}{2}ql - qx \quad (0 < x < l) \qquad \text{(a)}$$

$$M(x) = \frac{1}{2}qlx - \frac{1}{2}qx^2 \quad (0 \leqslant x \leqslant l) \qquad \text{(b)}$$

（3）画剪力图和弯矩图。由式（a）可见，剪力方程是x的线性函数，即剪力图是直线，求出两个截面的剪力后，即可画出该直线。

当$x=0$时，$F_S=\frac{1}{2}ql$

当$x=l$时，$F_S=-\frac{1}{2}ql$

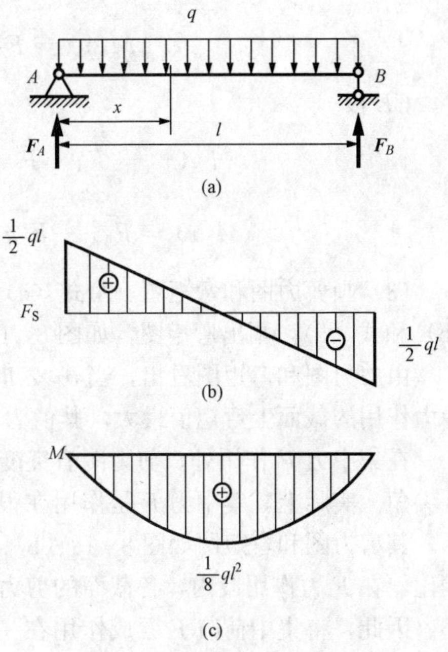

图8-11 ［例8-3］图

剪力图如图8-11（b）所示。

由式（b）可见，弯矩是x的二次函数，即弯矩图是二次抛物线。求出三个截面的弯矩后，即可画出弯矩图。

当$x=0$时，$M=0$

当$x=l$时，$M=0$

由$\frac{dM(x)}{dx}=0$，可得弯矩有极值的截面位置为$x=\frac{l}{2}$，该截面的弯矩为

$$M = \frac{1}{8}ql^2$$

弯矩图如图8-11（c）所示。

由剪力图和弯矩图看出，在支座A的右侧截面上和支座B的左侧截面上，剪力的值最大；在梁的中央截面上，弯矩值最大，它们分别为

$$F_{S,max} = \frac{ql}{2}, \quad M_{max} = \frac{ql^2}{8}$$

画剪力图和弯矩图时，必须注明正、负号及一些主要截面的剪力值和弯矩值。

【例8-4】 图8-12（a）所示简支梁C处受集中力F作用，试列出剪力方程和弯矩方程，并画剪力图和弯矩图。

解 （1）求支座反力。由平衡方程$\sum M_A=0$和$\sum M_B=0$，求得

$$F_A = \frac{Fb}{l}, \quad F_B = \frac{Fa}{l}$$

(2) 列剪力方程和弯矩方程。由于梁在 C 处受集中力作用，AC 和 CB 两段的剪力方程和弯矩方程不同，应分段列出。

AC 段

$$F_S(x)=F_A=\frac{Fb}{l}\quad(0<x<a) \tag{a}$$

$$M(x)=F_Ax=\frac{Fb}{l}x\quad(0\leqslant x\leqslant a) \tag{b}$$

CB 段

$$F_S(x)=F_A-F=\frac{Fb}{l}-F=-\frac{Fa}{l}\quad(a<x<l) \tag{c}$$

$$M(x)=F_Ax-F(x-a)=\frac{Fa}{l}(l-x)\quad(a\leqslant x\leqslant l) \tag{d}$$

(3) 画剪力图和弯矩图。由式 (a) 和式 (c) 画出剪力图，如图 8-12 (b) 所示；由式 (b) 和式 (d)，画出弯矩图，如图 8-12 (c) 所示。

由剪力图和弯矩图看出，当 $b>a$ 时，AC 段各截面上剪力值最大，其值为 Fb/l；在集中力作用的截面上弯矩值最大，其值为 Fab/l。

在集中力 F 作用处，剪力图有突变，突变值等于该集中力 F 的大小，而弯矩图在该处有尖角。实际上，集中力 F 是作用在很小一段长度上的分布力的简化，如图 8-13 (a) 所示，其剪力图和弯矩图如图 8-13 (b)、图 8-13 (c) 所示。与图 8-12 (b)、图 8-12 (c) 相比，在 F 力作用段内，各截面的剪力值均在两侧截面的剪力值之间，而弯矩的最大值略小。因此，将集中荷载 F 看成作用在一点，不影响剪力的最大值，对弯矩的最大值虽略有影响，但偏于安全。

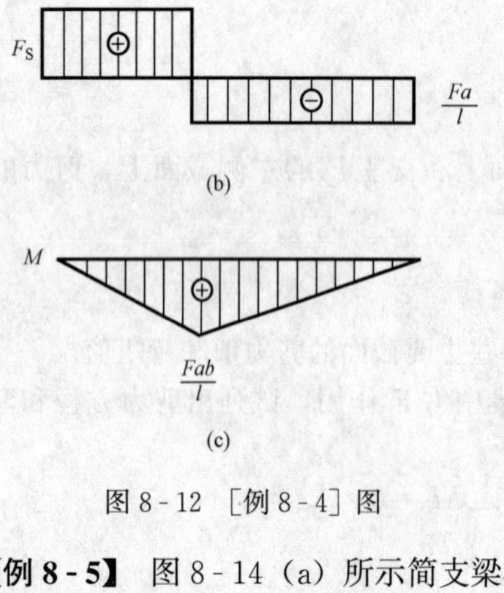

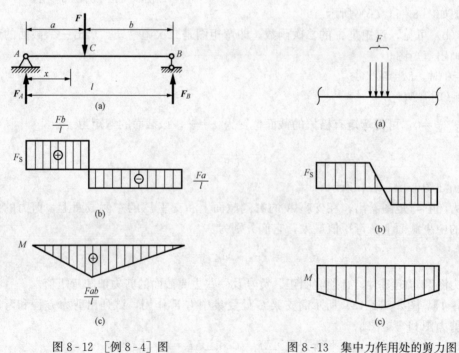

图 8-12 [例 8-4] 图

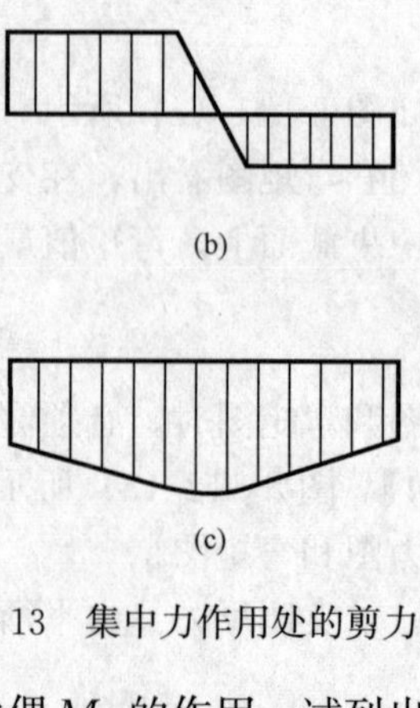

图 8-13 集中力作用处的剪力图

【例 8-5】 图 8-14 (a) 所示简支梁在 C 处受集中力偶 M_e 的作用，试列出剪力方程和弯矩方程，并画剪力图和弯矩图。

解　(1) 求支座反力。由平衡方程 $\sum M_A = 0$ 和 $\sum M_B = 0$，求出

$$F_A = \frac{M_e}{l},\quad F_B = \frac{M_e}{l}$$

(2) 列剪力方程和弯矩方程。

AC 段

$$F_S = -\frac{M_e}{l} \qquad (0 < x \leqslant a) \tag{a}$$

$$M(x) = -\frac{M_e}{l}x \qquad (0 \leqslant x < a) \tag{b}$$

CB 段

$$F_S(x) = -\frac{M_e}{l} \qquad (a \leqslant x < l) \tag{c}$$

$$M(x) = -\frac{M_e}{l}x + M_e = \frac{M_e}{l}(l - x) \qquad (a < x \leqslant l) \tag{d}$$

(3) 画剪力图和弯矩图。由式 (a) ～式 (d)，可画出剪力图和弯矩图，如图 8-14 (b)、图 8-14 (c) 所示。

由图 8-14 可见，全梁各截面上的剪力值均相等；弯矩图由两段斜率相等的直线组成，在集中力偶 M_e 作用处，弯矩图有突变，突变值等于集中力偶 M_e 的大小。

【例 8-6】 图 8-15 (a) 所示悬臂梁受到线性分布的荷载作用，最大荷载集度为 q_0，试列出剪力方程和弯矩方程，并画剪力图和弯矩图。

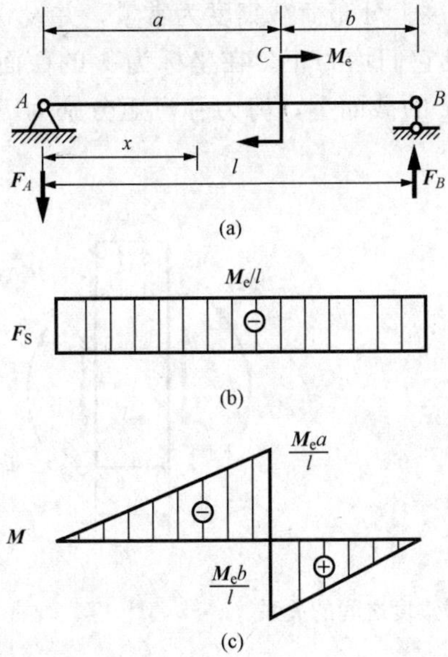

图 8-14　[例 8-5] 图

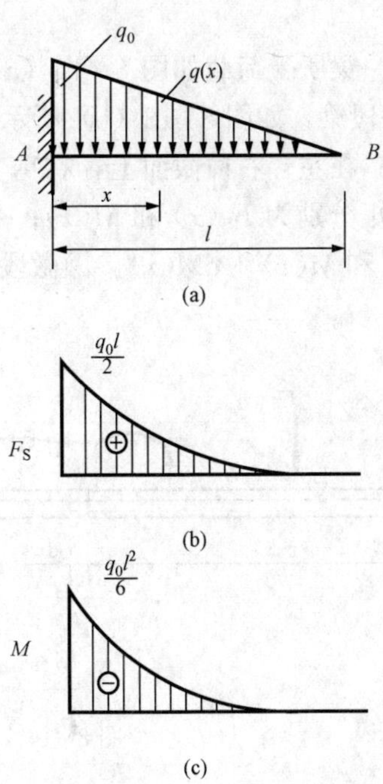

图 8-15　[例 8-6] 图

解　距左端 x 处的荷载集度为

$$q(x)=\frac{q_0}{l}(l-x)$$

求 x 截面的内力时，可由截面右侧一段梁的外力计算。

（1）列剪力方程和弯矩方程

$$F_S(x)=\frac{1}{2}q(x)(l-x)=\frac{q_0}{2l}(l-x)^2 \qquad (0<x\leqslant l) \qquad \text{(a)}$$

$$M(x)=-\frac{1}{2}q(x)(l-x)\frac{1}{3}(l-x)=-\frac{q_0}{6l}(l-x)^3 \qquad (0<x\leqslant l) \qquad \text{(b)}$$

（2）画剪力图和弯矩图

由式（a）、式（b）可画出剪力图和弯矩图，如图 8-15（b）、图 8-15（c）所示。由图可见，在固定端 A 右侧的截面上剪力值最大，其值为 $q_0l/2$；在固定端 A 右侧的截面上弯矩值最大，其值为$\frac{q_0l^2}{6}$。

§8-4 剪力、弯矩与荷载集度之间的关系

由上节的例题可以看出，剪力图和弯矩图的变化有一定的规律性。例如，在某段梁上，如无荷载作用，则剪力图为一水平线，弯矩图为一斜直线，而且直线的倾斜方向与剪力的正负号有关（见［例 8-4］、［例 8-5］）。当某段梁上有均布荷载作用时，剪力图为一斜直线，弯矩图为二次抛物线（见［例 8-3］）。此外，从该例题中还可看到，弯矩有极值的截面上剪力为零。这些现象表明，剪力、弯矩与荷载集度之间具有一定关系，现在导出这种关系。

设一梁所受荷载如图 8-16（a）所示。现在分布荷载作用的范围内，假想截出一长为 dx 的微段梁，如图 8-16（b）所示。假定在 dx 长度上分布荷载集度为常量，并设 $q(x)$ 向上为正；在左、右横截面上存在剪力和弯矩，并设它们均为正。在坐标为 x 的截面上，剪力和弯矩分别为 $F_S(x)$ 和 $M(x)$；在坐标为 $x+dx$ 的截面上，剪力和弯矩分别为 $F_S(x)+dF_S(x)$ 和 $M(x)+dM(x)$。因微段处于平衡状态：

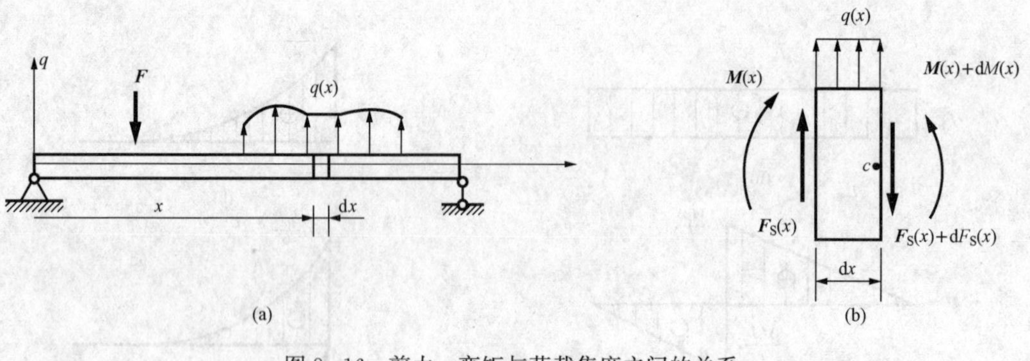

图 8-16 剪力、弯矩与荷载集度之间的关系

由 $\sum F_y=0$，即 $F_S(x)+q(x)dx-[F_S(x)+dF_S(x)]=0$

得

$$\frac{dF_S(x)}{dx}=q(x) \qquad (8-1)$$

即横截面上的剪力对 x 的导数，等于同一横截面上分布荷载的集度。其几何意义是：剪力图上某点的切线斜率等于梁上与该点对应处的荷载集度。

由 $\sum M_C = 0$，即 $M(x)+F_S(x)\mathrm{d}x+q(x)\mathrm{d}x\dfrac{\mathrm{d}x}{2}-[M(x)+\mathrm{d}M(x)]=0$

略去高阶微量后得

$$\frac{\mathrm{d}M(x)}{\mathrm{d}x}=F_S(x) \tag{8-2}$$

即横截面上的弯矩对 x 的导数，等于同一横截面上的剪力。其几何意义是：弯矩图上某点的切线斜率等于梁上与该点对应处的横截面上的剪力。

由式（8-1）及式（8-2）又可得

$$\frac{\mathrm{d}^2M(x)}{\mathrm{d}x^2}=q(x) \tag{8-3}$$

即横截面上的弯矩对 x 的二阶导数，等于同一横截面上分布荷载的集度。式（8-3）可用来判断弯矩图的凹凸方向。

式（8-1）～式（8-3）即为剪力、弯矩与荷载集度之间的关系式。由这些关系式，可得到剪力图和弯矩图的一些特征：

（1）若梁的某段内无分布荷载作用，即 $q(x)=0$，则在该段内 $F_S(x)=$ 常数，故剪力图为水平直线，弯矩图为斜直线。弯矩图的倾斜方向由剪力的正负决定：若剪力为正，弯矩图向下倾斜；反之，向上倾斜。

（2）若梁的某段内有均布荷载作用，即 $q(x)=$ 常数，则在该段内 $F_S(x)$ 为 x 的线性函数，而 $M(x)$ 为 x 的二次函数。若 $q(x)$ 为正（向上），则剪力图为向上倾斜的直线，弯矩图为向上凸起的二次抛物线；若 $q(x)$ 为负（向下），则剪力图为向下倾斜的直线，弯矩图为向下凸起的二次抛物线（见图8-17）。

（3）在分布荷载作用的一段梁内，$F_S(x)=0$ 的截面上，弯矩具有极值（见［例8-3］）。

（4）若分布荷载集度是 x 的线性函数，则剪力图为二次曲线，弯矩图为三次曲线（见［例8-6］）。

利用上述规律，可以较方便地画出剪力图和弯矩图，而不需列出剪力方程和弯矩方程。具体做法是：先求出支座反力；再自左至右求出几个控制截面（如支座处，集中力、集中力偶作用处，以及分布荷载集度变化处等）的剪力和弯矩，注意：在集中力作用处，左右两侧截面上的剪力有突变；在集中力偶作用处，左右两侧截面上的弯矩有突变；然后，在两个控制截面之间，利用以上关系式，可以确定剪力图和弯矩图的线型，如果梁上某段内有分布荷载作用，还需求出该段内剪力 $F_S(x)=0$ 截面上弯矩的极值，最后标出具有代表性的剪力值和弯矩值。

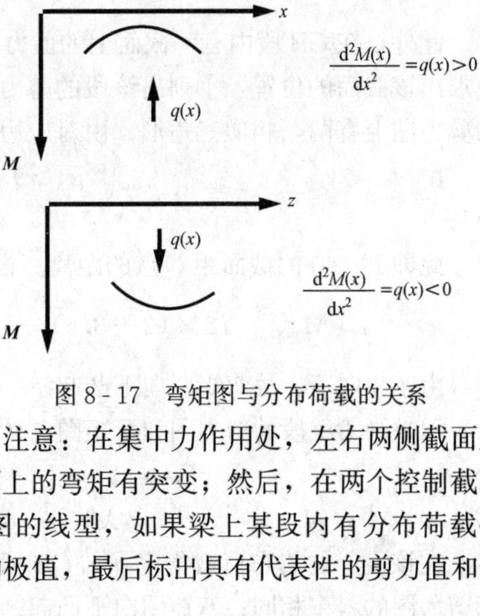

图8-17 弯矩图与分布荷载的关系

【例8-7】 画图8-18（a）所示外伸梁的剪力图和弯矩图。

解 （1）求支座反力。由平衡方程 $\sum M_A=0$ 和 $\sum M_B=0$，求得

$$F_A=72\text{kN},\quad F_B=148\text{kN}$$

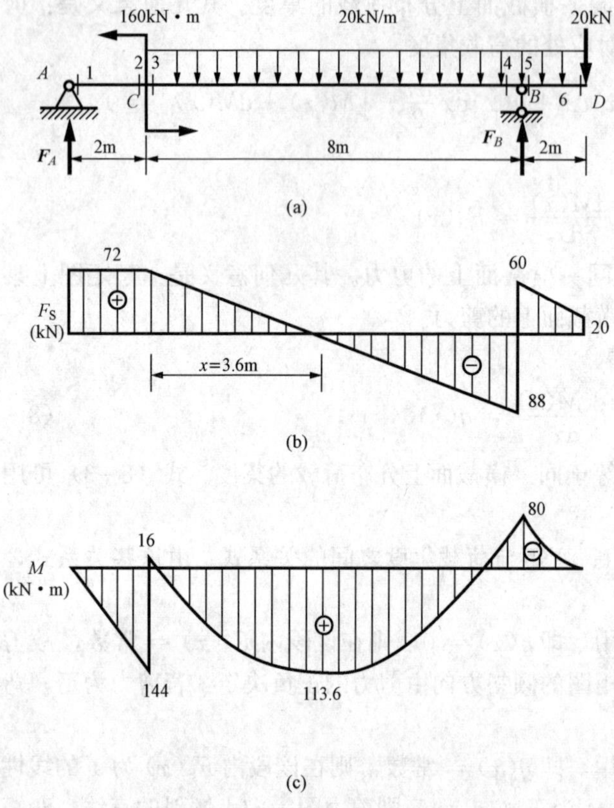

图 8-18 [例 8-7] 图

（2）画 AC 段的剪力图和弯矩图。计算出控制截面 1 和 2 的剪力和弯矩为

$$F_{S1}=F_{S2}=72\text{kN}$$
$$M_1=0$$
$$M_2=72\times 2=144\text{kN}\cdot\text{m}$$

在该段上没有分布荷载作用，故剪力图为水平直线；又因剪力为正值，故弯矩图为向下倾斜的直线。

（3）画 CB 段的剪力图和弯矩图。计算出控制截面 3 和 4 的剪力为

$$F_{S3}=72\text{kN}$$
$$F_{S4}=72-20\times 8=-88\text{kN}$$

因为均布荷载 q 向下，所以剪力图是向下倾斜的直线。弯矩图是二次抛物线，需求出三个控制截面的弯矩。其中

$$M_3=72\times 2-160=-16\text{kN}\cdot\text{m}$$
$$M_4=M_5=-20\times 2-20\times 2\times 1=-80\text{kN}\cdot\text{m}$$

（由截面右侧外力计算）

此外，在 CB 段内有一截面上的剪力 $F_S=0$，在此截面上的弯矩有极值。可以用两种方法求出该截面的位置：①列出该段的剪力方程，令 $F_S(x)=0$，求出 x 的值；②在 CB 段内的剪力图上有两个相似三角形，由对应边成比例的关系求出 x。在该例中，

由
$$F_S(x)=72-20x=0$$
得
$$x=3.6\text{m}$$

此即 $F_S=0$ 的截面距 C 点的距离。根据截面一侧梁段的外力计算，得

$$M_{max}=72\times(2+3.6)-160-20\times 3.6\times\frac{3.6}{2}=113.6\text{kN}\cdot\text{m}$$

由于 q 向下，故弯矩图向下凸起。

（4）画 BD 段的剪力图和弯矩图。计算出控制截面 5 和 6 的剪力和弯矩为

$$F_{S5}=20+20\times 2=60\text{kN},\quad F_{S6}=20\text{kN}$$
$$M_5=-80\text{kN}\cdot\text{m},\quad M_6=0$$

在该段上的均布荷载集度 q 与 CB 段的相同，故剪力图为向下的斜直线，其斜率与 CB 段剪力图的斜率相同；弯矩图向下凸起。

全梁的剪力图和弯矩图如图 8-18（b）、图 8-18（c）所示。由该图可见，全梁的最大剪力产生在截面 4，最大弯矩产生在截面 2，其值分别为

$$|F_S|_{max}=88\text{kN},\quad M_{max}=144\text{kN}\cdot\text{m}$$

§8-5 用叠加法画弯矩图

计算梁的内力时，对于小变形问题，不必考虑其跨长的变化。在这种情况下，内力与荷载呈线性关系。例如，图8-19（a）所示的简支梁，受到均布荷载q和集中力偶M_e作用时，梁的支座反力为

$$F_A=\frac{M_e}{l}+\frac{ql}{2}=F_A(M_e)+F_A(q)$$

$$F_B=-\frac{M_e}{l}+\frac{ql}{2}=F_B(M_e)+F_B(q)$$

梁的任一截面上的弯矩为

$$M(x)=F_Ax-M_e-qx\frac{x}{2}$$
$$=\left(\frac{M_e}{l}x-M_e\right)+\left(\frac{ql}{2}x-\frac{q}{2}x^2\right)$$

由上式可见，弯矩$M(x)$与M_e、q呈线性关系。因此，在$M(x)$表达式中，弯矩$M(x)$可以分为两部分：第一部分是荷载M_e单独作用在梁上所引起的弯矩，第二部分是荷载q单独作用在梁上所引起的弯矩。由此可知，在多个荷载作用下，梁的横截面上的弯矩等于各个荷载单独作用所引起的弯矩的叠加。这种求弯矩的方法称为叠加法。

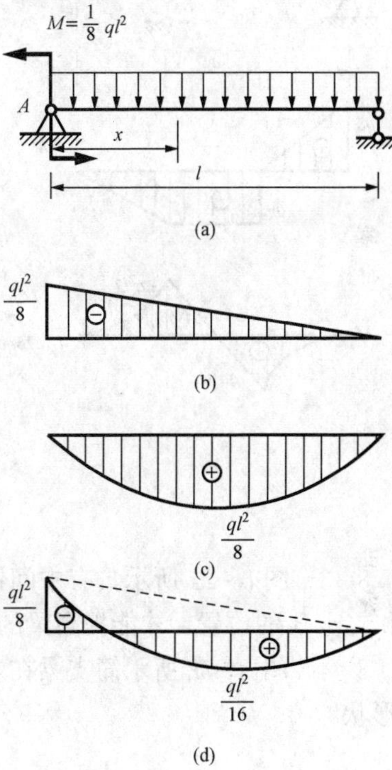

图8-19 叠加法画弯矩图

由于弯矩可以叠加，因此弯矩图也可以叠加。用叠加法作弯矩图时，可先分别画出各个荷载单独作用的弯矩图，然后将各图对应处的纵坐标叠加，即得所有荷载共同作用的弯矩图。例如，图8-19（a）所示的简支梁，其由集中力偶M_e作用引起的弯矩图如图8-19（b）所示，由均布荷载作用的弯矩图如图8-19（c）所示。将两个弯矩图的纵坐标叠加后，得到总的弯矩图如图8-19（d）所示。在叠加弯矩图时，也可以图8-19（b）中的斜直线［即图8-19（d）中的虚线］为基线，画出均布荷载下的弯矩图。于是，两图的共同部分正负抵消，剩下的即为叠加后的弯矩图。

用叠加法画弯矩图，只在单个荷载作用下梁的弯矩图可以比较方便地画出，且梁上所受荷载也不复杂时才适用。如果梁上荷载复杂，还是用以前的方法画弯矩图比较方便。此外，在分布荷载作用的范围内，用叠加法不能直接求出最大弯矩；如果要求最大弯矩，还需用以前的方法。

剪力图也可用叠加法画出，但并不方便，所以通常只用叠加法画弯矩图。

叠加法的应用范围很广，不限于求梁的剪力和弯矩。凡是作用因素（如荷载、变温等）与所引起的结果（如内力、应力、变形等）之间呈线性关系的情况，都可用叠加法。

思 考 题

8-1 静定梁的内力与以下梁的哪些条件有关？哪些无关？为什么？

(1) 跨度；(2) 荷载；(3) 支承情况；(4) 材料；(5) 横截面尺寸。

8-2 试根据剪力、弯矩与荷载集度之间的关系，指出图 8-20 所示梁的剪力图和弯矩图中哪些是错误的？

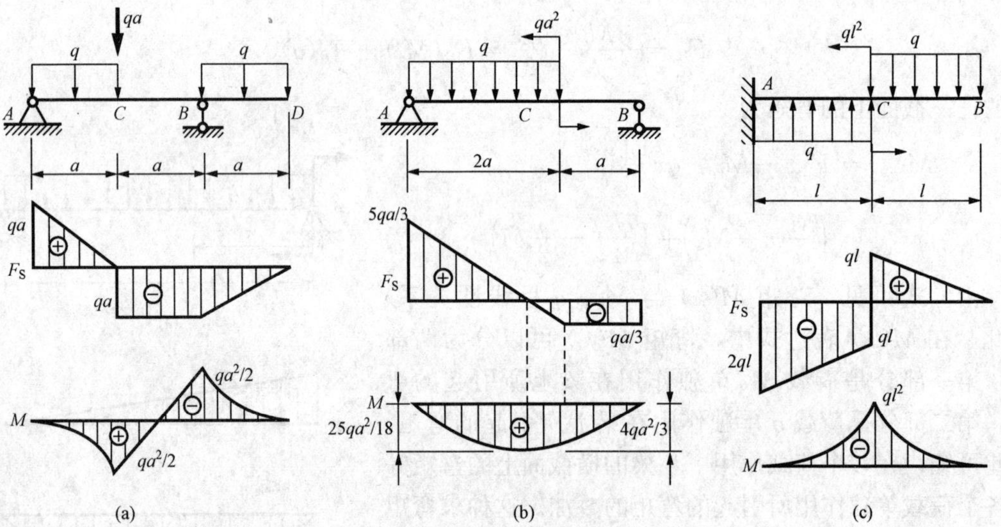

图 8-20 思考题 8-2 图

8-3 图 8-21 所示具有中间铰的梁上有一移动荷载 F 可沿全梁移动。如何布置中间铰 C 和支座 B 的位置，才能提高梁的承载能力？

8-4 图 8-22 所示简支梁在左边半跨 AC 上作用有分布力偶 m，其剪力图和弯矩图是何形状？

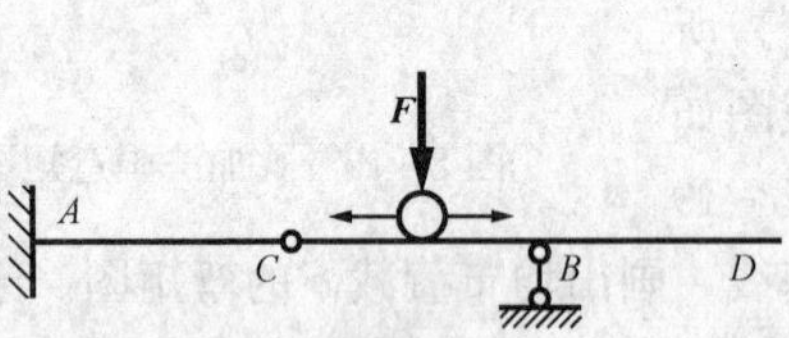

图 8-21 思考题 8-3 图

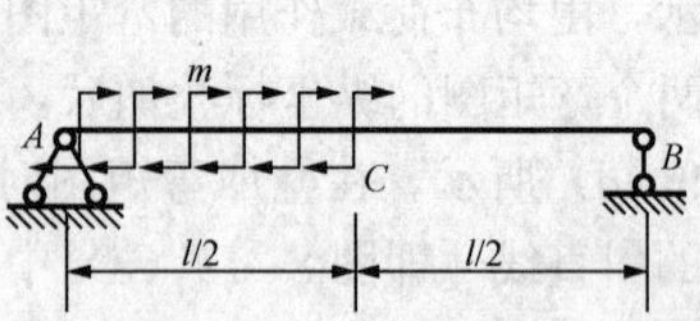

图 8-22 思考题 8-4 图

习 题

8-1 求图 8-23 中所示各梁指定截面上的剪力和弯矩。

8-2 写出图 8-24 中所示各梁的剪力方程和弯矩方程，并作剪力图和弯矩图。

8-3 利用剪力、弯矩与荷载集度之间的关系，作图 8-25 中所示各梁的剪力图和弯矩图。

8-4　用叠加法作图 8-26 中所示各梁的弯矩图。

8-5　如图 8-27 所示，已知简支梁的弯矩图，作出梁的荷载图和剪力图。

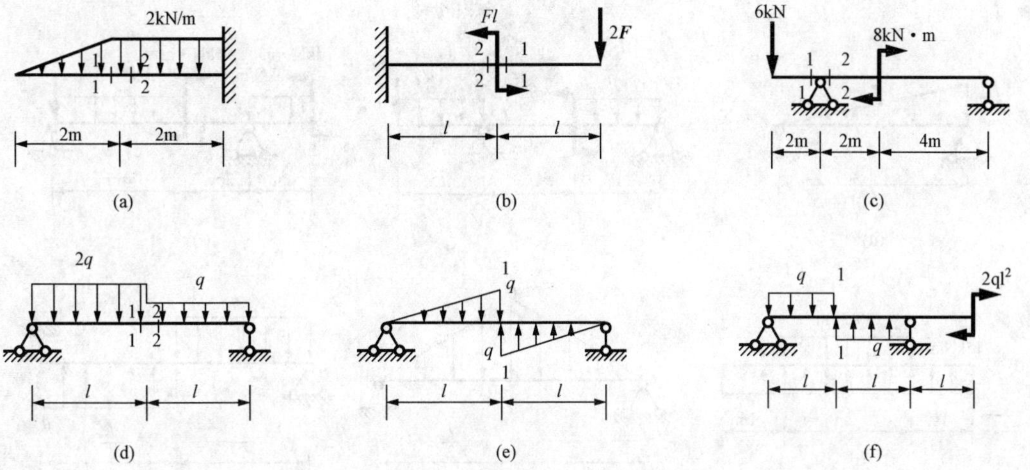

图 8-23　习题 8-1 图

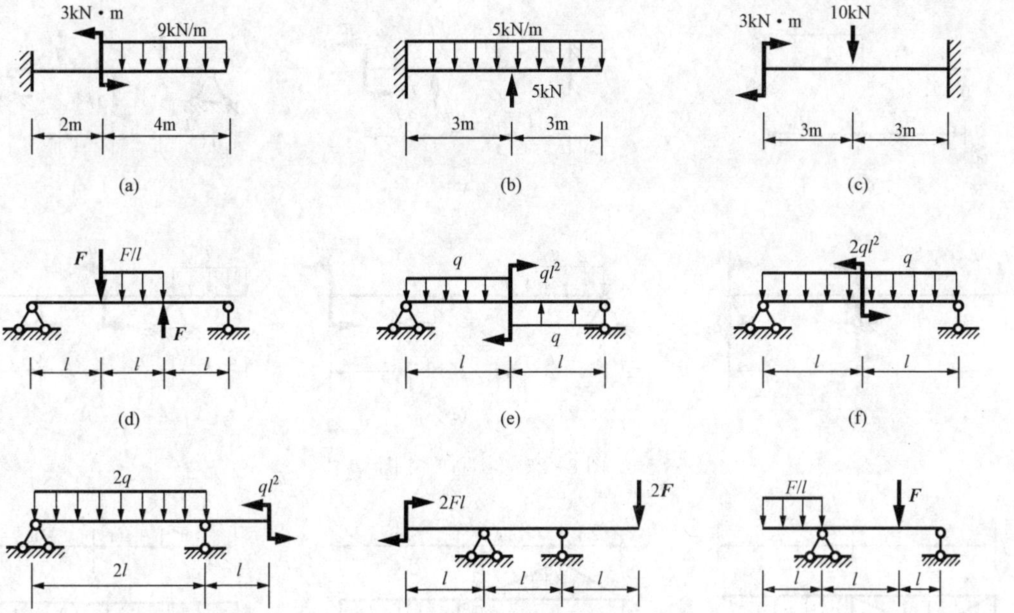

图 8-24　习题 8-2 图

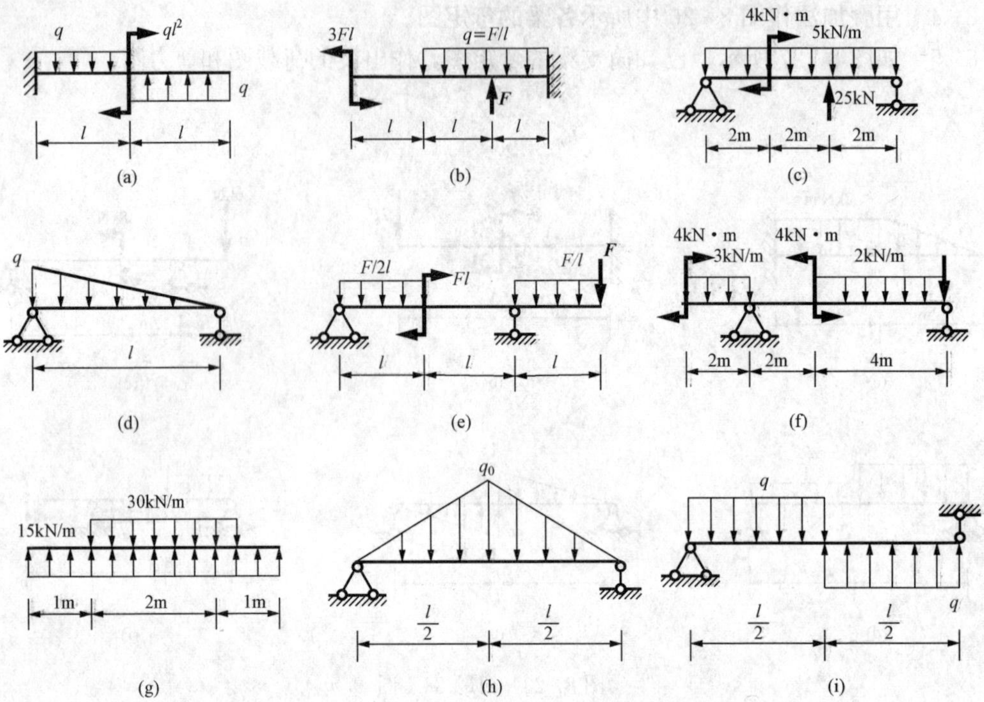

图 8-25 习题 8-3 图

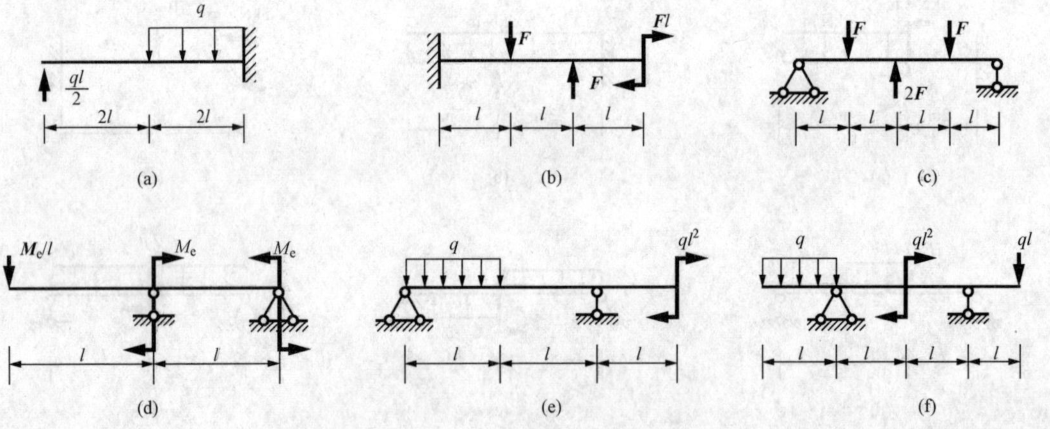

图 8-26 习题 8-4 图

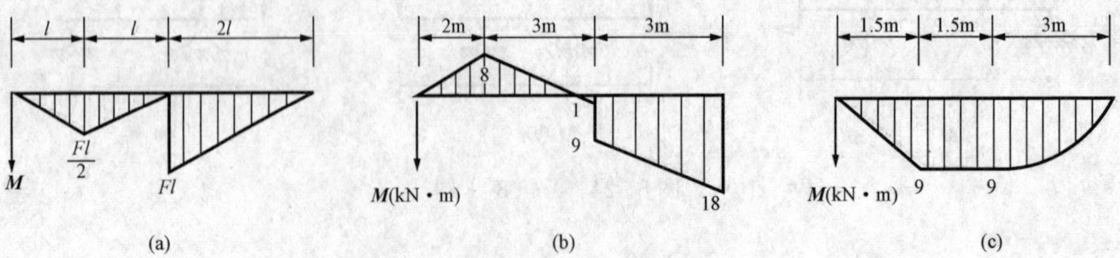

图 8-27 习题 8-5 图

8-6 图8-28所示各梁中，中间铰放在何处才能使正负弯矩的最大（绝对）值相等？

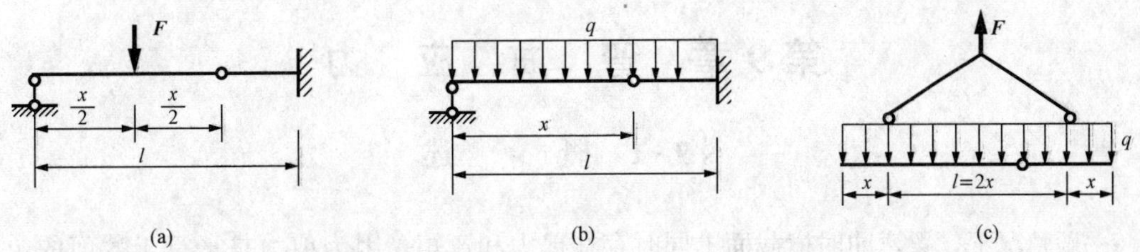

图8-28 习题8-6图

第9章 弯 曲 应 力

§9-1 概 述

一般情况下，梁弯曲时横截面上同时存在剪力和弯矩。因为剪力是平行于截面的，只能由内力 τdA 合成，而弯矩只能由 σdA 合成，所以，一般情况下，梁的横截面上同时存在正应力和切应力。

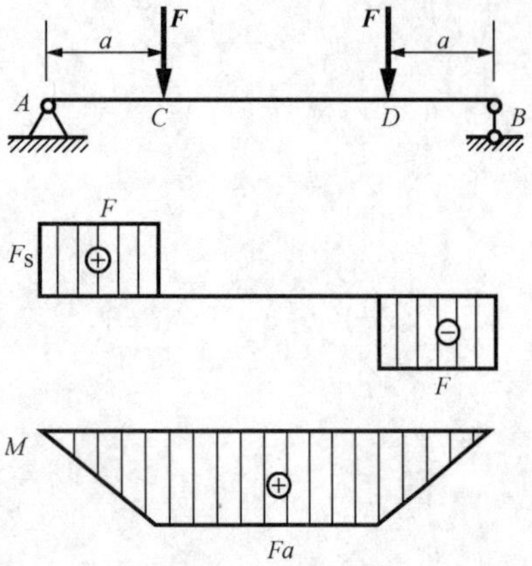

图 9-1 梁的纯弯曲

若梁或一梁段内各横截面上的剪力为零，弯矩为常量，则该梁或该梁段的弯曲称为纯弯曲。例如，图 9-1所示的梁，由其剪力图和弯矩图可知，梁段 CD 为纯弯曲。

因为正应力只与弯矩有关，所以可以由纯弯曲情况分析梁横截面上的正应力。

若梁横截面上既有弯矩又有剪力，则梁的弯曲称为横力弯曲或剪切弯曲。

§9-2 梁弯曲时横截面上的正应力

一、纯弯曲梁的正应力公式

与杆受轴向拉压和圆轴扭转时分析横截面上应力的方法相同，分析纯弯曲梁横截面上的正应力也需要从变形的几何关系、物理关系和静力学关系三个方面综合考虑。

1. 几何关系

首先观察纯弯曲梁的变形现象。取一具有纵向对称面（横截面可以是任意形状）的直梁。以矩形截面梁为例，在其表面画许多横线和纵线，如图 9-2（a）所示。当梁产生纯弯曲后，可观察到［见图 9-2（b)］：横线在变形后仍为直线，但旋转了一个角度，并与弯曲后的纵线正交；纵线弯成弧线，上部的纵线缩短，下部的纵线伸长；梁上部的横向尺寸略有增加，下部的横向尺寸略有减小。

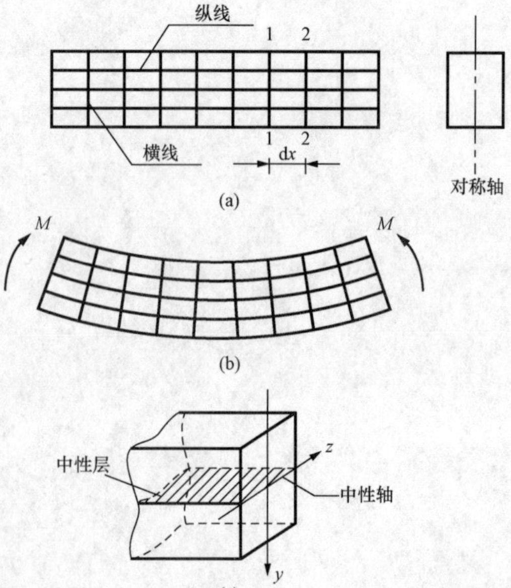

图 9-2 纯弯曲梁的变形

根据上述变形现象，可作出如下假设：

（1）平面假设。横截面在变形后仍为平面，并与弯曲后的纵向层正交。

（2）单向受力假设。若将梁看成由许多纵线组成，则各纵线之间互不挤压，即每一纵线处于单向受力状态。

根据平面假设，图9-2（a）中梁的上部纵线缩短，下部纵线伸长。由变形的连续性可推知，梁的中间必有一层既不伸长也不缩短的纵向层，这一层称为中性层。中性层与横截面的交线称为中性轴，如图9-2（c）所示。

由以上假设，可进一步找出纵线应变的变化规律。取长为 dx 的一梁段，如图9-3（a）所示，其横截面如图9-3（b）所示。y 轴为横截面的对称轴，z 轴为中性轴（中性轴的位置尚未知）。梁段变形后如图9-3（c）所示。现分析距中性层 y 处的纵向层中任一纵线 ab［见图9-3（a）］的变形。设图9-3（c）中的 $d\theta$ 为1-1和2-2截面的相对转角，ρ 为中性层的曲率半径。由于 $\overline{O_1O_2}$ 和 $\overset{\frown}{O_1O_2}$ 长度相同，即 $\overline{ab}=\overline{O_1O_2}=\overset{\frown}{O'_1O'_2}=\rho d\theta$。梁段变形后，$\overset{\frown}{a'b'}=(\rho+y)d\theta$，从而纵线 ab 的线应变 ε 为

$$\varepsilon=\frac{\overset{\frown}{a'b'}-\overline{O_1O_2}}{\overline{O_1O_2}}=\frac{(\rho+y)d\theta-\rho d\theta}{\rho d\theta}=\frac{y}{\rho} \tag{a}$$

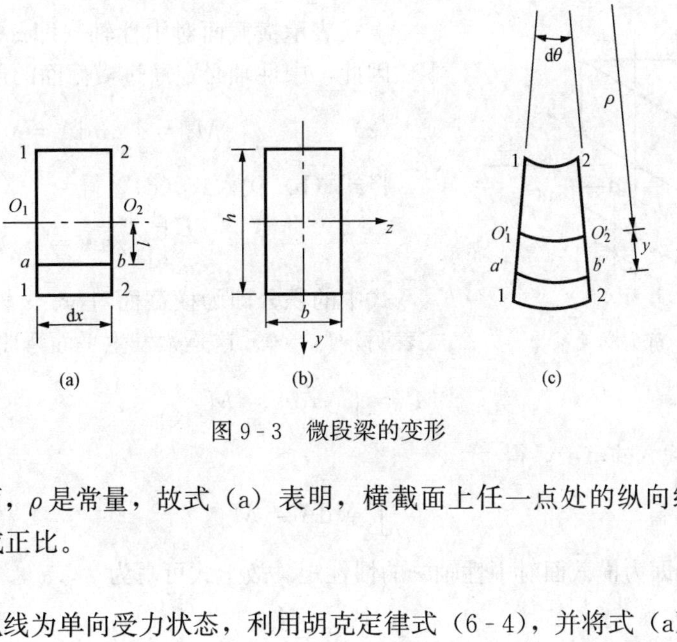

图9-3　微段梁的变形

对同一横截面，ρ 是常量，故式（a）表明，横截面上任一点处的纵向线应变与该点到中性轴的距离 y 成正比。

2. 物理关系

因假设每根纵线为单向受力状态，利用胡克定律式（6-4），并将式（a）代入后，得到

$$\sigma=E\varepsilon=\frac{Ey}{\rho} \tag{b}$$

由式（b）可见，横截面上各点处的正应力与 y 成正比，而与 z 无关，即正应力沿高度方向呈线性规律变化，中性轴上各点的正应力为零。为了清晰地表示横截面上的正应力分布状况，画出横截面上的正应力分布，如图9-4（a）所示。通常可简单地用图9-4（b）或图9-4（c）表示。

由于曲率半径 ρ 与中性轴的位置尚属未知，由式（b）还不能计算出正应力，还必须应用静力学关系。

3. 静力学关系

横截面上各点处的法向微内力 σdA 组成空间平行力系，如图9-5所示。它们合成为横截面上的内力。因为横截面上只有对 z 轴的弯矩作用，故根据力的合成原理可得

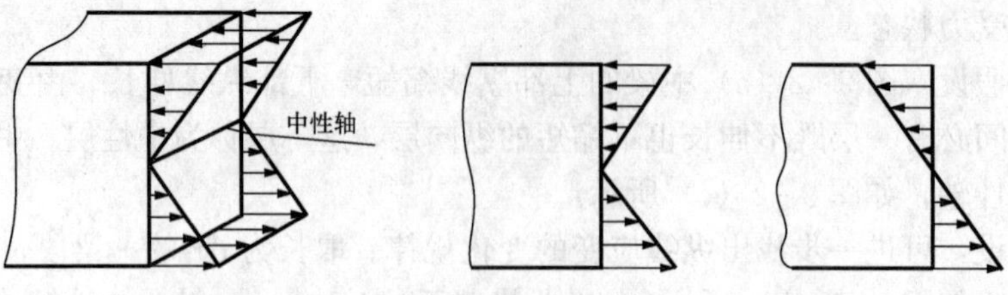

图 9-4 弯曲正应力分布

(1)
$$F_N = \int_A \sigma \mathrm{d}A = 0 \qquad (c)$$

将式（b）代入式（c），并注意到对横截面积分时$\frac{E}{\rho}$=常量，得

$$\int_A y \mathrm{d}A = 0$$

上式表示横截面对中性轴（即 z 轴）的面积矩等于零。因此，中性轴必定通过横截面的形心。

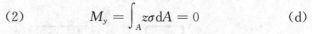

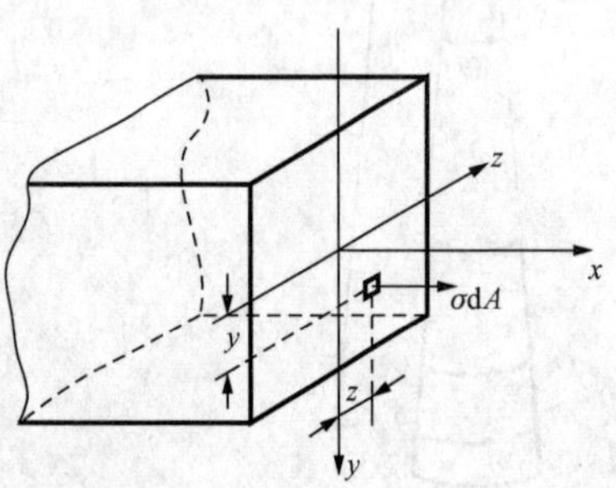

图 9-5 静力学关系

(2)
$$M_y = \int_A z\sigma \mathrm{d}A = 0 \qquad (d)$$

将式（b）代入式（d），得

$$\frac{E}{\rho}\int_A zy \mathrm{d}A = 0$$

式中的积分即为横截面对 y、z 轴的惯性积 I_{yz}。该式表明，$I_{yz}=0$。这是梁发生平面弯曲的条件。

(3)
$$M_z = \int_A y\sigma \mathrm{d}A = M \qquad (e)$$

将式（b）代入式（e），得

$$\frac{E}{\rho}\int_A y^2 \mathrm{d}A = M$$

式中的积分即为横截面对中性轴 z 的惯性矩。故上式可写为

$$\frac{1}{\rho} = \frac{M}{EI_z} \qquad (9-1)$$

式（9-1）表明，梁弯曲变形后，其中性层的曲率与弯矩 M 成正比，与 EI_z 成反比。EI_z 称为梁的弯曲刚度。如梁的弯曲刚度越大，则其曲率越小，即梁的弯曲程度越小；反之，梁的弯曲刚度越小，则其曲率越大，即梁的弯曲程度越大。

将式（9-1）代入式（b），即得到梁的横截面上任一点处正应力的计算公式

$$\sigma = \frac{My}{I_z} \qquad (9-2)$$

式中 M——横截面上的弯矩；

I_z——截面对中性轴 z 的惯性矩；

y——所求正应力点的竖向坐标。

梁弯曲时，横截面被中性轴分为两个区域。在一个区域内，横截面上各点处产生拉应力，而在另一个区域内产生压应力。可由下述方法确定计算点处的正应力究竟是拉应力还是

压应力：①将坐标 y 及弯矩 M 的数值连同正负号一并代入式（9-2），如果求出的应力为正，则为拉应力，反之为压应力；②根据弯曲变形的形状确定，即以中性层为界，梁弯曲后，凸出边的应力为拉应力，凹入边的应力为压应力。

由式（9-2）可知，当 $y=y_{max}$ 时，即在横截面上离中性轴最远的边缘上各点处，正应力有最大值。当中性轴为横截面的对称轴时，最大拉应力和最大压应力的数值相等。横截面上的最大正应力为

$$\sigma_{max}=\frac{My_{max}}{I_z}$$

令

$$W_z=\frac{I_z}{y_{max}} \tag{9-3}$$

则

$$\sigma_{max}=\frac{M}{W_z} \tag{9-4}$$

式中 W_z 称为弯曲截面系数，仅与截面的形状和尺寸有关，其量纲为 L^3，常用单位为 m^3 或 mm^3。

二、正应力公式的推广

式（9-1）、式（9-2）和式（9-4）是在纯弯曲情况下，根据平面假设和各纵线之间互不挤压的假设导出的，已为实验和理论分析所证实。但当梁受横力弯曲或剪切弯曲时，由纯弯曲导出的正应力公式是否适用呢？实验和理论分析表明，当截面有剪力作用时，变形后横截面已不再保持平面，而且由于横向外力的作用，各纵线之间也将互相挤压。但理论分析表明，对于跨长与横截面高度之比（跨高比）大于5的梁，影响很小；而工程上常用的梁，其跨高比远大于5。因此，用纯弯曲正应力公式（9-2）计算，能满足工程上的精度要求。但在横力弯曲情况下，由于各横截面的弯矩是截面位置 x 的函数，因此式（9-1）、式（9-2）和式（9-4）应改写为

$$\frac{1}{\rho(x)}=\frac{M(x)}{EI_z} \tag{9-5}$$

$$\sigma=\frac{M(x)y}{I_z} \tag{9-6}$$

$$\sigma_{max}=\frac{M_{max}}{W_z} \tag{9-7}$$

【例9-1】 一简支钢梁及其所受荷载如图9-6所示。若分别采用截面面积相同的矩形截面、圆形截面和工字形截面，试求以上三种截面梁的最大拉应力。设矩形截面高为140mm，宽为100mm，面积为 $14\times10^3mm^2$。

解 该梁 C 截面的弯矩最大，故全梁的最大拉应力发生在该截面的最下边缘处，现计算最大拉应力的数值。

（1）矩形截面。由式（9-3），得

$$W_z=\frac{\frac{1}{12}bh^3}{\frac{1}{2}h}=\frac{1}{6}bh^2=\frac{1}{6}\times0.1\times0.14^2$$

$$=32.67\times10^{-5}m^3$$

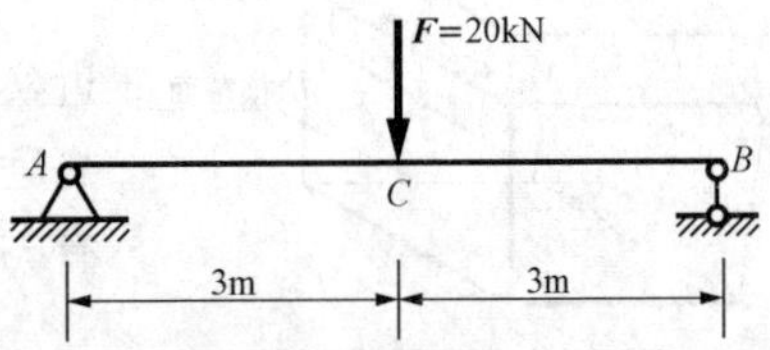

图9-6 ［例9-1］图

由式（9-7），求得最大拉应力为

$$\sigma_{\max} = \frac{M_{\max}}{W_z} = \frac{\frac{1}{4} \times 20 \times 10^3 \times 6}{32.67 \times 10^{-5}} = 91.8 \times 10^6 \mathrm{N/m^2} = 91.8\mathrm{MPa}$$

（2）圆形截面。当圆形截面的面积和矩形截面的面积相同时，圆形截面的直径为

$$d = 133.5 \times 10^{-3} \mathrm{m}$$

由式（9-3），得

$$W_z = \frac{\frac{1}{64}\pi d^4}{\frac{1}{2}d} = \frac{1}{32}\pi d^3 = 23.36 \times 10^{-5} \mathrm{m^3}$$

再由式（9-7），得

$$\sigma_{\max} = \frac{\frac{1}{4} \times 20 \times 10^3 \times 6}{23.36 \times 10^{-5}} = 128.4 \times 10^6 \mathrm{N/m^2} = 128.4\mathrm{MPa}$$

（3）工字形截面。采用截面面积相同的工字形截面时，可由附录Ⅱ的型钢表，选用 50C 工字钢，其截面面积为 $13.9\times10^{-3}\mathrm{m^2}$，$W_z=2080\times10^{-6}\mathrm{m^3}$。由式（9-7），得

$$\sigma_{\max} = \frac{\frac{1}{4} \times 20 \times 10^3 \times 6}{2080 \times 10^{-6}} = 14.4 \times 10^6 \mathrm{N/m^2} = 14.4\mathrm{MPa}$$

以上计算结果表明，在承受相同荷载和截面面积相同（即用料相同）的条件下，工字形截面梁所产生的最大拉应力最小。反过来说，如果使三种截面的梁所产生的最大拉应力相同，则工字形截面梁所能承受的荷载最大。

§9-3 梁弯曲时横截面上的切应力

剪切弯曲时，梁的横截面上的内力除弯矩外还存在剪力，因此必然存在切应力。由于梁弯曲时的切应力与截面形状有关，故需对不同形状的截面分别进行分析。

一、矩形截面梁

分析梁在剪切弯曲时的切应力时，无法用简单的几何关系确定与切应力对应的切应变的变化规律。

为了简化分析，对于矩形截面梁的切应力，可作以下两个假设：

（1）横截面上各点处的切应力平行于侧边。因为根据切应力互等定理，横截面两侧边上的切应力必平行于侧边。

（2）切应力沿横截面宽度方向均匀分布。图 9-7 所示为横截面上切应力沿宽度方向均匀分布的情况。

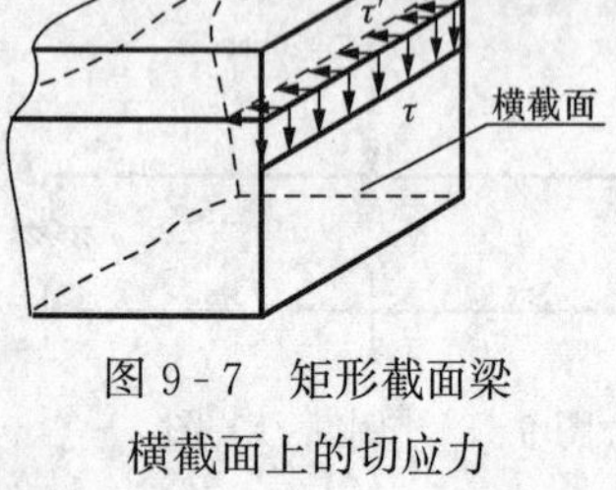

图 9-7 矩形截面梁横截面上的切应力

实践表明，宽高比越小的矩形截面，上述两个假设越接近实际情况。根据切应力互等定理可知，如果横截面上某一高度处有竖向的切应力 τ，则在梁的同一高度处的水平面上必有与之大小相等的切应力 τ'，如图 9-7 所示。

在如图 9-8（a）所示的梁上，假想沿 m-m 和 n-n 取出长为 $\mathrm{d}x$ 的一段梁，并设 m-m 截面上的弯矩为 M，n-n 截面上的

弯矩为 $M+dM$，如图 9-8（b）所示。为了求出距中性轴 z 为 y 处水平面上的切应力 τ'，假想沿水平面再将梁截开，取 $abmncedf$ 这一部分进行分析，如图 9-8（c）和图 9-8（d）所示。设 $amdc$ 和 $bnfe$ 两截面面积为 A^*，该两截面上的由法向微内力合成的内力分别为 F_{N1} 和 F_{N2}，显然 F_{N1} 和 F_{N2} 不相等，且 $F_{N2}>F_{N1}$。但该部分处于平衡状态，故 $abec$ 截面上必存在切应力 τ'。设其合力为 dF，指向左侧。由平衡方程得到

$$F_{N2}-F_{N1}=dF \tag{a}$$

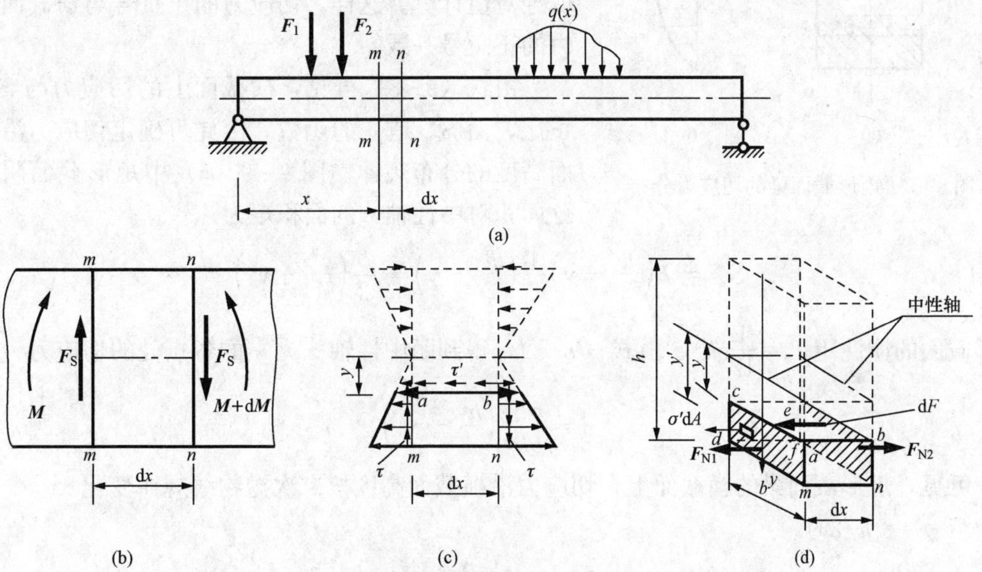

图 9-8　微段梁受力分析

F_{N1} 是 $amdc$ 面上法向微内力 σdA 的合力，现设距中性轴 z 为 y' 处的法向微内力为 $\sigma' dA$，则

$$F_{N1}=\int_{A^*}\sigma' dA=\int_{A^*}\frac{M}{I_z}y' dA=\frac{M}{I_z}\int_{A^*}y' dA$$

记 $S_z^*=\int_{A^*}y' dA$，表示面积 A^* 对中性轴 z 的面积矩。因此，上式可写为

$$F_{N1}=\frac{M}{I_z}S_z^* \tag{b}$$

同理可得

$$F_{N2}=\frac{M+dM}{I_z}S_z^* \tag{c}$$

在截面 $abec$ 上，因 dx 为微量，故可认为沿 dx 方向各点处 τ' 相等。又根据假设（2），沿横截面宽度方向各点处 τ' 也相等。因此该截面上 τ' 均匀分布，故

$$dF=\tau' b\,dx \tag{d}$$

将式（b）～式（d）代入式（a），得到

$$\tau'=\frac{dM}{dx}\frac{S_z^*}{I_z b}$$

引用微分关系式 $\frac{dM}{dx}=F_S$ 与切应力互等定理 $\tau=\tau'$，最后得到

$$\tau=\frac{F_{S}S_{z}^{*}}{I_{z}b} \tag{9-8}$$

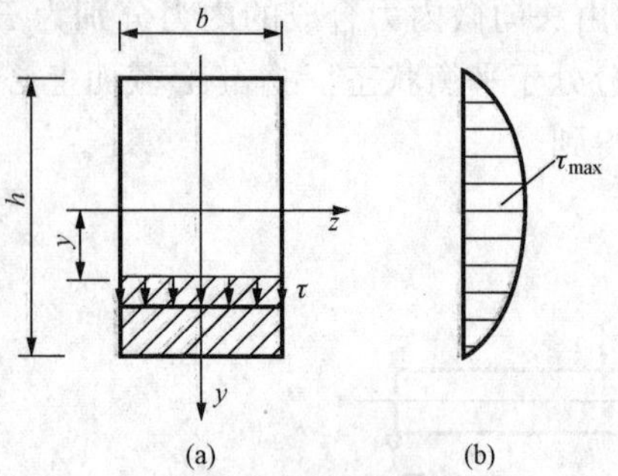

图 9-9 矩形截面梁的切应力分布

式（9-8）即为矩形截面梁横截面上各点处的切应力计算公式。式中 F_S 为横截面上的剪力，I_z 为整个横截面对中性轴 z 的惯性矩，b 为横截面的宽度，S_z^* 为图 9-9（a）中阴影面积对中性轴 z 的面积矩，取绝对值计算。这样，切应力的正负号与横截面上剪力的正负号一致。

由式（9-8）可见，横截面上的切应力与 S_z^* 成正比，而 S_z^* 是 y 的函数，由此可确定切应力沿横截面高度的分布规律。图 9-9（a）中矩形截面阴影部分面积对中性轴 z 的面积矩为

$$S_z^* = b\left(\frac{h}{2}-y\right)\frac{1}{2}\left(\frac{h}{2}+y\right)=\frac{b}{2}\left(\frac{h^2}{4}-y^2\right)$$

矩形截面的惯性矩 $I_z=\frac{1}{12}bh^3$，由式（9-8），得到距中性轴 z 为 y 的各点处的切应力为

$$\tau=\frac{6F_S}{bh^3}\left(\frac{h^2}{4}-y^2\right)$$

可见，矩形截面梁的横截面上，切应力沿横截面高度按二次抛物线规律变化。

当 $y=\pm h/2$ 时

$$\tau=0$$

当 $y=0$ 时

$$\tau=\tau_{max}=\frac{3}{2}\frac{F_S}{bh} \tag{9-9}$$

式（9-9）表明，矩形截面梁中性轴上各点处的切应力最大，其值等于横截面上平均切应力的 1.5 倍。横截面上切应力沿高度的分布如图 9-9（b）所示。

二、工字形截面梁

图 9-10（a）所示为一工字形截面，可看作由三块矩形组成。上、下两块称为翼缘，中间一块称为腹板。现分析工字形截面上的切应力。

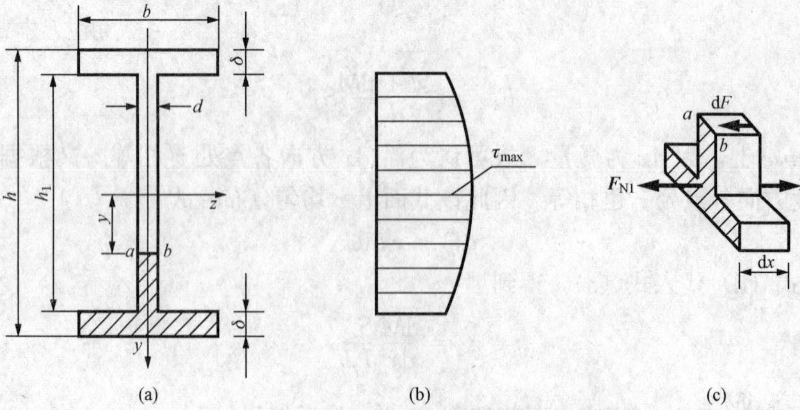

图 9-10 工字形截面梁的切应力分布

腹板是一狭长矩形，对矩形截面梁的两个假设非常适用。经过类似推导，可导出腹板部分的切应力公式为

$$\tau=\frac{F_S S_z^*}{I_z d} \tag{9-10}$$

式中　d——腹板宽度；

I_z——整个工字形截面对中性轴 z 的惯性矩；

S_z^*——图 9-10（a）或图 9-10（c）中阴影部分面积对中性轴 z 的面积矩。

将求得的 S_z^* 代入式（9-10），得到

$$\tau=\frac{F_S}{2I_z d}\left[b\left(\frac{h^2}{4}-\frac{h_1^2}{4}\right)+d\left(\frac{h_1^2}{4}-y^2\right)\right] \tag{9-11}$$

由此可见，切应力沿腹板高度按二次抛物线规律变化，如图 9-10（b）所示。最大切应力发生在中性轴上各点处，在腹板顶、底，即与翼缘交界各点处，切应力并不为零。

对于工字形型钢，计算最大切应力时，可直接利用附录Ⅱ的型钢表中给出的 I_z/S_z^* 计算。这里的 S_z^* 为中性轴任一边的半个截面面积对中性轴的面积矩，即最大面积矩 $S_{z,\max}^*$。

式（9-10）同样适用于 T 形、槽形和箱形等其他截面梁腹板的切应力计算。

工字形截面的翼缘部分既有竖直切应力，又有水平切应力。根据计算，腹板上竖直切应力所组成的剪力占横截面上总剪力的 95%左右，因而翼缘上的竖直切应力很小，可不必计算。翼缘上的水平切应力比腹板上的竖直切应力小得多，许多情况下可不考虑。

三、圆形截面梁

由切应力互等定理可知，圆形截面上任一弦线两端点处的切应力方向必与周边相切。因此，当剪力 F_S 与对称轴 y 重合时，切应力延长线必相交于一点 A，弦线中点处的切应力也通过 A 点。可见，任一弦上各点的切应力既不平行也不相等。但是，最大切应力仍产生在中性轴上，中性轴各点处的切应力大小相等，方向与 y 轴平行，如图 9-11 所示。将半个圆截面面积对中性轴的面积矩代入式（9-8）后得到

$$\tau_{\max}=\frac{F_S S_{z,\max}^*}{I_z b}=\frac{F_S\dfrac{\pi d^2}{8}\dfrac{2d}{3\pi}}{\dfrac{\pi}{64}d^4 d}=\frac{4}{3}\frac{F_S}{A} \tag{9-12}$$

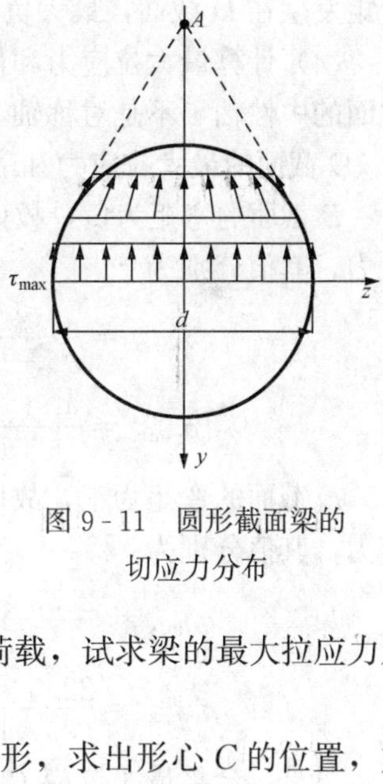

图 9-11　圆形截面梁的切应力分布

式中　A——圆截面的面积。

【例 9-2】　图 9-12（a）所示为 T 形截面外伸梁及其所受荷载，试求梁的最大拉应力及最大压应力，并画出最大剪力截面腹板上的切应力分布图。

解　（1）确定横截面形心的位置。将 T 形截面分为两个矩形，求出形心 C 的位置，如图 9-12（b）所示。z 轴为过形心 C 的中性轴。

（2）计算横截面的惯性矩 I_z。利用附录Ⅰ中平行移轴式（Ⅰ-10）求得

$$I_z=\frac{1}{12}\times 60\times 10^{-3}\times(220\times 10^{-3})^3+60\times 10^{-3}\times 220\times 10^{-3}\times(70\times 10^{-3})^2+\frac{1}{12}\times 220\times 10^{-3}\times(60\times 10^{-3})^3+60\times 10^{-3}\times 220\times 10^{-3}\times(70\times 10^{-3})^2=186.6\times 10^{-6}\mathrm{m}^4$$

（3）画剪力图和弯矩图。剪力图和弯矩图如图 9-12（c）、图 9-12（d）所示。最大正

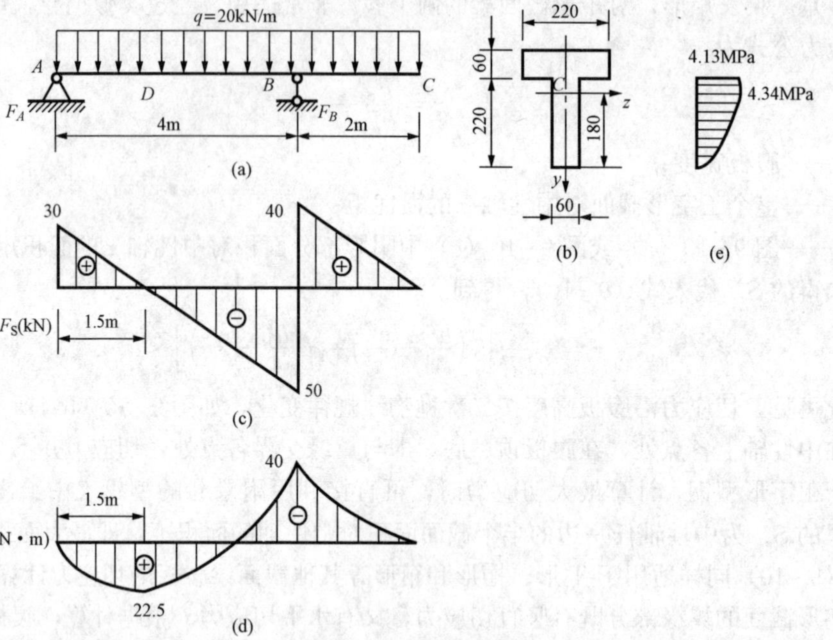

图 9-12 ［例 9-2］图

弯矩发生在 D 截面，最大负弯矩发生在 B 截面。

（4）计算最大拉应力和最大压应力。虽然 B 截面弯矩的绝对值大于 D 截面，但因该梁截面的中性轴 z 不是对称轴，因而横截面上、下边缘离中性轴的距离不相等，故需分别计算 B、D 截面的最大拉应力和最大压应力，然后进行比较。

B 截面的弯矩为负，故该截面上边缘各点处产生最大拉应力，下边缘各点处产生最大压应力，其值分别为

$$\sigma_{t,max} = \frac{40\times10^3\times100\times10^{-3}}{186.6\times10^{-6}} = 21.4\times10^6\text{N/m}^2 = 21.4\text{MPa}$$

$$\sigma_{c,max} = \frac{40\times10^3\times180\times10^{-3}}{186.6\times10^{-6}} = 38.6\times10^6\text{N/m}^2 = 38.6\text{MPa}$$

D 截面的弯矩为正，故该截面下边缘各点处产生最大拉应力，上边缘各点处产生最大压应力，其值分别为

$$\sigma_{t,max} = \frac{22.5\times10^3\times180\times10^{-3}}{186.6\times10^{-6}} = 21.7\times10^6\text{N/m}^2 = 21.7\text{MPa}$$

$$\sigma_{c,max} = \frac{22.5\times10^3\times100\times10^{-3}}{186.6\times10^{-6}} = 12.1\times10^6\text{N/m}^2 = 12.1\text{MPa}$$

可见，全梁最大拉应力为 21.7MPa，发生在 D 截面的下边缘各点处；最大压应力为 38.6MPa，发生在 B 截面的下边缘各点处。

（5）画腹板上切应力分布图。$|F_S|_{max} = 50\text{kN}$，发生在 B 左侧截面。腹板上的切应力方向与剪力 F_S 的方向相同，切应力沿腹板高度按二次抛物线规律变化。腹板截面下边缘各点处 $\tau=0$；中性轴 z 上各点处的切应力最大，可由式（9-10）求得

$$\tau = \tau_{max} = \frac{F_S S^*_{z,max}}{I_z d} = \frac{50\times10^3\times180\times60\times90\times10^{-9}}{186.6\times10^{-6}\times60\times10^{-3}}$$

$$= 4.34 \times 10^6 \text{N/m}^2 = 4.34\text{MPa}$$

腹板与翼缘交界处各点的切应力仍由式（9-10）求得，即

$$\tau = \frac{50 \times 10^3 \times 220 \times 60 \times 70 \times 10^{-9}}{186.6 \times 10^{-6} \times 60 \times 10^{-3}} = 4.13 \times 10^6 \text{N/m}^2 = 4.13\text{MPa}$$

腹板上的切应力分布图如图 9-12（e）所示。

§9-4 梁的强度计算

一、梁的强度计算

一般来说，梁的横截面上同时存在弯矩和剪力，因此，也同时有正应力和切应力。对等直梁，最大弯矩截面是危险截面，其顶、底处各点为正应力危险点；而最大剪力截面也是危险截面，对常见截面，其中性轴上各点为切应力危险点。

因此，等直梁的正应力强度条件为

$$\sigma_{max} = \frac{M_{max}}{W_z} \leqslant [\sigma] \tag{9-13}$$

式中 M_{max}——梁的最大弯矩；

$[\sigma]$——弯曲容许正应力，作为近似处理，可取材料在轴向拉伸和压缩时的容许正应力作为弯曲容许正应力。

必须指出，若材料的容许拉应力等于容许压应力，而中性轴又是截面的对称轴，则此时只需对绝对值最大的正应力作强度计算；若材料的容许拉应力和容许压应力不相等，则需分别对最大拉应力和最大压应力作强度计算。

利用式（9-13），可对梁作强度计算：校核强度、设计截面和求容许荷载。

等直梁的切应力强度条件为

$$\tau_{max} = \frac{F_{S,max} S_{z,max}^*}{I_z b} \leqslant [\tau] \tag{9-14}$$

式中 $F_{S,max}$——梁的最大剪力；

$S_{z,max}^*$——中性轴任一边的半截面面积对中性轴的面积矩；

$[\tau]$——容许切应力。

一般来说，在梁的设计中，正应力强度条件起控制作用，不必校核切应力强度。但在下列情况下，需要校核切应力强度：①梁的最大弯矩较小而最大剪力较大时，如集中荷载作用在靠近支座处的情况；②焊接或铆接的组合截面（如工字形）钢梁，当腹板的厚度与梁高之比小于同等型钢截面的相应比值时；③木梁，由于木材顺纹方向剪切强度较低，故需校核其顺纹方向的切应力强度时。

【例 9-3】 图 9-13 所示为简支木梁及其所受荷载。设材料的容许正应力 $[\sigma_t] = [\sigma_c] = 10\text{MPa}$，容许切应力 $[\tau] = 2\text{MPa}$，梁的截面为矩形，宽度 $b = 80\text{mm}$，求所需的截面高度。

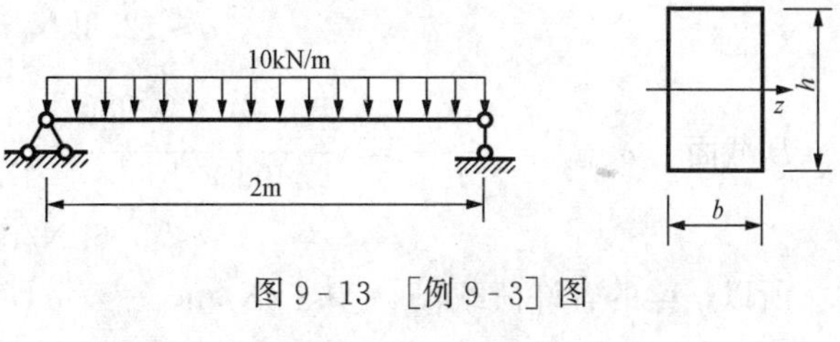

图 9-13 [例 9-3] 图

解 先由正应力强度条件确定截面高度，再校核切应力强度。

(1) 正应力强度计算。该梁的最大弯矩为

$$M_{\max} = \frac{1}{8}ql^2 = \frac{1}{8} \times 10 \times 2^2 = 5\text{kN} \cdot \text{m}$$

由式 (9-13)，得

$$W_z \geqslant \frac{M_{\max}}{[\sigma]} = \frac{5 \times 10^3}{10 \times 10^6} = 5 \times 10^{-4}\text{m}^3$$

对于矩形截面

$$W_z = \frac{1}{6}bh^2 = \frac{1}{6} \times 0.08 \times h^2$$

由此得到

$$h \geqslant \sqrt{\frac{6 \times 5 \times 10^{-4}}{0.08}} = 0.194\text{m} = 194\text{mm}$$

可取 $h=200\text{mm}$。

(2) 切应力强度校核。该梁的最大剪力为

$$F_{\text{S,max}} = \frac{1}{2}ql = \frac{1}{2} \times 10 \times 2 = 10\text{kN}$$

由矩形截面梁的最大切应力计算公式 (9-9)，得

$$\tau_{\max} = \frac{3}{2}\frac{F_{\text{S,max}}}{bh} = \frac{3}{2} \times \frac{10 \times 10^3}{0.08 \times 0.2} = 0.94 \times 10^6\text{N/m}^2 = 0.94\text{MPa} < [\tau]$$

可见，由正应力强度条件所确定的截面尺寸能满足切应力强度要求。

【例 9-4】 图 9-14 (a) 所示为铸铁外伸梁及其所受荷载，其截面如图 9-14 (b) 所示。已知：$l=2\text{m}$，截面对形心轴 z 的惯性矩 $I_z=5493 \times 10^4\text{mm}^4$，铸铁材料的容许拉应力为 $[\sigma_t]=30\text{MPa}$，容许压应力 $[\sigma_c]=90\text{MPa}$，容许切应力 $[\tau]=24\text{MPa}$。试由正应力强度求 q 的容许值，并校核梁的切应力强度。

解 (1) 作梁的剪力图和弯矩图，分别如图 9-14 (c) 和图 9-14 (d) 所示。

(2) 求容许荷载 $[q]$。由弯矩图可见，最大负弯矩在 B 截面，$M_B=\frac{ql^2}{2}$；最大正弯矩在 C 截面，$M_C=\frac{ql^2}{4}$。由截面尺寸可见，中性轴到截面上、下边缘的距离分别为

$$y_1 = 86\text{mm}, \quad y_2 = 134\text{mm}$$

B 截面负弯矩作用，最大拉、压应力分别在梁顶、梁底处，y_1 与 y_2 的比值大于容许拉、压应力之比；C 截面正弯矩作用，最大拉、压应力分别在梁底、梁顶处，y_2 与 y_1 的比值也大于容许拉、压应力之比。因此，该梁的强度均由拉应力控制。

C 截面 $$\sigma_{\text{t,max}} = \frac{M_C y_2}{I_z} = \frac{\frac{q}{4} \times 2^2 \times 0.134}{5493 \times 10^{-8}} \leqslant 30 \times 10^6\text{Pa}$$

$$q \leqslant 12.3\text{kN/m}$$

B 截面 $$\sigma_{\text{t,max}} = \frac{M_B y_1}{I_z} = \frac{\frac{q}{2} \times 2^2 \times 0.086}{5493 \times 10^{-8}} \leqslant 30 \times 10^6\text{Pa}$$

$$q \leqslant 9.6\text{kN/m}$$

所以，梁的容许荷载 $[q]=9.6\text{kN/m}$。

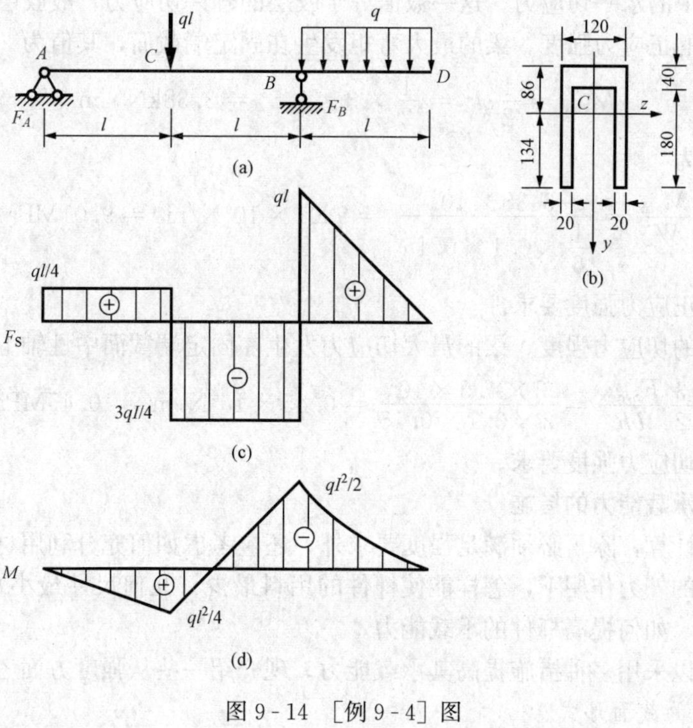

图 9-14 ［例 9-4］图

(3) 校核梁的切应力强度。梁的最大切应力发生在剪力最大截面的中性层上各点处，由剪力图，$F_{S,\max}=ql$，所以

$$\tau_{\max}=\frac{F_{S,\max}S_{z,\max}}{I_z b}=\frac{9.6\times10^3\times2\times0.134^2\times0.04/2}{5493\times10^{-8}\times0.04}=3.14\times10^6\,\text{Pa}$$

$$=3.14\text{MPa}<[\tau]$$

可见，由正应力强度设计的梁的容许荷载 $q=9.6\text{kN/m}$，切应力强度足够。

【例 9-5】 图 9-15 所示矩形截面悬臂梁由三块木板胶合而成，梁上受均布荷载 $q=3\text{kN/m}$ 作用。设木板的容许正应力 $[\sigma]=10\text{MPa}$、容许切应力 $[\tau]_1=1\text{MPa}$，胶层的容许切应力 $[\tau]_2=0.4\text{MPa}$。试校核胶层是否有脱开的危险，并校核梁的正应力强度和切应力强度。

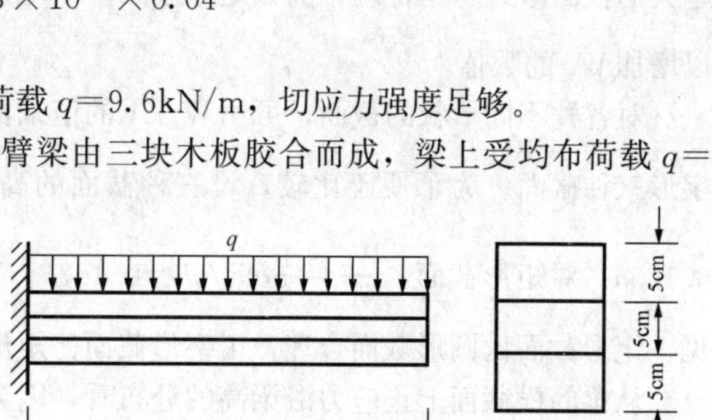

图 9-15 ［例 9-5］图

解　(1) 校核胶层强度。胶层中存在水平切应力，它等于同一层处横截面上的切应力。因此，只需要计算横截面上胶层处的切应力。因胶合面对称于梁截面的中性轴，故只需校核任一胶层的强度。固定端截面的剪力最大，其值为

$$F_{S,\max}=1.5q=1.5\times3=4.5\text{kN}$$

该截面上胶层处的切应力为

$$\tau=\frac{F_{S,\max}S_z^*}{I_z b}=\frac{4.5\times10^3\times0.1\times0.05\times0.05}{\frac{1}{12}\times0.1\times0.15^3\times0.1}=0.4\times10^6\,\text{N/m}^2=0.4\text{MPa}$$

它等于该处胶层中的水平切应力。这一数值等于胶层的容许切应力，故胶层不会脱开。

(2) 校核梁的正应力强度。梁的最大弯矩发生在固定端截面，其值为

$$M_{\max}=\frac{1}{2}ql^2=\frac{1}{2}\times3\times1.5^2=3.38\text{kN}\cdot\text{m}$$

梁的最大正应力为

$$\sigma_{\max}=\frac{M_{\max}}{W_z}=\frac{3.38\times10^3}{\frac{1}{6}\times0.1\times0.15^2}=9.01\times10^6\text{N/m}^2=9.01\text{MPa}<[\sigma]$$

可见，满足梁的正应力强度要求。

(3) 校核梁的切应力强度。梁的最大切应力发生在固定端截面中性轴上各点处，其值为

$$\tau_{\max}=\frac{3}{2}\frac{F_{S,\max}}{bh}=\frac{3\times4.5\times10^3}{2\times0.1\times0.15}=0.45\times10^6\text{N/m}^2=0.45\text{MPa}<[\tau]$$

可见，满足梁的切应力强度要求。

二、提高梁承载能力的措施

杆件的强度计算，除了必须满足强度要求外，还应考虑如何充分利用材料，使设计更为合理。即在一定的外力作用下，怎样能使杆件的用料最少（几何尺寸最小）；或者说，在一定的用料情况下，如何提高杆件的承载能力。

对于梁，可以采用多种措施提高其承载能力。现介绍一些从强度方面考虑的主要措施。

1. 选择合理的截面形式

由式（9-13），得

$$M_{\max}\leqslant W_z[\sigma]$$

可见，梁所能承受的最大弯矩与弯曲截面系数成正比。所以在截面面积相同的情况下，W_z 越大的截面形式越是合理。例如矩形截面，$W_z=\frac{1}{6}bh^2$，在面积相同的条件下，增加高度可以增加 W_z 的数值。

对各种不同形状的截面，可用 W_z/A 的值来比较它们的合理性。现比较圆形、矩形和工字形三种截面。为了便于比较，设三种截面的高度均为 h。对圆形截面，$\frac{W_z}{A}=\frac{\pi h^3}{32}/\frac{\pi h^2}{4}=0.125h$；对矩形截面，$\frac{W_z}{A}=\frac{1}{6}bh^2/bh=0.167h$；对工字钢，$\frac{W_z}{A}=(0.27\sim0.34)h$。由此可见，矩形截面比圆形截面合理，工字形截面比矩形截面合理。

从梁的横截面上正应力沿梁高的分布看，因为离中性轴越远的点处正应力越大，在中性轴附近的点处正应力很小，所以，为了充分利用材料，应尽可能将材料移至离中性轴较远的地方。上述三种截面中，工字形截面最好，圆形截面最差，道理就在于此。

选择截面形式时，还要考虑材料的性能。例如，由塑性材料制成的梁，因容许拉、压应力相同，宜采用中性轴为对称轴的截面；由脆性材料制成的梁，因容许拉应力远小于容许压应力，宜采用 T 字形或 Π 字形等中性轴为非对称轴的截面，并使最大拉应力发生在离中性轴较近的边缘上。

2. 采用变截面梁

梁的截面尺寸一般是按最大弯矩设计的，而在其他弯矩较小处，并不需要这样大的截面。因此，等截面梁并不经济。为了节约材料和减轻重量，可采用变截面梁。

最合理的变截面梁是等强度梁。所谓等强度梁，就是每个截面上的最大正应力都达到材料的容许应力的梁。其强度条件为

$$\sigma_{\max}=\frac{M(x)}{W_z(x)}\leqslant[\sigma]$$

例如，图 9 - 16 所示的吊车梁称为鱼腹梁，是根据等强度梁的概念设计的；又如图 9 - 17 所示的汽车叠板弹簧梁、图 9 - 18 和图 9 - 19 所示的简支梁，都是按等强度梁的概念设计的变截面梁。

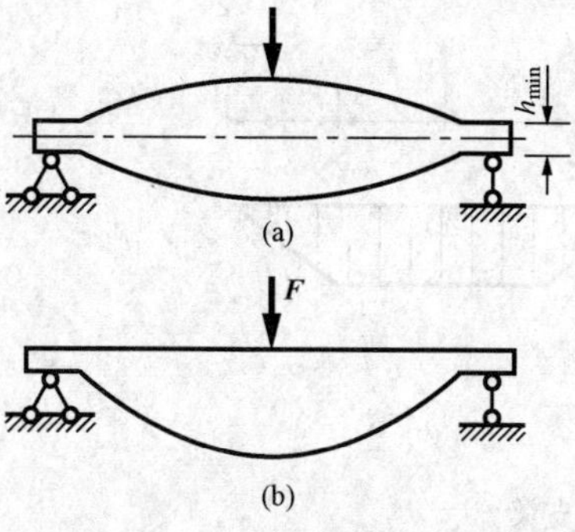

图 9 - 16　鱼腹梁

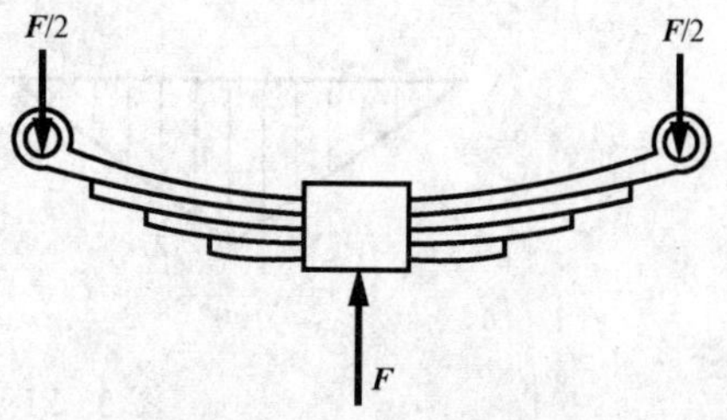

图 9 - 17　叠板弹簧梁

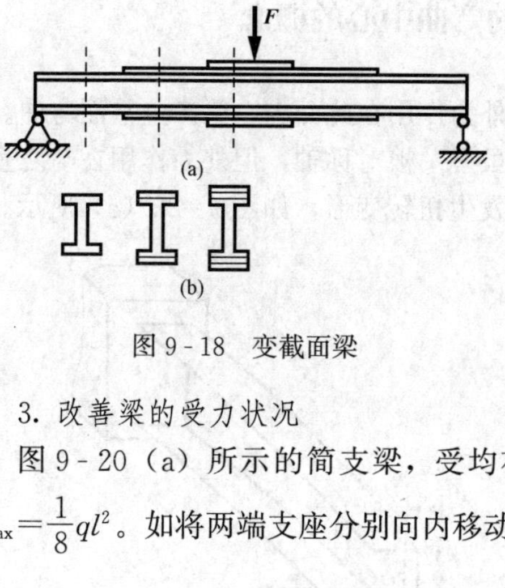

图 9 - 18　变截面梁

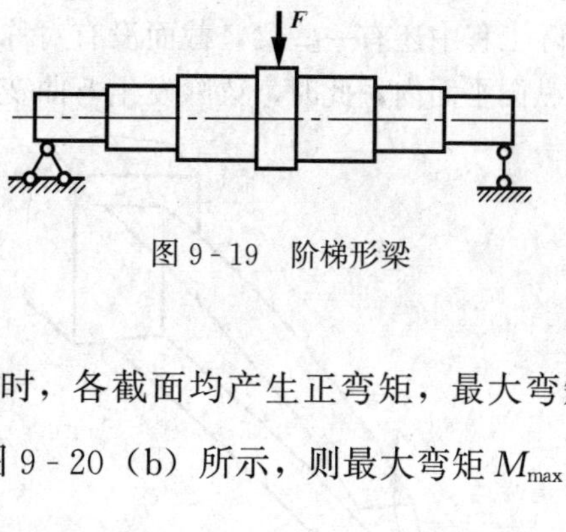

图 9 - 19　阶梯形梁

3. 改善梁的受力状况

图 9 - 20（a）所示的简支梁，受均布荷载作用时，各截面均产生正弯矩，最大弯矩 $M_{\max}=\frac{1}{8}ql^2$。如将两端支座分别向内移动 0.2l，如图 9 - 20（b）所示，则最大弯矩 $M_{\max}=$

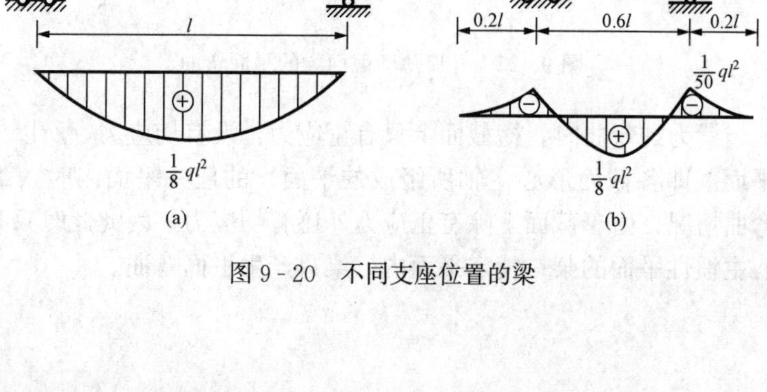

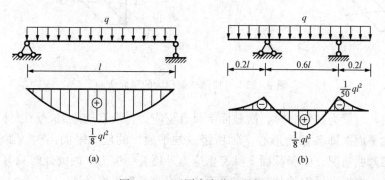

图 9 - 20　不同支座位置的梁

$\frac{1}{40}ql^2$，仅是原来最大弯矩的 1/5，故截面的尺寸可以减小很多。最合理的情况是调整支座位置，使最大正弯矩和最大负弯矩的数值相等。

图 9-21（a）所示一简支梁 AB，在跨中受一集中荷载作用。若加一辅助梁 CD，如图 9-21（b）所示，则最大弯矩可减小一半。

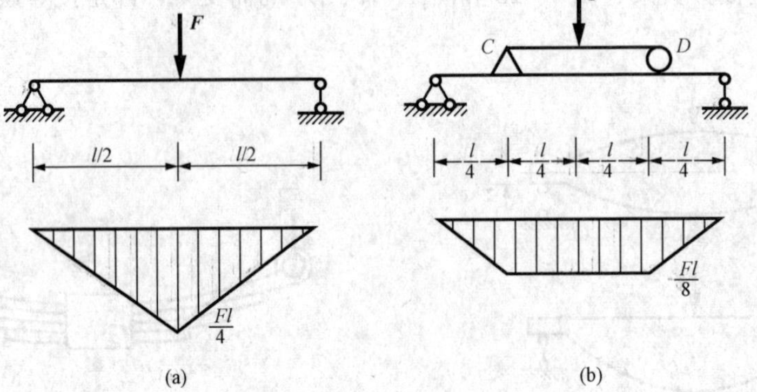

图 9-21　加辅助梁的简支梁

§9-5　开口薄壁截面梁的弯曲中心的概念

以上研究的梁，都是具有一个纵向对称面，且外力作用在此面内，梁产生平面弯曲。但实际工程中还有一些梁，截面没有对称轴，或截面虽有一根对称轴，但外力作用在与之垂直的纵向平面内，此时，梁除发生弯曲变形外，还会发生扭转变形，如图 9-22（a）所示。

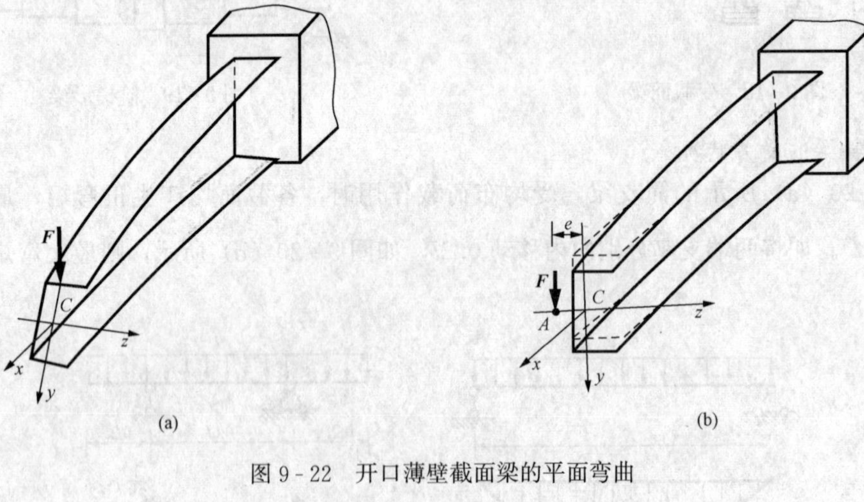

图 9-22　开口薄壁截面梁的平面弯曲

分析表明：当梁为纯弯曲时，横截面上只有正应力，没有切应力，所以外力作用在平行于形心主惯性平面（即各截面形心主轴所组成的平面）的任一平面内时，梁只发生平面弯曲；对于剪切弯曲情况，由于截面上除有正应力外还有切应力，因此此时只有当横向外力作用在平行于形心主惯性平面的某一特定平面内，梁只产生平面弯曲。

图 9-22（a）所示的槽形截面梁，若外力 F 作用在形心主惯性平面（xCy 平面）内，则梁除弯曲外，还会扭转；若外力作用在距形心主惯性平面 e 处的平行平面内，则梁只产生平面弯曲，如图 9-22（b）所示。这一特定平面称为弯心平面。所谓弯心平面，是指通过弯曲中心，且与形心主惯性平面平行的平面。

当梁在两个正交的形心主惯性平面（xCy 和 xCz）内分别产生平面弯曲时，横截面上产生的相应两个剪力作用线的交点称为弯曲中心或剪切中心。图 9-22（b）中的 A 点，就是槽形截面的弯曲中心。

因此，当外力的作用线平行于形心主轴并通过横截面的弯曲中心时，梁只产生平面弯曲。这就是梁产生平面弯曲的一般条件。

如横截面有两根对称轴，则两根对称轴的交点即为弯曲中心，即弯曲中心与截面的形心重合；如横截面只有一根对称轴，则弯曲中心必在此对称轴上。上述槽形截面属于后一种情况。

常见开口薄壁截面弯曲中心 A 的大致位置如图 9-23 所示。图中 y、z 轴为截面的形心主轴。

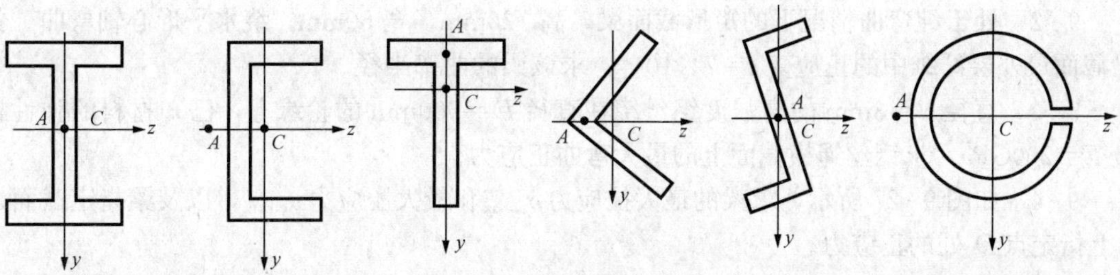

图 9-23　开口薄壁截面的弯曲中心

开口薄壁截面杆在工程中广泛使用，在扭转时会产生很大的扭转切应力。因此，开口薄壁截面的受弯杆件，应尽量使外力通过截面的弯曲中心。

思 考 题

9-1　梁的横截面上中性轴两侧的正应力的合力之间有什么关系？这两个力最终合成的结果是什么？

9-2　图 9-24 所示矩形截面梁受均布切向荷载 q 作用，如何分析截面上切应力的分布？

9-3　梁的横截面形状和尺寸如图 9-25 所示，若在顶、底削去高度为 δ 的一小部分，梁的承载能力是提高还是降低？

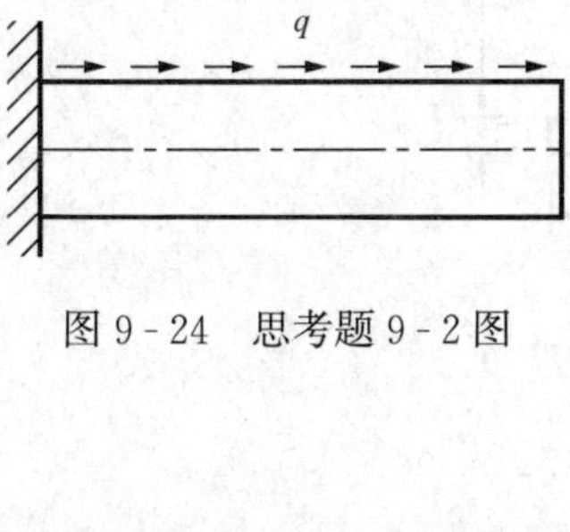

图 9-24　思考题 9-2 图

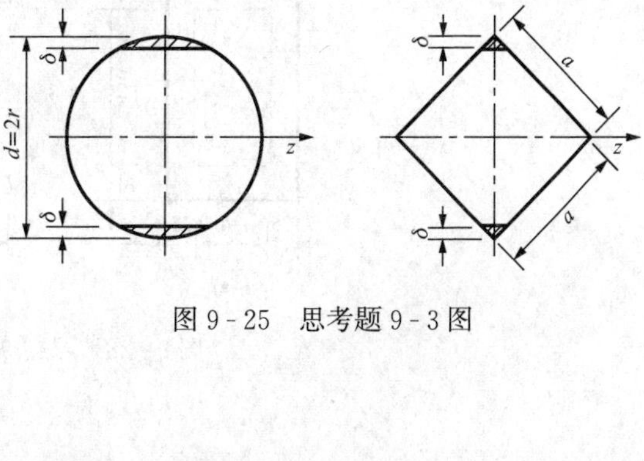

图 9-25　思考题 9-3 图

习 题

9-1 图 9-26（a）所示钢梁（$E=2.0\times10^5$ MPa）具有图 9-26（b）、图 9-26（c）所示的两种截面形式，试分别求出两种截面形式下梁的曲率半径，最大拉、压应力大小及其所在位置。

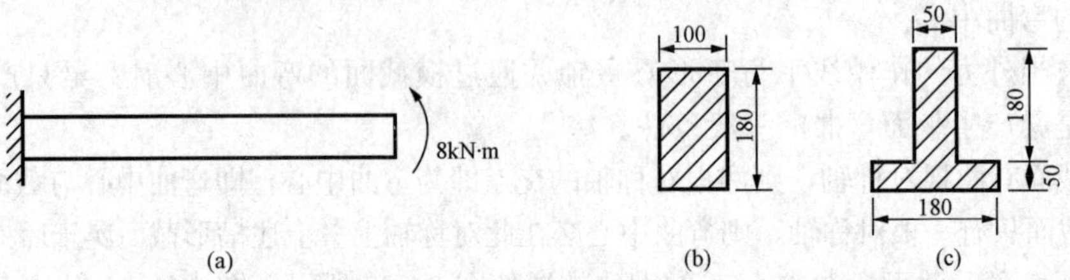

图 9-26 习题 9-1 图

9-2 处于纯弯曲情况下的矩形截面梁，高 120mm，宽 60mm，绕水平形心轴弯曲。如梁截面最外层纤维中的正应变 $\varepsilon=7\times10^{-4}$，求该梁的曲率半径。

9-3 直径 $d=3$mm 的高强度钢丝绕在直径 $D=600$mm 的轮缘上，已知材料的弹性模量 $E=200$GPa，求钢丝绳横截面上的最大弯曲正应力。

9-4 如图 9-27 所示，求梁的最大拉应力 $\sigma_{t,max}$ 和最大压应力 $\sigma_{c,max}$，以及梁指定截面 a-a 上指定点 D 处的正应力。

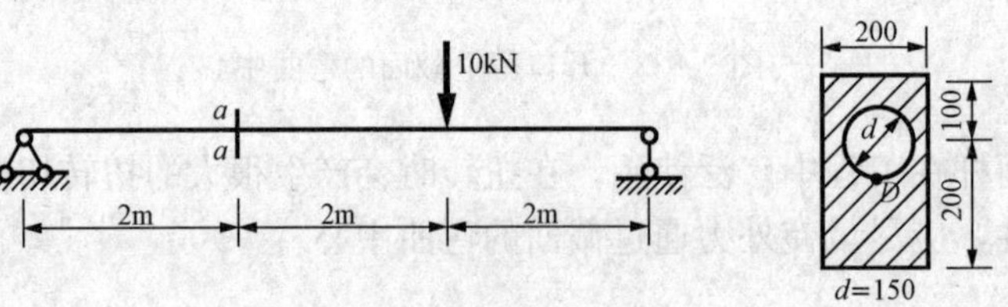

图 9-27 习题 9-4 图

9-5 图 9-28 所示两种横截面的梁作用有绕水平中性轴转动的弯矩，若横截面上的最大正应力为 40MPa，试问：

（1）当矩形截面挖去虚线内面积时，弯矩减小百分之几？

（2）工字形截面腹板和翼缘上各承受总弯矩的百分之几？

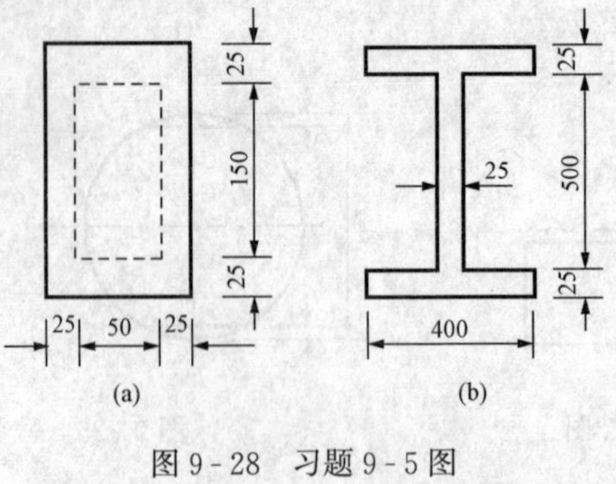

图 9-28 习题 9-5 图

9-6　截面为45a号工字钢的简支梁，测得A、B两点间的伸长为0.012mm，如图9-29所示，问施加于梁上的F力多大（设$E=200\text{GPa}$）？

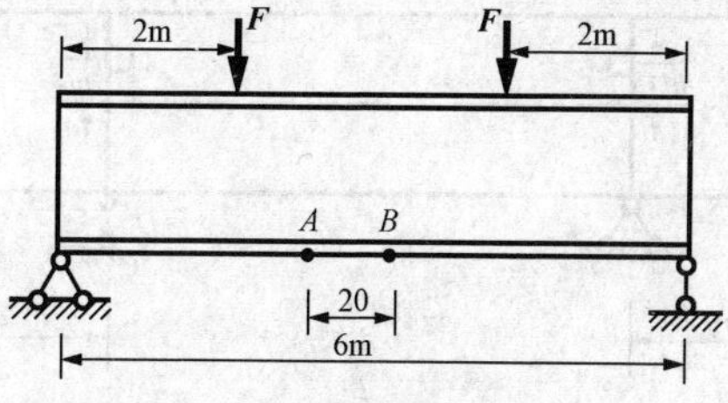

图9-29　习题9-6图

9-7　图9-30所示矩形截面悬臂梁受集中力和集中力偶作用，试求Ⅰ-Ⅰ和Ⅱ-Ⅱ截面上A、B、C、D四点的正应力。

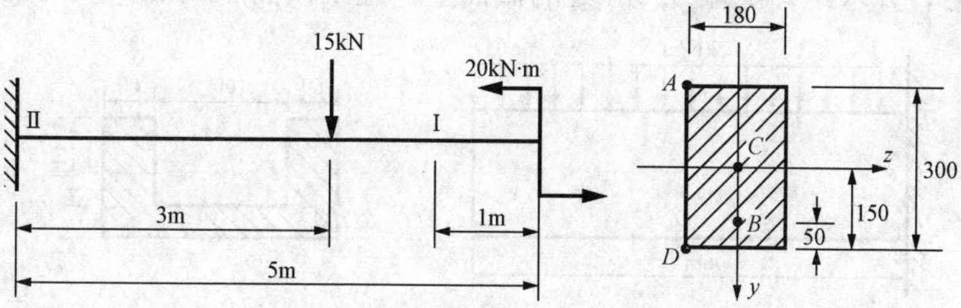

图9-30　习题9-7图

9-8　图9-31所示矩形截面梁，已知$q=1.5\text{kN/m}$，试求梁的最大正应力和最大切应力。

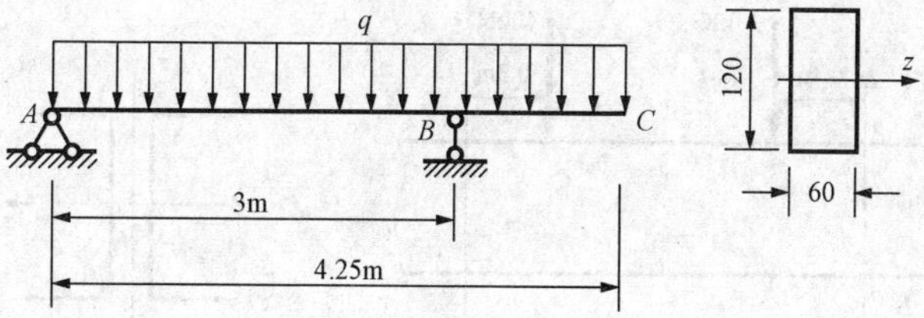

图9-31　习题9-8图

9-9　图9-32所示圆形截面梁，试求梁的最大正应力和最大切应力。

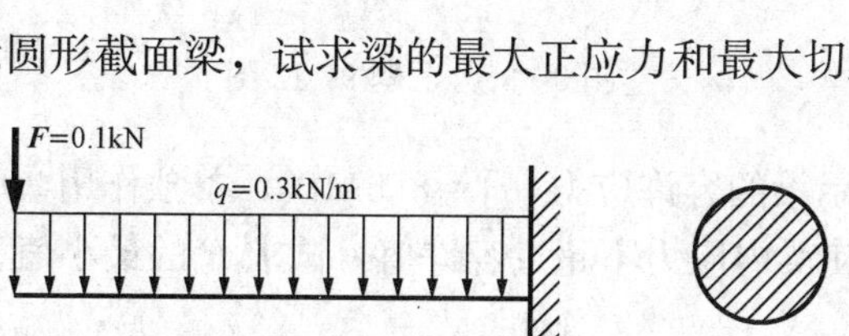

图9-32　习题9-9图

9-10　图9-33所示矩形截面梁，试绘出图中1、2、3、4各单元体上的应力，并写出各应力的表达式（矩形截面宽度为b，高度为h）。

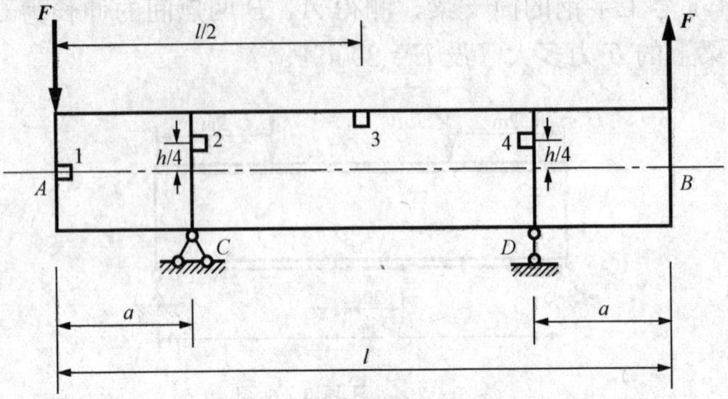

图 9-33　习题 9-10 图

9-11　如图 9-34 所示，一槽形截面悬臂梁长 6m，受 $q=5kN/m$ 的均布荷载作用，求梁的最大切应力，并求距固定端 0.5m 处的截面上，距梁顶面 100mm 处 a-a 线上的切应力。

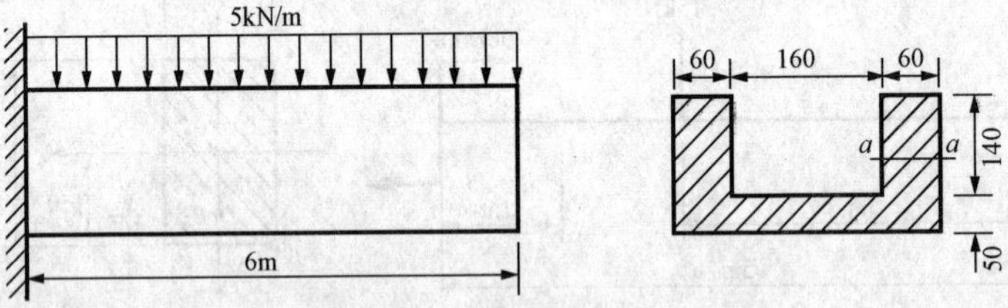

图 9-34　习题 9-11 图

9-12　一梁由两个 18b 号槽钢背靠背组成一整体，如图 9-35 所示。在梁的 a-a 截面上，剪力为 18kN，弯矩为 55kN·m，求 b-b 截面中性轴以下 40mm 处的正应力和切应力。

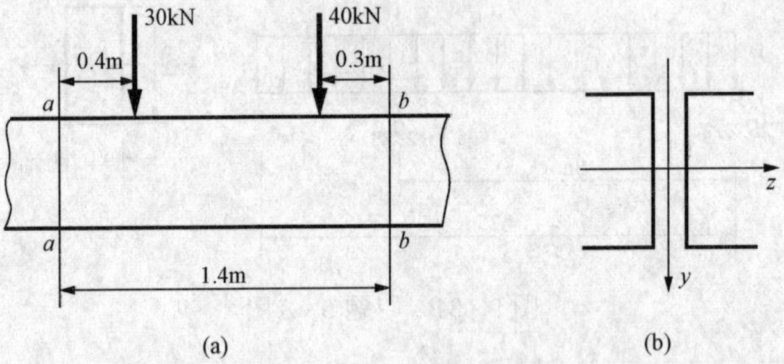

图 9-35　习题 9-12 图

9-13　图 9-36 所示梁的容许应力 $[\sigma]=8.5MPa$，单独作用 30kN 的荷载时，梁内的应力将超过容许应力，为使梁内应力不超过容许值，试求 F 的最小值。

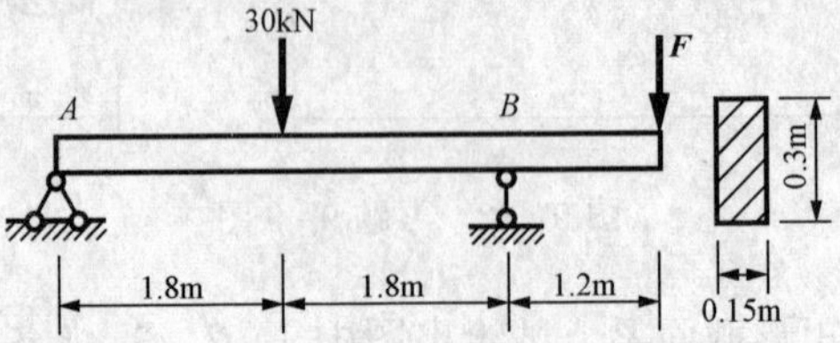

图 9-36　习题 9-13 图

9-14　图9-37所示铸铁梁，若$[\sigma_t]=30\text{MPa}$，$[\sigma_c]=60\text{MPa}$，试校核此梁的强度（已知$I_z=764\times10^{-8}\text{m}^4$）。

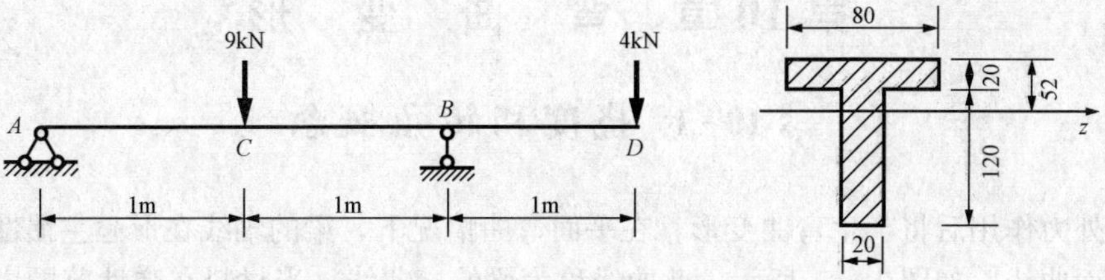

图9-37　习题9-14图

9-15　如图9-38所示，一矩形截面简支梁由圆柱形木料锯成。已知$F=8\text{kN}$，$a=1.5\text{m}$，$[\sigma]=10\text{MPa}$。试确定弯曲截面系数最大时的矩形截面的高宽比h/b，以及锯成此梁所需要木料的最小直径d。

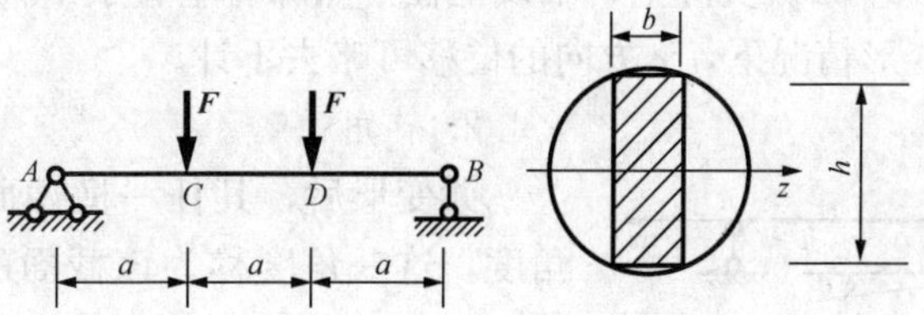

图9-38　习题9-15图

9-16　如图9-39所示，截面为10号工字钢的AB梁，B点由$d=20\text{mm}$的圆钢杆BC支承，梁及杆的容许应力$[\sigma]=170\text{MPa}$，试求容许均布荷载q。

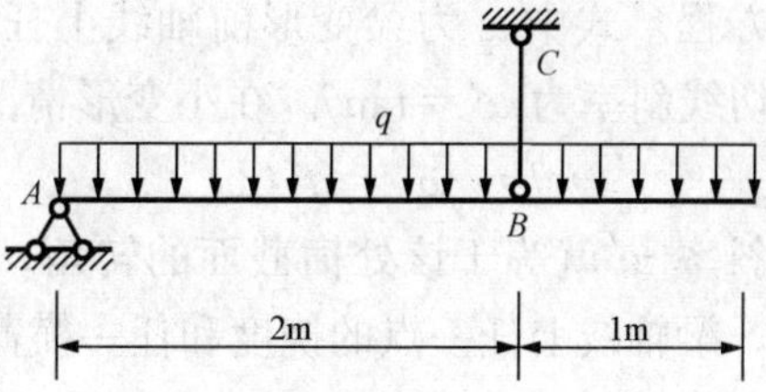

图9-39　习题9-16图

9-17　如图9-40所示，AB为叠合梁，由若干层面积为$25\times100\text{mm}^2$的木板胶粘制成。如果木材容许应力$[\sigma]=13\text{MPa}$，胶接处的容许切应力$[\tau]=0.35\text{MPa}$，试确定叠合梁所需要的层数（层数取2的倍数）。

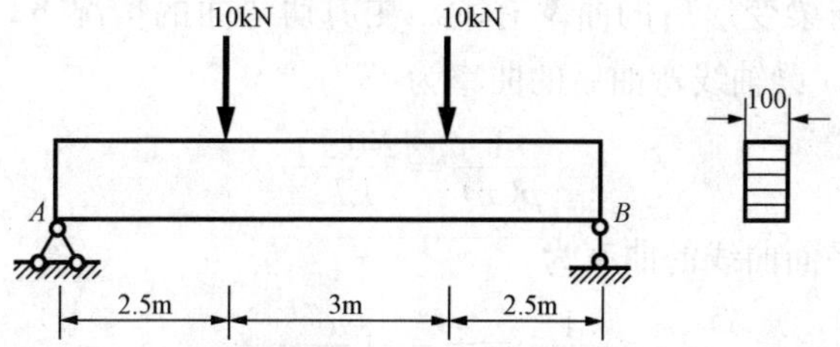

图9-40　习题9-17图

第10章 弯曲变形

§10-1 挠度和转角概念

梁受外力作用后将产生弯曲变形。在平面弯曲情况下，梁的轴线在形心主惯性平面内弯成一条平面曲线，如图10-1所示。此曲线称为梁的挠曲线。当材料在弹性范围内时，挠曲线也称为弹性曲线。它是一条光滑连续的曲线。

梁的变形可用两个位移分量来描述。

1. 挠度

梁的轴线上任一点（即任一横截面形心）C 在垂直于 x 轴方向的位移 CC' 称为该点的挠度，用 w 表示（见图10-1）。实际上，轴线上任一点除有垂直于 x 轴方向的位移外，还有 x 方向的位移。但在小变形情况下，x 方向的位移可略去不计。

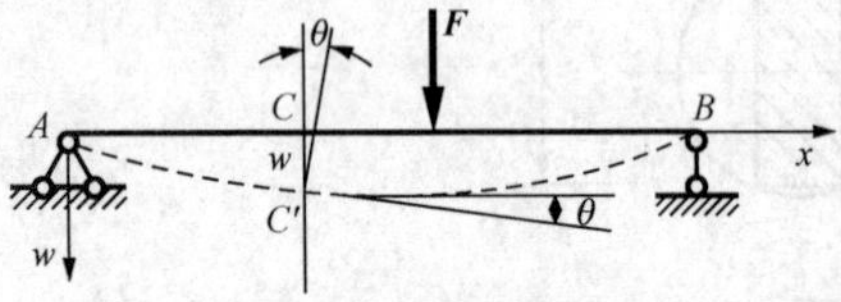

图10-1　梁的挠曲线

2. 转角

梁变形后，其任一横截面将绕中性轴转过一个角度，这一角度称为该截面的转角，用 θ 表示（见图10-1）。此角度等于挠曲线上在该点的切线与 x 轴的夹角。

在图10-1所示坐标系中，挠曲线可用下式表示

$$w = f(x)$$

该式称为挠曲线方程或挠度方程。式中 x 为梁变形前轴线上任一点的横坐标，w 为该点的挠度。挠曲线上任一点处的切线斜率为 $w' = \tan\theta$。在小变形情况下，$\tan\theta \approx \theta$，所以

$$\theta = w' = f'(x)$$

即挠曲线上任一点处的切线斜率 w' 就等于该处横截面的转角。该式称为转角方程。由此可见，只要确定了挠曲线方程，梁轴线上任一点的挠度和任一横截面的转角均可确定。

挠度和转角的正负号与所取坐标系有关。在图10-1所示的坐标系中，挠度向下为正，向上为负；转角以顺时针转向为正，逆时针转向为负。

§10-2 挠曲线近似微分方程

梁的挠度和转角与梁变形后的曲率有关。在剪切弯曲的情况下，忽略剪力对曲率的影响，由式（10-5）知，梁轴线弯曲后的曲率为

$$\frac{1}{\rho(x)} = \frac{M(x)}{EI_z} \tag{a}$$

由高等数学知，平面曲线的曲率为

$$\frac{1}{\rho(x)} = \pm \frac{w''}{(1+w'^2)^{3/2}} \tag{b}$$

由（a）、（b）两式得

$$\pm\frac{w''}{(1+w'^2)^{3/2}}=\frac{M(x)}{EI_z} \tag{c}$$

式（c）中左边的正负号取决于坐标系的选择和弯矩的正负号规定。按图 10-1 所取的坐标系，上凸的挠曲线 w''为正值，下凸的挠曲线 w''为负值，如图 10-2 所示；按弯矩正负号的规定，正弯矩对应负的 w''，负弯矩对应正的 w''，故式（c）左边应取负号，即

$$-\frac{w''}{(1+w'^2)^{3/2}}=\frac{M(x)}{EI_z} \tag{d}$$

在小变形情况下，$\theta=w'$是一个很小的量，则 $w'^2\ll 1$，可略去不计，故式（d）简化为

$$w''=-\frac{M(x)}{EI_z} \tag{10-1}$$

这就是梁的挠曲线的近似微分方程。

对于弯曲刚度 EI_z 为常量的等直梁（并将 I_z 简写为 I），式（10-1）可写为

$$EIw''=-M(x) \tag{10-2}$$

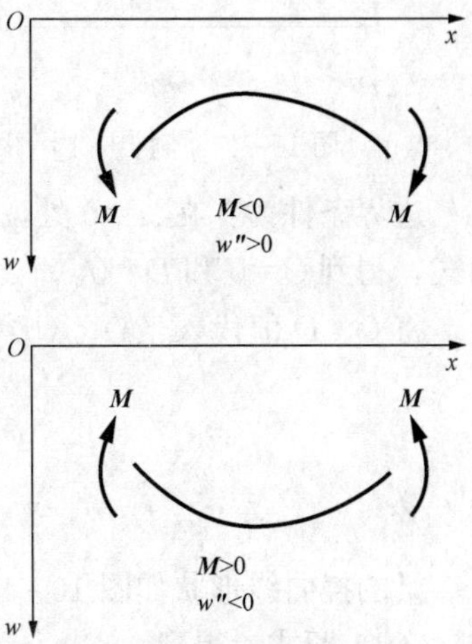

图 10-2 M 与 w''的符号关系

§10-3 积分法计算梁的变形

对于等直梁，可以通过对式（10-2）的直接积分，计算梁的挠度和转角。

将式（10-2）积分一次，得到

$$EIw'=EI\theta=-\int M(x)\mathrm{d}x+C \tag{10-3}$$

再积分一次，得到

$$EIw=-\int\left[\int M(x)\mathrm{d}x\right]\mathrm{d}x+Cx+D \tag{10-4}$$

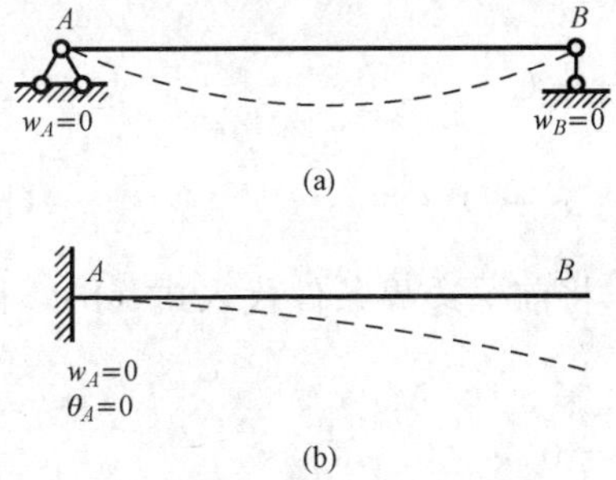

图 10-3 边界条件

式（10-3）和式（10-4）中的积分常数 C 和 D，由梁支座处的已知位移条件，即边界条件确定。图 10-3（a）所示的简支梁，边界条件是左、右两支座处的挠度 w_A 和 w_B 均为零；图 10-3（b）所示的悬臂梁，边界条件是固定端处的挠度 w_A 和转角 θ_A 均为零。

积分常数 C、D 确定后，就可由式（10-3）和式（10-4）得到梁的转角方程和挠度方程，并可计算任一横截面的转角和梁轴线上任一点的挠度。这种求解梁变形的方法称为积分法。

【例 10-1】 如图 10-4 所示，悬臂梁在自由端受集中力 F 作用。试求梁的转角方程和挠度方程，并求最大转角和最大挠度（设梁的弯曲刚度为 EI）。

解 取坐标系如图 10-4 所示，求反力，$F_A=F$，$M_A=Fl$。弯矩方程为

$$M(x)=-Fl+Fx$$

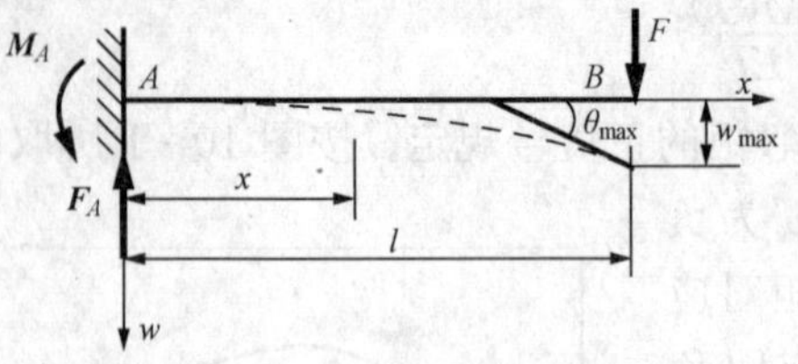

图 10-4 [例 10-1] 图

梁的挠曲线近似微分方程为

$$EIw'' = -M(x) = Fl - Fx$$

进行两次积分，得到

$$EIw' = EI\theta = Flx - \frac{Flx^2}{2} + C \qquad \text{(a)}$$

$$EIw = \frac{Flx^2}{2} - \frac{Fx^3}{2\times 3} + Cx + D \qquad \text{(b)}$$

边界条件为：在 $x=0$ 处，$w=0$；在 $x=0$ 处，$w'=\theta=0$。将边界条件代入（a）、（b）两式，得到 $C=0$ 和 $D=0$。

将 C、D 值代入（a）、（b）两式，得到该梁的转角方程和挠度方程分别为

$$w' = \theta = \frac{Flx}{EI} - \frac{Fx^2}{2EI} \qquad \text{(c)}$$

$$w = \frac{Flx^2}{2EI} - \frac{Fx^3}{6EI} \qquad \text{(d)}$$

梁的挠曲线形状如图 10-4 所示。挠度及转角的最大值均在自由端 B 处，以 $x=l$ 代入（c）、（d）两式，得到

$$\theta_{\max} = \frac{Fl^2}{2EI},\ w_{\max} = \frac{Fl^3}{3EI}$$

$\theta_{\max}$为正值，表明梁变形后，B 截面顺时针转动；$w_{\max}$为正值，表明 B 点位移向下。

【例 10-2】 如图 10-5 所示，简支梁受均布荷载 q 作用，试求梁的转角方程和挠度方程，并确定最大挠度和 A、B 截面的转角（设梁的弯曲刚度为 EI）。

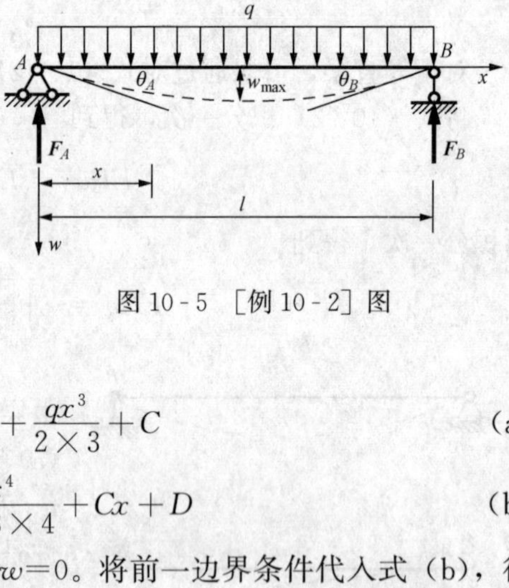

图 10-5 [例 10-2] 图

解 取坐标系如图 10-5 所示。由对称关系求得支座反力 $F_A=F_B=ql/2$。弯矩方程为

$$M(x) = \frac{ql}{2}x - \frac{qx^2}{2}$$

代入式（10-2）并积分两次，得

$$EIw' = EI\theta = -\frac{ql}{2}\frac{x^2}{2} + \frac{qx^3}{2\times 3} + C \qquad \text{(a)}$$

$$EIw = -\frac{ql}{2}\frac{x^3}{2\times 3} + \frac{qx^4}{2\times 3\times 4} + Cx + D \qquad \text{(b)}$$

边界条件为：在 $x=0$ 处，$w=0$；在 $x=l$ 处，$w=0$。将前一边界条件代入式（b），得 $D=0$。将 $D=0$ 连同后一边界条件代入式（b），得

$$EIw|_{x=l} = -\frac{ql^4}{12} + \frac{ql^4}{24} + Cl = 0$$

由此得到 $C=\frac{ql^3}{24}$。

将 C、D 值代入（a）、（b）两式，得到梁的转角方程和挠度方程分别为

$$w' = \theta = \frac{ql^3}{24EI} - \frac{ql}{4EI}x^2 + \frac{q}{6EI}x^3 \qquad \text{(c)}$$

$$w=\frac{ql^3}{24EI}x-\frac{ql}{12EI}x^3+\frac{q}{24EI}x^4 \tag{d}$$

挠曲线形状如图 10-5 所示。由对称性可知，跨度中点的挠度最大。以 $x=l/2$ 代入式 (d)，得

$$w_{\max}=\frac{5ql^4}{384EI}$$

以 $x=0$ 和 $x=l$ 分别代入式（c）后，得到 A 截面和 B 截面的转角分别为

$$\theta_A=\frac{ql^3}{24EI},\ \theta_B=-\frac{ql^3}{24EI}$$

以上挠度最大值也可以由极值原理求得。

【例 10-3】 如图 10-6 所示，简支梁 AB 在 D 点受集中力 F 作用，试求梁的转角方程和挠度方程，并求最大挠度（设梁的弯曲刚度为 EI）。

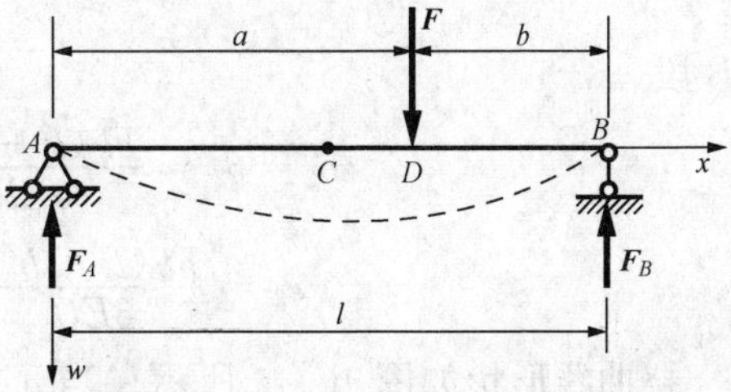

图 10-6 ［例 10-3］图

解 首先由平衡方程求出梁的支座反力为

$$F_A=\frac{Fb}{l},\ F_B=\frac{Fa}{l}$$

再分段列出弯矩方程：

AD 段（$0\leqslant x\leqslant a$）

$$M_1(x)=\frac{Fb}{l}x$$

DB 段（$a\leqslant x\leqslant l$）

$$M_2(x)=\frac{Fb}{l}x-F(x-a)$$

由于 AD 段和 DB 段的弯矩方程不同，因此两段的挠曲线方程也不相同。现将两段的弯矩方程分别代入式（10-2），并分别积分，得

AD 段

$$EIw_1'=EI\theta_1=-\frac{Fb}{l}\frac{x^2}{2!}+C_1 \tag{a}$$

$$EIw_1=-\frac{Fb}{l}\frac{x^3}{3!}+C_1x+D_1 \tag{b}$$

DB 段

$$EIw_2'=EI\theta_2=-\frac{Fb}{l}\frac{x^2}{2!}+F\frac{(x-a)^2}{2!}+C_2 \tag{c}$$

$$EIw_2=-\frac{Fb}{l}\frac{x^3}{3!}+F\frac{(x-a)^3}{3!}+C_2x+D_2 \tag{d}$$

式（a）～式（d）中有 4 个积分常数，需要 4 个条件确定。所以，除两个边界条件外，还要补充两个条件。由于梁的挠曲线是光滑连续的曲线，在集中力作用的 D 点处也应光滑连续，因此由（a）、（b）两式求出的 D 截面的转角和挠度，与由（c）、（d）两式求出的 D 截面的转角和挠度应相等，即 $x=a$ 时

$$w_1'=w_2',\ w_1=w_2$$

这两个条件称为连续条件。利用连续条件，由式（a）～式（d）得到

$$C_1=C_2,\ D_1=D_2$$

再利用边界条件，即

$$x=0\text{ 时，}w_1=0\text{；}x=l\text{ 时，}w_2=0$$

由式（b）和式（d），求得

$$D_1=D_2=0,\ C_1=C_2=\frac{Fb}{6l}(l^2-b^2)$$

将求得的积分常数代入式（a）～式（d），得到梁各段的转角方程和挠度方程为

AD 段

$$w_1'=\theta_1=\frac{Fb(l^2-b^2)}{6EIl}-\frac{Fb}{2EIl}x^2 \tag{a'}$$

$$w_1=\frac{Fb(l^2-b^2)}{6EIl}x-\frac{Fb}{6EIl}x^3 \tag{b'}$$

DB 段

$$w_2'=\theta_2=\frac{Fb(l^2-b^2)}{6EIl}-\frac{Fb}{2EIl}x^2+\frac{F}{2EI}(x-a)^2 \tag{c'}$$

$$w_2=\frac{Fb(l^2-b^2)}{6EIl}x-\frac{Fb}{6EIl}x^3+\frac{F}{6EI}(x-a)^3 \tag{d'}$$

挠曲线形状如图 10 - 6 所示。当 $a>b$ 时，最大挠度显然发生在 AD 段内，其位置由 $w_1{}'=0$的条件决定。由式（a′），令 $w'_1=0$，得到

$$x_0=\sqrt{\frac{l^2-b^2}{3}} \tag{e}$$

将式（e）代入式（b′），得到最大挠度为

$$w_{\max}=\frac{Fb(l^2-b^2)^{3/2}}{9\sqrt{3}EIl}$$

此外，以 $x=l/2$ 代入式（b′），得到梁中点的挠度为

$$w_C=\frac{Fb}{48EI}(3l^2-4b^2) \tag{10 - 5}$$

$w_{\max}$和 w_C 相差极小：当力 F 作用在梁的中点时，最大挠度发生在梁的中点，显然 $w_{\max}=w_C=\frac{Fl^3}{48EI}$；当力 F 向右移动时，最大挠度发生的位置将偏离梁的中点。在极端情况下，当力 F 靠近右端支座，即 $b\approx0$ 时，由式（e）得到

$$x_0=0.577l$$

即最大挠度发生在距梁中点仅 $0.077l$。在此极端情况下，上述最大挠度 $w_{\max}$和梁中点挠度 w_C 式中的 b^2 与 l^2 相比，可以略去不计，故令 $b^2=0$，即得

$$w_{\max}=\frac{Fbl^2}{9\sqrt{3}EI}=0.0642\,\frac{Fbl^2}{EI},\ w_C=\frac{Fbl^2}{16EI}=0.0625\,\frac{Fbl^2}{EI}$$

两者的相对误差不足 3%。因此，受任意荷载的简支梁，只要挠曲线上没有拐点，均可将梁中点的挠度近似地作为梁的最大挠度。

§10 - 4 叠加法计算梁的变形

在梁的弯曲问题中，在小变形情况下，且材料在线弹性范围内时，梁的变形与外加荷载

呈线性关系。于是，也可用叠加法计算梁的变形。当梁上有多个荷载作用时，所产生的转角或挠度等于各个荷载单独作用所产生的转角或挠度的叠加。

为了便于应用叠加法计算梁的转角或挠度，表 10 - 1 中列出了几种梁在简单荷载作用下的转角或挠度。

表 10 - 1　　简单荷载作用下梁的挠度和转角

序号	梁上荷载及弯矩图	挠曲线方程	转角和挠度
1	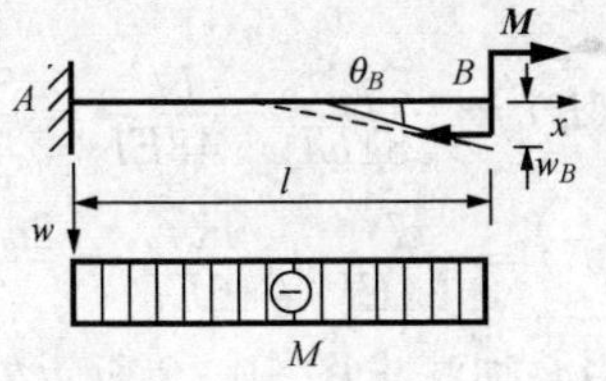	$w=+\frac{Mx^2}{2EI}$	$\theta_B=+\frac{Ml}{EI}$ $w_B=+\frac{Ml^2}{2EI}$
2	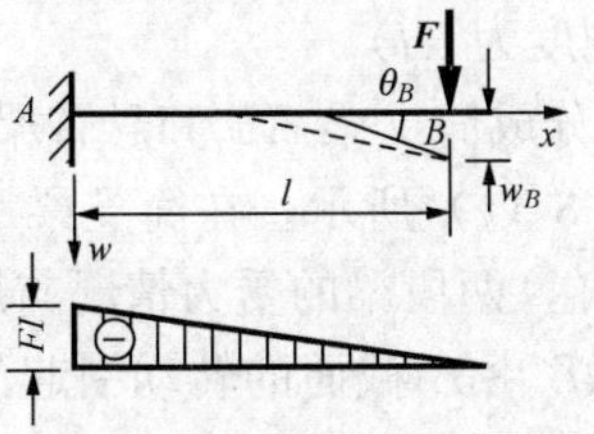	$w=+\frac{Fl^3}{6EI}\left(3\frac{x^2}{l^2}-\frac{x^3}{l^3}\right)$	$\theta_B=+\frac{Fl^2}{2EI}$ $w_B=+\frac{Fl^3}{3EI}$
3	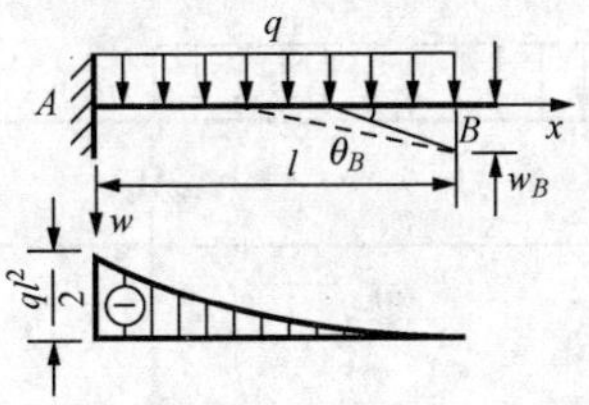	$w=\frac{ql^4}{24EI}\left(6\frac{x^2}{l^2}-4\frac{x^3}{l^3}+\frac{x^4}{l^4}\right)$	$\theta_B=+\frac{ql^3}{6EI}$ $w_B=+\frac{ql^4}{8EI}$
4	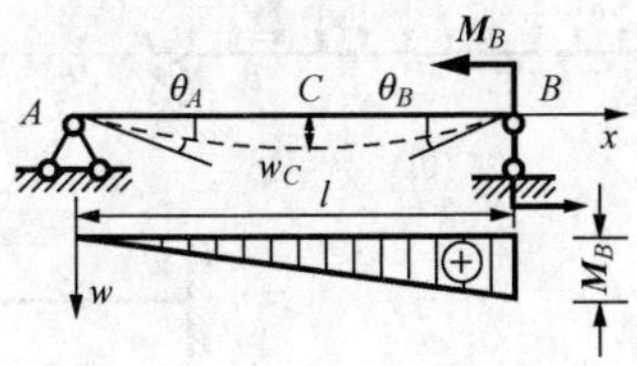	$w=+\frac{M_Bl^2}{6EI}\left(\frac{x}{l}-\frac{x^3}{l^3}\right)$	$\theta_A=+\frac{M_Bl}{6EI}$ $\theta_B=-\frac{M_Bl}{3EI}$ $w_C=+\frac{M_Bl^2}{16EI}$
5	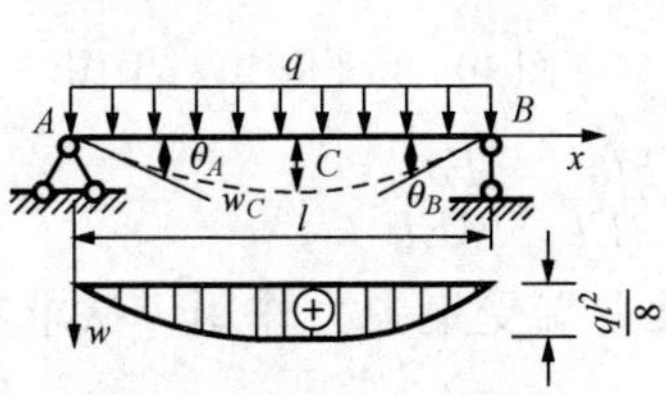	$w=+\frac{ql^4}{24EI}\left(\frac{x}{l}-2\frac{x^3}{l^3}+\frac{x^4}{l^4}\right)$	$\theta_A=+\frac{ql^3}{24EI}$ $\theta_B=-\frac{ql^3}{24EI}$ $w_C=+\frac{5ql^4}{384EI}$
6	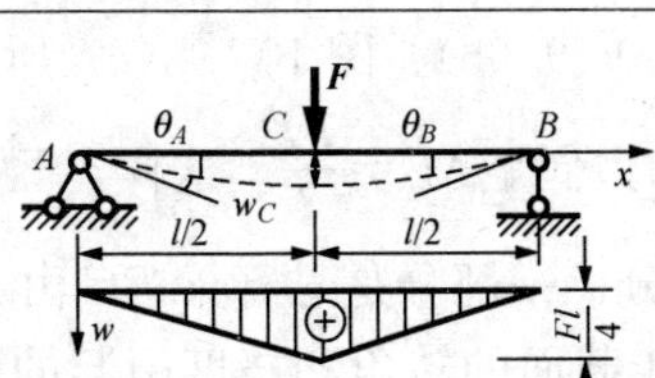	$w=+\frac{Fl^3}{48EI}\left(3\frac{x}{l}-4\frac{x^3}{l^3}\right)$ $\left(0\leqslant x\leqslant\frac{l}{2}\right)$	$\theta_A=+\frac{Fl^2}{16EI}$ $\theta_B=-\frac{Fl^2}{16EI}$ $w_C=+\frac{Fl^3}{48EI}$

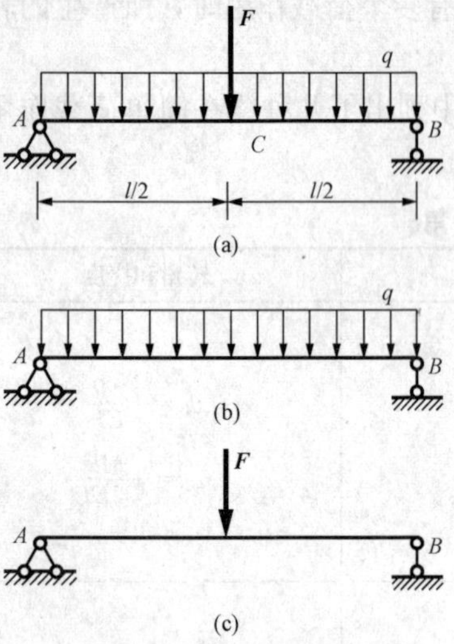

图 10-7 ［例 10-4］图

【例 10-4】 简支梁及其所受荷载如图 10-7（a）所示，试用叠加法求梁中点的挠度 w_C 和梁左端截面的转角 θ_A（设梁的弯曲刚度为 EI）。

解 先分别求出简支梁在集中荷载 F 与均布荷载 q 作用下相应截面的挠度和转角，然后叠加即得两种荷载共同作用下相应截面的挠度和转角。由表 10-1 可得

$$w_C = w_C(q) + w_C(F) = \frac{5ql^4}{384EI} + \frac{Fl^3}{48EI} = \frac{5ql^4 + 8Fl^3}{384EI}$$

$$\theta_A = \theta_A(q) + \theta_A(F) = \frac{ql^3}{24EI} + \frac{Fl^2}{16EI} = \frac{2ql^3 + 3Fl^2}{48EI}$$

【例 10-5】 用叠加法求图 10-8 所示外伸梁 C 端的挠度 w_C（梁的刚度为 EI）。

解 首先将梁分成简支梁 AB 和悬臂梁 BC，如图 10-8（b）、图 10-8（c）所示。在简支梁 AB 的 B 截面应加上 BC 段对它作用的力 F 和力偶矩 $M_e = Fa$。这样，两段梁的受力情况与原外伸梁相同；外伸梁 C 端的挠度包括两部分：一部分是简支梁 AB 由 B 截面的转动引起的刚体位移［见图 10-8（b）］，另一部分是悬臂梁 BC 由力 F 引起的挠度［见图 10-8（c）］。

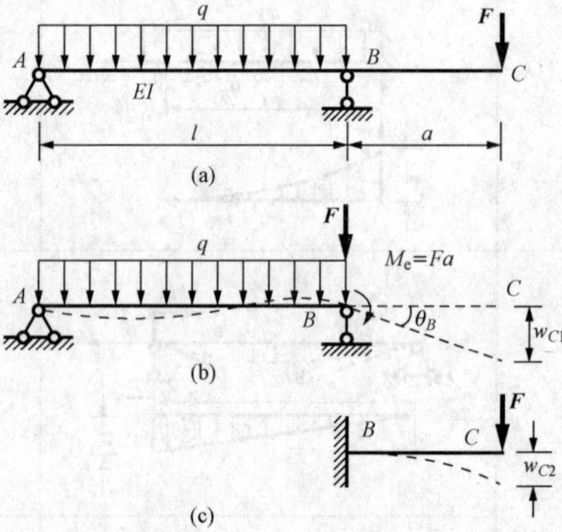

图 10-8 ［例 10-5］图

简支梁 AB 受均布力 q 及 B 端的力 F 和力偶矩 $M_e = Fa$ 的作用。由于力 F 作用在支座 B 上，不会引起简支梁 AB 的变形，因此，B 截面转角 θ_B 由均布荷载 q 和力偶矩 M 引起。查表 10-1 可得

$$\theta_B = \theta_B(q) + \theta_B(M_e) = -\frac{ql^3}{24EI} + \frac{(Fa)l}{3EI}$$

由于 θ_B 引起 C 的挠度 $w_{C1} = \theta_B a$。BC 段作为悬臂梁，由力 F 引起的挠度 $w_{C2} = \frac{Fa^3}{3EI}$。因此 C 点的挠度为

$$w_C = w_{C1} + w_{C2} = -\frac{ql^3 a}{24EI} + \frac{Fla^2}{3EI} + \frac{Fa^3}{3EI}$$

【例 10-6】 图 10-9（a）所示，一阶梯形悬臂梁右端受集中力作用，试求右端的挠度 w_C。

解 先将梁分成两根悬臂梁 BC 和 AB，分别如图 10-9（b）、图 10-9（c）所示。在悬臂梁 AB 的 B 截面应加上悬臂梁 BC 对它作用的力 F 和力偶矩 $M_e = \frac{Fl}{2}$。这样，两根悬臂梁的受力与原梁 ABC 相同；原梁 C 端的变形应包括两部分：一部分是悬臂梁 BC 由力 F 引起的挠度［见图 10-9（b）］，另一部分是悬臂梁 AB 由 B 截面的转角和挠度引起的刚体位移［见图 10-9（c）］。因此，C 点的挠度可由两部分挠度叠加求得。悬臂梁 BC 在力 F 作用下

产生的C端的挠度$w_{C1}=\dfrac{F\left(\dfrac{l}{2}\right)^3}{3EI}$。悬臂梁$AB$在力$F$和力偶矩$M_e=\dfrac{Fl}{2}$作用下产生的$B$截面的转角和挠度可由表10-1查得，即

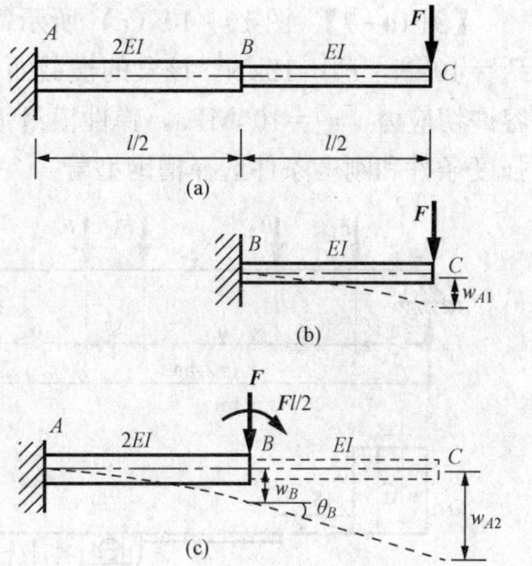

图10-9 [例10-6]图

$$\theta_B=\theta_B(F)+\theta_B(M_e)=\frac{F\left(\dfrac{l}{2}\right)^2}{2\times 2EI}+\frac{\dfrac{Fl}{2}\,\dfrac{l}{2}}{2EI}=\frac{3Fl^2}{16EI}$$

$$w_B=w_B(F)+w_B(M_e)=\frac{F\left(\dfrac{l}{2}\right)^3}{3\times 2EI}+\frac{\dfrac{Fl}{2}\left(\dfrac{l}{2}\right)^2}{2\times 2EI}=\frac{5Fl^3}{96EI}$$

由w_B和θ_B引起的A端的挠度$w_{A2}=w_B+\theta_B\dfrac{l}{2}$；因此，$C$端的挠度

$$w_C=w_{C1}+w_B+\theta_B\frac{l}{2}=\frac{F\left(\dfrac{l}{2}\right)^3}{3EI}+\frac{5Fl^3}{96EI}+\frac{3Fl^2}{16EI}\,\frac{l}{2}=\frac{3Fl^3}{16EI}$$

§10-5 梁的刚度校核

一、梁的刚度校核

在某些情况下，梁的强度虽然是足够的，但变形过大会影响正常工作。例如，吊车梁若变形过大，行车时会产生较大的振动，使吊车行驶很不平稳；传动轴在轴承处若转角过大，会使轴承的滚珠产生不均匀磨损，缩短轴承的使用寿命；楼板的横梁，若变形过大，会使涂于楼板的灰粉开裂脱落等。因此，在工程设计中，需要将梁的变形限制在某一允许范围内。梁的刚度条件为

$$w_{max}\leqslant[w] \tag{10-6}$$

$$\theta\leqslant[\theta] \tag{10-7}$$

式中w_{max}为梁的最大挠度，而θ一般是支座处的截面转角。$[w]$和$[\theta]$分别是规定的容许挠度和容许转角，在设计手册中可查到。例如：

吊车梁 $[w]=\dfrac{l}{500}\sim\dfrac{l}{600}$

屋梁和楼板梁 $[w]=\dfrac{l}{200}\sim\dfrac{l}{400}$

钢闸门主梁 $[w]=\dfrac{l}{500}\sim\dfrac{l}{750}$

普通机床主轴 $[w]=\dfrac{l}{5000}\sim\dfrac{l}{10\,000}$

$$[\theta]=0.005\sim 0.001\text{rad}$$

在梁的设计中，通常按梁的强度条件进行设计，利用式（10-6）和式（10-7）对梁进行刚度校核。但在某些特殊情况下，对构件的位移限制很严时，刚度条件也可能起控制作用。

【例 10-7】 图 10-10（a）所示简支梁受四个集中力作用，$F_1=120\text{kN}$，$F_2=30\text{kN}$，$F_3=40\text{kN}$，$F_4=12\text{kN}$。该梁的横截面由两个槽钢组成。设钢的容许正应力 $[\sigma]=170\text{MPa}$，容许切应力 $[\tau]=100\text{MPa}$，弹性模量 $E=2.1\times10^5\text{MPa}$；梁的容许挠度 $[w]=l/400$。试由强度条件和刚度条件选择槽钢型号。

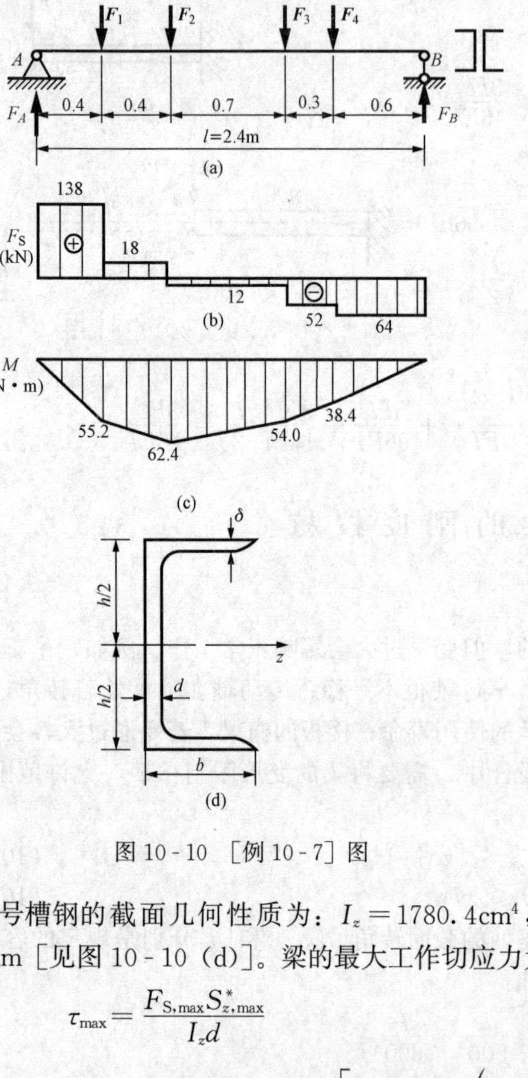

图 10-10 ［例 10-7］图

解 （1）计算支座反力。由平衡方程求得

$$F_A=138\text{kN},\ F_B=64\text{kN}$$

（2）画剪力图和弯矩图。梁的剪力图和弯矩图如图 10-10（b）、图 10-10（c）所示。由图可知

$$F_{\text{S,max}}=138\text{kN},\ M_{\max}=62.4\text{kN}\cdot\text{m}$$

（3）由正应力强度条件选择槽钢型号。由式（10-13），得

$$W_z\geqslant\frac{M_{\max}}{[\sigma]}=\frac{62.4\times10^3}{170\times10^6}=367\times10^{-6}\text{m}^3=367\text{cm}^3$$

查型钢表，选两个 20a 号槽钢，$W_z=178\times2=356\text{cm}^3$，略小于上述计算值，还应对正应力强度再进行校核。

梁的最大工作正应力为

$$\sigma_{\max}=\frac{M_{\max}}{W_z}=\frac{62.4\times10^3}{356\times10^{-6}}=175\times10^6\text{N/m}^2=175\text{MPa}$$

此值仅超过容许应力 3%，工程上是可以接受的。

（4）校核切应力强度。由型钢表查得 20a 号槽钢的截面几何性质为：$I_z=1780.4\text{cm}^4$，$h=200\text{mm}$，$b=73\text{mm}$，$d=7\text{mm}$，$\delta=11\text{mm}$［见图 10-10（d）］。梁的最大工作切应力为

$$\tau_{\max}=\frac{F_{\text{S,max}}S^*_{z,\max}}{I_z d}$$

$$=\frac{138\times10^3\times2\times\left[73\times11\times\left(100-\dfrac{11}{2}\right)+7\times\dfrac{(100-11)^2}{2}\right]\times10^{-9}}{2\times1780\times10^{-8}\times2\times7\times10^{-3}}$$

$$=57.4\times10^6\text{N/m}^2=57.4\text{MPa}<[\tau]$$

满足切应力强度要求。

（5）校核刚度。因为该梁的挠曲线上无拐点，故可用中点的挠度作为最大挠度。利用式（10-5），并由叠加法，得到

$$w_{\max}=\sum_{i=1}^{4}\frac{F_ib_i(3l^2-4b_i^2)}{48EI}=\frac{1.77\times10^6}{48\times2.1\times10^5\times10^6\times2\times1780\times10^{-8}}$$

$$=4.94\times10^{-3}\text{m}=4.94\text{mm}$$

容许挠度 $[w]=2.4/400=6\times10^{-3}\text{m}=6\text{mm}$，满足刚度要求，故该梁选两个 20a 号槽钢。

二、提高承载能力的措施

提高梁的承载能力，也可从刚度方面加以考虑。由于梁的变形与其弯曲刚度成反比，因此，为了减小梁的变形，可以设法增加其弯曲刚度。一种方法是采用弹性模量 E 大的材料，如钢梁的变形就比铝梁小。但对于钢梁来说，用高强度钢代替普通低碳钢并不能减小梁的变形，因为两者的弹性模量相差不多。另一种方法是增大截面的惯性矩 I，即在截面积相同的条件下，使截面面积分布在离中性轴较远的地方，如工字形截面、空心截面等，以增大截面的惯性矩。

由于梁的挠度和转角与跨长的 n 次幂成正比，因此，调整支座位置以减小跨长可以减小梁的变形。另外，增加辅助梁或增加梁的支座都可以减小梁的变形，但增加支座后，原来的静定梁就变成了超静定梁。

§10-6 简单超静定梁

以上所讨论的梁，其所有支座反力均可由平衡方程求出，称为静定梁。在工程上，为了减小梁的应力和变形，常在静定梁上增加一些约束，如图 10-11（a）所示的梁就在悬臂梁自由端上增加了一个活动铰支座。该梁共三个支座反力，但只有两个静力平衡方程，所以仅用静力平衡方程不能求出全部支座反力。这样的梁称为超静定梁。因此，在超静定梁中，相对于维持梁的平衡来说，有多余约束或有多余约束反力。多余约束反力的数目就等于超静定次数。

求解超静定梁，除仍必须应用平衡方程外，还需根据多余约束对梁的变形或位移的特定限制，建立由变形或位移间协调的几何关系，再以力与变形或位移间的物理关系代入，得到补充方程，方能解出多余约束反力。现以图 10-11 所示的超静定梁为例，说明求解方法。

首先将 B 支座视为多余约束，假想将其解除，得到一悬臂梁，如图 10-11（b）所示。该悬臂梁是静定的，称为基本静定梁。基本静定梁在荷载 q 及多余约束反力 F_B 的作用下，在 B 点的挠度应与原超静定梁 B 点的挠度一致，因此，基本静定梁在 B 点的挠度应等于零。这就是原超静定梁的变形协调的几何关系。按叠加法，求基本静定梁上 B 点由均布荷载 q 及多余约束反力 F_B 引起的挠度。因此，变形协调的几何关系为

$$w_B=w_B(q)+w_B(F_B)=0 \qquad \text{(a)}$$

由表 10-1 及式（a），得到

$$\frac{ql^4}{8EI}-\frac{F_Bl^3}{3EI}=0 \qquad \text{(b)}$$

式（b）即为补充方程。由式（b）解得

$$F_B=\frac{3}{8}ql$$

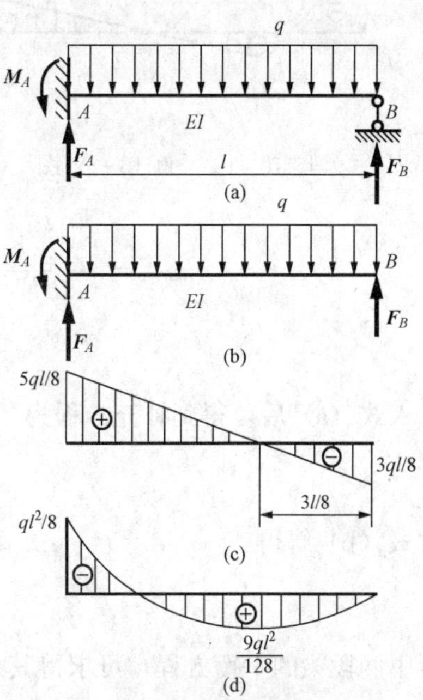

图 10-11 超静定梁及其求解

再由平衡方程求得

$$F_A = \frac{5}{8}ql\,,M_A = \frac{1}{8}ql^2$$

梁的剪力图和弯矩图分别如图 10-11（c）、图 10-11（d）所示。

从以上求解过程看到，求解超静定梁的主要问题是如何选择基本静定梁，并找出相应的变形协调的几何关系。对同一超静定梁，可以选取不同的基本静定梁。例如，图 10-11（a）所示的超静定梁，也可将左端阻止转动的约束视为多余约束，予以解除，得到的基本静定梁是简支梁。基本静定梁上有均布荷载 q 与多余约束反力矩 M_A 作用，相应的变形协调的几何关系是基本静定梁上 A 截面的转角为零。上述解超静定梁的方法，是以多余约束力作为基本未知量的，故称为力法。

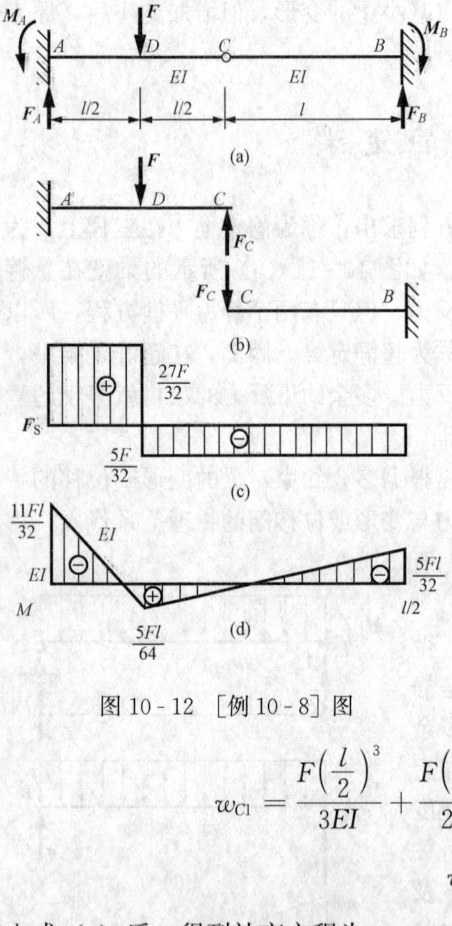

图 10-12 ［例 10-8］图

【例 10-8】 两端固定的梁，在 C 处有一中间铰，如图 10-12（a）所示。梁 D 点受集中力 F 作用，试作梁的剪力图和弯矩图。

解 在竖向荷载作用下水平约束力为零，则梁共有 5 个约束力，即 M_A、M_B、F_A、F_B 和 F_C。该梁分两段共有 4 个独立的平衡方程，属于一次超静定。

现假想将梁在中间铰处拆开，选两个悬臂梁为基本静定梁，如图 10-12（b）所示，即以 C 处的铰约束作为多余约束，相应的约束力 F_C 为多余未知力。在基本静定梁 AC 和 CB 上作用的外力如图 10-12（b）所示。由于梁变形后中间铰不会分开，设 w_{C1} 是基本静定梁 AC 在 C 点的挠度，w_{C2} 是基本静定梁 CB 在 C 点的挠度，两者须相等，因此，变形协调的几何关系为

$$w_{C1} = w_{C2} \tag{a}$$

由表 10-1 和叠加法，得到

$$w_{C1} = \frac{F\left(\dfrac{l}{2}\right)^3}{3EI} + \frac{F\left(\dfrac{l}{2}\right)^2}{2EI}\cdot\frac{l}{2} - \frac{F_C l^3}{3EI} = \frac{5Fl^3}{48EI} - \frac{F_C l^3}{3EI}$$

$$w_{C2} = \frac{F_C l^3}{3EI}$$

代入式（a）后，得到补充方程为

$$\frac{5Fl^3}{48EI} - \frac{F_C l^3}{3EI} = \frac{F_C l^3}{3EI} \tag{b}$$

由式（b）解得

$$F_C = \frac{5}{32}F$$

再由两段梁的平衡方程，可求得其余支座反力。梁的剪力图和弯矩图分别如图 10-12（c）、图 10-12（d）所示。

思　考　题

10-1　如何根据弯矩图、挠曲线近似微分方程、梁的位移边界条件和连续条件，确定图 10-13 所示梁的挠曲线的大致形状？

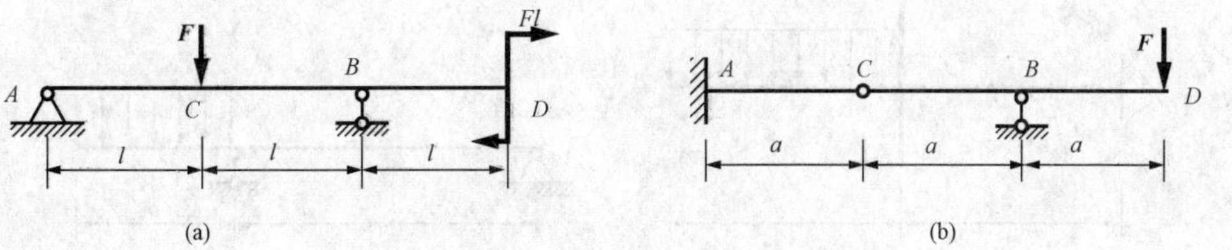

图 10-13　思考题 10-1 图

10-2　已知一等直梁的挠曲线方程为 $w=\dfrac{q_0 x}{48EI}\left(l^3-3lx^2+2x^3\right)$，能否画出梁的受力图（包括支座条件，设 x 坐标自左向右）？

10-3　图 10-14 所示等直梁 AB 平放在刚性水平面上，设梁的单位长度重为 q，在 A 端施加力 F 使之抬起，试求弯曲部分的长度 x 和 A 端的位移分别是多少？

10-4　若要求图 10-15 所示梁 D 截面的挠度和 C 截面的转角，试比较积分法和叠加法哪种最简单？如何求？

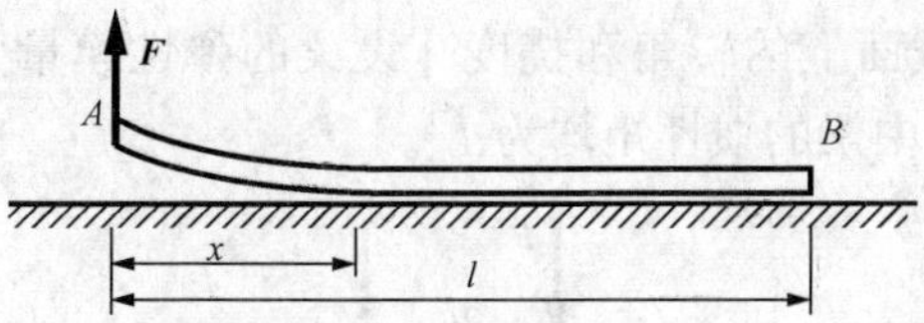

图 10-14　思考题 10-3 图

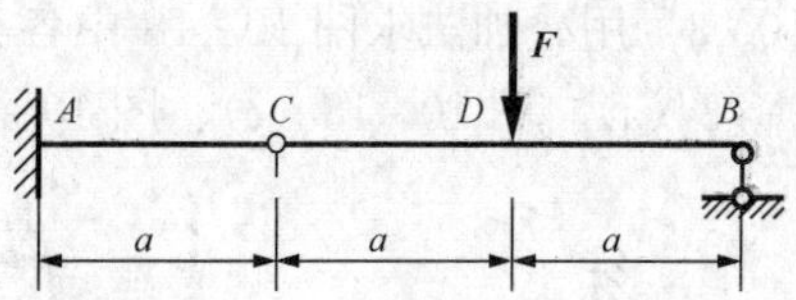

图 10-15　思考题 10-4 图

习　　题

10-1　对于图 10-16 所示各梁，要求：

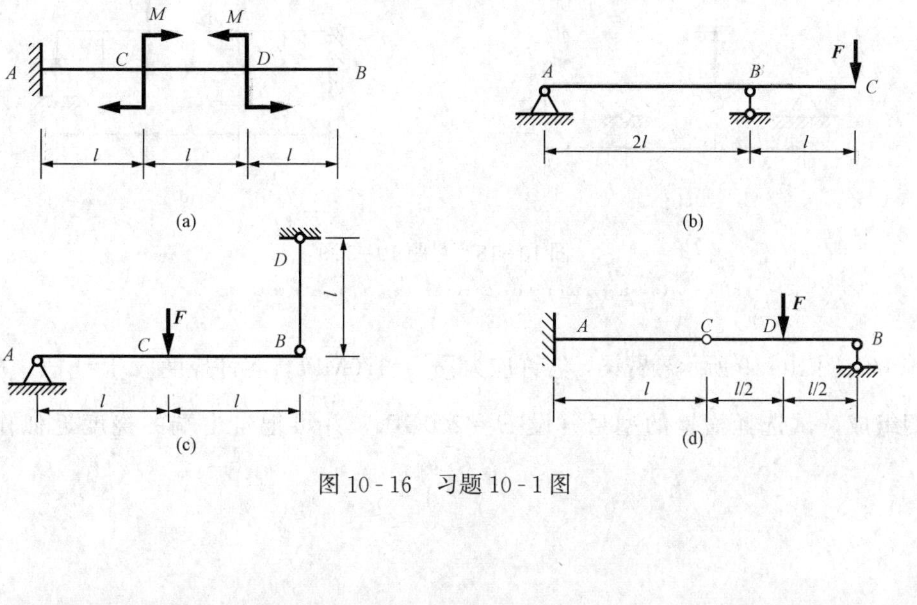

图 10-16　习题 10-1 图

（1）写出用积分法求梁变形时的已知位移条件，即边界条件和位移连续条件。

（2）根据梁的弯矩图和支座条件，画出梁的挠曲线的大致形状。

10-2 用积分法求图 10-17 中各梁指定截面处的转角和挠度［设 EI 为已知，图 10-17（d）中 $EI=200\times10^5\text{N}\cdot\text{m}^2$］。

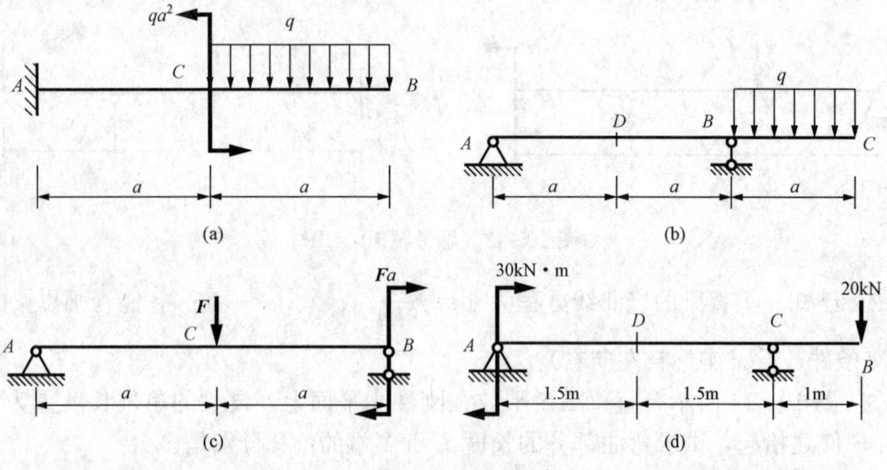

图 10-17 习题 10-2 图

（a）θ_C，w_B；（b）θ_B，w_D；（c）θ_A，w_C；（d）θ_B，w_D

10-3 用叠加法求图 10-18 中各梁指定截面上的转角和挠度［设梁的弹性模量为 E，图 10-18（a）、图 10-18（c）、图 10-18（d）中梁的惯性矩均为 I］。

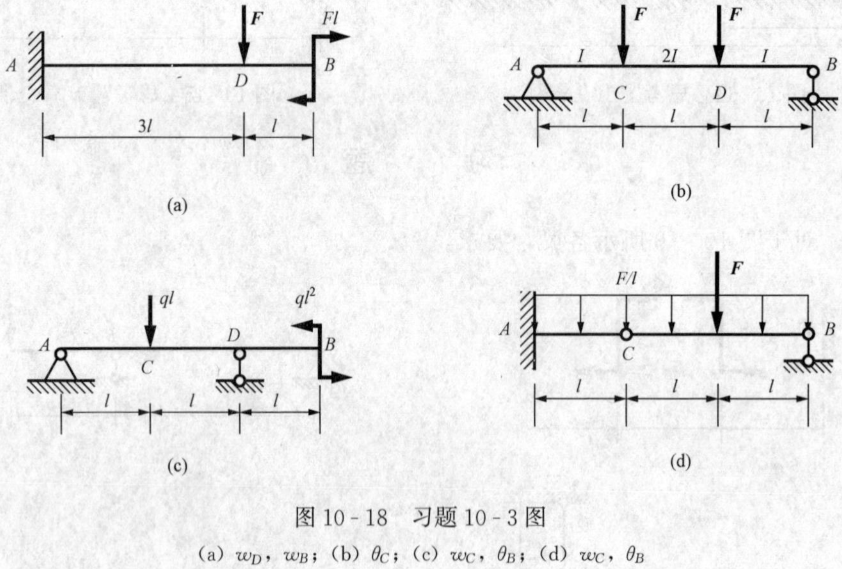

图 10-18 习题 10-3 图

（a）w_D，w_B；（b）θ_C；（c）w_C，θ_B；（d）w_C，θ_B

10-4 图 10-19 所示悬臂梁，容许应力$[\sigma]=170\text{MPa}$，容许挠度$[w]=\dfrac{l}{400}$，截面由两个槽钢组成，试选择槽钢的型号（设 $E=200\text{GPa}$，并可把自由端的挠度近似作为最大挠度）。

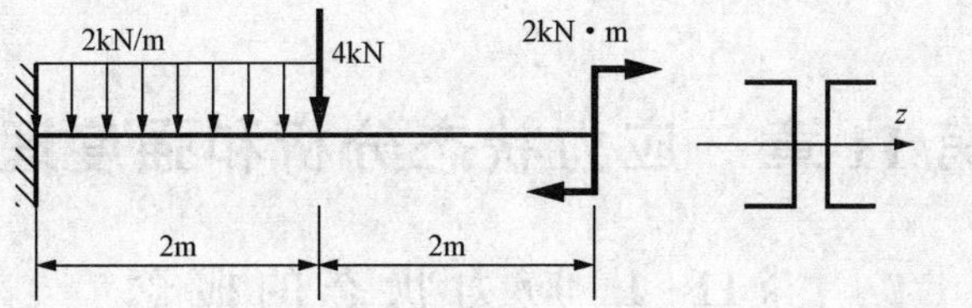

图 10-19　习题 10-4 图

10-5　求图 10-20 中各梁的支座反力，并作剪力图和弯矩图［设梁的弹性模量为 E，图 10-20（a)、图 10-20（b）中梁的惯性矩均为 I］。

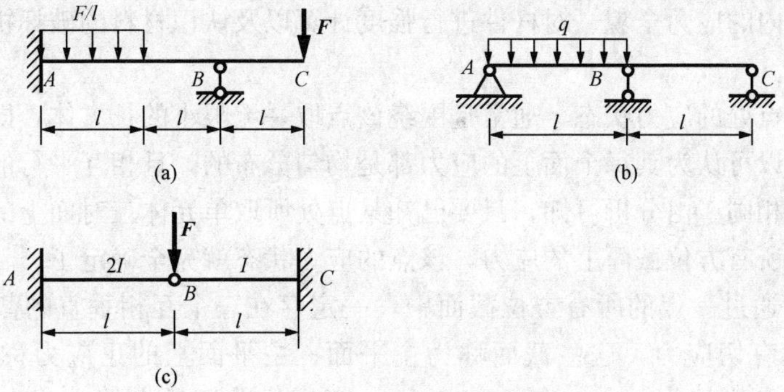

图 10-20　习题 10-5 图

10-6　图 10-21 所示两梁相互垂直，并在简支梁中点接触。设两梁材料相同，AB 梁的惯性矩为 I_1，CD 梁的惯性矩为 I_2，试求 AB 梁中点的挠度 w_C。

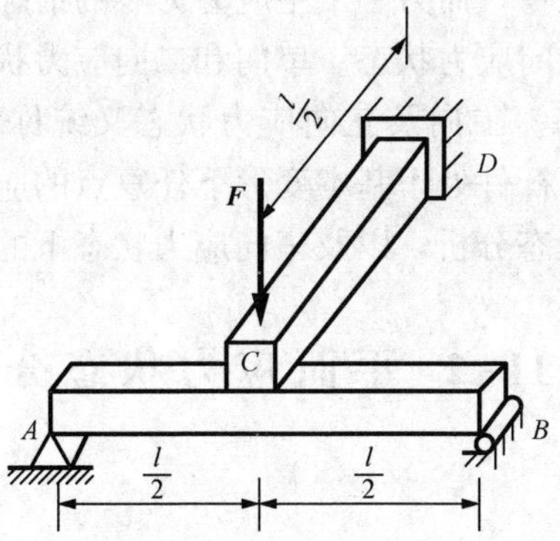

图 10-21　习题 10-6 图

第 11 章　应力状态分析和强度理论

§11-1　应力状态的概念

通常，杆件同一截面上不同点处的应力是不同的。进一步分析表明，受力杆件中任一点处的应力又与所考虑的截面方位有关，即过同一点不同方位截面上的应力情况是不相同的。将杆件内通过一点处的各个不同方位截面上的应力情况的集合，称为该点的应力状态。要全面了解受力杆件内的应力全貌、对杆件进行强度计算以及认识材料的破坏机理，就必须分析一点的应力状态。

为了分析一点处的应力状态，通常是围绕该点取一无限小的长方体，即单元体。因为单元体无限小，所以可认为其每个面上的应力都是均匀分布的，且相互平行的一对面上的应力大小相等、符号相同。由分析可知，只要已知某点处所取单元体三对面上的应力，就可以求得该单元体其他所有方位截面上的应力，该点的应力状态就完全确定了。

可以证明，通过一点的所有方位截面中，一定存在三个互相垂直的截面。这些截面上只有正应力而没有切应力，这些截面称为主平面；主平面上的正应力称为主应力。一点处的三个主应力分别记为 σ_1、σ_2 和 σ_3，其中 σ_1 表示代数值最大的主应力，σ_3 表示代数值最小的主应力。例如，某点处的三个主应力分别为 50、−100MPa 和 0，则 $\sigma_1=50\text{MPa}$、$\sigma_2=0$、$\sigma_3=-100\text{MPa}$。

一点处的三个主应力中，有一个主应力不为零，其余两个主应力为零的情况，称为单向应力状态；有两个主应力不为零，而另一个主应力为零的情况，称为二向应力状态；三个主应力都不为零的情况，称为三向应力状态。单向和二向应力状态统称为平面应力状态，三向应力状态又称为空间应力状态。二向及三向应力状态又统称为复杂应力状态。在工程实际中，平面应力状态最为普遍，杆件处于基本变形下任意点的应力状态均为平面应力状态。所以，本书主要介绍平面应力状态分析，以及三向应力状态下的主要结果。

§11-2　平面应力状态分析

一、解析法

1. 任意斜截面上的应力

图 11-1（a）所示单元体，左、右两个面（x 面）上作用有正应力 σ_x 和切应力 τ_x；上、下两个面（y 面）上作用有正应力 σ_y 和切应力 τ_y；前、后两个面上没有应力。所有应力均在同一平面（平行于纸面）内，是平面应力状态的一般情况。现用图 11-1（b）所示的平面图形来表示。

设任意斜截面 ef 的外法线 n 与 x 轴成 α 角，称为 α 面，如图 11-1（b）所示，并规定从 x 轴逆时针旋转到外法线 n 的 α 角为正值。为了求该斜截面上的应力，首先假想沿 ef 面将单元体截开，并留取左边部分 ebf 为研究对象，如图 11-1（c）所示。在 ef 面上作用有正应力和切应力，用 σ_α 及 τ_α 表示。正应力以拉为正，压为负；切应力以顺时针转动者为正，

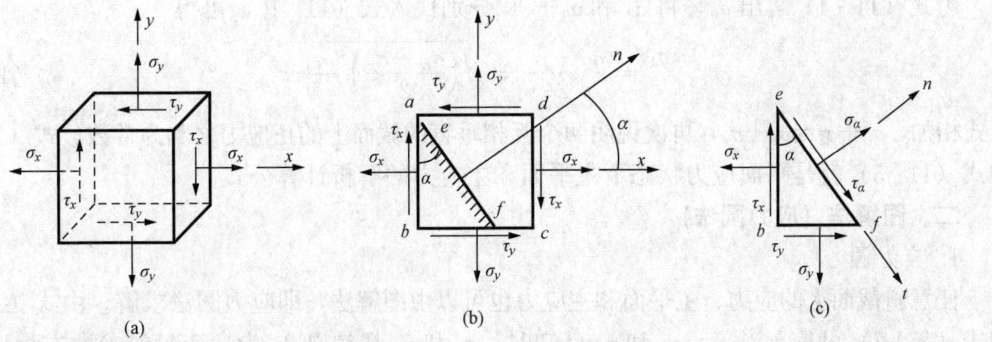

图 11-1　平面应力状态分析

逆时针转动者为负。这与本书以前对应力符号的规定是一致的。设斜截面 ef 的面积为 $\mathrm{d}A$，则 eb 面和 bf 面的面积分别是 $\mathrm{d}A\cos\alpha$ 和 $\mathrm{d}A\sin\alpha$。取 n 轴和 t 轴为投影轴，写出该部分的平衡方程为

$$\sum F_n = 0，即\quad \sigma_\alpha \mathrm{d}A + (\tau_x \mathrm{d}A\cos\alpha)\sin\alpha - (\sigma_x \mathrm{d}A\cos\alpha)\cos\alpha + (\tau_y \mathrm{d}A\sin\alpha)\cos\alpha - (\sigma_y \mathrm{d}A\sin\alpha)\sin\alpha = 0$$

$$\sum F_t = 0，即\quad \tau_\alpha \mathrm{d}A - (\tau_x \mathrm{d}A\cos\alpha)\cos\alpha - (\sigma_x \mathrm{d}A\cos\alpha)\sin\alpha + (\tau_y \mathrm{d}A\sin\alpha)\sin\alpha + (\sigma_y \mathrm{d}A\sin\alpha)\cos\alpha = 0$$

由切应力互等定理，τ_x 和 τ_y 大小相等。再对上述平衡方程进行三角变换，得到

$$\sigma_\alpha = \frac{\sigma_x + \sigma_y}{2} + \frac{\sigma_x - \sigma_y}{2}\cos 2\alpha - \tau_x \sin 2\alpha \tag{11-1}$$

$$\tau_\alpha = \frac{\sigma_x - \sigma_y}{2}\sin 2\alpha + \tau_x \cos 2\alpha \tag{11-2}$$

式（11-1）和式（11-2）就是平面应力状态下任意斜截面上正应力和切应力的解析计算公式。

如果要求与 ef 面垂直的截面上的应力，只要将式（11-1）和式（11-2）中的 α 用 $\alpha+90°$ 代入，即可得到

$$\sigma_{\alpha+90°} = \frac{\sigma_x + \sigma_y}{2} - \frac{\sigma_x - \sigma_y}{2}\cos 2\alpha + \tau_x \sin 2\alpha$$

$$\tau_{\alpha+90°} = -\frac{\sigma_x - \sigma_y}{2}\sin 2\alpha - \tau_x \cos 2\alpha$$

由此可见

$$\sigma_\alpha + \sigma_{\alpha+90°} = \sigma_x + \sigma_y = 常数 \tag{11-3}$$

$$\tau_\alpha = -\tau_{\alpha+90°}$$

即任意两个互相垂直的截面上的正应力之和为常数，切应力服从切应力互等定理。

2. 主平面和主应力

由主平面的定义可知，切应力为零的平面即为主平面，由式（11-2），当 $\alpha=\alpha_0$ 时，$\tau_{\alpha_0}=0$，得

$$\tan 2\alpha_0 = \frac{-2\tau_x}{\sigma_x - \sigma_y} \tag{11-4}$$

由式（11-4）解出 α_0，将 α_0 和 $\alpha_0+90°$分别代入式（11-1），可得

$$\begin{matrix}\sigma_1\\\sigma_2\end{matrix}=\frac{\sigma_x+\sigma_y}{2}\pm\sqrt{\left(\frac{\sigma_x-\sigma_y}{2}\right)^2+\tau_x^2} \tag{11-5}$$

两式相加，$\sigma_1+\sigma_2=\sigma_x+\sigma_y$，再次说明两个互相垂直的截面上的正应力之和为常数。式（11-4）和式（11-5）就是平面应力状态下主平面和主应力的解析计算公式。

二、图解法（应力圆法）

1. 应力圆

任意斜截面上的应力、主平面和主应力也可以由图解法，即应力圆法求解。由式（11-1）和式（11-2）可见，当 σ_x、σ_y 和 τ_x 已知时，σ_α 和 τ_α 都是以 2α 为参变量的参数方程。现将式（11-1）改写为

$$\sigma_\alpha-\frac{\sigma_x+\sigma_y}{2}=\frac{\sigma_x-\sigma_y}{2}\cos2\alpha-\tau_x\sin2\alpha$$

将上式与式（11-2）两边分别平方后相加，消去参变量 2α，得到

$$\left(\sigma_\alpha-\frac{\sigma_x+\sigma_y}{2}\right)^2+\tau_\alpha^2=\left(\frac{\sigma_x-\sigma_y}{2}\right)^2+\tau_x^2 \tag{11-6}$$

式（11-6）是以 σ_α 和 τ_α 为变量的圆方程。若以直角坐标系的横轴为 σ 轴，纵轴为 τ 轴，则式（11-6）所示圆心坐标为 $\left(\frac{\sigma_x+\sigma_y}{2},\ 0\right)$，半径为 $\sqrt{\left(\frac{\sigma_x-\sigma_y}{2}\right)^2+\tau_x^2}$。这样的圆称为应力圆，是德国工程师莫尔于1895年提出的，故又称莫尔圆。

2. 应力圆作法

应力圆作法如下：设一单元体及各面上的应力如图11-2（a）所示。取 $O\sigma\tau$ 坐标系，选比例尺。在 σ 轴上按比例量取 $\overline{OB_1}=\sigma_x$，再在 B_1 点量取纵坐标 $\overline{B_1D_1}=\tau_x$，得 D_1 点。由于 D_1 点的横坐标和纵坐标代表了 x 面上的正应力和切应力，因此可认为 D_1 点对应于 x 面。再量取 $\overline{OB_2}=\sigma_y$、$\overline{B_2D_2}=\tau_y$，得 D_2 点，D_2 点对应于 y 面。作直线连接 D_1 和 D_2 点，该直线与 σ 轴相交于 C 点。以 C 点为圆心、$\overline{CD_1}$ 或 $\overline{CD_2}$ 为半径作圆，这个圆就是表示图11-2（a）所示单元体应力状态的应力圆，如图11-2（b）所示。由图可见，该圆圆心的横坐标为

$$\overline{OC}=\frac{1}{2}(\overline{OB_1+OB_2})=\frac{\sigma_x+\sigma_y}{2}$$

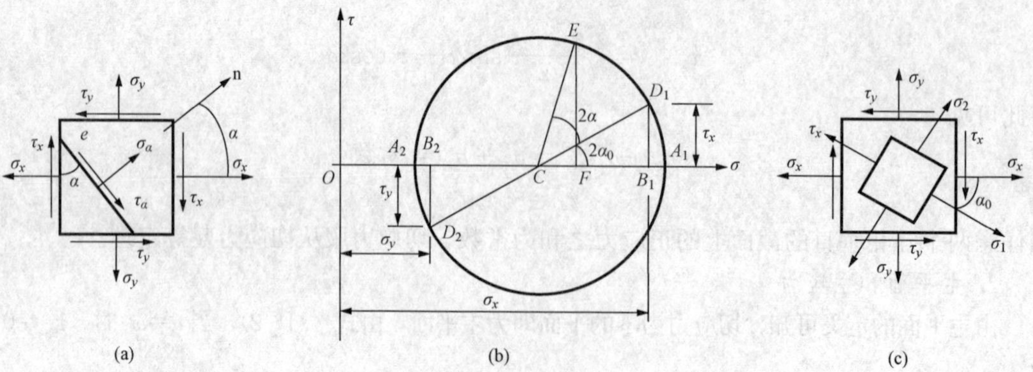

图11-2 平面应力状态应力图

纵坐标为零，而半径为

$$\overline{CD_1}(=\overline{CD_2})=\sqrt{\overline{CB_1}^2+\overline{B_1D_1}^2}=\sqrt{\left(\frac{\sigma_x-\sigma_y}{2}\right)^2+\tau_x^2}$$

因此，所作的圆即为式（11-6）所表示的圆。可见，图 11-2（b）所示的应力圆与图 11-2（a）所示的单元体对应。

3. 任意斜截面上的应力

利用应力圆，可求得任意 α 截面上的应力。由于 α 角是从 x 轴量起的，并且 σ_α 和 τ_α 的参变量是 2α，因此取 $\overline{CD_1}$ 为起始半径，按 α 角的转动方向量取 2α 角，得到半径 $\overline{CE}$。E 点的横坐标与纵坐标就代表 α 截面上的正应力和切应力。现证明如下：

由图 11-2（b）可见

$$\begin{aligned}\overline{OF}&=\overline{OC}+\overline{CF}=\overline{OC}+\overline{CE}\cos(2\alpha_0+2\alpha)\\&=\overline{OC}+\overline{CE}\cos2\alpha_0\cos2\alpha-\overline{CE}\sin2\alpha_0\sin2\alpha\\&=\overline{OC}+(\overline{CD_1}\cos2\alpha_0)\cos2\alpha-(\overline{CD_1}\sin2\alpha_0)\sin2\alpha\\&=\overline{OC}+\overline{CB_1}\cos2\alpha-\overline{B_1D_1}\sin2\alpha\\&=\frac{\sigma_x+\sigma_y}{2}+\frac{\sigma_x-\sigma_y}{2}\cos2\alpha-\tau_x\sin2\alpha=\sigma_\alpha\\\overline{EF}&=\overline{CE}\sin(2\alpha_0+2\alpha)=\overline{CD_1}\cos2\alpha_0\sin2\alpha+\overline{CD_1}\sin2\alpha_0\cos2\alpha\\&=\frac{\sigma_x-\sigma_y}{2}\sin2\alpha+\tau_x\cos2\alpha=\tau_\alpha\end{aligned}$$

即 E 点的横坐标与纵坐标分别为 α 截面的正应力和切应力，故 E 点对应于 α 面。

作应力圆时，需要注意几点：

（1）点面对应。应力圆上的一点，对应于单元体中一个面。

（2）起始对应。在应力圆上选择哪个半径作起始半径，需视单元体 α 角从哪根坐标轴量起。若 α 角自 x 轴（x 面的外法线）量起，则选 $\overline{CD_1}$ 为起始半径；若 α 角自 y 轴（y 面的外法线）量起，则选 $\overline{CD_2}$ 为起始半径。

（3）转角、转向对应。在单元体上，截面的方向角度为 α 时，在应力圆上则自起始半径量 2α 角，并且它们的转向一致。

（4）在作应力圆时，量取线段 $\overline{OB_1}$、$\overline{OB_2}$、$\overline{B_1D_1}$ 和 $\overline{B_2D_2}$，需根据单元体上相应的应力正负，量取正坐标或负坐标。

4. 主平面和主应力

由应力圆图 11-2（b）可见：A_1 和 A_2 点的纵坐标为零，这表明在单元体中与 A_1 和 A_2 点对应的截面上切应力为零，这两个面就是主平面；主应力的大小分别为 A_1 和 A_2 两点对应的横坐标，即 $\sigma_1=\overline{OA_1}$、$\sigma_2=\overline{OA_2}$；这两个主应力是该单元体中所有不同方位截面上正应力中的极值。应力圆上，$\overline{OA_2}$ 与 $\overline{OA_1}$ 相差 180°，则单元体上 σ_2 所在的主平面与 σ_1 所在的主平面互相垂直。由应力圆上的几何关系，可证明主应力的计算公式，即

$$\sigma_1=\overline{OA_1}=\overline{OC}+\overline{CA_1}=\frac{\sigma_x+\sigma_y}{2}+\sqrt{\left(\frac{\sigma_x-\sigma_y}{2}\right)^2+\tau_x^2}$$

$$\sigma_2=\overline{OA_2}=\overline{OC}-\overline{CA_2}=\frac{\sigma_x+\sigma_y}{2}-\sqrt{\left(\frac{\sigma_x-\sigma_y}{2}\right)^2+\tau_x^2}$$

现在确定主平面的方向：在图 11-2（b）所示的应力圆上，以$\overline{CD_1}$为起始半径，顺时针旋转 $2\alpha_0$ 角到半径$\overline{OA_1}$，即 $2\alpha_0=\angle D_1CA_1$ 的大小，为负角。在单元体上，自 x 轴顺时针旋转 α_0 角，就确定了 σ_1 所在主平面的外法线方向，即 σ_1 主平面方向，也就确定了该主平面的位置。由应力圆同样可证明主平面方向角的公式，即

$$\tan(-2\alpha_0)=\frac{\overline{B_1D_1}}{\overline{CB_1}}=\frac{\tau_x}{\frac{1}{2}(\sigma_x-\sigma_y)}$$

或

$$\tan 2\alpha_0=\frac{-2\tau_x}{\sigma_x-\sigma_y}$$

主应力单元体如图 11-2（c）所示。

【例 11-1】 单元体如图 11-3（a）所示，试用解析法和应力圆法确定 $\alpha_1=30°$ 和 $\alpha_2=-40°$ 两截面上的应力。已知 $\sigma_x=-30\text{MPa}$，$\sigma_y=60\text{MPa}$，$\tau_x=-40\text{MPa}$。

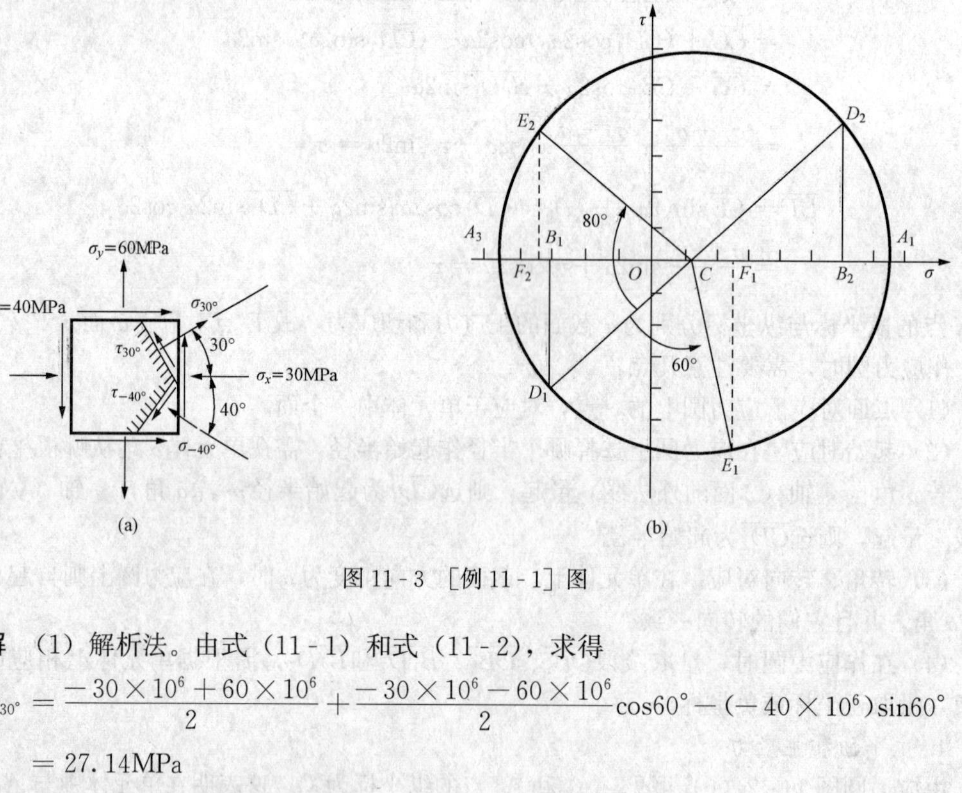

图 11-3 ［例 11-1］图

解 （1）解析法。由式（11-1）和式（11-2），求得

$$\sigma_{30°}=\frac{-30\times10^6+60\times10^6}{2}+\frac{-30\times10^6-60\times10^6}{2}\cos60°-(-40\times10^6)\sin60°$$
$$=27.14\text{MPa}$$

$$\tau_{30°}=\frac{-30\times10^6-60\times10^6}{2}\sin60°+(-40\times10^6)\cos60°=-58.97\text{MPa}$$

$$\sigma_{-40°}=\frac{-30\times10^6+60\times10^6}{2}+\frac{-30\times10^6-60\times10^6}{2}\cos(-80°)-(-40\times10^6)\sin(-80°)$$
$$=-32.2\text{MPa}$$

$$\tau_{-40°}=\frac{-30\times10^6-60\times10^6}{2}\sin(-80°)+(-40\times10^6)\cos(-80°)=37.3\text{MPa}$$

（2）应力圆法。

1）作应力圆。取 $O\sigma\tau$ 坐标系，选比例尺；在 σ 轴上按比例量取$\overline{OB_1}=\sigma_x=-30\text{MPa}$，再

过 B_1 点量取纵坐标$\overline{B_1D_1}=\tau_x=-40\text{MPa}$，得到 D_1 点；再量取$\overline{OB_2}=\sigma_y=60\text{MPa}$、$\overline{B_2D_2}=\tau_y=40\text{MPa}$，得到 D_2 点；连接 D_1 和 D_2 点的直线交 σ 轴于 C 点，以 C 点为圆心、$\overline{CD_1}$或$\overline{CD_2}$为半径作圆，即得应力圆，如图 11-3（b）所示。

2）求 $\alpha_1=30°$方向面上的应力。因单元体上的 α 角是由 x 轴逆时针量得，故在应力圆上以$\overline{CD_1}$为起始半径，逆时针转 $2\alpha_1=60°$，在圆上得到 E_1 点，E_1 点对应于 $\alpha_1=30°$的截面。量 E_1 点的横坐标及纵坐标，即为 $\alpha_1=30°$截面上的正应力和切应力，它们分别为

$$\sigma_{30°}=27\text{MPa},\ \tau_{30°}=-59\text{MPa}$$

3）求 $\alpha_2=-40°$截面上的应力。仍以$\overline{CD_1}$为起始半径，顺时针旋转 $2\alpha_2=80°$，在圆上得到 E_2 点。量取 E_2 点的横坐标和纵坐标，即为 $\alpha_2=-40°$截面上的正应力和切应力，它们分别为

$$\sigma_{-40°}=-32.5\text{MPa},\ \tau_{-40°}=37\text{MPa}$$

【例 11-2】 图 11-4（a）所示单元体，在 x、y 面上只有主应力，试用应力圆法确定 $\alpha=-30°$截面上的正应力和切应力。

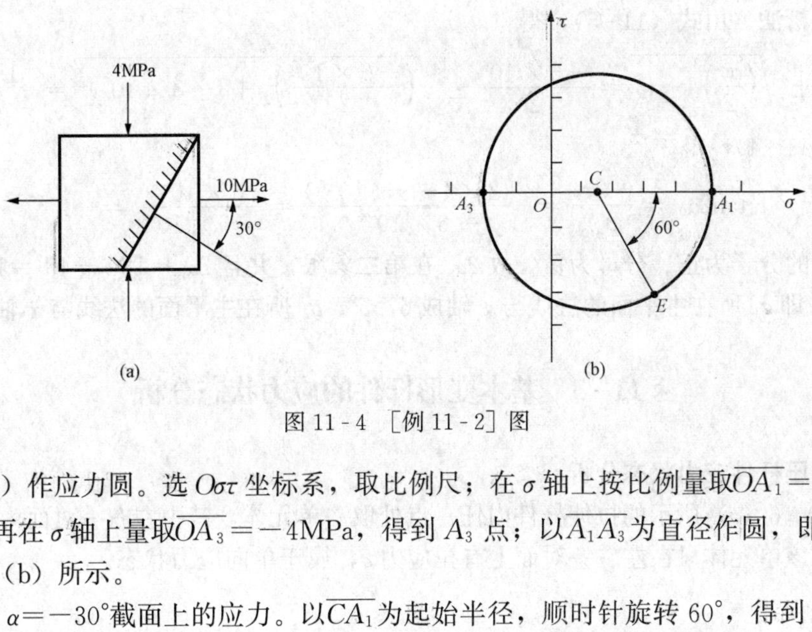

图 11-4 ［例 11-2］图

解 （1）作应力圆。选 $O\sigma\tau$ 坐标系，取比例尺；在 σ 轴上按比例量取$\overline{OA_1}=10\text{MPa}$，得到 A_1 点；再在 σ 轴上量取$\overline{OA_3}=-4\text{MPa}$，得到 A_3 点；以$\overline{A_1A_3}$为直径作圆，即得应力圆，如图 11-4（b）所示。

（2）求 $\alpha=-30°$截面上的应力。以$\overline{CA_1}$为起始半径，顺时针旋转 60°，得到 E 点。量取 E 点的横坐标和纵坐标，即得 $\alpha=-30°$截面上的正应力和切应力，它们分别为

$$\sigma_{-30°}=6.5\text{MPa},\ \tau_{-30°}=-6\text{MPa}$$

显然，可用式（11-1）和式（11-2）检查以上结果的正确性。

【例 11-3】 图 11-5（a）所示单元体上，$\sigma_x=-6\text{MPa}$，$\tau_x=-3\text{MPa}$，试用两种方法求主应力的大小和主平面的位置。

解 （1）应力圆法选。$O\sigma\tau$ 坐标系，取比例尺；按比例量取$\overline{OB_1}=\sigma_x=-6\text{MPa}$，$\overline{B_1D_1}=\tau_x=-3\text{MPa}$，得到 D_1 点；由于 $\sigma_y=0$，只需量取$\overline{OD_2}=\tau_y=3\text{MPa}$，得到 D_2 点；连接 D_1、D_2 点的直线交 σ 轴于 C 点；以 C 点为圆心、$\overline{CD_1}$（或$\overline{CD_2}$）为半径作圆，即得应力圆，如图 11-5（b）所示。量取$\overline{OA_1}$和$\overline{OA_3}$的长度，即得两个主应力的大小，它们分别为

$$\sigma_1=1.3\text{MPa},\ \sigma_3=-7.2\text{MPa}$$

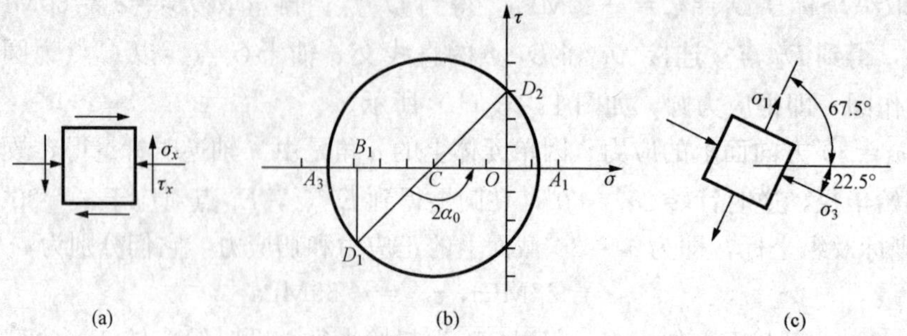

图 11-5 ［例 11-3］图

式中第二个主应力为负值，即为 σ_3，而 $\sigma_2=0$。

在应力圆上量得 $\angle D_1CA_1=2\alpha_0=135°$，并以起始半径 $\overline{CD_1}$ 逆时针转至 $\overline{CA_1}$。因此，在单元体上，σ_1 所在主平面的法线与 x 轴成逆时针角 $\alpha_0=67.5°$，σ_3 所在主平面和 σ_1 所在主平面垂直。主应力单元体如图 11-5（c）所示。

（2）解析法。由式（11-5），得

$$\begin{matrix}\sigma_1\\\sigma_3\end{matrix}=\frac{\sigma_x}{2}\pm\sqrt{\left(\frac{\sigma_x}{2}\right)^2+\tau_x^2}=\frac{-6\times10^6}{2}\pm\sqrt{\left(\frac{-6\times10^6}{2}\right)^2+(-3\times10^6)^2}=\begin{matrix}1.24\\-7.24\end{matrix}\text{MPa}$$

由式（11-4），得

$$\tan2\alpha_0=\frac{-2\tau_x}{\sigma_x}=\frac{-2\times(-3\times10^{-6})}{-6\times10^{-6}}=\frac{6\times10^{-6}}{-6\times10^{-6}}=-1$$

因上式的分子为正、分母为负，故 $2\alpha_0$ 在第二象限，并且 $2\alpha_0=180°-45°=135°$。因此，$\alpha_0=67.5°$，即 σ_1 所在主平面的法线与 x 轴成 67.5°，σ_3 所在主平面的法线与 x 轴成 $-22.5°$。

§11-3　基本变形杆件的应力状态分析

一、拉压杆件应力状态分析

从图 11-6（a）所示的拉伸杆件内任一点处取一单元体，其中左右一对面为杆件横截面的一部分。该单元体只在左右一对面上有拉应力 σ，属于单向应力状态。

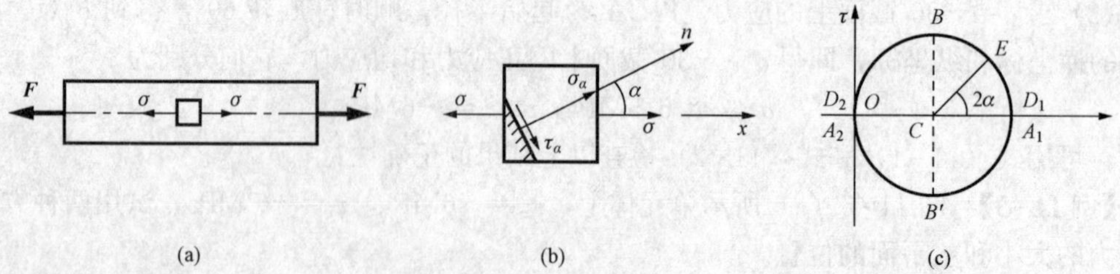

图 11-6　单向应力状态及应力圆

对单向应力状态单元体及应力圆，如图 11-6（b）和图 11-6（c）所示，任意 α 方向截面上的正应力 σ_α 和切应力 τ_α 可由式（11-1）和式（11-2）或由应力圆得到，即

$$\sigma_\alpha=\sigma\cos^2\alpha \tag{11-7a}$$

$$\tau_\alpha = \frac{\sigma}{2}\sin 2\alpha \tag{11-7b}$$

这就是拉压杆件任意方向截面上的应力公式。

该单元体的主应力 $\sigma_1=\sigma$，$\sigma_2=0$，$\sigma_3=0$。主应力方向 $\alpha_0=0°$，可见 σ_1 的作用面就是杆件的横截面。

由式（11-7）或应力圆可见：

（1）当 $\alpha=0°$时，$\sigma_{0°}=\sigma=\sigma_{max}$，$\tau_{0°}=0$，表明拉压杆件的最大正应力发生在横截面上，该截面上不存在切应力。

（2）当 $\alpha=\pm45°$时，$\sigma_{\pm45°}=\frac{\sigma}{2}$，$|\tau|_{\pm45°}=\frac{\sigma}{2}=|\tau|_{max}$，表明拉压杆件的最大切应力发生在$\pm45°$斜截面上，该斜截面上同时存在正应力。

（3）当 $\alpha=\pm90°$时，$\sigma_{\pm90°}=0$，$\tau_{\pm90°}=0$，表明拉压杆件纵截面上不存在任何应力。

二、扭转杆件应力状态分析

图 11-7（a）所示纯剪切应力状态为扭转圆杆内任一点处的单元体，左右一对面为杆件横截面的一部分。该单元体只在左右、上下两对面上有数值相等的切应力 τ。

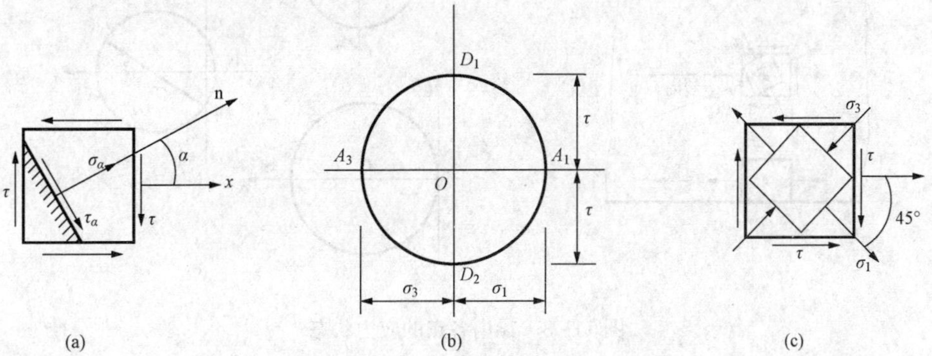

图 11-7　纯剪切应力状态分析

对纯剪切应力状态的单元体，其任意 α 方向截面上的正应力 σ_α 和切应力 τ_α 也可由式（11-1）和式（11-2）得到。令 $\sigma_x=0$，$\sigma_y=0$，$\tau_x=\tau$，则得

$$\sigma_\alpha = -\tau\sin 2\alpha \tag{11-8a}$$

$$\tau_\alpha = \tau\cos 2\alpha \tag{11-8b}$$

由式（11-8）可知，当 $\alpha=0°$时，$\sigma_{0°}=0$，$\tau_{0°}=\tau=\tau_{max}$，表明扭转圆杆的最大切应力发生在横截面上，该截面上不存在正应力。该单元体的应力圆，主应力及其方向如图 11-7（c）所示。可见，$\sigma_1=\tau$，$\sigma_3=-\tau$，$\alpha_0=-45°$。

三、梁的应力状态分析

图 11-8（a）所示简支梁，在梁的任一横截面 m-m 上，从梁顶到梁底各点处的应力状态并不相同。现沿 m-m 截面上 a、b、c、d、e 5 个点处分别取单元体［见图 11-8（b）］进行分析。梁顶 a 点处的单元体只有一对压应力，梁底 e 点处的单元体只有一对拉应力，均属于单向应力状态。中性层 c 点处的单元体只有两对切应力，属于纯剪切应力状态。梁顶、梁底与中性层之间 b、d 点处的单元体，其应力情况类似于［例 11-3］中的单元体，均为一般二向应力状态，其主应力及主应力方向可按式（11-5）和式（11-4）求得。5 个点处的主

应力方向在图 11-8（b）和 11-8（c）中示出。

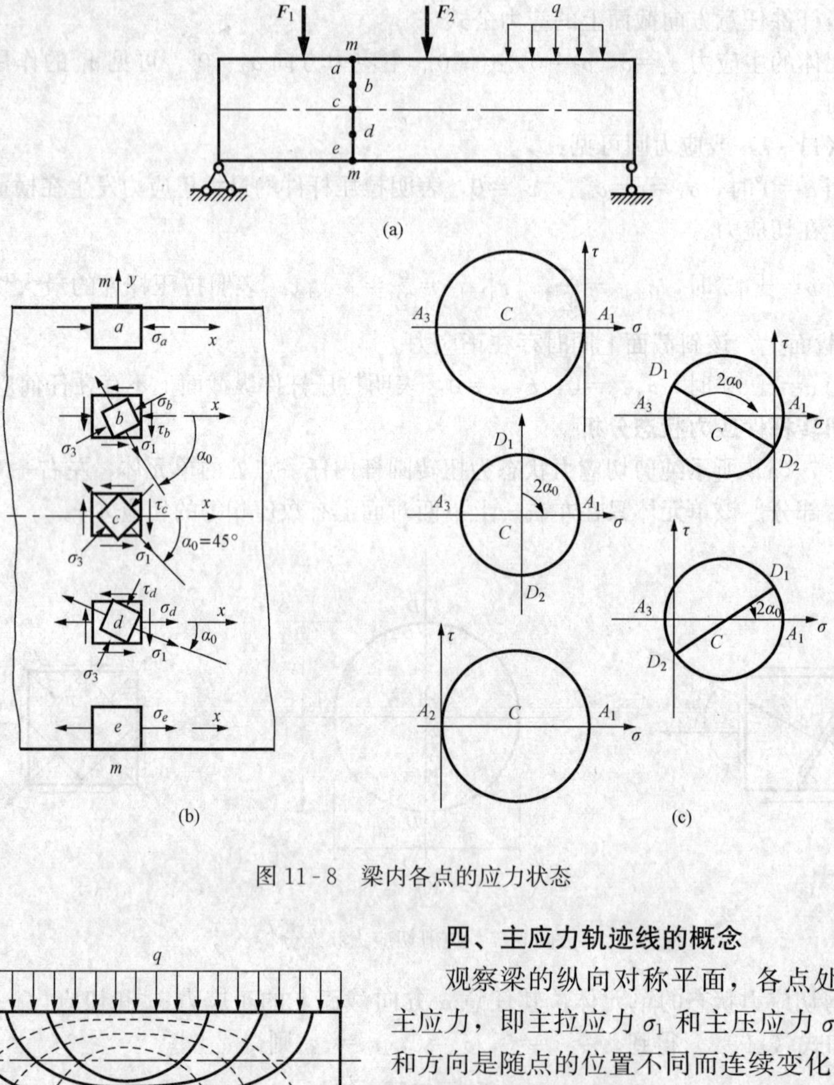

图 11-8 梁内各点的应力状态

四、主应力轨迹线的概念

观察梁的纵向对称平面，各点处均有两个主应力，即主拉应力 σ_1 和主压应力 σ_3，其大小和方向是随点的位置不同而连续变化的。因此，在梁的纵向对称平面内可以作出两组相互正交的曲线，这两组曲线称为主应力轨迹线。其中一组曲线是主拉应力轨迹线，在这些曲线上，每点的切线方向表示该点的主拉应力方向；另一组曲线是主压应力轨迹线，在这些曲线上，每点的切线方向表示该点的主压应力方向。处于平面应力状态下的构件都能作出两组主应力轨迹线。例如，某简支梁的轨迹线如图 11-9（a）所示，其中实线为主拉应力轨迹线，虚线为主压应力轨迹线。

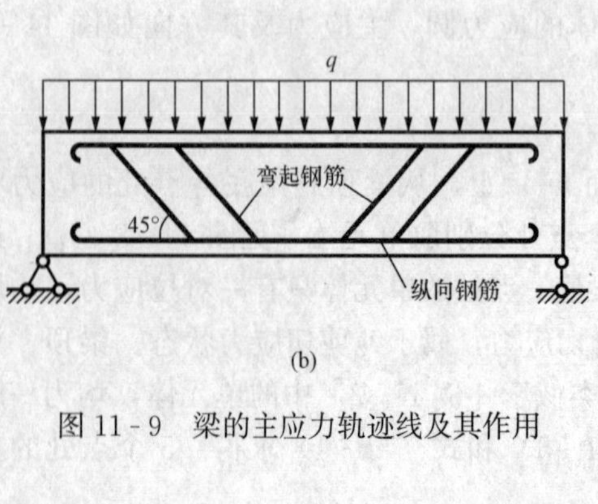

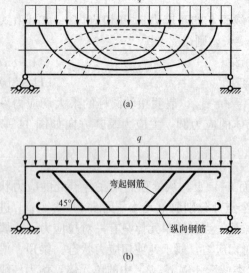

图 11-9 梁的主应力轨迹线及其作用

主应力轨迹线在工程中非常有用，在钢筋

混凝土中配制受拉钢筋时，主要是参考主拉应力轨迹线。例如，图 11-9（a）所示的简支梁在下部配置纵向钢筋和弯起钢筋时，大体上是沿主拉应力轨迹线方向的，如图 11-9（b）所示。

§11-4　三向应力状态的最大应力

受力构件中一点处的三个主应力都不为零时，该点处于三向应力状态。本节仅介绍三向应力状态的最大应力。下面首先分析斜截面上的应力。

（1）法线垂直于 σ_3 的斜截面上的应力。这一斜面［图 11-10（a）中的阴影面］上的应力，可截取一五面体，如图 11-10（b）所示。由图可见，前后两个三角形面上，应力 σ_3 的合力自相平衡，不影响斜面上的应力。因此，斜面上的应力仅由 σ_1 和 σ_2 决定。由 σ_1 和 σ_2 可在 σ-τ 直角坐标系中作出应力圆，如图 11-10（c）中的 AE 圆所示。该圆上的各点，对应于垂直于 σ_3 的所有截面上的应力，即圆上各点的横坐标和纵坐标表示对应截面上的正应力和切应力。

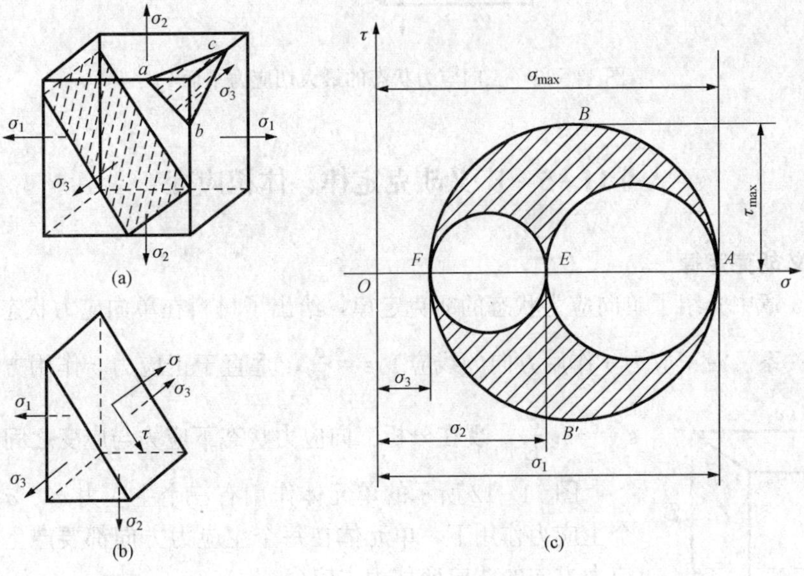

图 11-10　三向应力状态应力圆

（2）法线垂直于 σ_1 的斜截面上的应力。这一斜面上的应力只由 σ_2 和 σ_3 决定。因此，由 σ_2 和 σ_3 可作出应力圆，如图 11-10（c）中的 EF 圆所示。这一应力圆上各点的坐标，对应于垂直于 σ_1 的所有截面上的应力。

（3）法线垂直于 σ_2 的斜截面上的应力。这一斜面上的应力只由 σ_1 和 σ_3 决定。因此，由 σ_1 和 σ_3 可作出应力圆，如图 11-10（c）中的 AF 圆所示。这一应力圆上各点的坐标，对应于垂直于 σ_2 的所有截面上的应力。

进一步的分析可以证明，图 11-10（a）所示单元体中，任意方向截面［如图 11-10（a）中的 abc 截面］上的应力所对应的点的坐标，必定位于图 11-10（c）所示三个应力圆所围成的阴影区域内。

由图 11 - 10（c）的应力圆中可看到，当一点处于三向应力状态时，该点处的最大正应力为 σ_1，最小正应力为 σ_3，即

$$\sigma_{\max}=\sigma_1,\ \sigma_{\min}=\sigma_3$$

该点处的最大切应力是 B 点的纵坐标，其值为

$$\tau_{\max}=\frac{\sigma_1-\sigma_3}{2} \tag{11-9}$$

此最大切应力作用在与 σ_2 主平面垂直，并与 σ_1 和 σ_3 所在的主平面成 ±45°角的截面上，如图 11 - 11 中的阴影面所示。

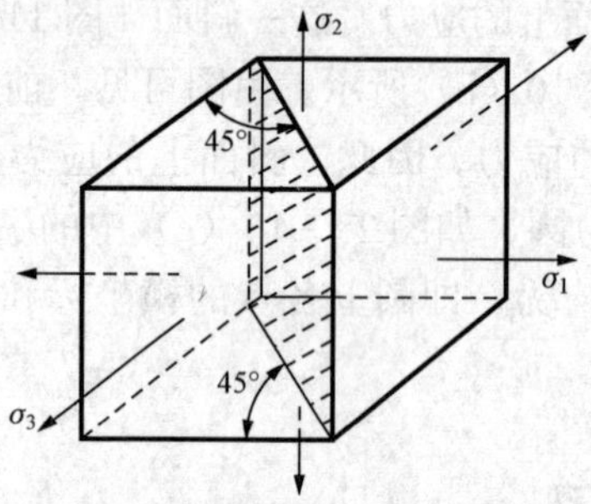

图 11 - 11　三向应力状态的最大切应力平面

§11 - 5　广义胡克定律、体积应变

一、广义胡克定律

本书第 6 章中介绍了单向应力状态的胡克定律，给出了材料在单向应力状态下的应力与应变之间的关系。沿正应力 σ 作用方向的线应变 $\varepsilon=\dfrac{\sigma}{E}$，垂直于正应力 σ 作用方向的线应变 $\varepsilon'=-\nu\dfrac{\sigma}{E}$。现在分析三向应力状态下应力与应变之间的关系。

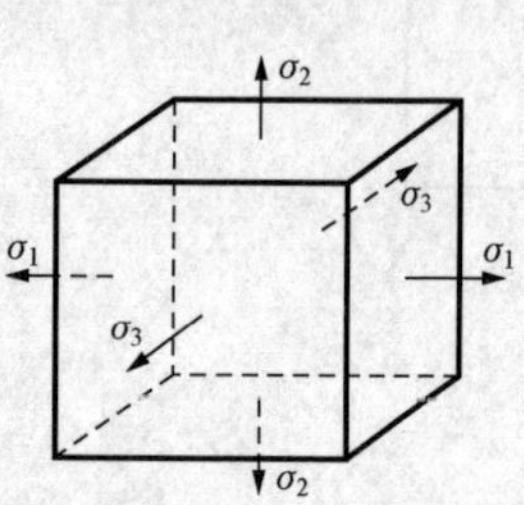

图 11 - 12　三向应力状态单元体

图 11 - 12 所示的单元体作用有三个主应力 σ_1、σ_2、σ_3。在三个主应力作用下，单元体在每个主应力方向都要产生线应变。主应力方向的线应变称为主应变。

首先求 σ_1 方向的主应变。由单向应力状态的胡克定律可知，三个主应力都会使单元体在 σ_1 方向产生线应变。

由 σ_1 引起的是纵向线应变

$$\varepsilon_1'=\frac{\sigma_1}{E} \tag{a}$$

由 σ_2 和 σ_3 引起的横向线应变分别为

$$\varepsilon_1''=-\nu\frac{\sigma_2}{E} \tag{b}$$

$$\varepsilon_1'''=-\nu\frac{\sigma_3}{E} \tag{c}$$

将（a）、（b）、（c）三式相加，即得 σ_1 方向的主应变为

$$\varepsilon_1 = \varepsilon_1' + \varepsilon_1'' + \varepsilon_1''' = \frac{\sigma_1}{E} - \nu\frac{\sigma_2}{E} - \nu\frac{\sigma_3}{E}$$

同理可求出 σ_2 和 σ_3 方向的主应变。合并写为

$$\left.\begin{aligned} \varepsilon_1 &= \frac{1}{E}[\sigma_1 - \nu(\sigma_2 + \sigma_3)] \\ \varepsilon_2 &= \frac{1}{E}[\sigma_2 - \nu(\sigma_3 + \sigma_1)] \\ \varepsilon_3 &= \frac{1}{E}[\sigma_3 - \nu(\sigma_1 + \sigma_2)] \end{aligned}\right\} \tag{11-10}$$

若单元体各面上不仅有正应力，还有切应力，即成为三向应力状态的一般情况，如图 11-13 所示。在小变形条件下，正应力仅引起线应变。因此，线应变与正应力之间的关系也可写成与式（11-10）类似的形式，即

$$\left.\begin{aligned} \varepsilon_x &= \frac{1}{E}[\sigma_x - \nu(\sigma_y + \sigma_z)] \\ \varepsilon_y &= \frac{1}{E}[\sigma_y - \nu(\sigma_z + \sigma_x)] \\ \varepsilon_z &= \frac{1}{E}[\sigma_z - \nu(\sigma_x + \sigma_y)] \end{aligned}\right\} \tag{11-11a}$$

同时，在三向应力状态下，切应力与切应变之间也有一定关系，即

$$\left.\begin{aligned} \gamma_{xy} &= \frac{\tau_{xy}}{G} \\ \gamma_{yz} &= \frac{\tau_{yz}}{G} \\ \gamma_{zx} &= \frac{\tau_{zx}}{G} \end{aligned}\right\} \tag{11-11b}$$

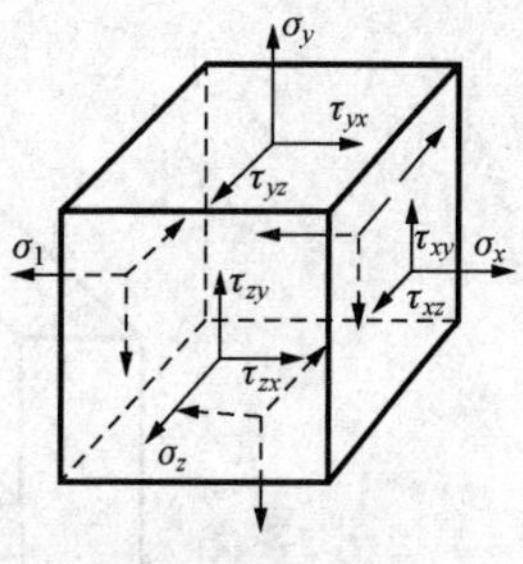

图 11-13　三向应力状态的应力分量

式（11-10）和式（11-11）表示在三向应力状态下，主应变与主应力或应变分量与应力分量之间的关系，称为广义胡克定律。它表明各向同性材料在弹性范围内应力与应变之间的线性本构关系。以上所得结果同时适用于单向与二向应力状态。例如，对于主应力为 σ_1 和 σ_2 的二向应力状态，令 $\sigma_3 = 0$，则式(11-10)成为

$$\left.\begin{aligned} \varepsilon_1 &= \frac{1}{E}(\sigma_1 - \nu\sigma_2) \\ \varepsilon_2 &= \frac{1}{E}(\sigma_2 - \nu\sigma_1) \\ \varepsilon_3 &= -\frac{\nu}{E}(\sigma_1 + \sigma_2) \end{aligned}\right\} \tag{11-12}$$

若用主应变表示主应力，则由式（11-12）得到

$$\left.\begin{aligned} \sigma_1 &= \frac{E}{1-\nu^2}(\varepsilon_1 + \nu\varepsilon_2) \\ \sigma_2 &= \frac{E}{1-\nu^2}(\varepsilon_2 + \nu\varepsilon_1) \end{aligned}\right\} \tag{11-13}$$

若单元体上既有正应力，又有切应力，即为一般二向应力状态。在这种情况下，正应力

与线应变或切应力与切应变之间的关系可由式（11-11a）、式（11-11b）简化得到。

【例 11-4】 已知一受力构件中某点处为 $\sigma_2=0$ 的二向应力状态，并测得两个主应变为 $\varepsilon_1=240\times10^{-6}$，$\varepsilon_3=-160\times10^{-6}$。若构件的材料为 Q235 钢，弹性模量 $E=2.1\times10^5$MPa，泊松比 $\nu=0.3$，试求该点处的主应力，并求主应变 ε_2。

解 因该点处 $\sigma_2=0$，故参照式（11-13），得

$$\sigma_1=\frac{E}{1-\nu^2}(\varepsilon_1+\nu\varepsilon_3)=\frac{2.1\times10^{11}}{1-0.3^2}\times(240-0.3\times160)\times10^{-6}=44.3\text{MPa}$$

$$\sigma_3=\frac{E}{1-\nu^2}(\varepsilon_3+\nu\varepsilon_1)=\frac{2.1\times10^{11}}{1-0.3^2}\times(-160+0.3\times240)\times10^{-6}=-20.3\text{MPa}$$

再由式（11-12），得

$$\varepsilon_2=-\frac{\nu}{E}(\sigma_1+\sigma_3)=-\frac{0.3}{2.1\times10^{11}}\times(44.3\times10^6-20.3\times10^6)$$
$$=-34.3\times10^{-6}$$

【例 11-5】 在一槽形钢块内，放置一边长为 10mm 的立方体铝块。铝块与槽壁间无空隙，如图 11-14（a）所示。当铝块上受到合力 $F=6$kN 的均匀分布压力时，试求铝块内任一点处的应力。设铝块的泊松比为 $\nu=0.33$（不考虑铝块与槽壁间的摩擦）。

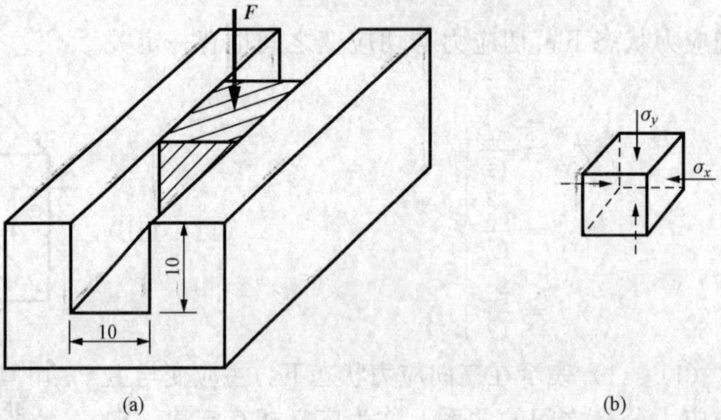

图 11-14 ［例 11-5］图

解 当铝块受到 F 力压缩后，水平截面上将产生均匀的压应力，用 σ_y 表示，则

$$\sigma_y=\frac{-F}{A}=\frac{-6\times10^3}{0.01\times0.01}=-60\text{MPa}$$

同时，铝块的变形受到左、右两侧槽壁的限制，因此产生侧向压应力，用 σ_x 表示，而沿槽方向不受限制，不产生应力，即 $\sigma_z=0$。在铝块内任一点处取一单元体，连同所受应力，如图 11-14（b）所示。根据平衡条件无法求出 σ_x，故需利用变形协调的几何关系。假设槽形钢块为刚体，故铝块沿左、右方向不可能变形，即 $\varepsilon_x=0$。由式（11-11a），得

$$\varepsilon_x=\frac{1}{E}(\sigma_x-\nu\sigma_y)=0$$

$$\sigma_x=\nu\sigma_y=0.33\times(-60\times10^6)=-19.8\text{MPa}$$

由于铝块与槽壁间无摩擦，则铝块内任一点处的主应力为

$$\sigma_1=0,\quad \sigma_2=-19.8\text{MPa},\quad \sigma_3=-60\text{MPa}$$

【例 11-6】 直径 $d=80$mm 的圆轴受外力偶 T 作用，如图 11-15（a）所示。若在圆轴

表面沿与母线成$-45°$方向测得正应变$\varepsilon_{-45°}=260\times10^{-6}$，求作用在圆轴上的外力偶 T 的大小（已知材料的弹性模量 $E=2.0\times10^5\text{MPa}$，泊松比 $\nu=0.3$）。

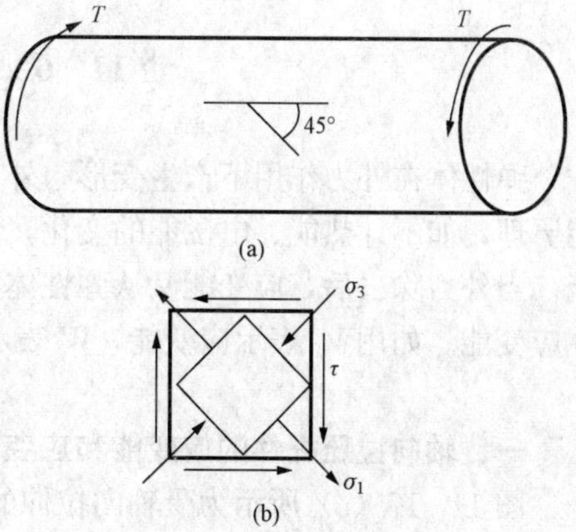

图 11-15 ［例 11-6］图

解　在圆轴表面取一单元体进行分析，该单元体属于纯剪切应力状态。作用在该单元体 x 面和 y 面上的切应力值为

$$\tau=\frac{M_x}{W_P}=\frac{16T}{\pi d^3} \tag{a}$$

与母线夹角为$-45°$方向的正应变与单元体$\pm45°$这两个相互正交的截面上的正应力都有关。这两个相互正交的截面恰为主平面，且 $\sigma_{-45°}=\sigma_1=\tau$，$\sigma_{45°}=\sigma_3=-\tau$。故由式（11-10），得

$$\varepsilon_{-45°}=\frac{1}{E}(\sigma_{-45°}-\nu\sigma_{45°})=\frac{1+\nu}{E}\tau \tag{b}$$

将式（a）代入式（b）可得

$$T=\frac{\pi d^3}{16}\frac{E}{1+\nu}\varepsilon_{-45°}$$

代入已知的 $\varepsilon_{-45°}$、E 和 ν 的值，求得作用在圆轴上的外力偶为

$$T=4.02\text{kN}\cdot\text{m}$$

二、体积应变

图 11-16 所示单元体的边长为 dx、dy 和 dz，其体积 $V_0=\mathrm{d}x\mathrm{d}y\mathrm{d}z$。在三个主应力作用下，边长将发生变化，单元体的体积设为 V，则单元体的体积改变为

$$\begin{aligned}\Delta V&=V-V_0\\&=(\mathrm{d}x+\varepsilon_1\mathrm{d}x)(\mathrm{d}y+\varepsilon_2\mathrm{d}y)(\mathrm{d}z+\varepsilon_3\mathrm{d}z)-\mathrm{d}x\mathrm{d}y\mathrm{d}z\\&=(1+\varepsilon_1)(1+\varepsilon_2)(1+\varepsilon_3)\mathrm{d}x\mathrm{d}y\mathrm{d}z-\mathrm{d}x\mathrm{d}y\mathrm{d}z\end{aligned}$$

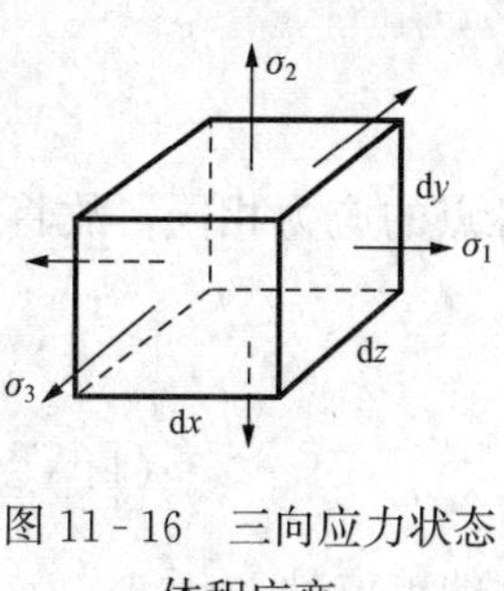

图 11-16　三向应力状态体积应变

略去应变的高阶微量后，得

$$\Delta V=(\varepsilon_1+\varepsilon_2+\varepsilon_3)\mathrm{d}x\mathrm{d}y\mathrm{d}z$$

单位体积的改变称为体积应变，用 θ 表示，则

$$\theta=\frac{\Delta V}{V_0}=\varepsilon_1+\varepsilon_2+\varepsilon_3 \tag{11-14}$$

将式（11-10）代入后，体积应变可用主应力表示为

$$\theta=\frac{1-2\nu}{E}(\sigma_1+\sigma_2+\sigma_3) \tag{11-15}$$

可见，体积应变和三个主应力之和成正比。如果三个主应力之和为零，则体积应变 θ 等于零，即体积不变。例如，纯切应力状态下，由于 $\sigma_1=\tau$，$\sigma_2=0$，$\sigma_3=-\tau$，$\sigma_1+\sigma_2+\sigma_3=0$，故体积不改变。这说明切应力不引起体积改变。因此，当单元体各面上既有正应力又有切应力时，体积应变为

$$\theta=\frac{1-2\nu}{E}(\sigma_x+\sigma_y+\sigma_z) \tag{11-16}$$

§11-6 应变能与应变能密度

弹性体在外力作用下产生变形，外力作用点也同时产生位移，因此外力要做功。按照功能原理，如不计热能、电磁能的变化，则外力所做的功在数值上等于积蓄在弹性体内的应变能。当外力除去后，应变能又从弹性体内释放出来，并使弹性变形消失。这种应变能称为弹性应变能。如用 V_ε 表示应变能，W 表示外力功，则

$$V_\varepsilon = W \tag{11-17}$$

一、轴向拉压杆件的应变能和应变能密度

图 11-17（a）所示为受轴向拉伸的直杆，拉力由零逐渐增加到最后的数值 F_1，现计算外力功。当拉力逐渐增加时，杆也随之伸长，杆的伸长就等于加力点沿力方向的位移。由于拉力为静荷载，因此，当材料处于弹性范围时，拉力与伸长呈线性关系，F-Δl 图为直线，如图 11-17（b）所示；当拉力增加到最终数值 F_1 时，杆的伸长为 Δl_1，外力所做的总功为图 11-17（b）中的三角形面积 OAB，即

$$W = \int_0^{\Delta l_1} F\mathrm{d}(\Delta l) = \frac{1}{2}F_1\Delta l_1$$

由式（11-17），一般将杆的应变能写成

$$V_\varepsilon = W = \frac{1}{2}F\Delta l$$

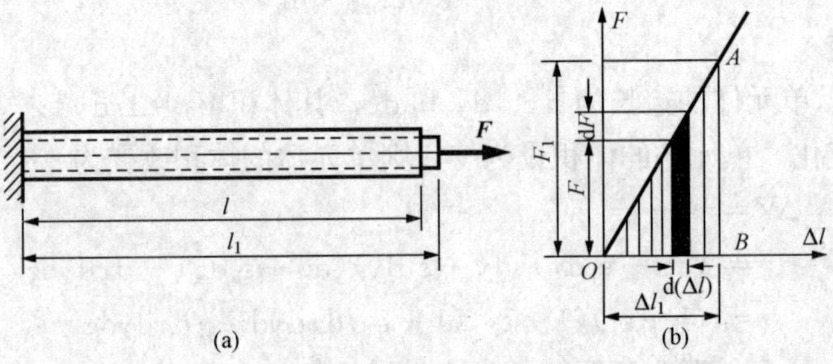

图 11-17 拉杆的应变能

单位体积的应变能称为应变能密度，用 v_ε 表示。由于拉杆内各点的应力相同，故将应变能除以杆的体积，即得应变能密度为

$$v_\varepsilon = \frac{V_\varepsilon}{V} = \frac{\frac{1}{2}F\Delta l}{Al} = \frac{1}{2}\sigma\varepsilon \tag{11-18}$$

在国际单位制中，应变能的单位是 J，1J=1N·m；应变能密度的单位是 $\mathrm{J/m^3}$。

二、三向应力状态的应变能密度

利用式（11-18），可以求得三向应力状态的应变能密度。图 11-18（a）所示的主应力单元体，设主应力 σ_1、σ_2 和 σ_3 按同一比例由零逐渐增加到最后的数值。将每一个主应力所引起的应变能密度相加，即可得到单元体的总应变能密度为

$$v_\varepsilon = \frac{1}{2}\sigma_1\varepsilon_1 + \frac{1}{2}\sigma_2\varepsilon_2 + \frac{1}{2}\sigma_3\varepsilon_3 \tag{11-19}$$

将广义胡克定律式（11 - 10）代入式（11 - 19），经化简后得到总应变能密度为

$$v_\varepsilon = \frac{1}{2E}[\sigma_1^2 + \sigma_2^2 + \sigma_3^2 - 2\nu(\sigma_1\sigma_2 + \sigma_2\sigma_3 + \sigma_3\sigma_1)] \tag{11 - 20}$$

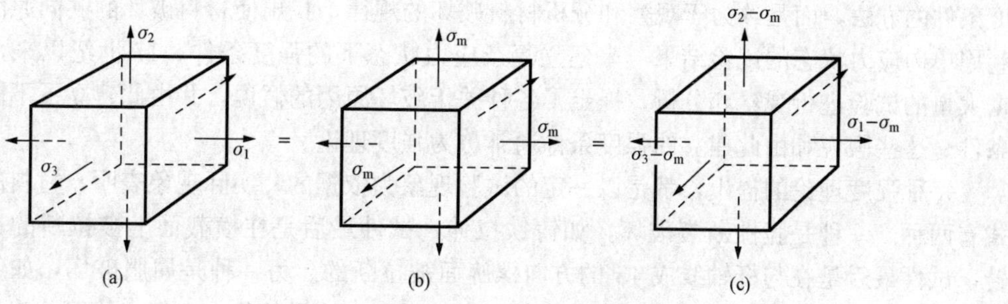

图 11 - 18　三向应力状态的应变能密度

一般情况下，三向应力状态下的单元体将同时产生体积改变和形状改变，因此，总应变能密度也包括与之相应的体积改变能密度 v_V 和形状改变能密度 v_d。为了求得这两部分应变能密度，可将图 11 - 18（a）所示的应力状态分解成图 11 - 18（b）和图 11 - 18（c）所示的两种应力状态。在图 11 - 18（b）所示的单元体上，各面上作用有相等的主应力 $\sigma_m=(\sigma_1+\sigma_2+\sigma_3)/3$，显然，该单元体只发生体积改变而无形状改变。由式（11 - 15）可知，其体积应变与图 11 - 18（a）所示单元体的体积应变相同。因此，图 11 - 18（a）所示单元体的体积改变能密度由式（11 - 19）可求得

$$v_V = 3\times\frac{1}{2}\sigma_m\varepsilon_m = 3\times\frac{1}{2}\sigma_m\frac{1-2\nu}{E}\sigma_m = \frac{1-2\nu}{6E}(\sigma_1+\sigma_2+\sigma_3)^2 \tag{11 - 21}$$

在图 11 - 18（c）所示的单元体上，三个主应力之和为零。由式（11 - 15）可知，其体积应变 $\theta=0$，即该单元体只有形状改变能密度 v_d，它等于单元体的总应变能密度减去体积改变能密度。

由式（11 - 20）和式（11 - 21），可得

$$v_d = v_\varepsilon - v_V = \frac{1+\nu}{6E}[(\sigma_1-\sigma_2)^2 + (\sigma_2-\sigma_3)^2 + (\sigma_3-\sigma_1)^2] \tag{11 - 22}$$

§11 - 7　强度理论的概念

在基本变形杆件的强度计算中，所用的强度条件分别为

$$\sigma_{max} \leqslant [\sigma] \text{ 和 } \tau_{max} \leqslant [\tau]$$

其中，容许正应力 $[\sigma]$ 和容许切应力 $[\tau]$ 都可直接由试验所得的极限应力除以安全因数得到。所以，上述强度条件是直接通过试验得到了材料的极限应力之后建立的。

由应力状态分析可知，拉压杆件的危险点和梁的正应力危险点都属于单向应力状态，而扭转杆件的危险点和梁的切应力危险点都属于纯剪切应力状态。可见，上述两个强度条件只适用于杆件中危险点处于单向应力状态和纯剪切应力状态的情况。

但是，有一些杆件受力后，杆件中危险点的应力状态既不属于单向应力状态，也不属于纯剪切应力状态，而是属于复杂应力状态。要对危险点处于复杂应力状态的杆件进行强度计算，理应用试验方法确定材料的极限应力，然后才能建立强度条件。但在复杂应力状态下，

主应力 σ_1、σ_2 和 σ_3 可以有无限多的组合，要通过实验确定各种不同主应力组合下的极限应力是难以做到的。而且在复杂应力状态下，试验设备和试验方法都比较复杂。因此，为了解决复杂应力状态下的强度计算问题，人们不再采用直接通过复杂应力状态的破坏试验建立强度条件的方法，而是致力于观察和分析材料破坏的规律，找出使材料破坏的共同原因，然后利用单向应力状态的试验结果，来建立复杂应力状态下的强度条件。17 世纪以来，人们根据大量的试验进行观察和分析，提出了各种关于破坏原因的假说，并由此建立了不同的强度条件。这些假说和由此建立的强度条件通常称为强度理论。

每种强度理论的提出，都是以一定的试验现象为依据的。实际现象表明，材料的破坏形式有两种。一种是脆性断裂破坏，如铸铁拉伸，试件最后是在横截面上被拉断的；铸铁扭转，试件最后是在与杆轴线成 45°的方向螺旋面被拉断的。另一种是屈服破坏，如低碳钢拉伸和扭转时，试件是出现屈服而破坏的。现有的强度理论虽然很多，但大体可分为两类：一类是关于脆性断裂的强度理论，另一类是关于屈服破坏的强度理论。下面介绍在实际应用较广的五种主要的强度理论。

§11-8 四种常用的强度理论

一、关于脆性断裂的强度理论

1. 最大拉应力理论（第一强度理论）

最大拉应力理论认为，最大拉应力是引起材料脆性断裂破坏的原因。无论构件内危险点处于何种应力状态，只要最大拉应力达到某一极限值，材料便发生脆性断裂破坏。这个极限值就是材料受轴向拉伸发生断裂破坏时的极限应力。因此，破坏条件为

$$\sigma_1 = \sigma_b$$

将 σ_b 除以安全因数后，得到材料的容许拉应力 $[\sigma]$，故强度条件为

$$\sigma_1 \leqslant [\sigma] \tag{11-23}$$

最大拉应力理论是由英国学者兰金于 1859 年提出的。实验表明，对于铸铁、砖、岩石、混凝土和陶瓷等脆性材料，在二向或三向受拉断裂时，此强度理论较为合适，而且因为计算简单，所以应用较广。但是，它没有考虑 σ_2 和 σ_3 两个主应力对破坏的影响。

2. 最大拉应变理论（第二强度理论）

最大拉应变理论认为，最大拉应变是引起材料断裂破坏的原因。无论构件内危险点处于何种应力状态，只要最大拉应变达到某一极限值，材料便发生脆性断裂破坏。这个极限值是材料受轴向拉伸发生断裂破坏时的极限应变。因此，破坏条件为

$$\varepsilon_1 = \varepsilon_u$$

若材料直至破坏都处于弹性范围，则在复杂应力状态下，由广义胡克定律式（11-10），并注意 $\varepsilon_u = \dfrac{\sigma_b}{E}$，这一破坏条件可用主应力表示为

$$\sigma_1 - \nu(\sigma_2 + \sigma_3) = \sigma_b$$

将 σ_b 除以安全因数后，即得到容许拉应力 $[\sigma]$，故强度条件为

$$\sigma_1 - \nu(\sigma_2 + \sigma_3) \leqslant [\sigma] \tag{11-24}$$

最大拉应变理论是由圣文南于 19 世纪中叶提出的，它可以解释混凝土试件或石料试件

受压时的破坏现象。例如，本书第 6 章中介绍的混凝土试件，当试件端部无摩擦时，受压后将产生纵向裂缝而发生破坏，这是试件的横向应变超过极限值的结果。

二、关于屈服的强度理论

1. 最大切应力理论（第三强度理论）

最大切应力理论认为，最大切应力是引起材料屈服破坏的原因。无论构件内危险点处于何种应力状态，只要最大切应力达到某一极限值，材料便发生屈服破坏。这个极限值是材料受轴向拉伸发生屈服时的切应力。因此，屈服条件为

$$\tau_{\max} = \tau_s$$

在复杂应力状态下，由式（11 - 9），并注意 $\tau_s=\dfrac{\sigma_s}{2}$，这一屈服条件可用主应力表示为

$$\sigma_1 - \sigma_3 = \sigma_s$$

将 σ_s 除以安全因数后，即得到容许拉应力 $[\sigma]$，故强度条件为

$$\sigma_1 - \sigma_3 \leqslant [\sigma] \tag{11 - 25}$$

最大切应力理论首先由库仑于 1773 年针对剪断的情况提出，后来屈雷斯卡将其引用到材料屈服的情况，故这一理论的屈服条件又称为屈雷斯卡屈服条件。实验表明，这一强度理论可以解释塑性材料的屈服现象，如低碳钢拉伸屈服时，沿着与轴线成 45°的方向会出现滑移线。同时，这一强度理论计算简单，计算结果偏于安全，所以在工程中广泛应用。但是，这一强度理论没有考虑中间主应力 σ_2 对屈服破坏的影响。

2. 形状改变能密度理论（第四强度理论）

形状改变能密度理论认为，形状改变能密度是引起材料屈服破坏的原因。无论构件内危险点处于何种应力状态，只要形状改变能密度达到某一极限值，材料便发生屈服破坏。这一极限值是材料受轴向拉伸发生屈服时的形状改变能密度。因此，破坏条件为

$$v_d = v_{du}$$

由式（11 - 22），在复杂应力状态下

$$v_d = \frac{1+\nu}{6E}[(\sigma_1-\sigma_2)^2+(\sigma_2-\sigma_3)^2+(\sigma_3-\sigma_1)^2]$$

在轴向拉伸试验中，测得材料的拉伸屈服极限 σ_s 后，令上式中的 $\sigma_1=\sigma_s$、$\sigma_2=0$、$\sigma_3=0$，便得到材料受轴向拉伸发生屈服时的极限形状改变能密度为

$$v_{du} = \frac{1+\nu}{3E}\sigma_s^2$$

因此，屈服条件可用主应力表示为

$$\sqrt{\frac{1}{2}[(\sigma_1-\sigma_2)^2+(\sigma_2-\sigma_3)^2+(\sigma_3-\sigma_1)^2]} = \sigma_s$$

将 σ_s 除以安全因数后，即得到容许拉应力 $[\sigma]$，故强度条件为

$$\sqrt{\frac{1}{2}[(\sigma_1-\sigma_2)^2+(\sigma_2-\sigma_3)^2+(\sigma_3-\sigma_1)^2]} \leqslant [\sigma] \tag{11 - 26}$$

波兰学者胡伯于 1904 年提出了形状改变能密度理论，后来由德国的密赛斯作出进一步的解释和发展，故这一理论的屈服条件又称为密赛斯屈服条件。实验表明，这一强度理论可以较好地解释和判断材料的屈服，它全面考虑了三个主应力的影响，比较合理。它比最大切应力理论更符合实验结果。

§11-9 莫尔强度理论

最大切应力理论是解释和判断塑性材料是否发生屈服破坏的理论，但材料发生屈服的根本原因是材料在最大切应力的面上发生错动。因此，从理论上讲，这一理论也可以解释和判断材料的脆性剪断破坏。但实际上，某些实验现象没有证实这种论断。例如，铸铁压缩试验中，虽然试件最后发生剪断破坏，但剪断面并不是最大切应力的作用面。这一现象表明，对脆性材料，仅用最大切应力作为判断材料剪断破坏的原因还不够全面。1900 年，莫尔提出了新的强度理论。这一理论认为，材料发生剪断破坏的主要原因是切应力，但也与同一截面上的正应力有关。因为，材料沿某一截面有错动趋势时，该截面上的正压力将产生内摩擦力阻止错动。因此，剪断并不一定发生在切应力最大的截面上。

在三向应力状态下，一点处的应力状态可用三个应力圆表示。一点处的最大切应力或较大的切应力可由 σ_1 和 σ_3 所作的应力圆决定。材料发生剪断破坏时，由 σ_1 和 σ_3 所作的应力圆称为极限应力圆。莫尔认为，根据 σ_1 和 σ_3 的不同比值，可作一系列极限应力圆，然后作这一系列极限应力圆的包络线，如图 11-19 所示。某一材料的包络线便是其破坏的临界线。当构件内某点处的主应力为已知时，根据 σ_1 和 σ_3 所作的应力圆如在包络线以内，则该点不会发生剪断破坏；如所作的应力圆与包络线相切，表示该点刚处于剪断破坏状态，切点的坐标就对应于该点处的破坏面上的应力值；如所作的应力圆超出包络线，表示该点已发生剪断破坏。但是，要精确作出某一材料的包络线是非常困难的。工程上为了简化计算，只作出单向拉伸和单向压缩时的极限应力圆，并以这两个圆的公切线作为简化的包络线。图 11-20 所示为抗拉强度 σ_{bt} 和抗压强度 σ_{bc} 不相等的材料所作的极限应力圆和包络线。

为了导出破坏条件，设构件内某点刚处于剪断破坏状态，由该点处的主应力 σ_1 和 σ_3 所作的应力圆正好与包络线相切，如图 11-20 中中间的应力圆所示。作 MKL 的平行线 PNO_1，由 $\triangle O_1NO_3$ 与 $\triangle O_1PO_2$ 相似，得到莫尔强度理论的破坏条件为

$$\sigma_1 - \frac{\sigma_{bt}}{\sigma_{bc}}\sigma_3 = \sigma_{bt}$$

将 σ_{bt} 和 σ_{bc} 除以安全因数后，即得到材料的容许拉应力 $[\sigma_t]$ 和容许压应力 $[\sigma_c]$，故强度条件为

$$\sigma_1 - \frac{[\sigma_t]}{[\sigma_c]}\sigma_3 \leqslant [\sigma_t] \tag{11-27}$$

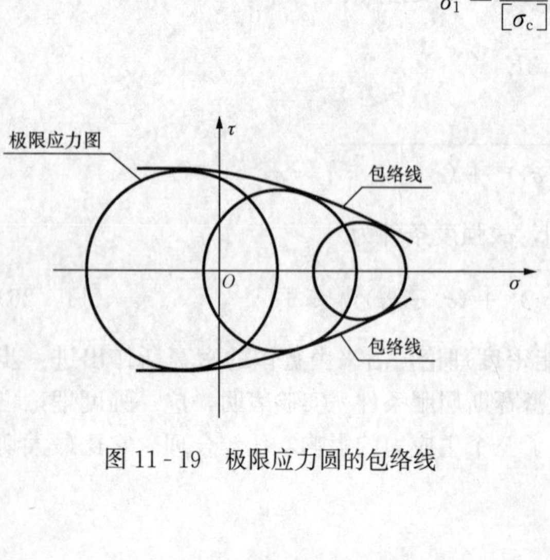

图 11-19 极限应力圆的包络线

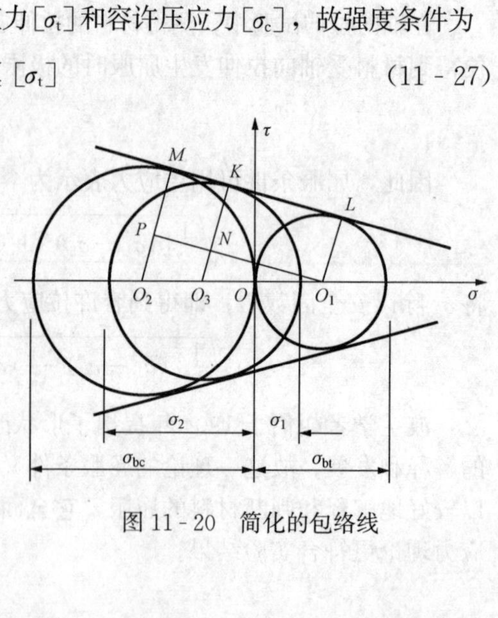

图 11-20 简化的包络线

实验表明，莫尔强度理论适用于脆性材料的剪断破坏。例如，铸铁试件受轴向压缩时，其剪断面与图 11 - 20 中的 M 点对应，并不是与横截面成 45°的截面。此外，该强度理论也适用于岩石、土壤等材料。对于抗拉强度和抗压强度相等的塑性材料，由于 $[\sigma_t]=[\sigma_c]$，此时，式（11 - 27）即成为式（11 - 25），表明最大切应力理论是莫尔强度理论的特殊情况。因此，莫尔强度理论也适用于塑性材料的屈服。莫尔强度理论和最大切应力理论一样，也没有考虑 σ_2 对破坏的影响。

§11 - 10　强度理论的应用

上面介绍了五种主要的强度理论及每种强度理论的强度条件，这些强度条件可以写成统一的形式，即

$$\sigma_r \leqslant [\sigma] \tag{11-28}$$

式中　σ_r——相当应力。

上述五种强度理论的相当应力分别为：

（1）第一强度理论：$\sigma_{r1}=\sigma_1$。

（2）第二强度理论：$\sigma_{r2}=\sigma_1-\nu(\sigma_2+\sigma_3)$。

（3）第三强度理论：$\sigma_{r3}=\sigma_1-\sigma_3$。

（4）第四强度理论：$\sigma_{r4}=\sqrt{\frac{1}{2}[(\sigma_1-\sigma_2)^2+(\sigma_2-\sigma_3)^2+(\sigma_3-\sigma_1)^2]}$。

（5）莫尔强度理论：$\sigma_{rM}=\sigma_1-\frac{[\sigma_t]}{[\sigma_c]}\sigma_3$。

各相当应力只是杆件危险点处主应力的组合。

有了强度理论的强度条件，就可对危险点处于复杂应力状态的杆件进行强度计算。但是，在工程实际问题中，选用哪一个强度理论是比较复杂的问题。一般来说，在常温静荷载作用下，脆性材料多发生脆性断裂破坏（包括拉断和剪断），所以通常采用最大拉应力理论或莫尔强度理论，有时也采用最大拉应变理论；塑性材料多发生屈服破坏，所以通常采用最大切应力理论或形状改变能密度理论。

【例 11 - 7】　试用强度理论导出容许切应力 $[\tau]$ 与容许拉应力 $[\sigma]$ 之间的关系式。

解　取一纯切应力状态的单元体，如图 11 - 21 所示。在该单元体中，主应力 $\sigma_1=\tau$，$\sigma_2=0$，$\sigma_3=-\tau$。先用第四强度理论导出 $[\tau]$ 与 $[\sigma]$ 的关系式。

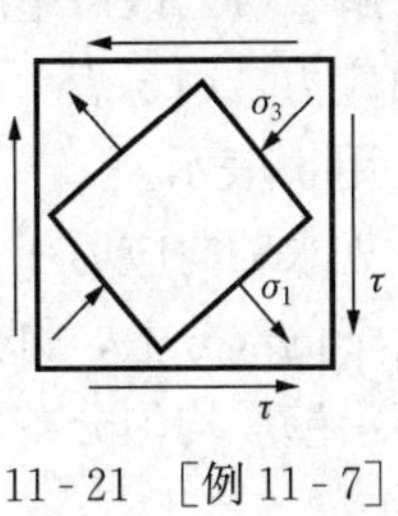

图 11 - 21　[例 11 - 7] 图

将主应力代入式（11 - 26），得

$$\sqrt{\frac{1}{2}[(\tau-0)^2+(0+\tau)^2+(-\tau-\tau)^2]} \leqslant [\sigma]$$

即

$$\tau \leqslant \frac{[\sigma]}{\sqrt{3}}$$

将上式与纯剪切应力状态的强度条件相比较，即得

$$[\tau]=\frac{[\sigma]}{\sqrt{3}}=0.577[\sigma]$$

同理，由其他强度理论也可导出 $[\tau]$ 和 $[\sigma]$ 的关系：

(1) 由第三强度理论导出：$[\tau]=0.5[\sigma]$。

(2) 由第一强度理论导出：$[\tau]=[\sigma]$。

(3) 由第二强度理论导出：$[\tau]=[\sigma]/(1+\nu)$。

由于第一、第二强度理论适用于脆性材料，第三、第四强度理论适用于塑性材料，故通常取 $[\tau]$ 和 $[\sigma]$ 的关系为：塑性材料，$[\tau]=(0.5\sim0.6)[\sigma]$；脆性材料，$[\tau]=(0.8\sim1.0)[\sigma]$。

【例 11-8】 已知一锅炉的内直径 $D_0=1000\text{mm}$，壁厚 $\delta=10\text{mm}$，如图 11-22 (a) 所示。锅炉材料为低碳钢，其容许应力 $[\sigma]=170\text{MPa}$。设锅炉内蒸汽压力的压强 $p=3.6\text{MPa}$，试用第四强度理论校核锅炉壁的强度。

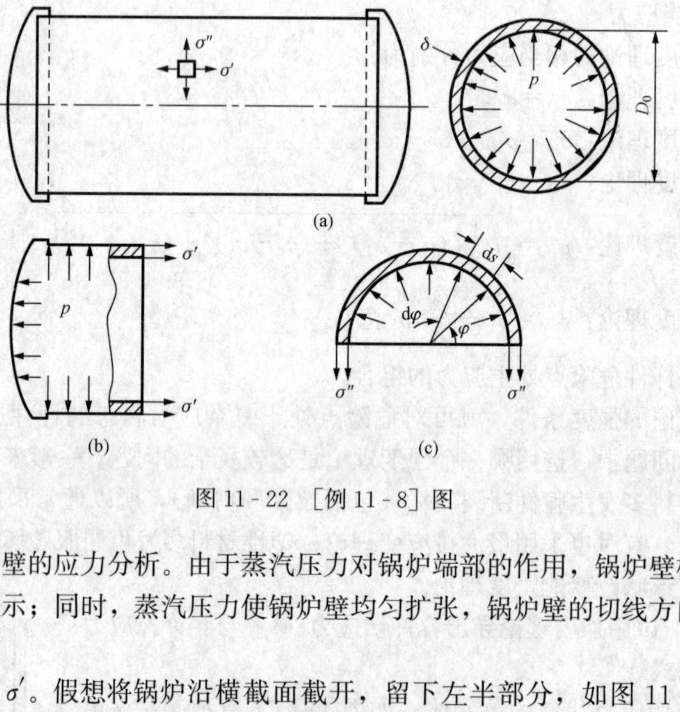

图 11-22 [例 11-8] 图

解 (1) 锅炉壁的应力分析。由于蒸汽压力对锅炉端部的作用，锅炉壁横截面上要产生轴向应力，用 σ' 表示；同时，蒸汽压力使锅炉壁均匀扩张，锅炉壁的切线方向要产生周向应力，用 σ'' 表示。

先求轴向应力 σ'。假想将锅炉沿横截面截开，留下左半部分，如图 11-22 (b) 所示。在留下的部分上，除作用有蒸汽压力外，还有环形截面上的轴向应力 σ'。因壁厚很小，可认为 σ' 沿壁厚均匀分布。由平衡方程，得

$$p\frac{\pi D_0^2}{4}\approx\sigma'\pi D_0\delta$$

即

$$\sigma'=\frac{pD_0}{4\delta}$$

将 p、D_0 和 δ 的数据代入上式，得

$$\sigma'=90\text{MPa}$$

再求周向应力 σ''。假想将锅炉壁沿纵向直径平面截开，留取上半部分，并沿长度方向

取一段单位长度，如图 11-22（c）所示。在留取的部分上，除作用有蒸汽压力外，还有纵截面上的正应力 σ''。为了求出 σ''，需求出蒸汽压力在竖直方向的合力。在弧上取弧段 ds，这一弧段上的作用力在竖直方向的投影为 $p\times \mathrm{d}s\times 1\times \sin\varphi$，故总的合力为

$$\int_s p\times 1\times \sin\varphi \mathrm{d}s=\int_0^{\pi} p\sin\varphi \frac{D_0}{2}\mathrm{d}\varphi=pD_0$$

由平衡方程，得

$$\sigma''\times 2\delta\times 1=pD_0$$

所以

$$\sigma''=\frac{pD_0}{2\delta}$$

将已知数据代入，得

$$\sigma''=180\mathrm{MPa}$$

在锅炉的筒壁内表面处取一单元体，如图 11-22（a）。该单元体上除了有 σ' 和 σ'' 外，还有蒸汽压力作用，所以是三向应力状态。但是，蒸汽压力的大小远远小于 σ' 和 σ'' 的大小，通常可不予考虑，认为锅炉筒壁上任一点处是二向应力状态。因此，主应力 $\sigma_1=\sigma''=180\mathrm{MPa}$，$\sigma_2=\sigma'=90\mathrm{MPa}$，$\sigma_3=0$。

（2）强度校核。由第四强度理论可知，相当应力为

$$\sigma_{r4}=\sqrt{\frac{1}{2}[(\sigma_1-\sigma_2)^2+(\sigma_2-\sigma_3)^2+(\sigma_3-\sigma_1)^2]}=155.6\mathrm{MPa}$$

其值小于材料的容许应力，所以锅炉壁的强度是足够的。

【例 11-9】 图 11-23（a）所示简支梁的截面为 20a 工字钢。已知材料的容许应力 $[\sigma]=170\mathrm{MPa}$，$[\tau]=100\mathrm{MPa}$。试校核梁的强度。

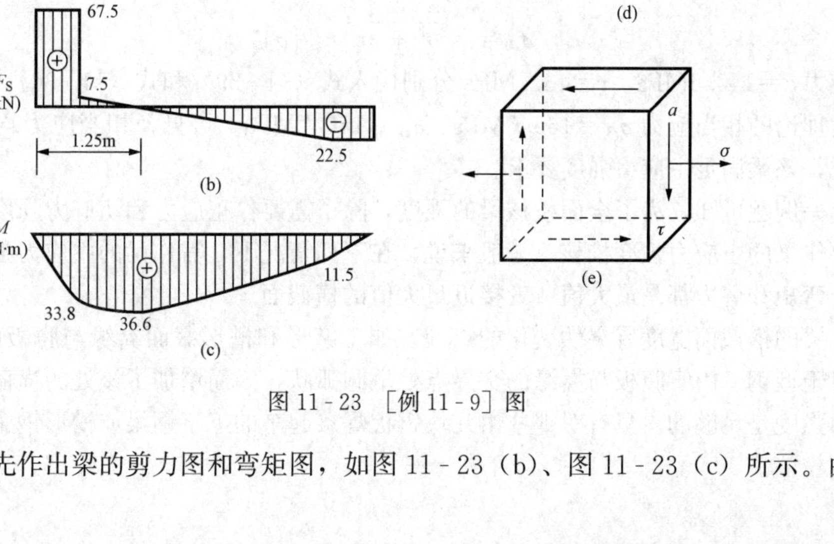

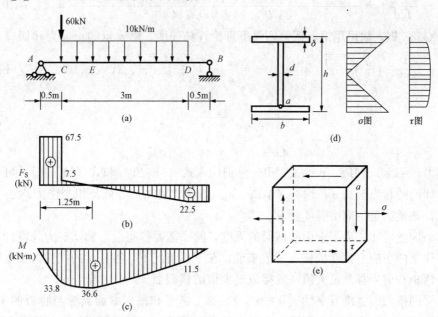

图 11-23　[例 11-9] 图

解　首先作出梁的剪力图和弯矩图，如图 11-23（b）、图 11-23（c）所示。由附录Ⅱ

型钢表中查得 20a 工字钢的相关参数为：$W_z=237\text{cm}^3$，$I_z/S_z^*=17.2\text{cm}$，$d=0.7\text{cm}$，$I_z=2379\text{cm}^4$，$h=200\text{cm}$，$\delta=11.4\text{cm}$，$b=100\text{cm}$。

(1) 正应力强度校核。由弯矩图可见，E 截面最大弯矩 $M_{\max}=36.6\text{kN}\cdot\text{m}$。$E$ 截面为危险截面。由梁的正应力强度条件式（9-13）得

$$\sigma_{\max}=\frac{M_{\max}}{W_z}=\frac{36.6\times10^3}{237\times10^{-6}}=154\times10^6\text{N/m}^2=154\text{MPa}<[\sigma]$$

所以该梁满足正应力强度条件。

(2) 切应力强度校核。由剪力图可见，AC 梁段剪力最大，$F_{\text{S,max}}=67.5\text{kN}$，所以这段梁均为危险截面。由梁的切应力强度条件式（9-14）得

$$\tau_{\max}=\frac{F_{\text{S,max}}}{\dfrac{I}{S}d}=\frac{67.5\times10^3}{17.2\times10^{-2}\times0.7\times10^{-2}}=56.1\text{MPa}<[\tau]$$

所以该梁满足切应力强度要求。

(3) 主应力强度校核。由剪力图和弯矩图可见，C 点截面剪力最大，且弯矩也较大。由该截面上的应力分布图［见图 11-23（d）］可见，在工字钢腹板和翼缘的交界点 a 处同时存在正应力和切应力，并且两者的数值都较大。这些点是危险点，也需要作强度校核。由于这些点处于二向应力状态，需要求出主应力，再代入强度理论的强度条件进行强度校核，所以称为主应力强度校核。从 a 点处取出一单元体，如图 11-23（e）所示。单元体上的 σ 和 τ 是 a 点处的正应力和切应力，它们可由简化的截面尺寸［见图 11-23（d）］分别求得

$$\sigma=\frac{My}{I_z}=\frac{33.8\times10^3\times(100-11.4)\times10^{-3}}{2370\times10^{-8}}=140.6\text{MPa}$$

$$\tau=\frac{F_S S_z^*}{I_z d}=\frac{67.5\times10^3\times100\times11.4\times(100-11.4/2)\times10^{-9}}{2370\times10^{-8}\times0.7\times10^{-2}}=43.7\text{MPa}$$

因该梁为 Q235 钢，故可用第三或第四强度理论校核强度。由 a 点的正应力和切应力可求出主应力 $\sigma_1=\dfrac{\sigma}{2}+\sqrt{\left(\dfrac{\sigma}{2}\right)^2+\tau^2}$、$\sigma_2=0$、$\sigma_3=\dfrac{\sigma}{2}-\sqrt{\left(\dfrac{\sigma}{2}\right)^2+\tau^2}$，代入式（11-25）和式（11-26），得

$$\sigma_{r3}=\sqrt{\sigma^2+4\tau^2}\leqslant[\sigma] \tag{11-29}$$

$$\sigma_{r4}=\sqrt{\sigma^2+3\tau^2}\leqslant[\sigma] \tag{11-30}$$

把 a 点应力 $\sigma=140.6\text{MPa}$、$\tau=43.7\text{MPa}$ 分别代入式（11-29）和式（11-30），可得第三和第四强度理论的相当应力 $\sigma_{r3}=165.6\text{MPa}$、$\sigma_{r4}=159.7\text{MPa}$。可见，相当应力均小于容许应力。因此，该梁满足主应力强度要求。

从这一例题可知，为了全面校核梁的强度，除了需要作正应力和切应力强度计算外，有时还需要作梁的主应力强度校核。一般来说，在下列情况下，需作梁的主应力强度校核：

(1) 弯矩和剪力都是最大值或者接近最大值的横截面。

(2) 梁的横截面宽度有突然变化的点处，如工字形和槽形截面翼缘与腹板的交界点处。但是，对于型钢，由于腹板与翼缘的交界点处呈圆弧状，因而增加了该处的横截面宽度，所以主应力强度是足够的。只有对那些由几块钢板焊接起来的工字钢梁或槽形钢梁，才需作主应力强度校核。

思　考　题

11-1　三个单元体如图 11-24 所示，试问它们是二向应力状态吗？

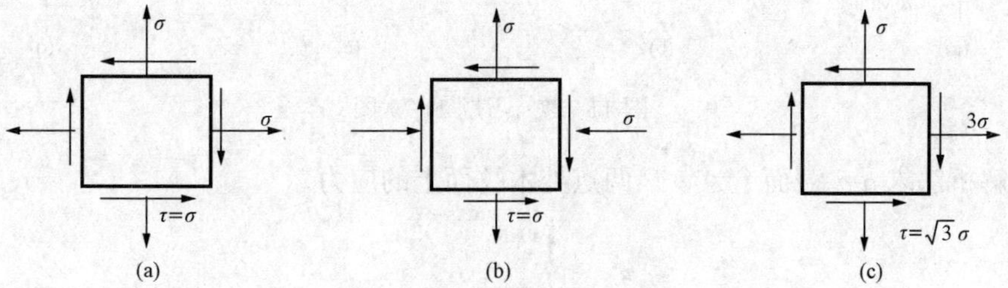

图 11-24　思考题 11-1 图

11-2　最大正应力所在面上的切应力一定为零，最大切应力所在面上的正应力是否也一定为零？

11-3　在一微小的平板上先画上一个小圆，然后在平板上加应力，如图 11-25 所示。试问所画的小圆将变成何种形状？为什么？

11-4　在什么情况下，平面应力状态的应力圆为：(1) 一个点；(2) 圆心在原点；(3) 与 τ 轴相切？

11-5　二向应力状态单元体 ($\sigma_1 \neq 0$、$\sigma_2 \neq 0$、$\sigma_3 = 0$)，已知主应变 $\varepsilon_1 \neq 0$、$\varepsilon_2 \neq 0$，材料泊松比为 ν，是否有主应变 $\varepsilon_3 = -\nu(\varepsilon_1 + \varepsilon_2)$？为什么？

11-6　试证明无论选用哪一个强度理论，对处于单向拉伸应力状态的点，强度条件总是 $\sigma_{max} \leqslant [\sigma]$；对处于纯切应力状态的点，强度条件总是 $\tau_{max} \leqslant [\tau]$。

11-7　试分析单轴压缩的混凝土圆柱 [见图 11-26 (a)] 与在钢管内灌注混凝土并凝固后，在其上端施加均匀压力的混凝土圆柱 [见图 11-26 (b)]，哪种情况下的强度大？为什么？

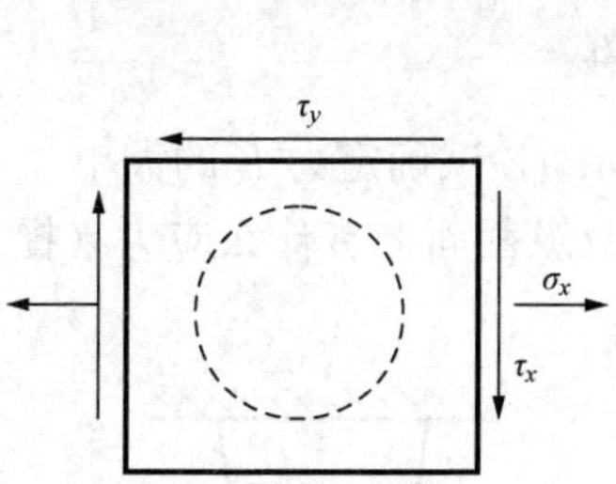

图 11-25　思考题 11-3 图

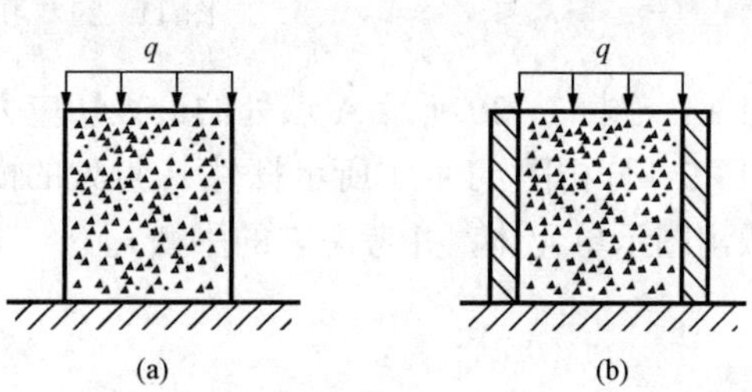

图 11-26　思考题 11-7 图

习　题

11-1　各单元体上的应力如图 11-27 所示，试用解析法求指定截面上的应力，再用图解法校核。

11-2　尺寸为 0.1m×0.5m 的矩形截面木梁受力如图 11-28 所示。木纹与梁轴成 20°

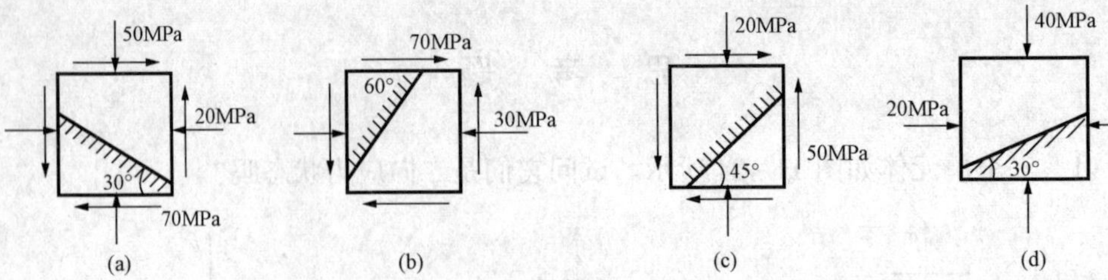

图 11-27　习题 11-1 图

角，试用解析法求 a-a 截面上 A、B 两点处木纹面上的应力。

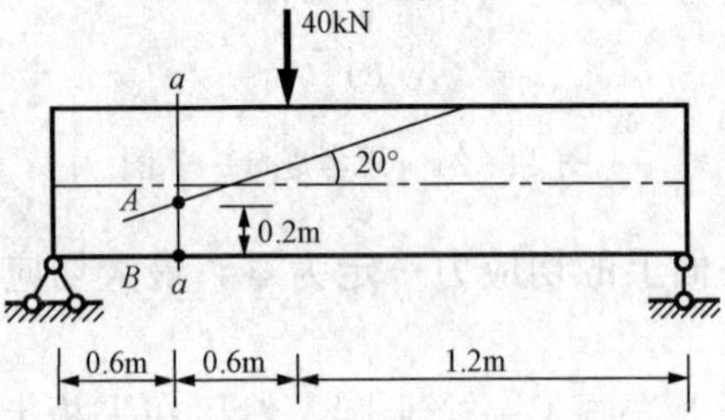

图 11-28　习题 11-2 图

11-3　各单元体上的应力如图 11-29 所示。试用应力圆法求各单元体的主应力大小和方向，再用解析法校核，并绘出主应力单元体。

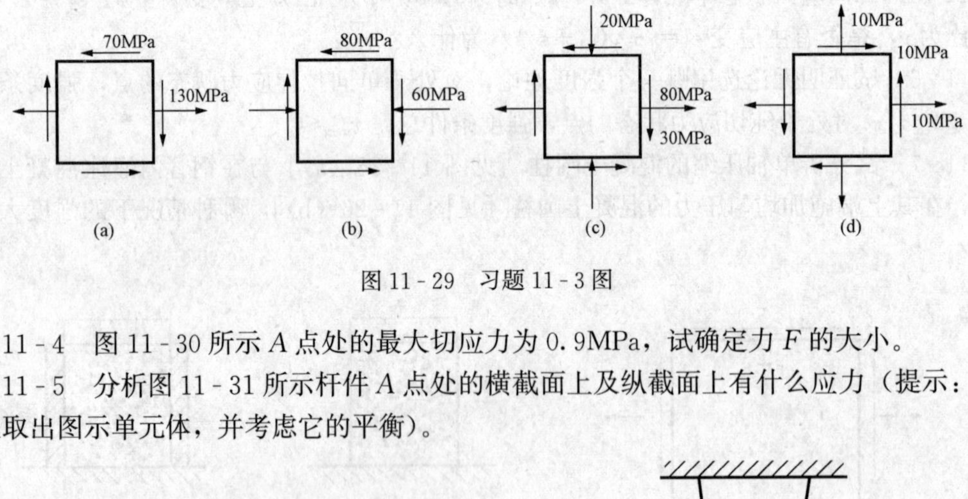

图 11-29　习题 11-3 图

11-4　图 11-30 所示 A 点处的最大切应力为 0.9MPa，试确定力 F 的大小。

11-5　分析图 11-31 所示杆件 A 点处的横截面上及纵截面上有什么应力（提示：在 A 点处取出图示单元体，并考虑它的平衡）。

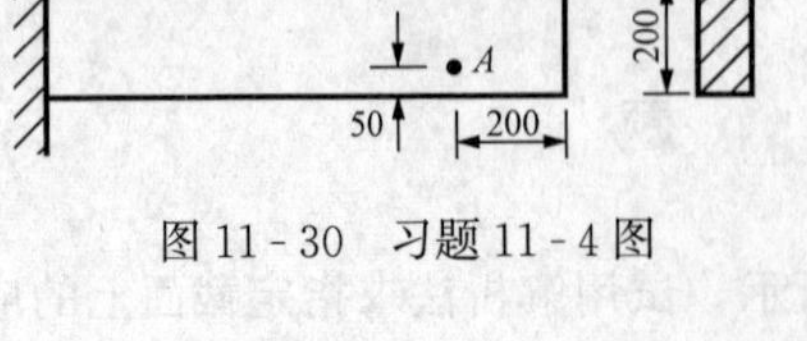

图 11-30　习题 11-4 图

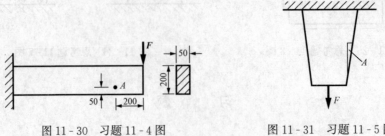

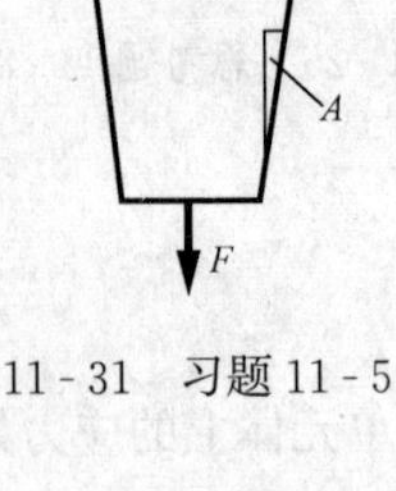

图 11-31　习题 11-5 图

11-6　求图 11-32 中两单元体的主应力大小及方向。

11-7　在物体不受力的表面上取一单元体 A，如图 11-33 所示。已知该点的最大切应力为 3.5MPa，与表面垂直的斜面上作用有拉应力，而前后面上无应力。

(1) 计算 A 点的 σ_x、σ_y 及 τ_x。

(2) 求 A 点处的主应力大小和方向。

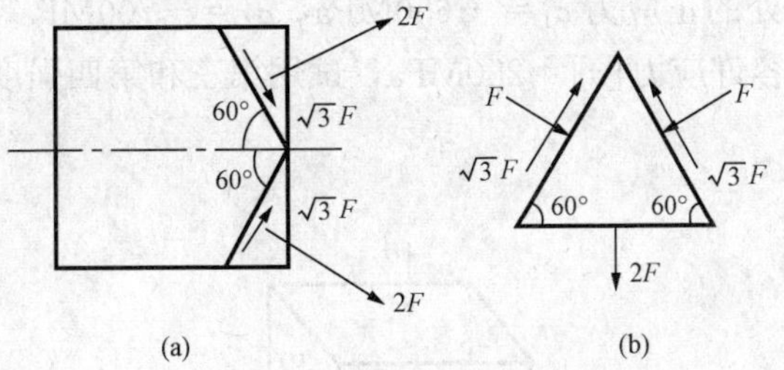

图 11-32　习题 11-6 图

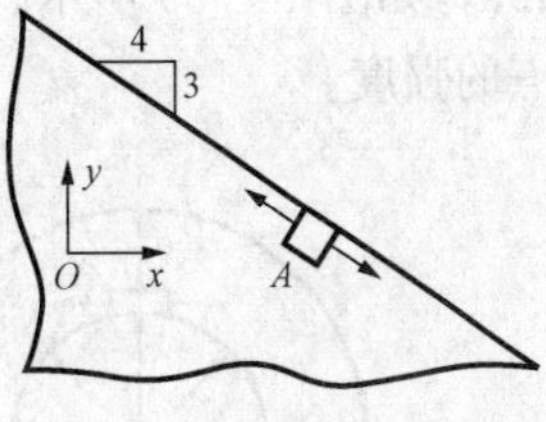

图 11-33　习题 11-7 图

11-8　在一体积较大的钢块上开一个立方槽，其各边尺寸都是 1cm。在槽内嵌入一铝质立方块，其尺寸为 0.95cm×0.95cm×1cm（长×宽×高）。当铝块受到压力 $F=6$kN 的作用时，假设钢块不变形，铝的弹性模量 $E=7.0\times10^4$MPa，$\nu=0.33$，试求铝块的三个主应力和相应的主应变。

11-9　在图 11-34 所示工字钢梁的中性层上某点 k 处，沿与轴线成 45°的方向上贴有电阻片，测得正应变 $\varepsilon_{45^\circ}=-26\times10^{-6}$，试求梁上的荷载 F（设 $E=2.1\times10^5$MPa，$\nu=0.28$）。

11-10　图 11-35 所示一钢质圆杆，直径 $d=20$mm。已知 A 点处与水平线成 70°方向上的正应变 $\varepsilon_{70^\circ}=410\times10^{-6}$，$E=2.1\times10^5$MPa，$\nu=0.28$。求荷载 F。

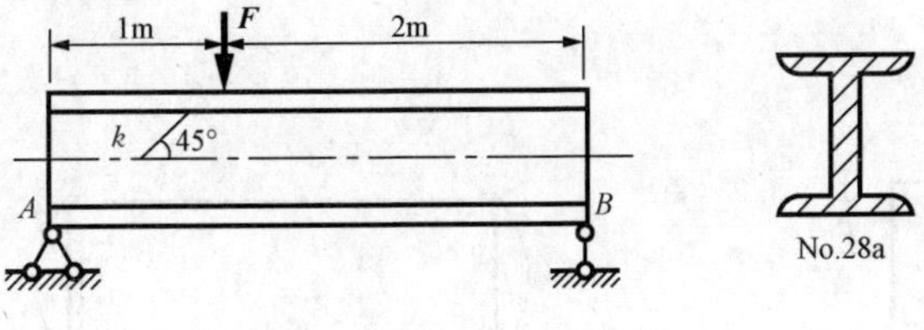

图 11-34　习题 11-9 图

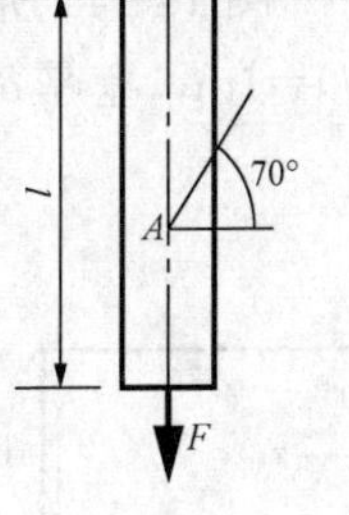

图 11-35　习题 11-10 图

11-11　用电阻应变仪测得受扭空心圆轴表面上某点处与母线成 45°方向上的正应变 $\varepsilon_{45^\circ}=200\times10^{-6}$，如图 11-36 所示。已知 $E=2.0\times10^5$MPa，$\nu=0.3$。试求力偶矩 T 的大小。

11-12　受力物体内一点处的应力状态如图 11-37 所示，试求单元体的体积改变能密度和形状改变能密度（设 $E=2.0\times10^5$MPa，$\nu=0.3$）。

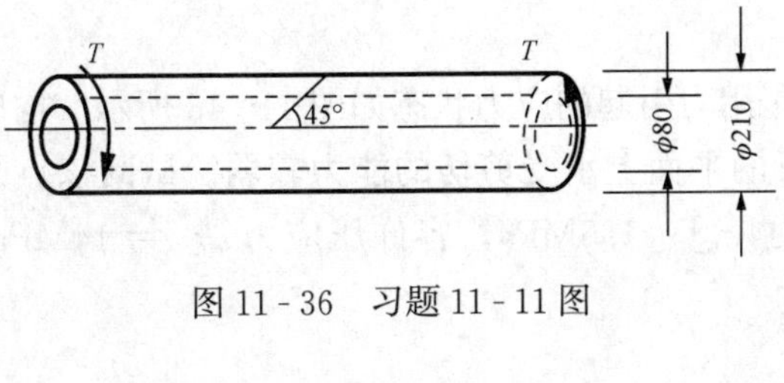

图 11-36　习题 11-11 图

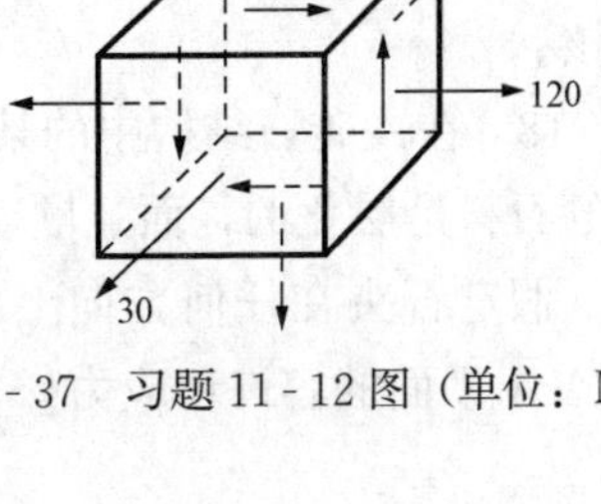

图 11-37　习题 11-12 图（单位：MPa）

11-13 炮筒横截面如图 11-38 所示。在危险点处，$\sigma_t=60\text{MPa}$，$\sigma_r=-35\text{MPa}$，第三个主应力垂直于纸面，为拉应力，其大小为 40MPa，试按第三和第四强度论计算其相当应力。

11-14 已知钢轨与火车车轮接触点处的正应力 $\sigma_1=-650\text{MPa}$，$\sigma_2=-700\text{MPa}$，$\sigma_3=-900\text{MPa}$，如图 11-39 所示。如钢轨的容许应力 $[\sigma]=250\text{MPa}$，试用第三和第四强度理论校核该点的强度。

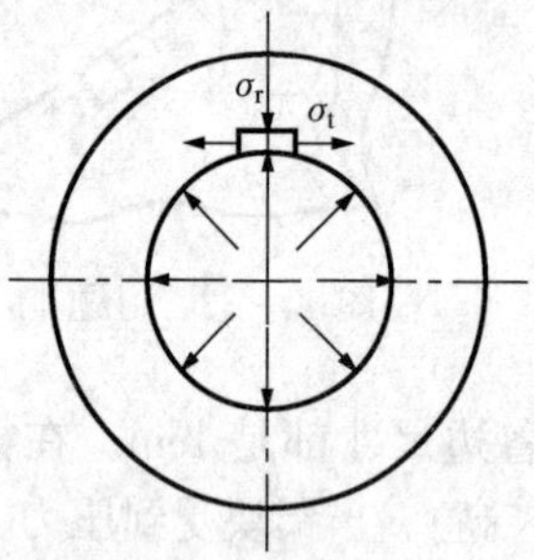

图 11-38 习题 11-13 图

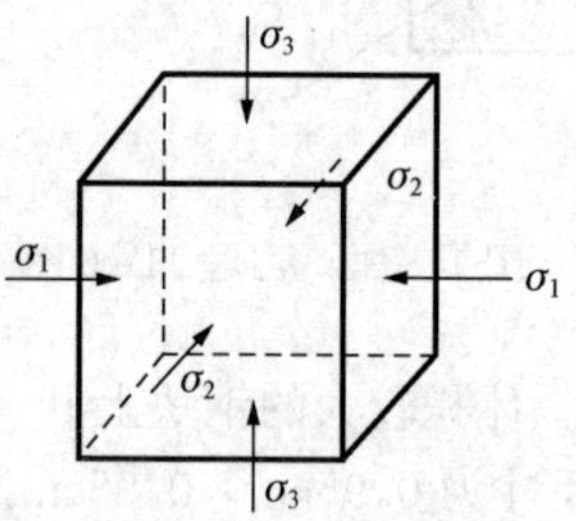

图 11-39 习题 11-14 图

11-15 受内压力作用的容器，其圆筒部分任意一点 A 处的应力状态如图 11-40（b）所示。当容器承受最大的内压力时，用应变计测得：$\varepsilon_x=188\times10^{-6}$，$\varepsilon_y=737\times10^{-6}$。已知钢材的弹性模量 $E=2.1\times10^5\text{MPa}$，泊松比 $\nu=0.3$，容许应力 $[\sigma]=170\text{MPa}$。试用第三强度理论对 A 点进行强度校核。

11-16 图 11-41 所示两端封闭的薄壁圆筒。若内压 $p=4\text{MPa}$，自重 $q=60\text{kN/m}$，圆筒内直径 $D=1\text{m}$，壁厚 $\delta=30\text{mm}$，容许应力 $[\sigma]=120\text{MPa}$，试用第三强度理论校核圆筒的强度。

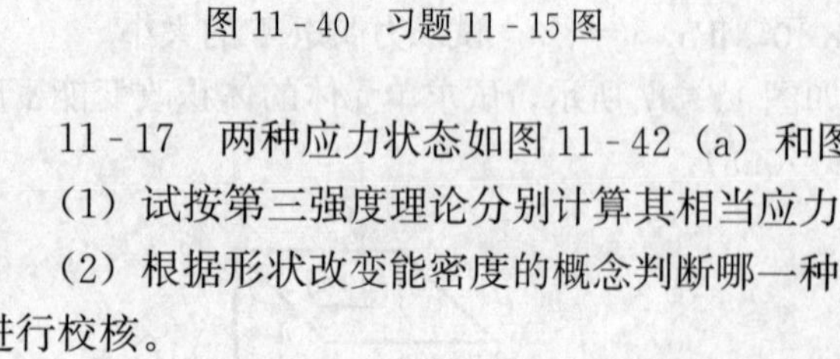

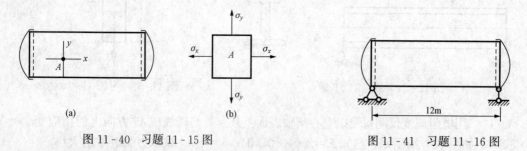

图 11-40 习题 11-15 图

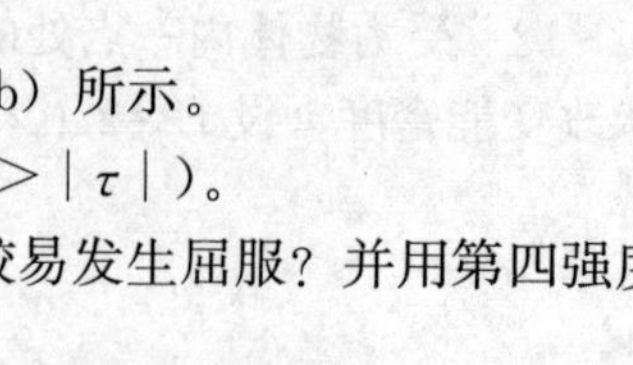

图 11-41 习题 11-16 图

11-17 两种应力状态如图 11-42（a）和图 11-42（b）所示。

（1）试按第三强度理论分别计算其相当应力（设 $|\sigma|>|\tau|$）。

（2）根据形状改变能密度的概念判断哪一种应力状态较易发生屈服？并用第四强度理论进行校核。

11-18 在一砖石结构中的某一点处，由作用力引起的应力状态如图 11-43 所示。构成此结构的石料是层化的，而且顺着与 A-A 平行的平面上承受剪切的能力较弱。试问该点是否安全（假定石头在任何方向上的容许拉应力 $[\sigma_t]=1.5\text{MPa}$，容许压应力 $[\sigma_c]=14\text{MPa}$，平行于 A-A 平面的容许切应力 $[\tau]=2.3\text{MPa}$）？

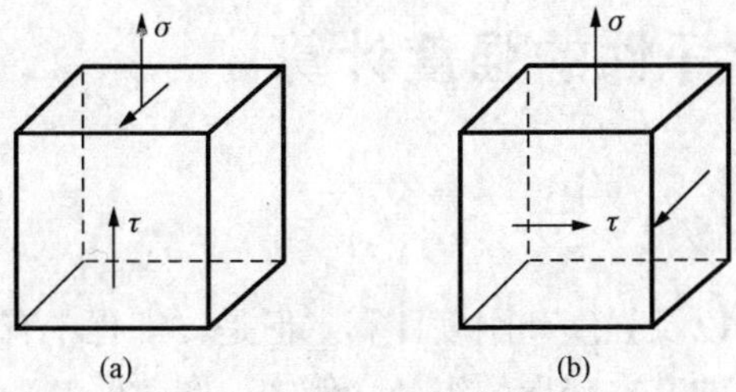

图 11-42　习题 11-17 图

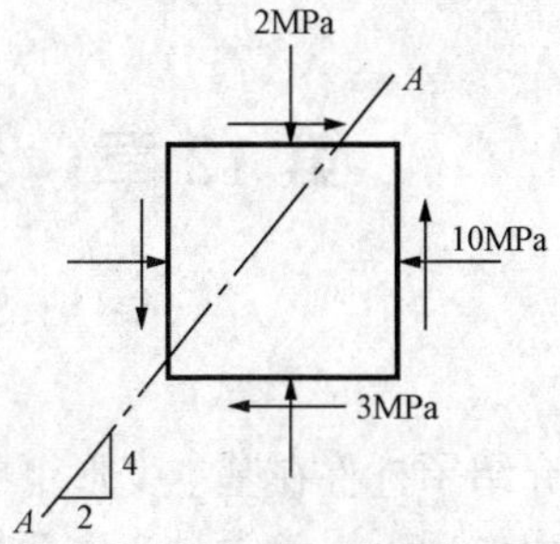

图 11-43　习题 11-18 图

11-19　一简支钢板梁所受荷载如图 11-44（a）所示，其截面尺寸如图 11-44（b）所示。已知钢材的容许应力 $[\sigma]=170\text{MPa}$、$[\tau]=100\text{MPa}$，试校核梁内的正应力强度和切应力强度，并按第四强度理论对截面上的 a 点作强度校核（通常在计算 a 点处的应力时近似地按 a' 点的位置计算）。

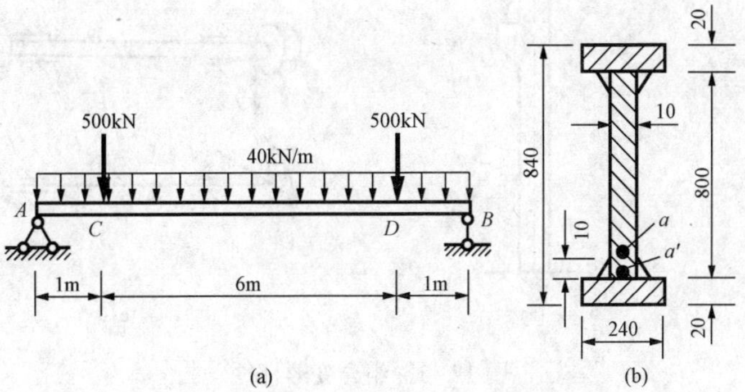

图 11-44　习题 11-19 图

第12章　组合变形杆件的强度计算

§12-1　概　　述

前面介绍了杆件在基本变形下的应力和变形以及强度和刚度计算。但是，工程中有很多杆件在外力作用下，常常是产生两种或两种以上的基本变形的组合。例如，图12-1（a）所示的烟囱，在自重和水平风力作用下，将产生压缩与弯曲的组合；图12-1（b）所示的厂房柱子，在偏心外力作用下，将产生偏心压缩（压缩与弯曲的组合）；图12-1（c）所示的传动轴，在皮带拉力作用下，将产生弯曲与扭转的组合。这些同时发生两种或两种以上基本变形组合的杆件，称为组合变形杆件。

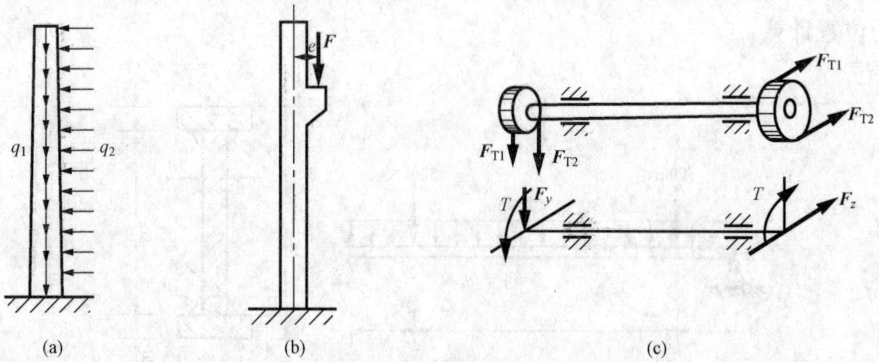

图12-1　组合变形杆件

计算杆件在组合变形下的应力和变形时，如果材料处于弹性范围内，且在小变形的情况下，则可将作用在杆件上的荷载分解或简化成几组，使杆件在每组荷载下只产生一种基本变形；然后计算出每一种基本变形下的应力和变形，由叠加原理就可得到杆件在组合变形下的应力和变形。

本章主要介绍杆件在斜弯曲、拉伸（压缩）与弯曲、偏心压缩（偏心拉伸）以及弯曲与扭转等组合变形下的应力和强度计算。

§12-2　斜　弯　曲

在前面介绍的弯曲问题中，对于具有纵向对称平面的梁，当外力作用在纵向对称平面内时，梁变形后轴线位于外力作用平面内，此种弯曲称为平面弯曲，如图12-2（a）所示。对于不具有纵向对称平面的梁，只有当外力作用在弯心平面内（通过弯曲中心且与形心主惯性平面平行的平面）时，梁才只发生平面弯曲，如图12-2（b）所示。但工程中还有一些梁，不论梁是否具有纵向对称平面，外力虽然经过弯曲中心（或形心），但其作用面与形心主惯性平面既不重合也不平行，如图12-2（c）、图12-2（d）所示，这种弯曲称为斜弯曲。现以图12-3所示矩形截面悬臂梁为例，介绍具有两个相互垂直的纵向对称面的梁在斜弯曲情况下的应力和强度计算。

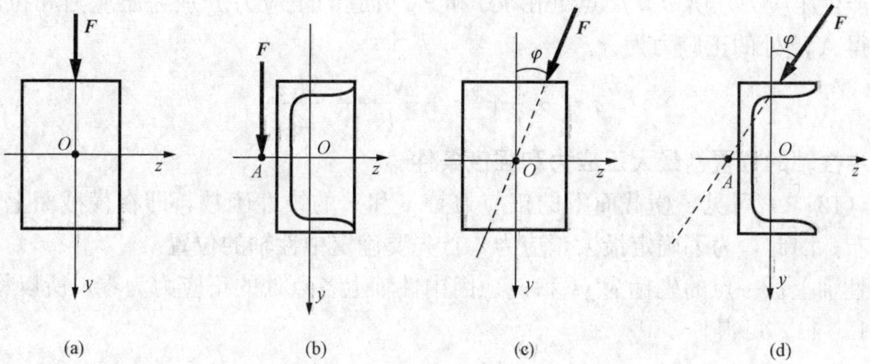

图 12-2　平面弯曲与斜弯曲

一、内力

设外力 F 通过梁自由端截面的形心，并与竖直对称轴夹 φ 角。现将力 F 沿两对称轴(形心主轴）分解，得

$$F_y = F\cos\varphi,\quad F_z = F\sin\varphi$$

杆在 F_y 和 F_z 的单独作用下，将分别在 xy 平面和 xz 平面内产生平面弯曲。由此可见，斜弯曲是两个相互正交的平面弯曲的组合。

在距固定端 x 处的横截面上，由 F_y 和 F_z 引起的内力为

$$F_{Sy} = F_y = F\cos\varphi$$

$$M_z = F_y(l-x) = F(l-x)\cos\varphi = M\cos\varphi$$

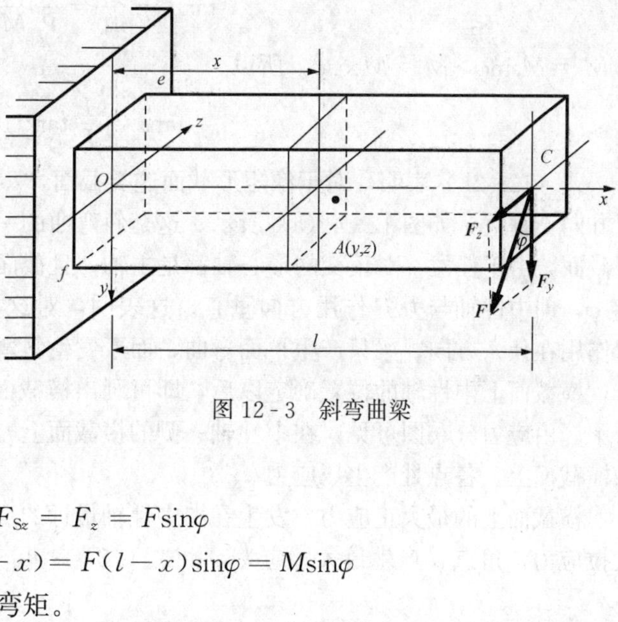

图 12-3　斜弯曲梁

和

$$F_{Sz} = F_z = F\sin\varphi$$

$$M_y = F_z(l-x) = F(l-x)\sin\varphi = M\sin\varphi$$

式中 $M=F(l-x)$，表示力 F 引起的弯矩。

由梁的强度计算可知，剪力引起的切应力对强度的影响与由弯矩引起的正应力相比是次要的，因此，在组合变形问题中，通常可不考虑剪力的影响。

二、横截面上的正应力

由 F_y 和 F_z 引起的 x 截面上第一象限内任一点 $A(y,z)$处的正应力分别为

$$\sigma' = -\frac{M_z y}{I_z}$$

$$\sigma'' = \frac{M_y z}{I_y}$$

显然，σ'和σ''分别沿截面高度和宽度线性分布。至于σ'和σ''的正负号，由杆的变形情况确定比较方便。在这一问题中，由于 F_z 的作用，横截面上 y 轴以右的各点均产生拉应力，

以左的各点均产生压应力；由于 F_y 的作用，横截面上 z 轴上方的各点均产生拉应力，下方的各点均产生压应力。所以，A 点处由 F_y 和 F_z 引起的正应力分别为压应力和拉应力。由叠加法，得 A 点处的正应力为

$$\sigma=\sigma'+\sigma''=-\frac{M_z y}{I_z}+\frac{M_y z}{I_y} \tag{12-1}$$

三、中性轴的位置、最大正应力和强度条件

由式（12-1）可见，横截面上的正应力是 y 和 z 的线性函数，即在横截面上，正应力为平面分布。因此，为了确定最大正应力，首先要确定中性轴的位置。

设中性轴上任一点的坐标为 y_0 和 z_0。因中性轴上各点处的正应力为零，所以将 y_0 和 z_0 代入式（12-1），可得

$$\sigma=-\frac{M_z}{I_z}y_0+\frac{M_y}{I_y}z_0=0$$

这就是中性轴的方程。中性轴是一条通过横截面形心的直线。设中性轴与 z 轴夹 α 角，则由上式得到

$$\tan\alpha=\frac{y_0}{z_0}=\frac{I_z}{I_y}\frac{M_y}{M_z} \tag{12-2a}$$

因 $M_y=M\sin\varphi$，$M_z=M\cos\varphi$，所以

$$\tan\alpha=\frac{I_z}{I_y}\tan\varphi \tag{12-2b}$$

式（12-2b）表明，对于像矩形截面这类截面，$I_y\neq I_z$，所以 $\alpha\neq\varphi$，即中性轴与力 F 作用方向不垂直，如图 12-4（a）所示。这是斜弯曲的一个重要特征。但是，对圆形、正方形等截面，由于任意一对正交的形心轴都是主轴，且截面对任一形心轴的惯性矩都相等，所以 $\alpha=\varphi$，即中性轴与力 F 作用方向垂直。这表明，对这类截面，通过截面形心的横向力，不管作用在什么方向，梁只产生平面弯曲，而不发生斜弯曲。

横截面上中性轴的位置确定以后，即可画出横截面上的正应力分布图，如图 12-4（b）所示。由应力分布图可见，在中性轴一侧的横截面上，各点处产生拉应力；在中性轴另一侧的横截面上，各点处产生压应力。

横截面上的最大正应力，发生在离中性轴最远的点。由应力分布图可见，角点 b 产生最大拉应力，角点 d 产生最大压应力，由式（12-1）可知，其值为

$$\sigma_{\max}=\frac{M_z}{W_z}+\frac{M_y}{W_y} \tag{12-3}$$

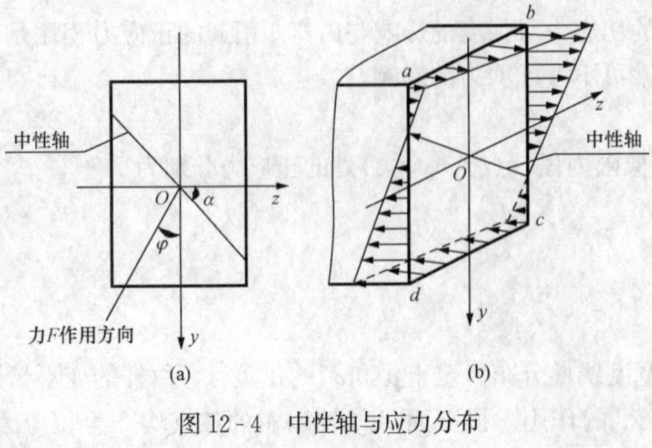

图 12-4　中性轴与应力分布

实际上，对于有凸角的截面，如矩形、工字形等截面，根据斜弯曲是两个平面弯曲的组合情况，最大正应力显然产生在角点上。对于圆形截面，因其任一条过形心的轴均为对称轴，所以，可先求出截面上的总弯矩 M，然后按平面弯曲公式计算正应力。

图 12-3 所示的悬臂梁，在固

定端截面上，弯矩最大，为危险截面；该截面上的角点 e 和 f 为危险点。在角点处即使考虑剪力的影响，切应力也为零，故危险点处于单向应力状态。因此，强度条件为

$$\left.\begin{aligned}\sigma_{t,\max}\leqslant[\sigma_t]\\ \sigma_{c,\max}\leqslant[\sigma_c]\end{aligned}\right\}\qquad(12-4)$$

据此，就可进行斜弯曲梁的强度计算。

四、变形

现在求图 12-3 所示悬臂梁自由端的挠度。该梁在 F_y 和 F_z 作用下，自由端截面的形心 C 在 xy 平面和 xz 平面内的挠度分别为

$$w_y=\frac{F_y l^3}{3EI_z},\quad w_z=\frac{F_z l^3}{3EI_y}$$

由于 w_y 和 w_z 方向不同，故得 C 点的总挠度为

$$w=\sqrt{w_y^2+w_z^2}$$

设总挠度方向与 y 轴夹 β 角，则

$$\tan\beta=\frac{w_z}{w_y}=\frac{I_z}{I_y}\tan\varphi\qquad(12-5)$$

因 $I_y\neq I_z$，故 $\beta\neq\varphi$，即 C 点的总挠度方向与力 F 作用方向不重合，如图 12-5 所示。比较式（12-5）和式（12-2b）可见，$\beta=\alpha$，即 C 点挠度方向垂直于中性轴。这是斜弯曲的又一特征。但是，对圆形、正方形等截面，$\beta=\varphi$，即挠度方向与力 F 作用方向重合。

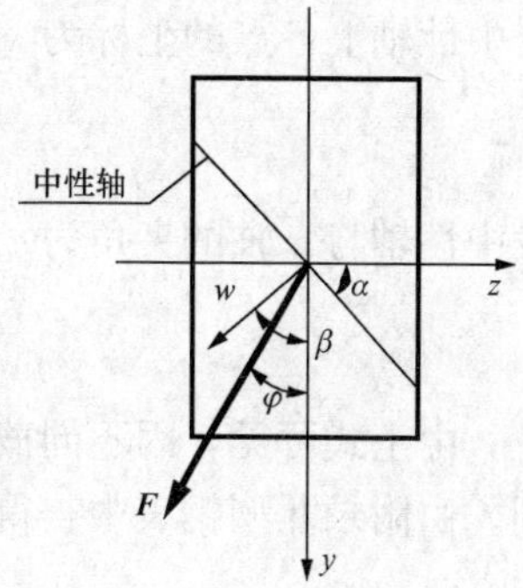

图 12-5　斜弯曲梁的挠度

【例 12-1】 图 12-6（a）所示悬臂梁采用 25a 号工字钢。梁在竖直方向受均布荷载 $q=5\text{kN/m}$ 作用，在自由端受水平集中力 $F=2\text{kN}$ 作用，材料的弹性模量 $E=206\text{GPa}$。试求：

（1）梁的最大拉应力和最大压应力。

（2）固定端截面和 $l/2$ 截面上的中性轴位置。

（3）自由端的挠度。

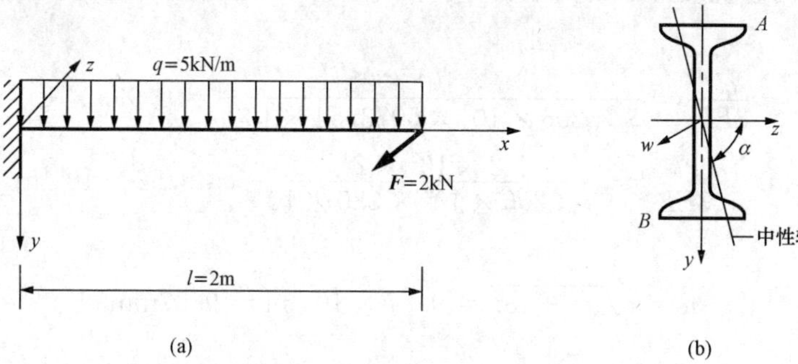

图 12-6　［例 12-1］图

解　（1）均布荷载 q 使梁在 xy 平面内弯曲，集中力 F 使梁在 xz 平面内弯曲，故为双向弯曲问题。两种荷载作用均使固定端截面产生最大弯矩，所以固定端截面是危险截面。由变形情况可知，在该截面上的 A 点处产生最大拉应力，B 点处产生最大压应力，且两点处应力的数值相等。由附录Ⅱ型钢表中查得：对 25a 号工字钢，$W_z=401.9\text{cm}^3$，$W_y=$

$48.28 cm^3$。所以，由式（12-3），得

$$\sigma_A=\frac{M_y}{W_y}+\frac{M_z}{W_z}=\frac{Fl}{W_y}+\frac{\frac{1}{2}ql^2}{W_z}=\frac{2\times10^3\times2}{48.28\times10^{-6}}+\frac{\frac{1}{2}\times5\times10^3\times2^2}{401.9\times10^{-6}}$$

$$=107.7\times10^6 N/m^2=107.7MPa$$

$$\sigma_B=-\frac{M_y}{W_y}-\frac{M_z}{W_z}=-107.7MPa$$

（2）由 $\sigma=0$ 的条件可确定中性轴的位置。首先列出任一横截面上第一象限内任一点处的应力表达式，即

$$\sigma=\frac{M_y}{I_y}z-\frac{M_z}{I_z}y$$

令中性轴上各点的坐标为 y_0 和 z_0，则

$$\sigma=\frac{M_y}{I_y}z_0-\frac{M_z}{I_z}y_0=0$$

设中性轴与 z 轴的夹角为 α ［见图 12-6（b）］，则由上式得

$$\tan\alpha=\frac{y_0}{z_0}=\frac{M_y}{M_z}\frac{I_z}{I_y}$$

由上式可见，因不同截面上 M_y/M_z 不是常量，故不同截面上的中性轴与 z 轴的夹角不同。由附录Ⅱ型钢表中查得：对 25a 号工字钢，$I_z=5023.54cm^4$，$I_y=280.0cm^4$，所以有：

固定端截面 $$\tan\alpha_1=\frac{2\times10^3\times2}{\frac{1}{2}\times5\times10^3\times2^2}\times\frac{5023.54\times10^{-8}}{280\times10^{-8}}=7.18$$

得 $$\alpha_1=82.1°$$

$l/2$ 截面 $$\tan\alpha_2=\frac{2\times10^3\times1}{\frac{1}{2}\times5\times10^3\times1^2}\times\frac{5023.54\times10^{-8}}{280\times10^{-8}}=14.35$$

得 $$\alpha_2=86.0°$$

（3）自由端的总挠度等于自由端在 xy 平面内和 xz 平面内的挠度 w_y 和 w_z 的几何和。其中

$$w_y=\frac{ql^4}{8EI_z}=\frac{5\times10^3\times2^4}{8\times206\times10^9\times5023.54\times10^{-8}}=0.995\times10^{-3}m$$

$$w_z=\frac{Fl^3}{3EI_y}=\frac{2\times10^3\times2^3}{3\times206\times10^9\times280\times10^{-8}}=9.52\times10^{-3}m$$

故总挠度为

$$w=\sqrt{w_y^2+w_z^2}=9.57\times10^{-3}m=9.57mm$$

§12-3 拉伸（压缩）与弯曲的组合

当杆受轴向力和横向力共同作用时，将产生拉伸（压缩）与弯曲的组合变形。例如，图 12-1（a）中的烟囱就是一个实例。如果杆的弯曲刚度很大，所产生的弯曲变形很小，则由轴向力所引起的附加弯矩很小，可以略去不计。因此，可分别计算由轴向力引起的拉压正应力和由横向力引起的弯曲正应力，然后用叠加法即可求得两种荷载共同作用引起的正应力。

现以图 12-7（a）所示的杆受轴向拉力及均布荷载的情况为例，说明拉伸（压缩）与弯曲组合变形下的正应力及强度计算方法。

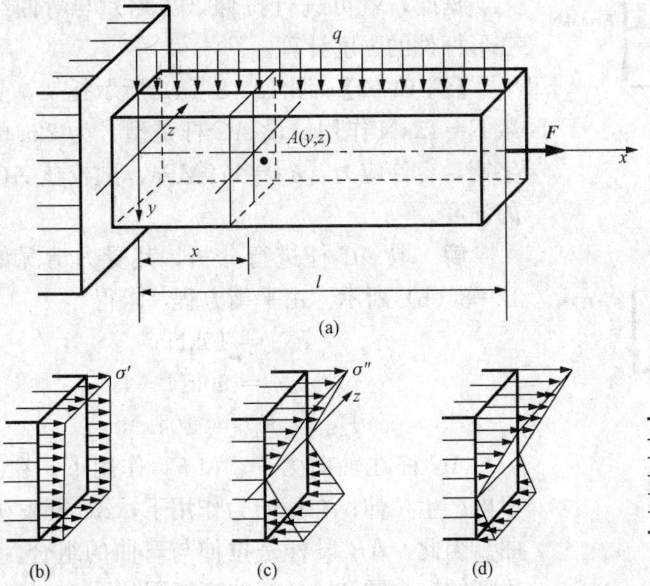

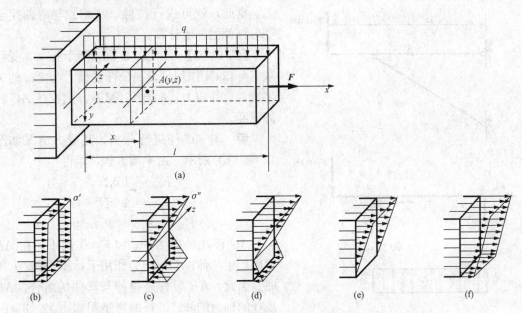

图 12-7　拉伸与弯曲组合变形

在轴向力 F 作用下，任意 x 截面上的内力 $F_N=F$，该截面的正应力为均匀分布，即

$$\sigma'=\frac{F_N}{A}$$

在均布荷载 q 作用下，任意 x 截面上的弯矩为 $M(x)$，该截面第一象限中点 $A(y, z)$ 的弯曲正应力为

$$\sigma''=-\frac{M(x)y}{I_z}$$

σ''沿截面高度呈线性变化。所以，x 截面上第一象限中点 A（y，z）处的正应力为

$$\sigma=\sigma'+\sigma''=\frac{F_N}{A}-\frac{M(x)y}{I_z}$$

显然，固定端截面为危险截面。该横截面上正应力 σ'和 σ''的分布如图 12-7（b）和图 12-7（c）所示。由应力分布图可见，该横截面的上、下边缘处各点可能是危险点。这些点处的正应力为

$$\begin{matrix}\sigma_{t,\max}\\ \sigma_{t,\min}\end{matrix}=\frac{F_N}{A}\pm\frac{M_{\max}}{W_z} \tag{12-6}$$

当 $\sigma''_{\max}>\sigma'$时，该横截面上的正应力分布如图 12-7（d）所示，上边缘的最大拉应力数值大于下边缘的最大压应力数值。当 $\sigma''_{\max}=\sigma'$时，该横截面上的应力分布如图 12-7（e）所示，下边缘各点处的正应力为零，上边缘各点处的拉应力最大。当 $\sigma''_{\max}<\sigma'$时，该横截面上的正应力分布如图 12-7（f）所示，上边缘各点处的拉应力最大。在这三种情况下，横截面的中性轴分别在横截面内、横截面边缘和横截面以外。

杆在拉伸（压缩）与弯曲组合变形下的强度条件为

$$\left.\begin{array}{l}\sigma_{t,\max} \leqslant [\sigma_t] \\ \sigma_{c,\max} \leqslant [\sigma_c]\end{array}\right\} \tag{12-7}$$

据此，就可进行拉伸（压缩）与弯曲组合变形杆件的强度计算。

【例 12-2】 图 12-8（a）所示托架，受荷载 $F=45\text{kN}$ 作用。设 AC 杆是型号为 22a 的工字钢，容许应力 $[\sigma]=170\text{MPa}$，试校核 AC 杆的强度。

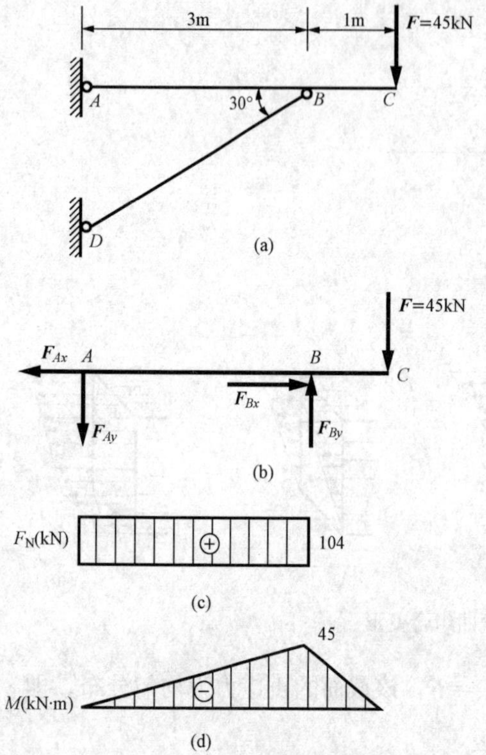

图 12-8 ［例 12-2］图

解 取 AC 杆进行分析，其受力情况如图 12-8（b）所示。由平衡方程，求得

$$F_{Ay}=15\text{kN}$$
$$F_{By}=60\text{kN}$$
$$F_{Ax}=F_{Bx}=104\text{kN}$$

AC 杆在轴向力 F_{Ax} 和 F_{Bx} 作用下，在 AB 段内产生拉伸；在横向力作用下，AC 杆发生弯曲。因此，AB 段杆是拉伸与弯曲的组合。AB 段杆的轴力图和 AC 杆的弯矩图如图 12-8（c）和图 12-8（d）所示。由内力图可见，B 左侧的横截面是危险截面。该截面的上边缘各点处的拉应力最大，是危险点。由附录Ⅱ中型钢表查得：对 22a 号工字钢，$W_z=309\text{cm}^3$，$A=42.0\text{cm}^2$。所以，最大拉应力为

$$\sigma_{t,\max}=\frac{F_N}{A}+\frac{M_{\max}}{W_z}=\frac{104\times10^3}{42.0\times10^{-4}}+\frac{45\times10^3}{309\times10^{-6}}$$
$$=170.4\times10^6\text{N/m}^2=170.4\text{MPa}$$

最大拉应力稍超过容许应力，但超过不到 5%，工程上认为 AC 杆仍能满足强度要求。

§12-4 偏心压缩（拉伸）

当杆受到与其轴线平行，但与轴线不重合的外力作用时，杆将产生偏心压缩（拉伸）。例如，图 12-1（b）所示的柱子就是偏心压缩的一个实例。现介绍杆在偏心压缩（拉伸）时横截面上的正应力和强度计算方法。

如图 12-9（a）所示，下端固定的矩形截面杆，xy 平面和 xz 平面为两个形心主惯性平面。设在杆的上端截面的 $A(y_F, z_F)$ 点处作用有一平行于杆轴线的力 F。A 点到截面形心 C 的距离 e 称为偏心距。

将力 F 向截面形心 C 点简化，简化后的外力为通过杆轴线的压力 F 和作用在 xz 平面内的力偶矩 $M_y=Fz_F$，以及作用在 xy 平面内的力偶矩 $M_z=Fy_F$，如图 12-9（b）所示。由此可知，杆将产生轴向压缩与在 xz 平面及 xy 平面内的平面弯曲（纯弯曲）的组合。杆的各横截面上的内力相同，均为

$$F_N = F,\ M_y = Fz_F,\ M_z = Fy_F$$

现考察任意横截面上第一象限中的任意点 $B(y,\ z)$ 处的应力。对应于上述三个内力，B 点处的正应力分别为

$$\sigma' = -\frac{F_N}{A} = -\frac{F}{A}$$

$$\sigma'' = -\frac{M_z y}{I_z} = -\frac{F y_F y}{I_z}$$

$$\sigma''' = -\frac{M_y z}{I_y} = -\frac{F z_F z}{I_y}$$

由叠加法得 B 点处的总应力为

$$\sigma = \sigma' + \sigma'' + \sigma'''$$

即

$$\sigma = -\left(\frac{F}{A} + \frac{F y_F y}{I_z} + \frac{F z_F z}{I_y}\right) \tag{12-8}$$

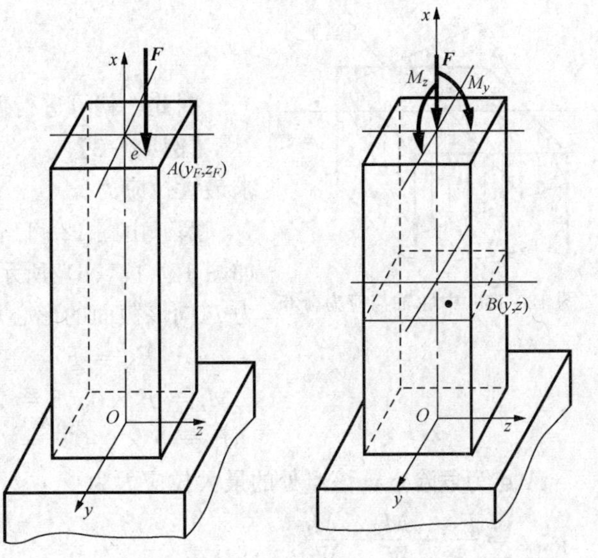

(a)　(b)

图 12-9　偏心压缩

由附录Ⅰ中式（Ⅰ-8），有

$$I_y = Ai_y^2,\quad I_z = Ai_z^2$$

代入式（12-8）后，得

$$\sigma = -\frac{F}{A}\left(1 + \frac{y_F y}{i_z^2} + \frac{z_F z}{i_y^2}\right) \tag{12-9}$$

由式（12-8）或式（12-9）可见，横截面上的正应力为平面分布。为了确定横截面上正应力的最大点，需确定中性轴的位置。设 y_0 和 z_0 为中性轴上任一点的坐标，将 y_0 和 z_0 代入式（12-9）后，得

$$\sigma = -\frac{F}{A}\left(1 + \frac{y_F y_0}{i_z^2} + \frac{z_F z_0}{i_y^2}\right) = 0$$

即

$$1 + \frac{y_F y_0}{i_z^2} + \frac{z_F z_0}{i_y^2} = 0 \tag{12-10}$$

这就是中性轴方程。可以看出，中性轴是一条不通过横截面形心的直线。令式（12-10）中的 $z_0=0$ 和 $y_0=0$，可以得到中性轴在 y 轴和 z 轴上的截距，即

$$\left.\begin{aligned} a_y &= y_0\Big|_{z_0=0} = -\frac{i_z^2}{y_F} \\ a_z &= z_0\Big|_{y_0=0} = -\frac{i_y^2}{z_F} \end{aligned}\right\} \tag{12-11}$$

式中负号表明，中性轴的位置与外力作用点的位置分别在横截面形心的两侧。横截面上中性轴的位置及正应力分布如图 12-10 所示。中性轴一侧的横截面上产生拉应力，另一侧产生压应力。

最大正应力发生在离中性轴最远的点处。对于有凸角的截面，最大正应力一定发生在角点处。角点 D_1 产生最大压应力，角点 D_2 产生最大拉应力，如图 12-10 所示。实际上，对于有凸角的截面，可不必求中性轴的位置，即可根据变形情况，确定产生最大拉应力和最大压应力的角点。杆受偏心压缩（拉伸）时的强度条件为

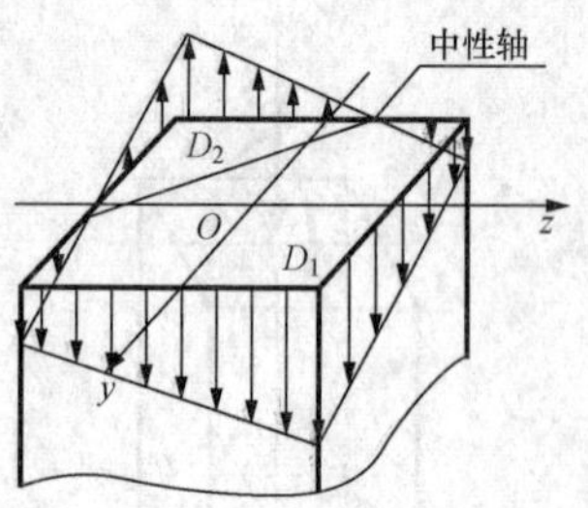

图 12-10 中性轴与应力分布

$$\left.\begin{aligned}\sigma_{t,max} &\leqslant [\sigma_t] \\ \sigma_{c,max} &\leqslant [\sigma_c]\end{aligned}\right\} \qquad (12-12)$$

据此，就可进行偏心压缩（拉伸）杆件的强度计算。

【例 12-3】 一端固定并有切槽的杆如图 12-11 所示，试求最大拉应力。

解 由图 12-11 可见，杆在切槽处的横截面是危险截面，如图 12-11（b）所示。对于该截面，力 F 是偏心拉力。现将力 F 向该截面的形心 C 简化，得到截面上的轴力和弯矩为

$$F_N = F = 10\text{kN}$$
$$M_z = F \times 0.05 = 0.5\text{kN}\cdot\text{m}$$
$$M_y = F \times 0.025 = 0.25\text{kN}\cdot\text{m}$$

A 点为危险点，该点处的最大拉应力为

$$\sigma_{t,max} = \frac{F_N}{A} + \frac{M_y}{W_y} + \frac{M_z}{W_z}$$
$$= \frac{10\times10^3}{0.1\times0.05} + \frac{0.25\times10^3}{\frac{1}{6}\times0.1\times0.05^2} + \frac{0.5\times10^3}{\frac{1}{6}\times0.05\times0.1^2} = 14\times10^6\text{N/m}^2 = 14\text{MPa}$$

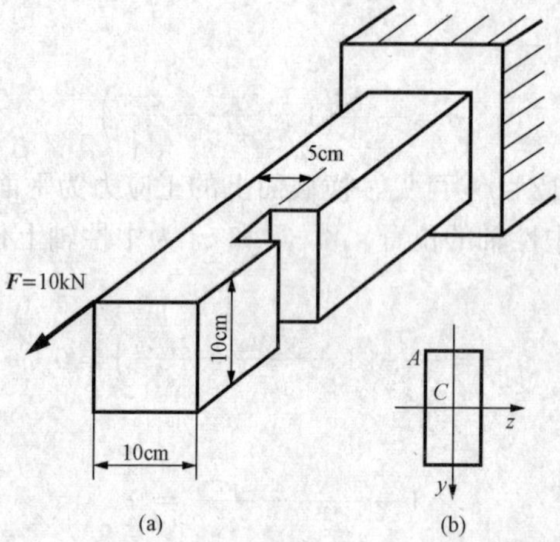

图 12-11 ［例 12-3］图

§12-5 截 面 核 心

由式（12-11）可见，偏心压缩时，中性轴在横截面上的两个形心主轴上的截距 a_y 和 a_z 随压力作用点的坐标 y_F 和 z_F 变化。当压力作用点离横截面形心越近时，中性轴离横截面形心越远；当压力作用点离横截面形心越远时，中性轴离横截面形心越近。随着压力作用点位置的变化，中性轴可能在横截面以内，或与横截面周边相切，或在横截面以外。在后两种情况下，横截面上就只产生压应力。工程上有些材料，如混凝土、砖、石等，其抗拉强度很小，因此，由这类材料制成的杆主要用于承受压力；对于这类材料制成的杆，用于承受偏心压力时，要求杆的横截面上不产生拉应力。为了满足这一要求，压力必须作用在横截面形

心周围的某一区域内，使中性轴与横截面周边相切或在横截面以外。这一区域称为截面核心。

图 12-12 所示为任意形状的截面。为了确定截面核心的边界，首先应确定截面的形心主轴 y 和 z；然后，先作直线①与周边相切，将它看作中性轴。由该直线在形心主轴上的截距 a_{y1} 和 a_{z1}，利用式 (12-11)，求出外力作用点的坐标为

$$y_{F1} = -\frac{i_z^2}{a_{y1}}, \quad z_{F1} = -\frac{i_y^2}{a_{z1}}$$

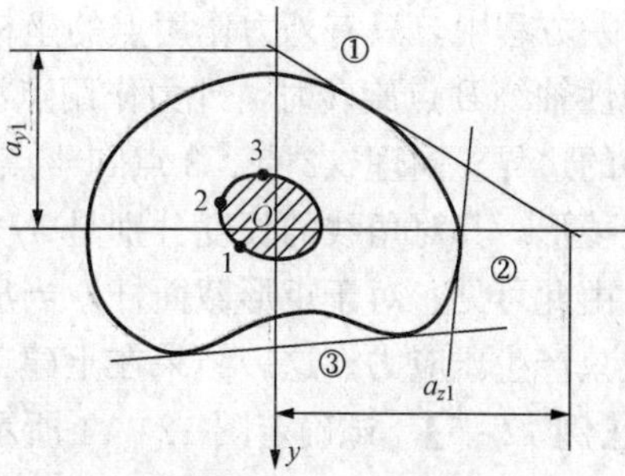

图 12-12　截面核心

由此可得到 1 点。再分别以切线②、③、…作为中性轴，用相同的方法可得到 2、3、…点。连接这些点，得到一条闭合曲线，它就是截面核心的边界。边界以内的区域就是截面核心，如图 12-12 中的阴影部分所示。

需注意的是，切线③为截面边界一个凹段的公切线。在此凹段内，不应再作切线，否则截面上将出现拉应力区。因此，有凹段边界截面的截面核心，仍应为凸边界。

【例 12-4】 试确定图 12-13 所示矩形截面的截面核心。

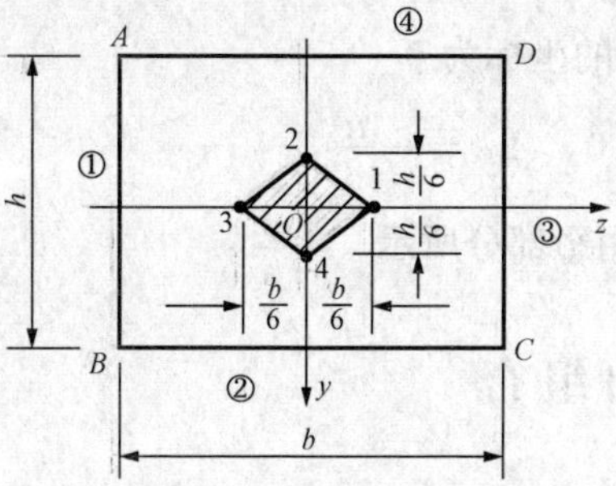

图 12-13 ［例 12-4］图

解　矩形截面的对称轴 y 和 z 是形心主轴。该截面的 $i_y^2 = \frac{I_y}{A} = \frac{b^2}{12}$，$i_z^2 = \frac{I_z}{A} = \frac{h^2}{12}$。

先将与 AB 边重合的直线作为中性轴①，它在 y 轴和 z 轴上的截距分别为

$$a_{y1} = \infty, \quad a_{z1} = -\frac{b}{2}$$

由式 (12-11)，得到与之对应的 1 点的坐标为

$$y_{F1} = -\frac{i_z^2}{a_{y1}} = -\frac{h^2/12}{\infty} = 0$$

$$z_{F1} = -\frac{i_y^2}{a_{z1}} = -\frac{b^2/12}{-b/2} = \frac{b}{6}$$

同理可求得当中性轴②与 BC 边重合时，与之对应的 2 点的坐标为

$$y_{F2} = -\frac{h}{6}, \quad z_{F2} = 0$$

中性轴③与 CD 边重合时，与之对应的 3 点的坐标为

$$y_{F3} = 0, \quad z_{F3} = -\frac{b}{6}$$

中性轴④与 DA 边重合时，与之对应的 4 点的坐标为

$$y_{F4} = \frac{h}{6}, \quad z_{F4} = 0$$

确定了截面核心边界上的 4 个点后，还要确定这 4 个点之间截面核心边界的形状。中性轴从与一个周边（如 AB 边）相切，转到与另一个周边（如 BC 边）相切时，所有的中性轴都通过 B 点，即 B 点是这一系列中性轴共有的点。因此，将 B 点的坐标 y_B 和 z_B 代入式 (12-10)，即得

$$1 + \frac{y_F y_B}{i_z^2} + \frac{z_F z_B}{i_y^2} = 0$$

在这一方程中，只有外力作用点的坐标 y_F 和 z_F 是变量，所以这是一个直线方程。它表明，当中性轴绕 B 点旋转时，外力作用点沿直线移动。因此，连接 1 点和 2 点的直线，就是截面核心的边界。同理，2 点、3 点和 4 点之间也分别是直线。最后得到矩形截面的截面核心是一个菱形，其对角线的长度分别是 $h/3$ 和 $b/3$。

由此可见，对于矩形截面杆，当压力作用在对称轴上，并在“中间三分点”以内时，截面上只产生压应力。这一结果在土建工程中经常用到。

【例 12-5】 试确定图 12-14 所示圆形截面的截面核心。

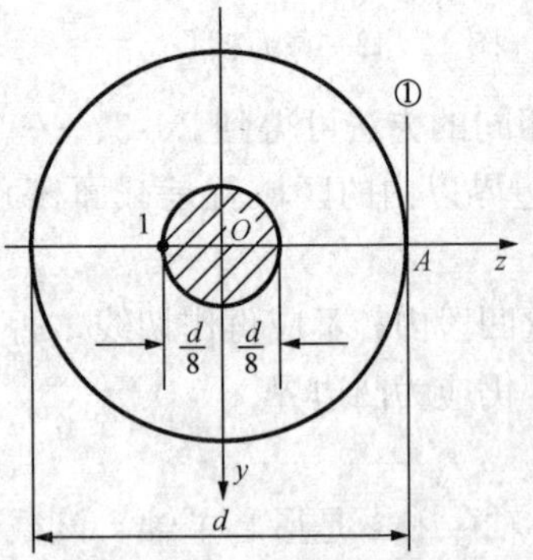

图 12-14 ［例 12-5］图

解 由于圆形截面对于圆心是极对称的，因此截面核心的边界也是一个圆。只要确定了截面核心边界上的一个点，就可以确定截面核心。

设过 A 点的切线是中性轴，它在 y、z 轴上的截距分别为

$$a_y = \infty, \quad a_z = \frac{d}{2}$$

圆截面的 $i_y^2 = i_z^2 = \dfrac{\pi d^4/64}{\pi d^2/4} = \dfrac{d^2}{16}$。由式（12-11），求得与之对应的外力作用点 1 的坐标为

$$y_F = 0, \quad z_F = -\frac{d}{8}$$

由此可知，截面核心是直径为 $d/4$ 的圆，如图 12-14 中阴影部分所示。

§12-6 弯曲与扭转的组合

弯曲与扭转的组合是机械工程中常见的一种组合变形。例如，图 12-1（c）所示的传动轴就是一个实例。现以图 12-15（a）所示的钢制直角曲拐中的圆杆 AB 为例，介绍杆在弯曲与扭转组合变形下，应力和强度的计算方法。

首先将作用在 C 点的力 F 向 AB 杆右端 B 截面的形心简化，得到一横向力 F 及力偶矩 $T=Fa$，如图 12-15（b）所示。力 F 使 AB 杆弯曲，力偶矩 T 使 AB 杆扭转，AB 杆的弯矩图和扭矩图如图 12-15（c）、图 12-15（d）所示。由内力图可见，固定端截面是危险截面，其弯矩值和扭矩值分别为

$$M_z = Fl, \quad M_x = Fa$$

在该截面上，弯曲正应力与扭转切应力的分布分别如图 12-15（e）、图 12-15（f）所示。从应力分布图可见，横截面的上、下两点 C_1 和 C_2 是危险点。这两点的弯曲正应力和扭转切应力分别为

$$\sigma = \frac{M_z}{W_z} \tag{a}$$

$$\tau = \frac{M_x}{W_p} \tag{b}$$

围绕 C_1 点处取出一单元体，其各面上的应力如图 12-15（g）所示。由于该单元体处于一般二向应力状态，因此需用强度理论来建立强度条件。图 12-15（g）所示单元体，由式（11-

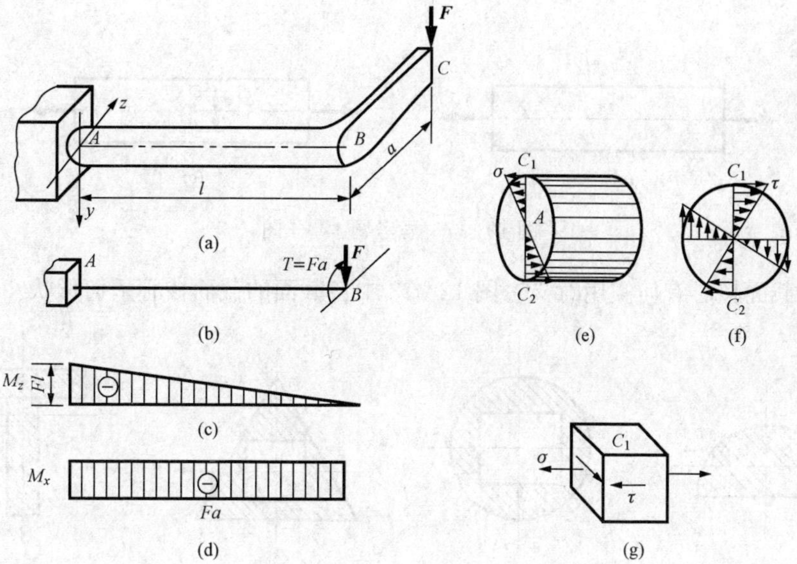

图 12-15　弯扭组合变形

29）和式（11-30）可知，其第三强度理论和第四强度理论的强度条件分别为

$$\sigma_{r3}=\sqrt{\sigma^2+4\tau^2}\leqslant[\sigma]$$

$$\sigma_{r4}=\sqrt{\sigma^2+3\tau^2}\leqslant[\sigma]$$

思　考　题

12-1　悬臂梁的横截面形状如图 12-16 所示。若作用于自由端的荷载 F 垂直于梁的轴线，作用方向如图中虚线所示。试指出哪几种情况是平面弯曲，哪几种情况是斜弯曲（小圆点为弯曲中心的位置）。

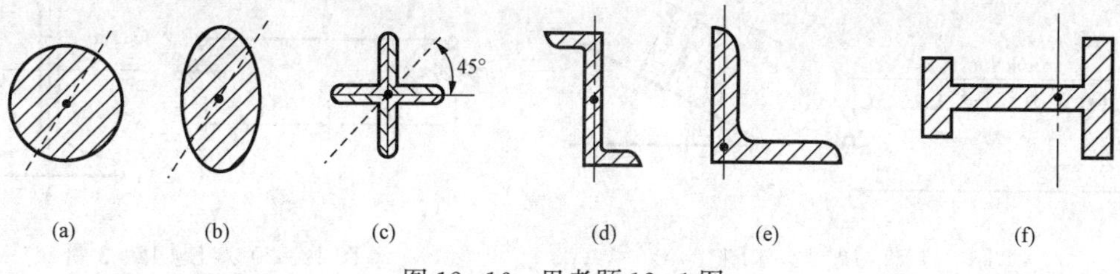

图 12-16　思考题 12-1 图

12-2　等截面梁在斜弯曲时的挠曲线是一条平面曲线，还是一条空间曲线？各截面中性轴位置是否相同？双向弯曲时，挠曲线与各截面的中性轴位置又是如何变化？

12-3　拉伸（压缩）与弯曲组合和偏心拉伸（压缩）这两种组合变形，在什么情况下可按叠加原理计算横截面上的最大正应力？

12-4　在某一矩形截面拉杆的一侧有一小裂纹，为了防止裂纹的扩展，可在裂纹尖端处钻一个光滑的小圆孔，如图 12-17（a）所示。但有人建议在该小圆孔对称的位置上再钻一个同样大小的圆孔，如图 12-17（b）所示。试问哪一种方法防止裂纹扩展的效果更好？

为什么？

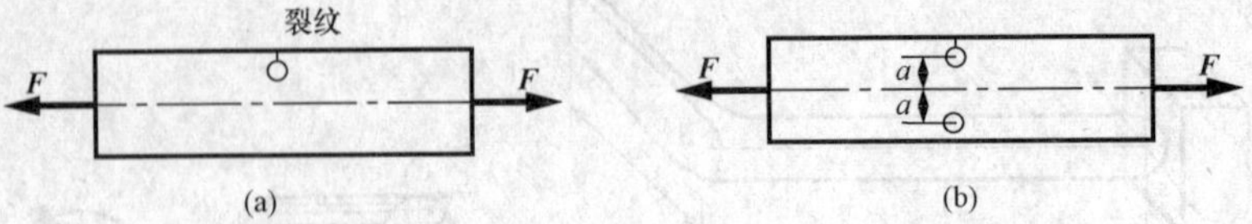

图 12-17　思考题 12-4 图

12-5　截面核心有何实用意义？图 12-18 中各截面的截面核心呈何形状？

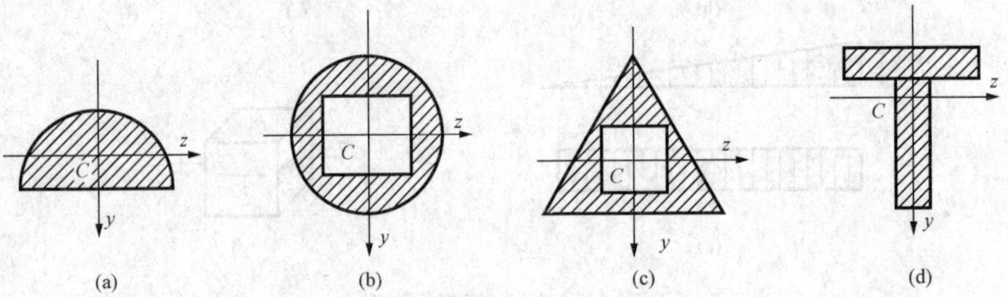

图 12-18　思考题 12-5 图

习　题

12-1　矩形截面梁的跨度 $l=4\text{m}$，其荷载及截面尺寸如图 12-19 所示。设材料为杉木，容许应力 $[\sigma]=10\text{MPa}$，试校核该梁的强度。

12-2　图 12-20 所示工字形截面简支梁，力 F 与 y 轴的夹角为 5°。若 $F=65\text{kN}$，$l=4\text{m}$，已知容许应力 $[\sigma]=170\text{MPa}$。试选择工字钢的型号。

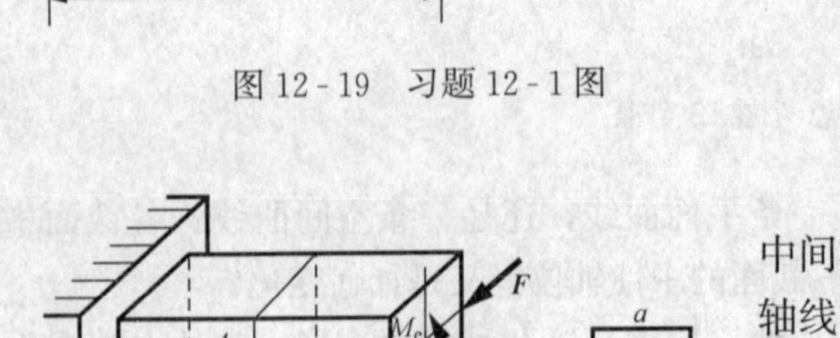

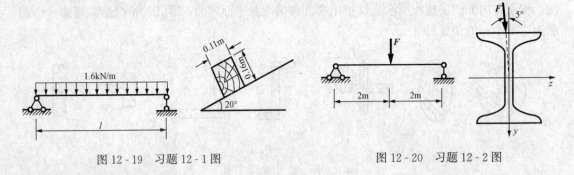

图 12-19　习题 12-1 图

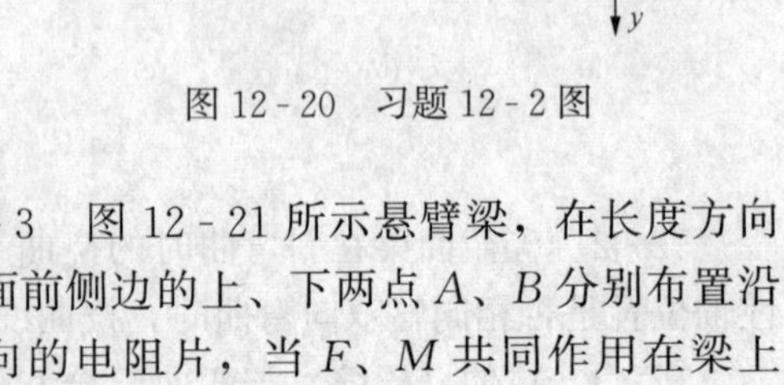

图 12-20　习题 12-2 图

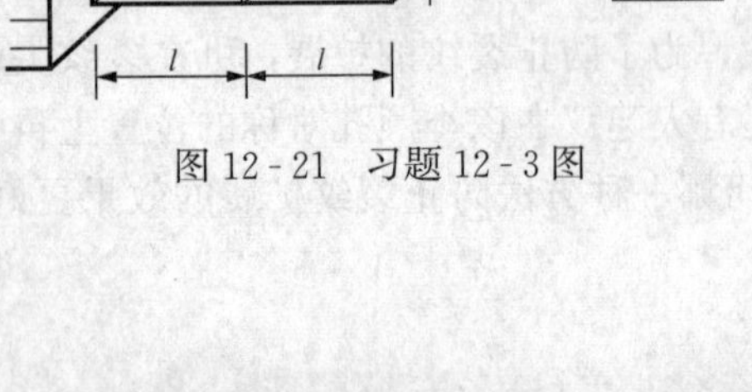

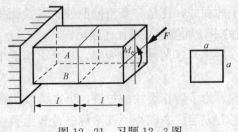

图 12-21　习题 12-3 图

12-3　图 12-21 所示悬臂梁，在长度方向中间截面前侧边的上、下两点 A、B 分别布置沿轴线方向的电阻片，当 F、M 共同作用在梁上时，测得两点的应变值分别为 ε_A、ε_B。设截面为正方形，边长为 a，材料的弹性模量 E、泊松比 ν 为已知，试求 F 和 M 的大小。

12-4　图 12-22 所示悬臂梁在两个不同截

面上分别受水平力 F_1 和竖直力 F_2 的作用。若 $F_1=800\text{N}$，$F_2=1600\text{N}$，$l=1\text{m}$，试求以下两种情况下梁内的最大正应力，并指出其作用位置：

（1）宽 $b=90\text{mm}$，高 $h=180\text{mm}$，截面为矩形，如图 12-22（a）所示。

（2）直径 $d=130\text{mm}$ 的圆截面，如图 12-22（b）所示。

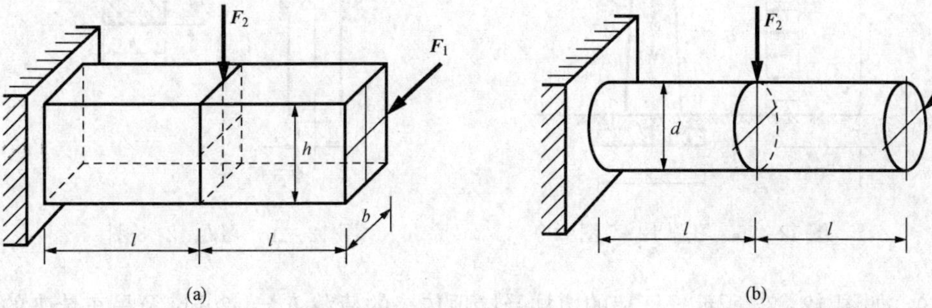

图 12-22　习题 12-4 图

12-5　如图 12-23 所示，一楼梯梁 AB，其长度 $l=4\text{m}$，截面为 h(高)$\times b$(宽)$=0.2\text{m}\times 0.1\text{m}$ 的矩形，$q=2\text{kN/m}$。试作此梁的轴力图和弯矩图，并求梁跨中截面上的最大拉应力和最大压应力。

12-6　图 12-24（a）和图 12-24（b）所示的混凝土坝，右边一侧受水压力作用。试求当混凝土不出现拉应力时，坝体底部所需的宽度 b。设混凝土材料的单位重量 $\rho g=24\text{kN/m}^3$（可取单位长度坝段计算）。

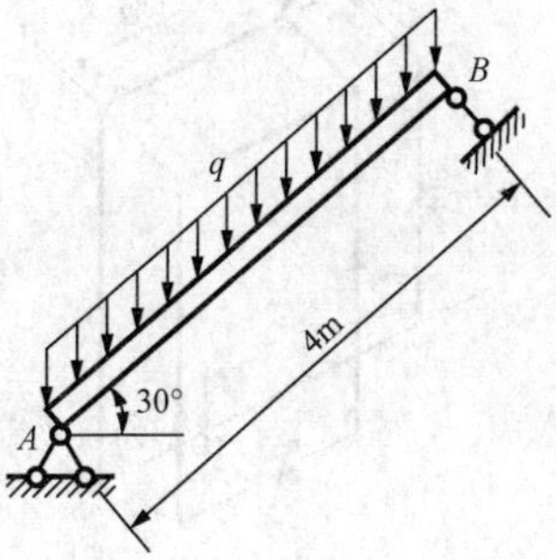

图 12-23　习题 12-5 图

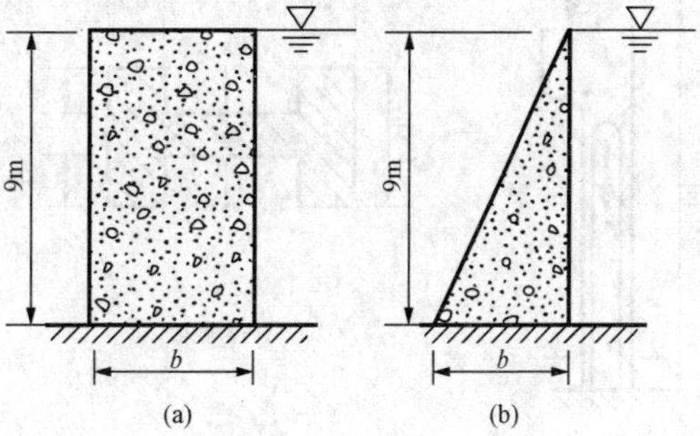

图 12-24　习题 12-6 图

12-7　如图 12-25 所示，砖砌烟囱高 $H=30\text{m}$，底截面 1-1 的外径 $d_1=3\text{m}$，内径 $d_2=2\text{m}$，自重 $F_{P1}=2000\text{kN}$，受 $q=1\text{kN/m}$ 的风力作用。试求：

（1）烟囱底截面上的最大压应力。

（2）若烟囱的基础埋深 $h=4\text{m}$，基础自重 $F_{P2}=1000\text{kN}$，土壤的容许压应力 $[\sigma]=0.3\text{MPa}$，求圆形基础的直径 D 应为多大？

12-8　承受偏心荷载的矩形截面杆如图 12-26 所示。若测得杆左、右两侧面的纵向应变分别为 ε_A 和 ε_B，试证明：偏心距 e 与 ε_A、ε_B 满足下式关系

$$e=\frac{\varepsilon_A-\varepsilon_B}{\varepsilon_A+\varepsilon_B}\frac{b}{6}$$

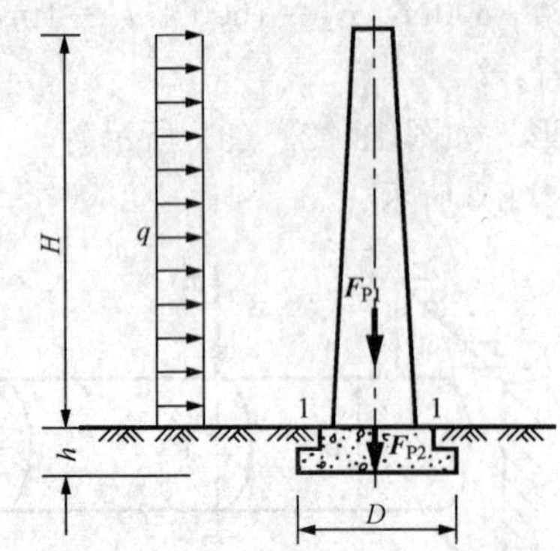

图 12-25 习题 12-7 图

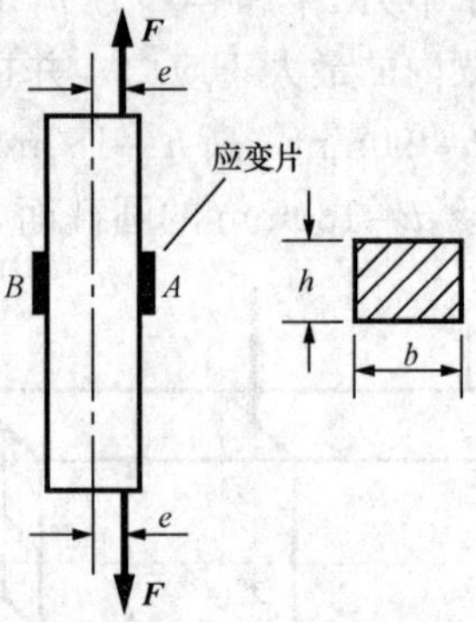

图 12-26 习题 12-8 图

12-9 如图 12-27 所示，厂房的边柱受屋顶传来的荷载 F_1=120kN 及吊车传来的荷载 F_2=100kN 作用，柱子的自重 F_P=77kN，求柱底截面上的正应力分布图（Ⅰ-Ⅰ截面从左至右的三个小黑点分别为 F_1、F_P、F_2 作用点的投影位置）。

12-10 短柱承载如图 12-28 所示，现测得 A 点的纵向正应变 $\varepsilon_A=500\times10^{-6}$，试求力 F 的大小（设弹性模量 $E=1.0\times10^4$MPa）。

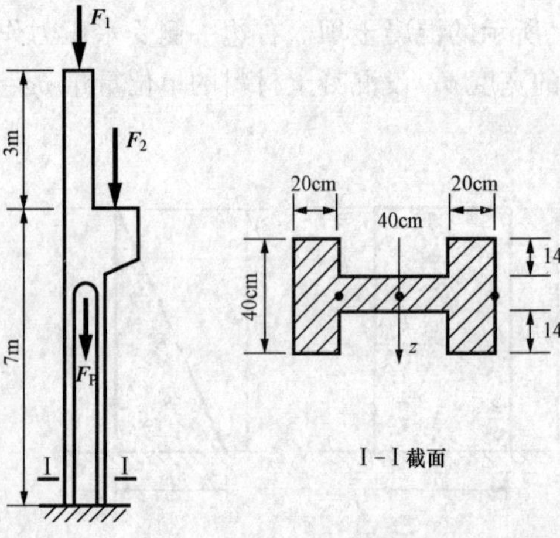

图 12-27 习题 12-9 图

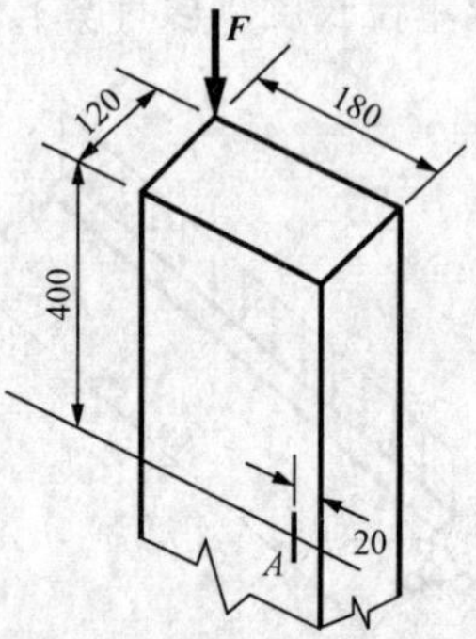

图 12-28 习题 12-10 图

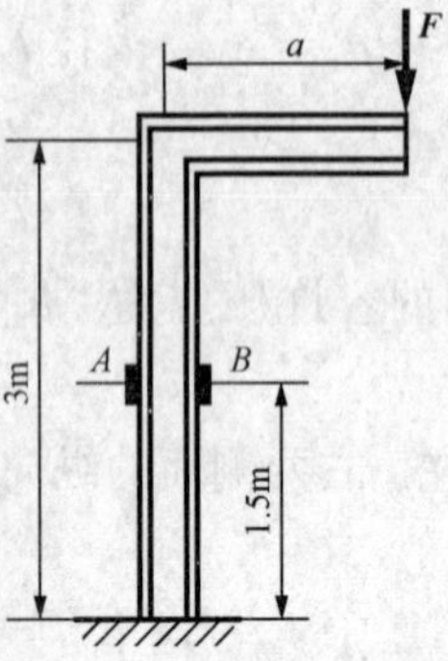

图 12-29 习题 12-11 图

12-11 如图 12-29 所示，由 20a 号工字钢制成的刚架，其横截面积 $A=3550\text{mm}^2$，弯曲截面系数 $W_z=237\times10^3\text{mm}^3$。在图示力 F 的作用下，测得 A、B 两点的应变分别为 $\varepsilon_A=200\times10^{-6}$，$\varepsilon_B=-600\times10^{-6}$，材料的弹性模量 E=200GPa。问荷载 F 与距离 a 各为多大？

12-12 试确定图 12-30 所示各截面图形的截面核心。

12-13 图 12-31 所示一水平面内的等截面直角曲拐，截面为圆形，受到竖直向下的均布荷载 q 的作用。已知：l=800mm，d=40mm，q=1kN/m，容许应力 $[\sigma]$=170MPa。试按第三强度理论校核曲拐的强度。

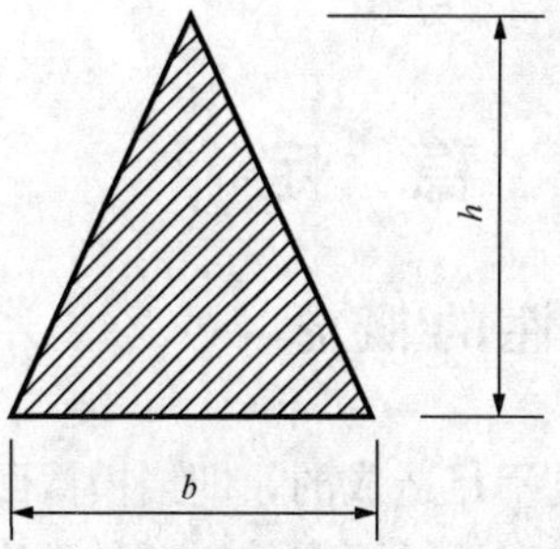

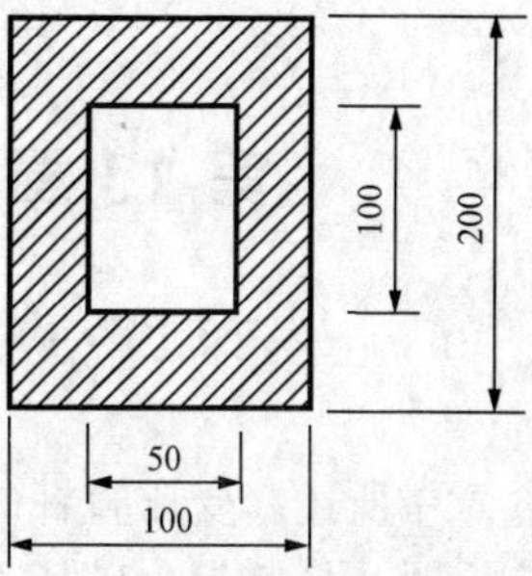

图 12-30　习题 12-12 图

12-14　图 12-32 所示圆截面杆受荷载 F_1、F_2 和 T 作用，试按第三强度理论校核杆的强度。已知：$F_1=0.7\text{kN}$，$F_2=150\text{kN}$，$T=1.2\text{kN}\cdot\text{m}$，$d=50\text{mm}$，$l=900\text{mm}$，容许应力 $[\sigma]=170\text{MPa}$。

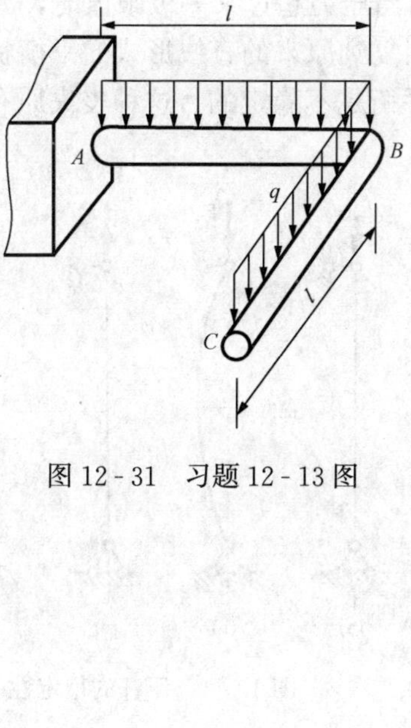

图 12-31　习题 12-13 图

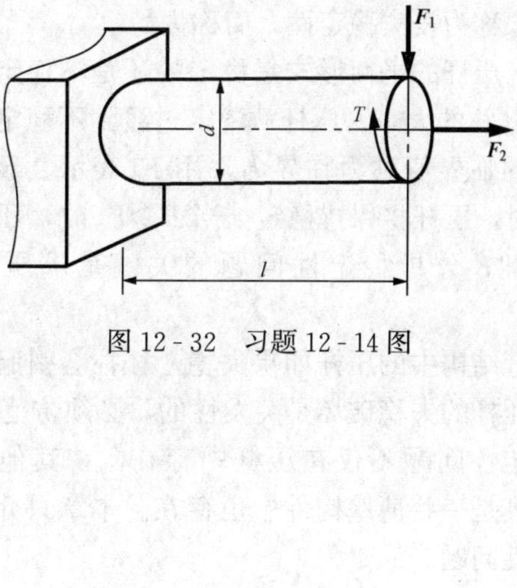

图 12-32　习题 12-14 图

第13章　压　杆　稳　定

§13-1　压杆稳定性的概念

如本书第6章中所述，受压直杆破坏是由于强度不足造成的，即当横截面上的正应力达到材料的极限应力时，杆就发生破坏。实践表明，这对于短而粗的压杆是正确的；但对于细长的压杆，情况并非如此。细长压杆的破坏并不是由于强度不够，而是由于荷载增大到一定数值后，不能保持其原有的直线平衡形式而破坏。

图13-1（a）所示为两端铰支的细长压杆。当轴向压力F较小时，杆在力F的作用下将保持其原有的直线平衡形式。而在侧向干扰力的作用下，杆会发生微弯，如图13-1（b）所示；当干扰力撤除时，杆往复摆动几次后仍回复到原来的直线形式的平衡状态，如图13-1（c）所示。可见，原有的直线形式的平衡是稳定的。但当压力超过某一极限值时，如作用一侧向干扰力使压杆微弯，则在干扰力撤除后，杆不能回复到原来的直线形式的平衡状态，如图13-1（d）所示。可见，这时杆原有的直线形式的平衡是不稳定的。这种丧失原有平衡形式的现象称为丧失稳定性，简称失稳。

同一压杆的平衡形式是稳定的还是不稳定的，取决于压力F的大小。压杆从稳定过渡到不稳定时，轴向压力的临界值称为临界力，用F_{cr}表示。显然，当$F<F_{cr}$时，压杆将保持稳定，当$F\geqslant F_{cr}$时，压杆将失稳。因此，分析稳定性问题的关键是求压杆的临界力。

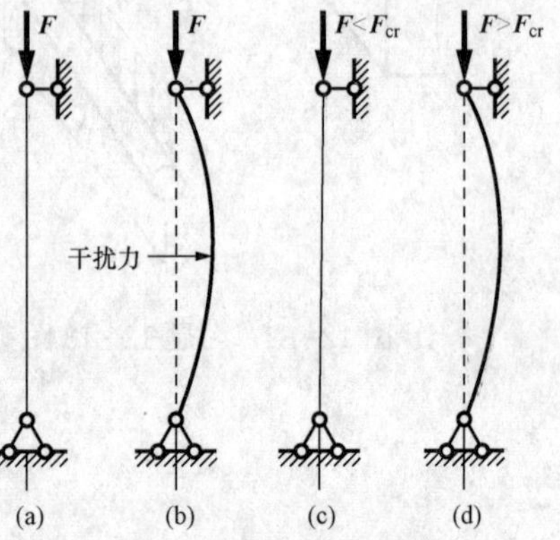

图13-1　压杆的稳定性

工程结构中的压杆如果失稳，往往会引起严重的事故。压杆的失稳破坏是突发性的，必须防范在先。

稳定性问题不仅在压杆中存在，在其他一些构件，尤其是一些薄壁构件中也存在。本章只介绍压杆的稳定性问题。

§13-2　细长压杆的临界力

一、欧拉公式

当细长压杆的轴向压力稍大于临界力F_{cr}时，在侧向干扰力的作用下，杆将从直线平衡状态转变为微弯状态，并在微弯状态下保持平衡，设此时材料仍处于弹性状态。这样，从压杆的挠曲线入手，即可确定压杆的临界力。下面以两端铰支的细长压杆为例，说明临界力公式的推导方法。

1. 两端铰支的细长压杆

两端为球形铰支座的细长压杆如图13-2所示。现取图示坐标系，并假设压杆在临界力F_{cr}作用下，在xy面内处于微弯状态。由挠曲线的近似微分方程

$$EIw'' = -M(x)$$

式中 w 为杆轴线上任一点处的挠度。该点处横截面上的弯矩为

$$M(x) = F_{cr}w$$

代入上式，得

$$EIw'' = -F_{cr}w \quad (13-1)$$

若令 $$k^2 = F_{cr}/EI \quad (13-2)$$

则式（13-1）可写为

$$w'' + k^2 w = 0$$

这是一个二阶齐次常微分方程，通解为

$$w = A\sin kx + B\cos kx \quad (13-3)$$

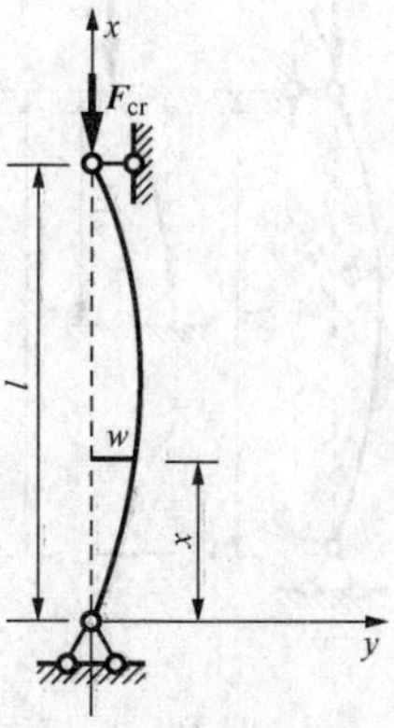

图 13-2 两端铰支的细长压杆

式中的待定常数 A、B 和 k 可由杆的边界条件确定。由于杆是两端铰支，边界条件为：

当 $x=0$ 时，$w=0$

当 $x=l$ 时，$w=0$

将前一边界条件代入式（13-3），得 $B=0$。因此式（13-3）简化为

$$w = A\sin kx \quad (13-4)$$

再将后一边界条件代入式（13-4），得

$$A\sin kl = 0$$

该式要求 $A=0$ 或 $\sin kl=0$。但如 $A=0$，则式（13-4）即成为 $w=0$，即压杆各点处的挠度均为零，这显然与压杆的微弯状态不相符。因此，只可能是 $\sin kl=0$，即 $k=\frac{n\pi}{l}$，其中 $n=0, 1, 2, 3, \cdots$

将 $k=\frac{n\pi}{l}$ 代入式（13-2），得

$$F_{cr} = \frac{n^2\pi^2 EI}{l^2}$$

从理论上说，上式除 $n=0$ 的解不合理外，其他 $n=1, 2, 3, \cdots$ 的解都能成立。取最小的临界力，即 $n=1$ 的情形。由此得两端铰支细长压杆的临界力为

$$F_{cr} = \frac{\pi^2 EI}{l^2} \quad (13-5)$$

式（13-5）是由瑞士科学家欧拉于1774年首先导出的，故称为欧拉公式。

2. 杆端约束对临界力的影响

杆端不同的约束对临界力是有影响的，一些常见杆端约束情况的细长压杆的临界力公式，可按上述方法作类似的推导，也可由它们微弯后的挠曲线形状与两端铰支细长压杆微弯后的挠曲线形状类比得到。

由图13-3所示的4种细长压杆的挠曲线形状类比可见，不同杆端约束细长压杆的临界力公式可以写成统一的形式，即

$$F_{cr} = \frac{\pi^2 EI}{(\mu l)^2} \quad (13-6)$$

式中 μl 为相当长度；μ 为长度系数，其值由杆端约束情况决定。例如，两端铰支的细长压

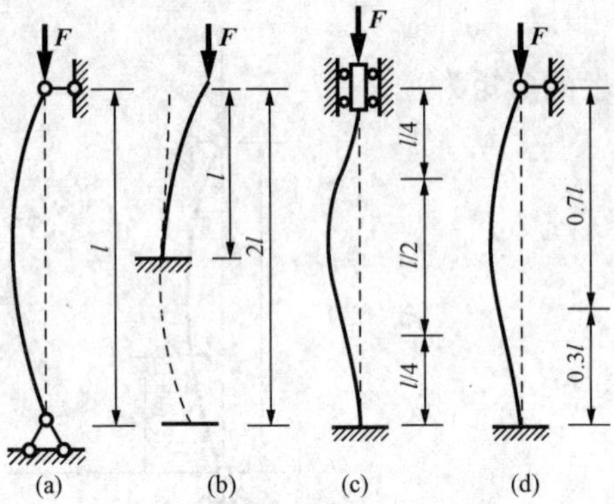

图 13-3 不同杆端约束的细长压杆的挠度曲线类比

杆，$\mu=1$；一端固定、一端自由的细长压杆，$\mu=2$；两端固定的细长压杆，$\mu=0.5$；一端固定、一端铰支的细长压杆，$\mu=0.7$。

式（13-6）也称为细长压杆临界力的欧拉公式。由该式可知，细长压杆的临界力 F_{cr} 与杆的抗弯刚度 EI 成正比，与杆长度的平方成反比；同时，还与杆端的约束情况有关。显然，临界力越大，压杆的稳定性越好，即越不容易失稳。

二、欧拉公式应用中的几个问题

应用细长压杆临界力 F_{cr} 的公式时，有几个问题需要注意：

（1）在推导临界力公式时，均假定杆在 xy 平面内失稳而微弯。实际上，压杆的失稳方向与压杆的截面形状及杆端约束情况有关。

如果压杆在两个形心主惯性平面内的杆端约束情况相同，如球铰或嵌入式固定端，则式（13-6）中的 I 应取 I_{min}。图 13-4 所示的矩形截面压杆，其 I_y 为最小，故压杆将在 xz 平面内失稳。

如果压杆在两个形心主惯性平面内的杆端约束情况不相同，如图 13-5 所示的柱形铰：在 xy 面内，杆端可绕轴销自由转动，相当于铰支，而在 xz 面内，杆端约束相当于固定端。这种杆端约束的压杆在 xy 或 xz 平面内的长度系数 μ 是不同的，并且压杆横截面的惯性矩 $I_y \neq I_z$。因此，该杆的临界力应按两个方向的 $(I/\mu)_{min}$ 值计算。

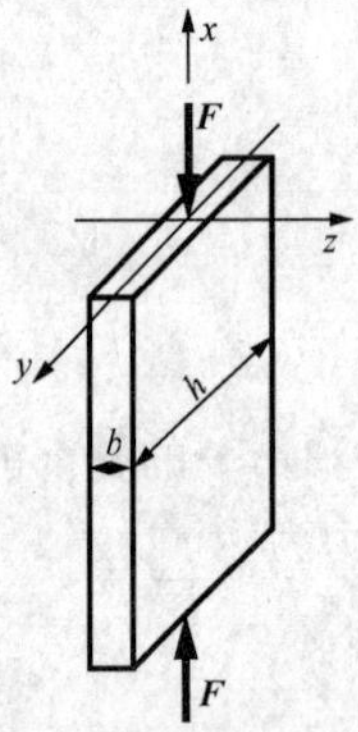

图 13-4 压杆的失稳平面

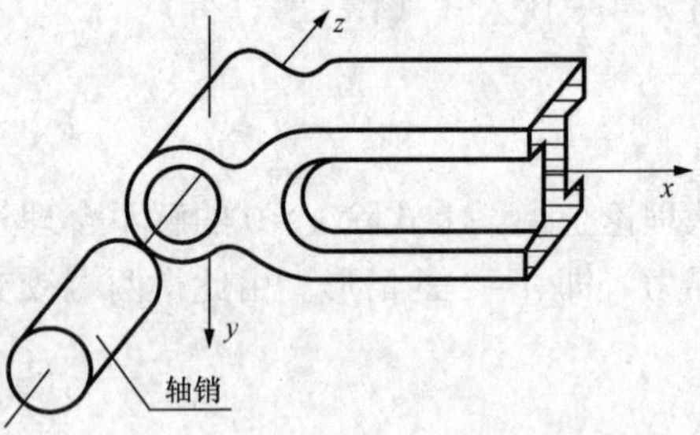

图 13-5 柱形铰

（2）以上所讨论的压杆的杆端约束情况都是比较典型的。实际工程中的压杆，其杆端约束还可能是弹性支座或介于铰支和固定端之间等。因此，要根据具体情况选取适当的长度系数 μ 值，再按式（13-6）计算其临界力。

（3）在推导上述各细长压杆的临界力公式时，假设压杆是理想中心受压均质的直杆。而实际工程中的压杆，将不可避免地存在材料不均匀、有微小的初曲率及压力微小的偏心等现象。因此，在压力未达到临界力时，杆就会发生弯折破坏。因此，由式（13-6）所计算得到的临界力仅是实际压杆临界力的上限值。它与实际压杆临界力的差异所带来的不利影响，可以在安全因数内考虑。

§13-3 压杆的柔度与压杆的非弹性失稳

一、压杆的临界应力与柔度

当压杆在临界力 F_{cr} 作用下仍处于直线平衡状态时，横截面上的正应力称为临界应力 σ_{cr}。由式（13-6），得到细长压杆的临界应力为

$$\sigma_{cr}=\frac{F_{cr}}{A}=\frac{\pi^2 EI}{(\mu l)^2 A}=\frac{\pi^2 E}{(\mu l)^2}\frac{I}{A}$$

将 $i^2=\dfrac{I}{A}$ 代入上式，得

$$\sigma_{cr}=\frac{\pi^2 E}{(\mu l)^2}i^2=\frac{\pi^2 E}{\left(\dfrac{\mu l}{i}\right)^2}=\frac{\pi^2 E}{\lambda^2} \tag{13-7}$$

其中

$$\lambda=\frac{\mu l}{i} \tag{13-8}$$

λ 称为压杆的柔度或细长比。柔度是纲量为 1 的量，综合反映了压杆的几何尺寸和杆端约束的影响。如 λ 越大，则压杆越细长，其临界应力 σ_{cr} 越小，因而其临界力 F_{cr} 也越小，压杆越容易失稳。

二、欧拉公式的适用范围

在推导欧拉公式（13-6）的过程中，利用了挠曲线近似微分方程。该微分方程只有在材料处于弹性状态，也就是临界应力不超过材料的比例极限 σ_p 的情况下才成立。由式（13-7），欧拉公式的适用条件为

$$\sigma_{cr}=\frac{\pi^2 E}{\lambda^2}\leqslant\sigma_p \tag{13-9}$$

由式（13-9），得

$$\lambda\geqslant\sqrt{\frac{\pi^2 E}{\sigma_p}}$$

若令

$$\lambda_p=\sqrt{\frac{\pi^2 E}{\sigma_p}} \tag{13-10}$$

则式（13-10）可写为

$$\lambda\geqslant\lambda_p \tag{13-11}$$

式（3-11）表明，只有当压杆的柔度 λ 不小于某一特定值 λ_p 时，才能用欧拉公式计算其临界力和临界应力。而满足这一条件的压杆，称为细长杆或大柔度杆。由于 λ_p 与材料的比例极限 σ_p 和弹性模量 E 有关，因而不同材料的压杆 λ_p 是不相同的。例如，Q235 钢 $\sigma_p=$ 200MPa，$E=$206GPa，代入式（13-10）后得 $\lambda_p=100$；同样可得 TC13 松木压杆 $\lambda_p=110$，灰口铸铁压杆 $\lambda_p=80$。

三、非弹性失稳压杆的临界力

大量试验表明，$\lambda<\lambda_p$ 的压杆，其失稳时的临界应力 σ_{cr} 大于比例极限 σ_p。这类压杆的失

稳称为非弹性失稳，其临界力和临界应力均不能用欧拉公式计算。

对于这种非弹性失稳的压杆，工程中一般采用以试验结果为依据的经验公式来计算这类压杆的临界应力 σ_{cr}，并由此得到临界力为

$$F_{cr}=\sigma_{cr}A \tag{13-12}$$

常用的经验公式中最简单的为直线公式，其临界应力 σ_{cr} 与柔度 λ 之间关系的表达式为

$$\sigma_{cr}=a-b\lambda \tag{13-13}$$

式中 a、b 为与材料有关的常数，由试验确定。例如，对 Q235 钢，$a=304\text{MPa}$，$b=1.12\text{MPa}$；对 TC13 松木，$a=29.3\text{MPa}$，$b=0.19\text{MPa}$。

实际上，式（13-13）只能在下述范围内适用

$$\sigma_p<\sigma_{cr}<\sigma_u \tag{13-14}$$

因为当 $\sigma_{cr}=\sigma_u$（塑性材料 $\sigma_u=\sigma_s$，脆性材料 $\sigma_u=\sigma_b$）时，压杆将发生强度破坏，而不是失稳破坏。

式（13-14）的范围也可用柔度表示为

$$\lambda_u>\lambda>\lambda_p \tag{13-15}$$

柔度在此范围内的压杆，称为中柔度杆或中长杆；而 $\sigma_{cr}=\sigma_u$，即 $\lambda\leqslant\lambda_u$ 的压杆称为小柔度杆或短杆。短杆是强度破坏。

λ_u 是中长杆和短杆柔度的分界值。在式（13-13）中令 $\sigma_{cr}=\sigma_u$，则得到 λ_u，即

$$\lambda_u=\frac{a-\sigma_u}{b} \tag{13-16}$$

例如，对 Q235 钢，$\lambda_u=60$；对 TC13 松木，$\lambda_u=85$。

四、临界应力总图

综上所述，临界力或临界应力的计算可按柔度分为以下三类：

（1）$\lambda\geqslant\lambda_p$ 的大柔度杆，即细长杆。用欧拉公式（13-6）和式（13-7）计算临界力和临界应力。

（2）$\lambda_u<\lambda<\lambda_p$ 的中柔度杆，即中长杆，用直线公式（13-13）计算临界应力。

（3）$\lambda\leqslant\lambda_u$ 的小柔度杆，即短杆，实际上是强度破坏。

由于不同柔度的压杆，其临界应力的公式不相同。因此，在压杆的稳定性计算中，应首先按式（13-8）计算其柔度值 λ，再按上述分类选用合适的公式计算其临界应力和临界力。

为了清楚地表明各类压杆的临界应力 σ_{cr} 与柔度 λ 之间的关系，可绘制临界应力总图。图 13-6 所示为 Q235 钢的临界应力总图。

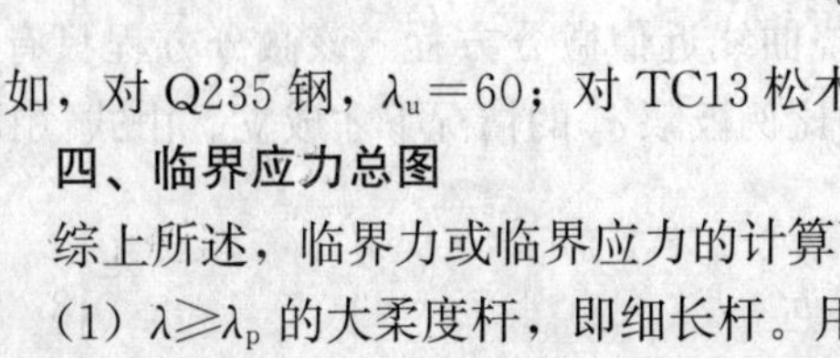

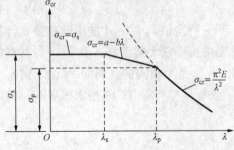

图 13-6 Q235 钢的临界应力总图

【例 13-1】 图 13-7 所示为 TC13 松木压杆，两端为球铰。已知压杆材料的比例极限 $\sigma_p=9\text{MPa}$，强度极限 $\sigma_b=13\text{MPa}$，弹性模量 $E=1.0\times10^4\text{MPa}$。若压杆采用面积相同的两种截面尺寸：（1）$h=120\text{mm}$，$b=90\text{mm}$ 的矩形；（2）$h=b=104\text{mm}$（面积相同）的正方形。试比较两者的临界力。

解 (1) 矩形截面。压杆两端为球铰，$\mu=1$。截面的最小惯性半径 $i_{\min}$ 为

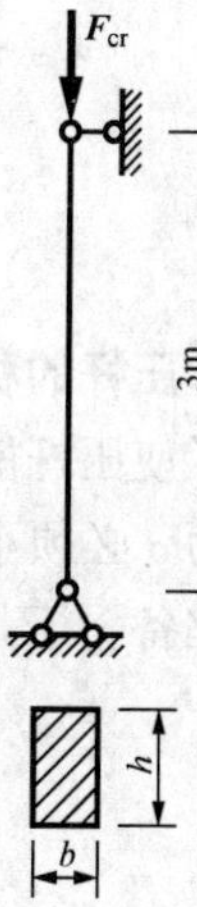

图 13-7 ［例 13-1］图

$$i_{\min}=\sqrt{\frac{I_{\min}}{A}}=\sqrt{\frac{hb^3/12}{hb}}=\frac{b}{\sqrt{12}}=\frac{90}{\sqrt{12}}=26.0\text{mm}$$

压杆的柔度为

$$\lambda=\frac{\mu l}{i}=\frac{1\times3\times10^3}{26}=115.4$$

由式（13-13），得

$$\lambda_{\text{p}}=\sqrt{\frac{\pi^2E}{\sigma_{\text{p}}}}=\sqrt{\frac{\pi^2\times1\times10^4}{9}}=104.7$$

可见 $\lambda>\lambda_{\text{p}}$，故该压杆为细长杆。临界力用欧拉公式（13-6）计算，得

$$F_{\text{cr}}=\frac{\pi^2EI}{(\mu l)^2}=\frac{\pi^2\times1\times10^{10}\times\frac{1}{12}\times120\times90^3\times10^{-12}}{(1\times3)^2}=79\,944\text{N}=79.9\text{kN}$$

(2) 正方形截面。μ 仍为 1，截面的惯性半径 i 为

$$i=\frac{b}{\sqrt{12}}=\frac{104}{\sqrt{12}}=30.0\text{mm}$$

压杆的柔度为

$$\lambda=\frac{\mu l}{i}=\frac{1\times3\times10^3}{30}=100$$

可见 $\lambda_{\text{u}}<\lambda<\lambda_{\text{p}}$，杆为中长杆，先用直线公式（13-13）计算其临界应力，公式中的 a、b 分别为 29.3MPa 和 0.19MPa，即

$$\sigma_{\text{cr}}=a-b\lambda=29.3-0.19\times100=10.3\text{MPa}$$

再由式（13-12），得到临界力为

$$F_{\text{cr}}=\sigma_{\text{cr}}A=10.3\times10^6\times104^2\times10^{-6}=111\,500\text{N}=111.5\text{kN}$$

可见，上述两种截面的面积相等，而正方形截面压杆的临界力较大，不容易失稳。

【例 13-2】 一压杆长 $l=2\text{m}$，截面为 10 号工字钢。材料为 Q235 钢，$\sigma_{\text{s}}=235\text{MPa}$，$E=206\text{GPa}$，$\sigma_{\text{p}}=200\text{MPa}$。压杆两端为图 13-5 所示的柱形铰。试求压杆的临界力。

解 先计算压杆的柔度。在 xy 平面内，压杆两端可视为铰支，$\mu=1$。查型钢表，得 $i_z=4.14\text{cm}$，故

$$\lambda_z=\frac{\mu l}{i_z}=\frac{1\times2000}{41.4}=48.3$$

在 xz 平面内，压杆两端可视为固定端，$\mu=0.5$。查型钢表，得 $i_y=1.52\text{cm}$，故

$$\lambda_y=\frac{\mu l}{i_y}=\frac{0.5\times2000}{15.2}=65.8$$

由于 $\lambda_y>\lambda_z$，故该压杆将在 xz 平面内失稳，并应根据 λ_y 计算临界力。

对于 Q235 钢，$\lambda_{\text{p}}=100$，$\lambda_{\text{u}}=\lambda_{\text{s}}=60$，$\lambda_{\text{u}}<\lambda<\lambda_{\text{p}}$，因此该杆为中长杆，按式（13-13）计算临界应力

$$\sigma_{\text{cr}}=a-b\lambda=304-1.12\times65.8=230.3\text{MPa}$$

查型钢表，得 10 号工字钢的截面面积 $A=14.3\text{cm}^2$。再计算临界力，得

$$F_{cr}=\sigma_{cr}A=230.3\times10^{6}\times14.3\times10^{-4}=329\ 329\text{N}=329.3\text{kN}$$

§13-4 压杆的稳定计算

一、压杆的稳定条件

为了使压杆能正常工作而不失稳，压杆所受的轴向压力 F 必须小于临界力 F_{cr}，或压杆的压应力 σ 必须小于临界应力 σ_{cr}。对工程上的压杆，由于存在种种不利因素，还需有一定的安全储备。于是，压杆的稳定条件为

$$F\leqslant\frac{F_{cr}}{n_{st}}=[F_{st}] \tag{13-17}$$

或

$$\sigma\leqslant\frac{\sigma_{cr}}{n_{st}}=[\sigma_{st}] \tag{13-18}$$

式中 n_{st}——稳定安全因数；

$[F_{st}]$、$[\sigma_{st}]$——稳定容许压力和稳定容许应力。

稳定安全因数 n_{st} 的选取，除了要考虑在选取强度安全因数时的那些因素外，还要考虑影响压杆失稳所特有的不利因素，如压杆不可避免地存在初曲率、材料不均匀、荷载的偏心等。这些不利因素对稳定的影响比对强度的影响大。因而，稳定安全因数的数值通常要比强度安全因数大得多。而且，当压杆的柔度越大，即越细长时，这些不利因素的影响越大，稳定安全系数也应取得越大。因此，对于压杆，都要以稳定安全因数作为其安全储备进行稳定计算，而不必作强度校核。

但是，工程上有些压杆，由于构造或其他原因，截面会受到局部削弱，如杆中有小孔或槽等，当这种削弱不严重时，对压杆整体稳定性的影响很小，但对这些削弱了的局部截面，则应作强度校核。

二、压杆的稳定计算

根据稳定条件式（13-17）和式（13-18），就可以对压杆进行稳定计算。压杆稳定计算的内容与强度计算相类似，包括校核稳定性、设计截面和求容许荷载三个方面。压杆稳定计算通常有两种方法。

1. 安全因数法

若根据结构的设计要求规定了压杆的稳定安全因数 n_{st}，便可按式（13-17）或式（13-18）对压杆进行稳定计算。

用这种方法进行压杆稳定计算时，必须计算压杆的临界应力 σ_{cr} 或临界力 F_{cr}，而且应给出规定的稳定安全因数。而为了计算 σ_{cr} 或 F_{cr}，应首先计算压杆的柔度，再按不同的范围选用合适的公式计算。

2. 折减因数法

将式（13-18）中的稳定容许应力表示为 $[\sigma_{st}]=\varphi[\sigma]$。其中 $[\sigma]$ 为强度容许压应力，φ 称为稳定因数或折减因数。因此，式（13-18）所示的稳定条件成为如下形式

$$\sigma=\frac{F}{A}\leqslant\varphi[\sigma] \tag{13-19}$$

由于这种方法引进了稳定因数或折减因数 φ，因此，就 φ 的有关问题先作一些讨论。

因为

$$[\sigma_{st}]=\frac{\sigma_{cr}}{n_{st}},\quad [\sigma]=\frac{\sigma_u}{n}$$

所以

$$\varphi=\frac{[\sigma_{st}]}{[\sigma]}=\frac{\sigma_{cr}}{n_{st}}\frac{n}{\sigma_u} \tag{13-20}$$

式中 σ_u 为强度极限应力，n 为强度安全因数。由于 $\sigma_{cr}<\sigma_u$ 而 $n_{st}>n$，故 $0<\varphi<1$；又由于 σ_{cr} 和 n_{st} 都随柔度变化，所以 $\varphi=\varphi(\lambda)$。《钢结构设计规范》（GB 50017—2003）中，根据我国常用钢结构构件的材料、截面形式、尺寸和加工条件等因素，将压杆的稳定因数 φ 与柔度 λ 之间的关系归并为不同材料的 a、b、c、d 四类不同截面分别给出（有关截面的分类情况可参阅《钢结构设计规范》）。表 13-1 仅给出了 Q235 钢的一部分 λ-φ 关系。当计算的柔度 λ 不是表中的整数时，可查规范或用线性内插的近似方法计算。

表 13-1　压杆的 λ-φ

$\lambda=\mu l/i$	φ				
	Q235 钢				铸铁
	a 类截面	b 类截面	c 类截面	d 类截面	
0	1.000	1.000	1.000	1.000	1.000
10	0.995	0.992	0.992	0.984	0.97
20	0.981	0.970	0.966	0.937	0.91
30	0.963	0.936	0.902	0.848	0.81
40	0.941	0.899	0.839	0.768	0.69
50	0.916	0.856	0.775	0.690	0.57
60	0.883	0.807	0.709	0.618	0.44
70	0.839	0.751	0.643	0.552	0.34
80	0.783	0.688	0.578	0.493	0.26
90	0.714	0.621	0.517	0.439	0.20
100	0.638	0.555	0.463	0.394	0.16
110	0.563	0.493	0.419	0.359	
120	0.494	0.437	0.379	0.328	
130	0.434	0.387	0.342	0.299	
140	0.383	0.345	0.309	0.272	
150	0.339	0.308	0.280	0.248	
160	0.302	0.276	0.254	0.227	
170	0.270	0.249	0.230	0.208	
180	0.243	0.225	0.219	0.191	
190	0.220	0.204	0.192	0.176	
200	0.199	0.186	0.176	0.162	
210	0.182	0.170	0.162		
220	0.166	0.158	0.150		
230	0.153	0.144	0.138		
240	0.141	0.133	0.128		

对于木制压杆的稳定系数 φ 值，由《木结构设计规范》(GB 50005—2003)，按不同树种的强度等级分两组进行计算：

(1) 树种强度等级为 TC17、TC25 及 TB20 时

$$\varphi=\frac{1}{1+\left(\frac{\lambda}{80}\right)^2}\quad(\lambda\leqslant 75)\tag{13-21a}$$

$$\varphi=\frac{3000}{\lambda^2}\quad(\lambda>75)\tag{13-21b}$$

(2) 树种等级为 TC13、TC11、TB17 及 TB15 时

$$\varphi=\frac{1}{1+\left(\frac{\lambda}{65}\right)^2}\quad(\lambda\leqslant 91)\tag{13-22a}$$

$$\varphi=\frac{2800}{\lambda^2}\quad(\lambda>91)\tag{13-22b}$$

式 (13-21) 和式 (13-22) 中，λ 为压杆的柔度。树种的强度等级为 TC17 的有柏木、东北落叶松等，为 TC25 的有红杉、云杉等，为 TC13 的有红松、马尾松等，为 TC11 的有西北云杉、冷杉等，为 TB20 的有栎木、桐木等，为 TB17 的有水曲柳等，为 TB15 的有桦木、栲木等。代号后的数字为树种抗弯强度 (MPa)。

表 13-1 中还给出了铸铁材料不同柔度 λ 的稳定因数 φ 值。

用这种方法进行稳定计算时，不需要计算临界力或临界应力，也不需要稳定安全因数，因为 λ-φ 表的编制中已考虑了稳定安全因数的影响。

【例 13-3】 图 13-8 所示为由 Q235 钢制成的千斤顶。丝杠长 $l=800$mm，上端自由，下端可视为固定。丝杠的直径 $d=40$mm，材料的弹性模量 $E=2.1\times10^5$MPa。若该丝杠的稳定安全因数 $n_{st}=3.0$，试求该千斤顶的最大承载力。

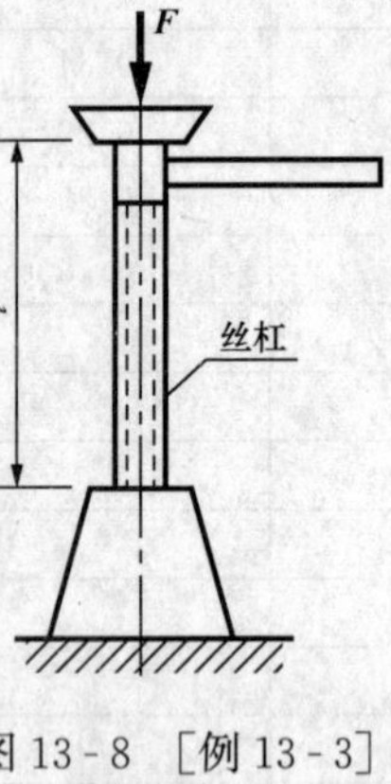

图 13-8 [例 13-3] 图

解 先求出丝杠的临界力 F_{cr}，再由规定的稳定安全因数求得其容许荷载。该容许荷载即为千斤顶的最大承载力。

丝杠一端自由，一端固定，$\mu=2$。丝杠截面的惯性半径为

$$i=\sqrt{\frac{I}{A}}=\sqrt{\frac{\pi d^4}{64}\Big/\frac{\pi d^2}{4}}=\frac{d}{4}=\frac{40}{4}=10\text{mm}$$

故其柔度为

$$\lambda=\frac{\mu l}{i}=\frac{2\times800}{10}=160$$

在 [例 13-2] 中，Q235 钢的 $\lambda_p=100$。由于 $\lambda>\lambda_p$，故该丝杠属于细长杆，应用欧拉公式计算临界力，即

$$F_{cr}=\frac{\pi^2 EI}{(\mu l)^2}=\frac{\pi^2\times2.1\times10^{11}\times\frac{1}{64}\times\pi\times0.04^4}{(2\times0.8)^2}=101\ 739\text{N}=101.7\text{kN}$$

所以，丝杠的容许荷载为

$$[F_{st}]=\frac{F_{cr}}{n_{st}}=\frac{101.7}{3}=33.9\text{kN}$$

此即千斤顶的最大承载力。

【例 13-4】　某厂房钢柱，其截面如图 13-9 所示，由两根 16b 号槽钢组成，材料为 Q235 钢；柱长 7m，截面类型为 b 类。钢柱的两端用螺栓通过连接板与其他构件连接，因而截面上有 4 个直径为 30mm 的螺栓孔。根据钢柱两端约束情况，取长度系数 $\mu=1.3$。该钢柱承受 270kN 的轴向压力，材料的容许应力 $[\sigma]=170\text{MPa}$。(1) 求两槽钢的间距 h；(2) 校核钢柱的稳定性和强度。

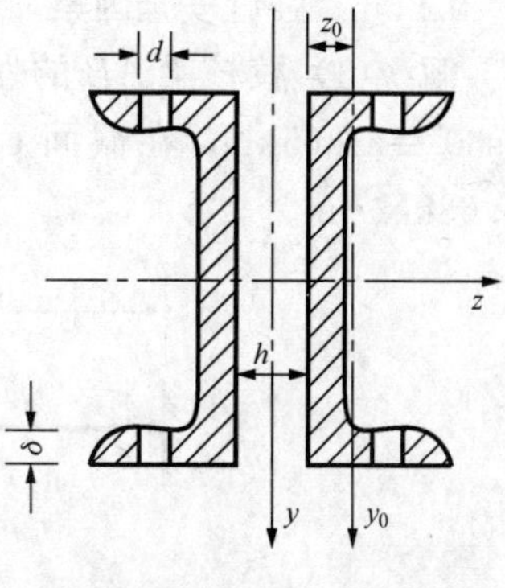

图 13-9　[例 13-4] 图

解　(1) 确定两槽钢的间距 h。钢柱两端在两个形心主惯性平面内的约束相同，因此，最合理的设计应使 $I_y=I_z$，从而使钢柱在 y、z 方向具有相同的稳定性。两槽钢的间距 h 应按此原则确定。

单根 16b 号槽钢的截面几何性质可由附录Ⅱ中型钢表查得，具体如下：

$A=25.15\text{cm}^2$，$I_z=934.5\text{cm}^4$，$I_{y0}=83.4\text{cm}^4$，$z_0=1.75\text{cm}$，$\delta=10\text{mm}$

按惯性矩的平行移轴公式，钢柱截面对 y 轴的惯性矩为

$$I_y=2\left[I_{y0}+A\left(z_0+\frac{h}{2}\right)^2\right]$$

由 $I_y=I_z$ 的条件得到

$$2\times934.5=2\times\left[83.4+25.15\left(1.75+\frac{h}{2}\right)^2\right]$$

可解得 $h=8.23\text{cm}$。

(2) 校核钢柱的稳定性。钢柱两端附近的截面虽有螺栓孔削弱，但属于局部削弱，不影响整体的稳定性。

钢柱截面的惯性半径为

$$i=\sqrt{\frac{I_z}{A}}=\sqrt{\frac{2\times934.5}{2\times25.15}}=6.1\text{cm}$$

柔度为

$$\lambda=\frac{\mu l}{i}=\frac{1.3\times700}{6.1}=149.2$$

由表 13-1 查得 $\varphi=0.311$，所以

$$\varphi[\sigma]=0.311\times170=52.9\text{MPa}$$

而钢柱的工作应力为

$$\sigma=\frac{F}{A}=\frac{270\times10^3}{2\times25.15\times10^{-4}}=5.37\times10^7\text{Pa}=53.7\text{MPa}$$

可见，σ 虽大于 $\varphi[\sigma]$，但不超过 5%，故可认为该压杆满足稳定性要求。

(3) 校核钢柱的强度。对螺栓孔削弱的截面，应进行强度校核。该截面上的工作应力为

$$\sigma=\frac{F}{A}=\frac{270\times10^3}{(2\times25.15-4\times1\times3)\times10^{-4}}=7.05\times10^7\text{Pa}=70.5\text{MPa}$$

可见 $\sigma<[\sigma]$，故削弱的截面仍有足够的强度。

【例 13-5】　图 13-10 所示结构中，梁 AB 为 14 号工字钢，CD 为圆截面直杆，直径 $d=20\text{mm}$，二者材料均为 Q235 钢，弹性模量 $E=206\text{GPa}$，若已知 $F=25\text{kN}$，$l_1=1.25\text{m}$，

$l_2=0.55$m。强度安全因素 $n=1.4$，稳定安全因素 $n_{st}=1.8$。试校核此结构是否安全。

解 (1) 校核梁 AB 的强度。梁 AB 为拉弯组合变形杆件，轴力 $F_{NAB}=F\cos30°=25\times\cos30°=21.65$kN，在截面 C 处弯矩最大，其弯矩 $M_{max}=F\sin30° l_1=25\times0.5\times1.25=15.63$kN·m。

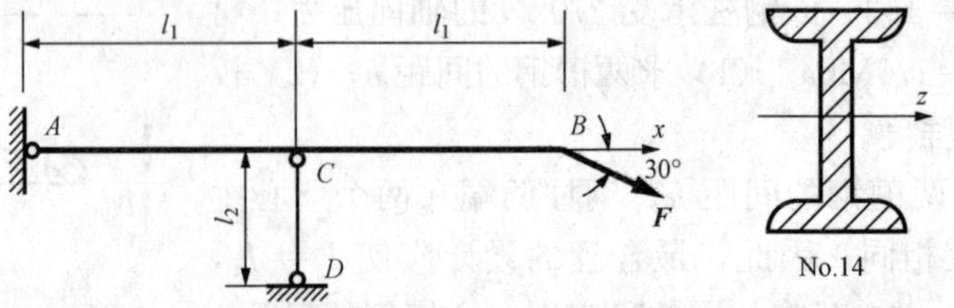

图 13-10 ［例 13-5］图

由附录Ⅱ中型钢表查得：对 14 号工字钢，$W_z=102\text{cm}^3$、$A=21.5\text{cm}^2$，由此得到

$$\sigma_{max}=\frac{\sigma_{max}}{W_z}+\frac{F_{NAB}}{A}=\frac{15.63\times10^3}{102\times10^{-6}}+\frac{21.65\times10^3}{21.5\times10^{-4}}=163\text{MPa}$$

Q235 钢的容许应力

$$[\sigma]=\frac{\sigma_s}{n}=\frac{235}{1.4}=168\text{MPa}$$

$\sigma_{max}<[\sigma]$，所以梁 AB 是安全的。

(2) 校核 CD 杆的稳定性。由平衡方程求得压杆 CD 的轴力为

$$F_N=2F\sin30°=F=25\text{kN}$$

因为两端为铰支，$\mu=1$，所以

$$\lambda=\frac{\mu l^2}{i}=\frac{1\times0.55}{\dfrac{20\times10^{-3}}{4}}=110>\lambda_p=100$$

故 CD 杆为细长杆，按欧拉公式计算临界力得

$$F_{cr}=\frac{\pi^2 EI}{(\mu l)^2}=\frac{\pi^2\times206\times10^9\times\dfrac{\pi\times0.02^4}{64}}{(1\times0.55)^2}=52.8\text{kN}$$

所以

$$F_N<[F_{st}]=\frac{F_{cr}}{n_{st}}=29.3\text{kN}$$

所以，压杆 CD 是稳定的。

因此，整个结构是安全的。

§13-5 提高压杆稳定性的措施

每一根压杆都有一定的临界力，临界力越大，表示该压杆越不容易失稳。临界力取决于压杆的长度、截面形状和尺寸、杆端约束以及材料的力学性质等因素。因此，为提高压杆稳定性，应从以下方面采取适当的措施。

一、选择合理的截面形式

当压杆在两个形心主惯性平面内的杆端约束相同时，若截面的两个形心主惯性矩不相

等，压杆将在 I_{min} 的纵向平面内失稳。因此，当截面面积不变时，应改变截面形状，使其两个形心主惯性矩相等，即 $I_y=I_z$。这样就有 $\lambda_y=\lambda_z$，压杆在 y、z 方向就具有相同的稳定性。这种截面形状就较为合理。例如，在截面面积相同的情况下，正方形截面就比矩形截面合理。

在截面的两个形心主惯性矩相等的前提下，应保持截面面积不变，而增大 I 值。例如，将实心圆截面改为面积相等的空心圆截面就较合理。由同样 4 根等边角钢组成的截面，图 13-11（b）所示的截面就比图 13-11（a）所示的截面合理。

当压杆在两个形心主惯性平面内的杆端约束不同时，如柱形铰，其合理截面的形式是使 $I_y \neq I_z$，以保证 $\lambda_y=\lambda_z$。这样，压杆在两个方向才具有相同的稳定性。

当压杆由角钢、槽钢等型钢组合而成时，工程上常采用图 13-12（b）所示加缀条的方法。两水平缀条间的一段单肢称为分支，也是一压杆，如其长度 a 过大，也会因该分支失稳而导致整体失效。因此，应使每个分支和整体具有相同的稳定性，即满足分支柔度等于整体柔度才合理。分支长度 a 通常由此条件确定。

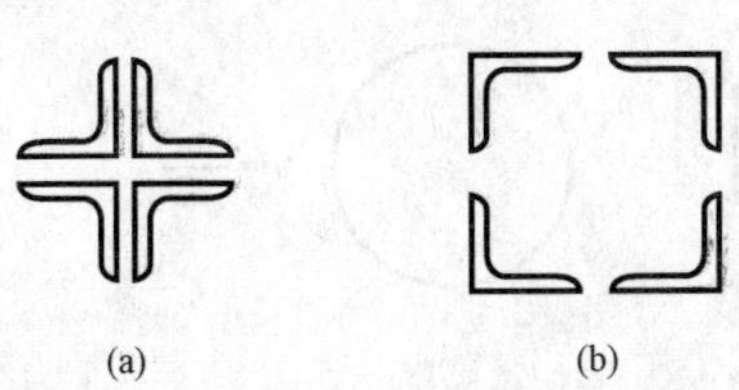

图 13-11　等边角钢截面

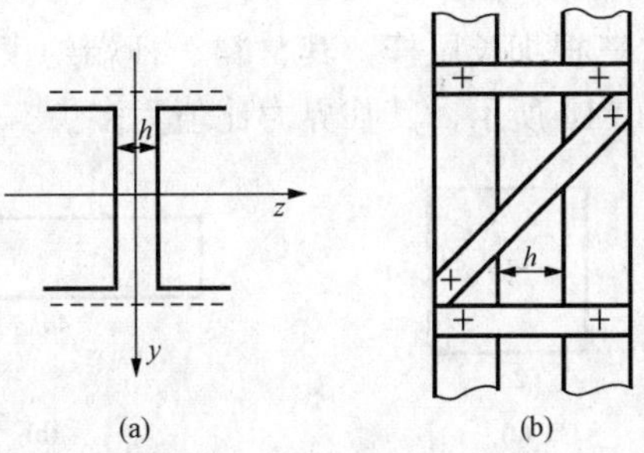

图 13-12　槽钢截面的缀条与分支

二、减小相当长度和增强杆端约束

压杆的稳定性随杆长的增加而降低，因此，应尽可能减小杆的相当长度。例如，可以在压杆中间设置中间支承。

此外，增强杆端约束，即减小长度系数 μ 值也可以提高压杆的稳定性。例如，在支座处焊接或铆接支撑钢板，以增强支座的刚性，从而减小 μ 值。

三、合理选择材料

细长压杆的临界力 F_{cr} 与材料的弹性模量 E 成正比。因此，选用 E 大的材料可以提高压杆的稳定性。但若压杆由钢材制成，因各种钢材的 E 值大致相同，所以选用优质钢或低碳钢，对细长压杆的稳定性并无多大区别。而对中长杆，其临界应力 σ_{cr} 总是超过材料的比例极限 σ_p，因此，对这类压杆，采用高强度材料也会提高稳定性。

思　考　题

13-1　两端为球形铰支的压杆，当横截面为图 13-13 所示的各种不同形状时，试问压杆会在哪个平面内失去稳定（即失去稳定时压杆的截面绕哪一根形心轴转动）？

13-2　有一圆截面细长压杆，其他条件不变，直径增大 1 倍时，其临界力有何变化？长度增加 1 倍时，其临界力又有何变化？

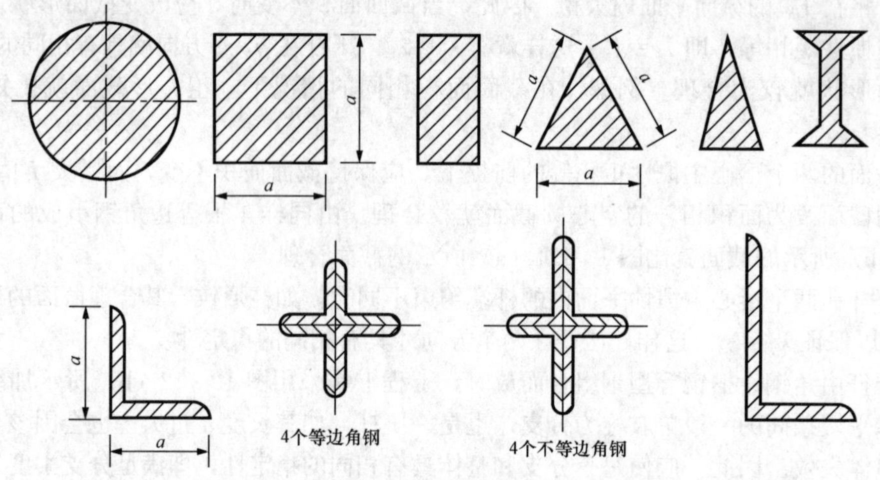

图 13-13 思考题 13-1 图

13-3 三根细长压杆，其材料、杆端约束、杆长、横截面面积均相同，仅截面形状不同，如图 13-14 所示，其临界力比值为多少？

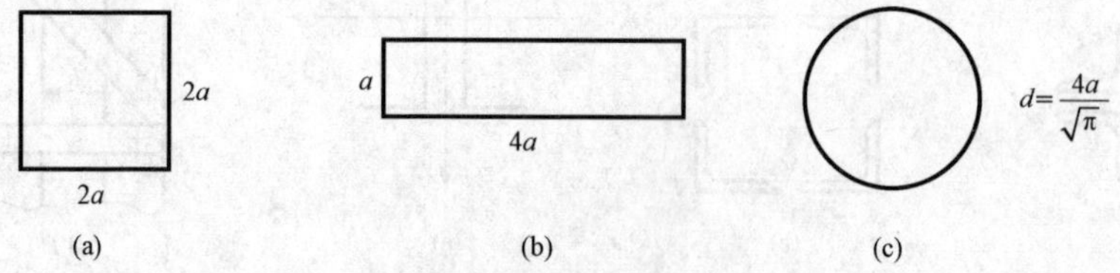

图 13-14 思考题 13-3 图

13-4 图 13-15 所示两根直径为 d 的压杆，要使两杆的临界力相等，则两杆的长度之间有什么关系？试分别就大柔度杆和中长杆两种情况进行讨论。

13-5 若用欧拉公式计算中柔度杆的临界力，则会导致什么后果？

13-6 图 13-16 所示由 1、2 两杆组成的两种形式的简单桁架，它们的承载能力是否相同？

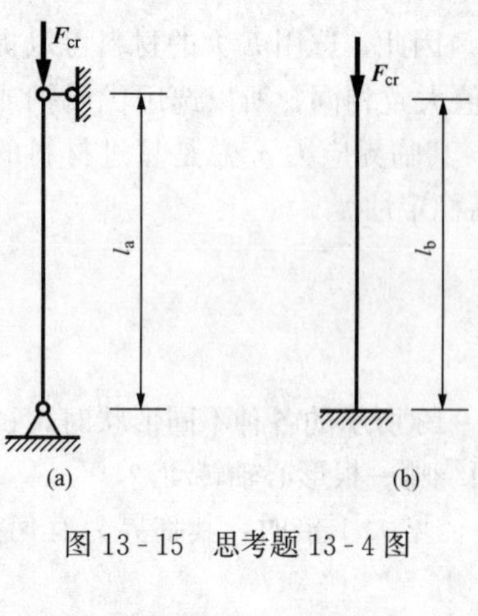

图 13-15 思考题 13-4 图

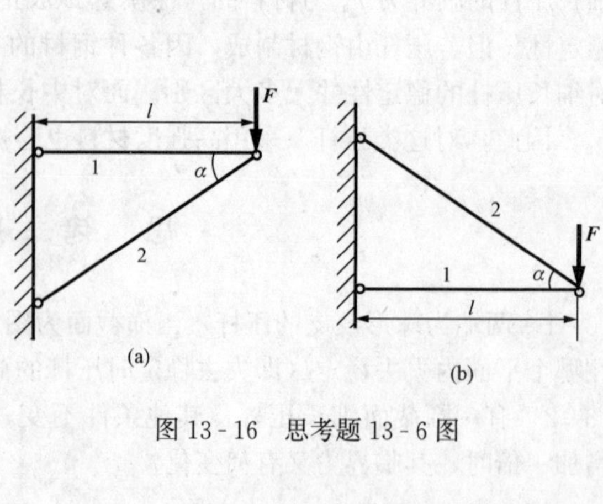

图 13-16 思考题 13-6 图

习　　题

13-1　图13-17所示各杆材料和截面均相同，试问哪一根杆能承受的压力最大，哪一根最小[图13-17（e）所示杆在中间支承处不能转动]?

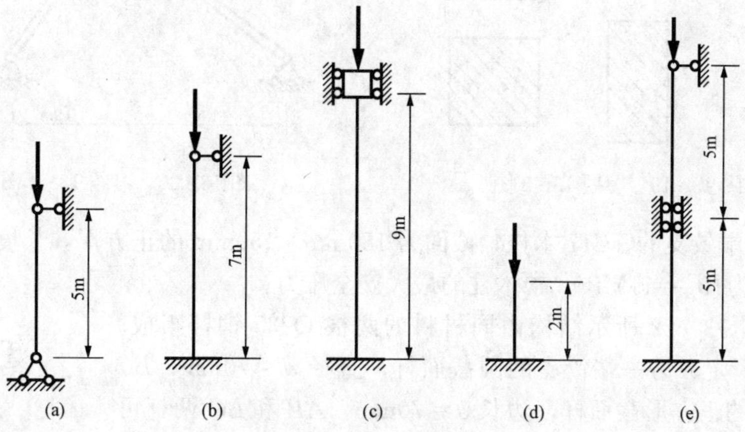

图13-17　习题13-1图

13-2　图13-18所示压杆的截面为矩形，$h=60\text{mm}$，$b=40\text{mm}$，杆长$l=2.0\text{m}$，材料为Q235钢，$E=2.1\times10^5\text{MPa}$。两端约束示意图为：在正视图13-18（a）的平面内相当于铰支；在俯视图13-18（b）的平面内为弹性固定，$\mu=0.8$。试求此杆的临界力F_{cr}。

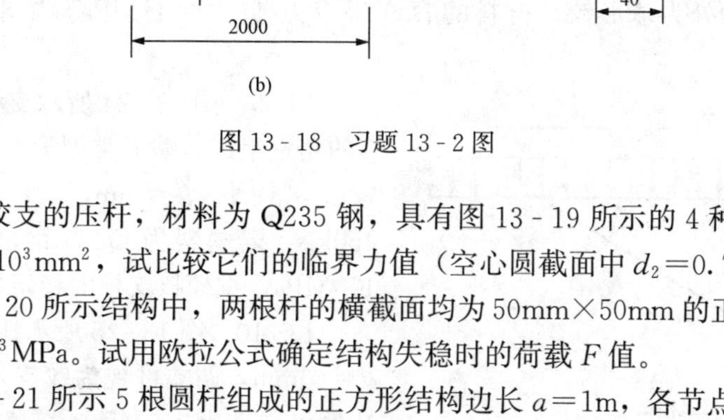

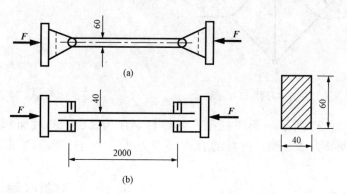

图13-18　习题13-2图

13-3　两端铰支的压杆，材料为Q235钢，具有图13-19所示的4种横截面形状，截面面积均为$4.0\times10^3\text{mm}^2$，试比较它们的临界力值（空心圆截面中$d_2=0.7d_1$）。

13-4　图13-20所示结构中，两根杆的横截面均为50mm×50mm的正方形，材料的弹性模量$E=70\times10^3\text{MPa}$。试用欧拉公式确定结构失稳时的荷载F值。

13-5　图13-21所示5根圆杆组成的正方形结构边长$a=1\text{m}$，各节点均为铰接，杆的直径均为$d=35\text{mm}$，截面类型为a类。材料均为Q235钢，$[\sigma]=170\text{MPa}$，试求此时的容许荷载F。又若力F的方向改为向外，容许荷载F又应为多少?

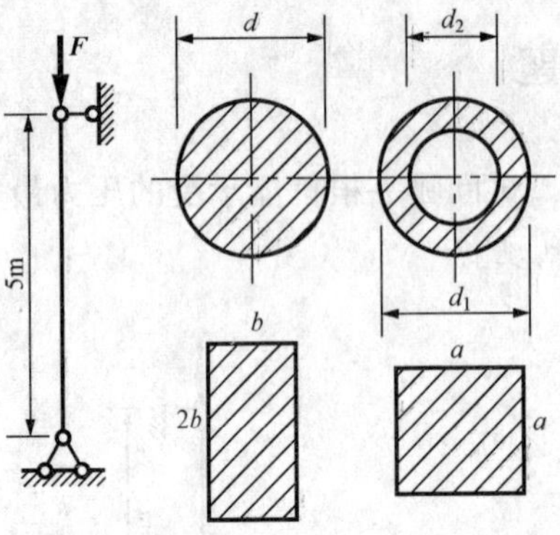

图 13-19 习题 13-3 图

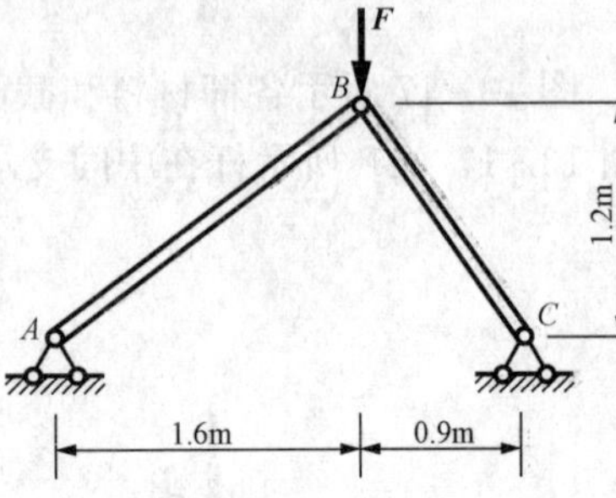

图 13-20 习题 13-4 图

13-6 两端铰支的 TC17 木柱，截面为 150mm×150mm 的正方形，长度 $l=0.4$m，材料的容许压应力$[\sigma]=11$MPa，求木柱的最大安全压力。

13-7 图 13-22 所示结构由同材料的两根 Q235 钢杆组成。AB 杆为一端固定、另一端铰支的圆截面杆，直径 $d=70$mm；BC 杆为两端铰支的正方形截面杆，边长 $a=70$mm，AB 和 BC 两杆可各自独立发生弯曲，互不影响。已知 $l=2.5$m，稳定安全因数 $n_{st}=2.5$，弹性模量 $E=2.1\times10^5$MPa。试求此结构的最大安全荷载。

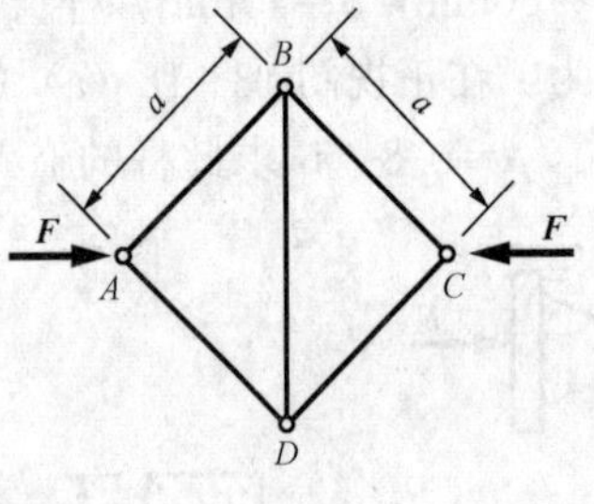

图 13-21 习题 13-5 图

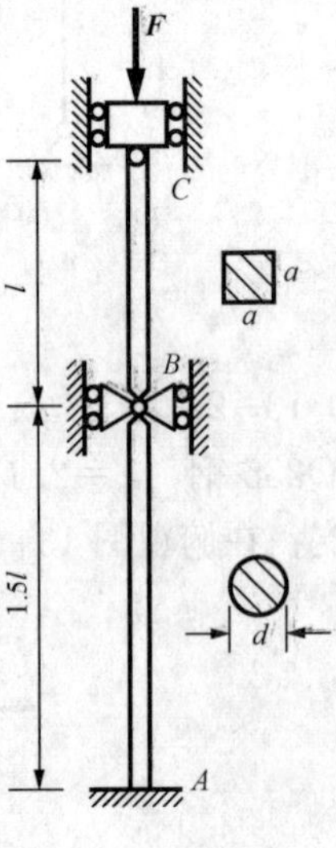

图 13-22 习题 13-7 图

13-8 图 13-23 所示一简单托架，其撑杆 AB 为 TC17 圆截面杉木杆，直径 $d=200$mm。A、B 两处为球形铰，材料的容许压应力 $[\sigma]=11$MPa。试求托架的容许荷载 $[q]$。

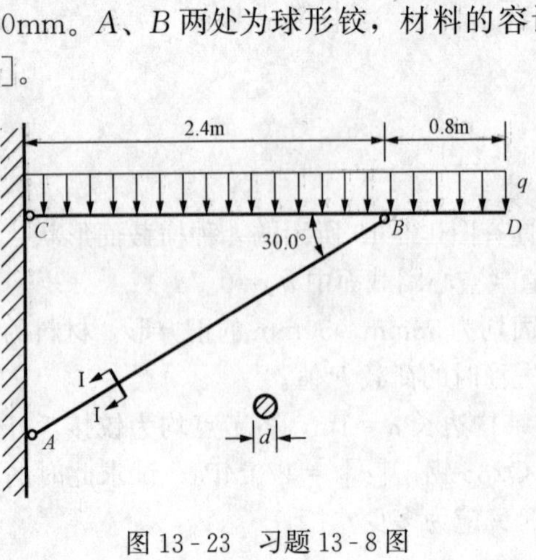

图 13-23 习题 13-8 图

13-9 图 13-24 所示支柱由 4 根 75×75×6 的角钢组成，截面类型为 b 类。支柱的两端为铰支，柱长 $l=6$m，$a=210$mm，压力为 450kN。若材料为 Q235 钢，容许应力 $[\sigma]=170$MPa，试校核支柱的稳定性。

13-10 图 13-25 所示托架中 AB 杆的直径 $d=40$mm，两端可视为铰支，材料为 Q235 钢。比例极限 $\sigma_p=200$MPa，弹性模量 $E=200$GPa。若为中长杆，经验公式 $\sigma_{cr}=a-b\lambda$ 中的常数 $a=304$MPa，$b=1.12$MPa。

(1) 试求托架的临界荷载 F_{cr}。

(2) 若已知工作荷载 $F=70\text{kN}$，并要求 AB 杆的稳定安全因数 $n_{st}=2$，试问托架是否安全？

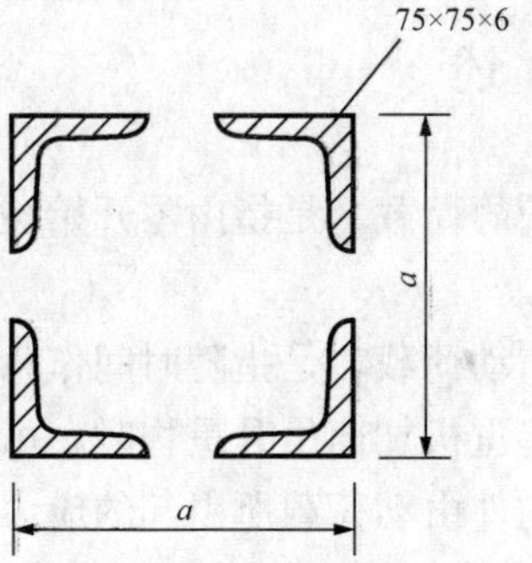

图 13 - 24　习题 13 - 9 图

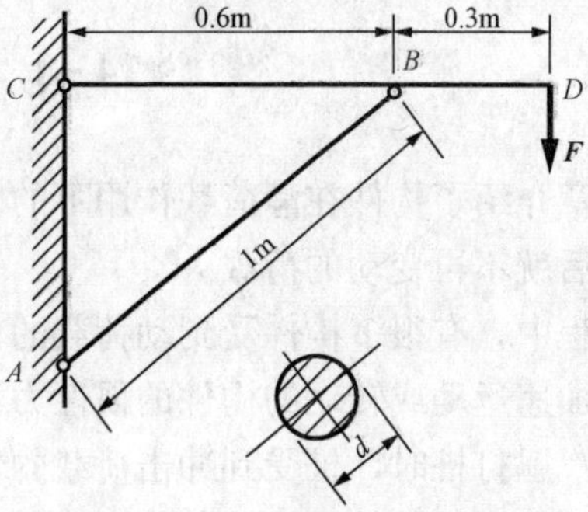

图 13 - 25　习题 13 - 10 图

13 - 11　图 13 - 26 所示梁杆结构，材料均为 Q235 钢。AB 梁为 16 号工字钢，BC 杆为直径 $d=60\text{mm}$ 的圆杆。已知弹性模量 $E=200\text{GPa}$，比例极限 $\sigma_p=200\text{MPa}$，屈服极限 $\sigma_s=235\text{MPa}$，强度安全因数 $n=1.4$，稳定安全因数 $n_{st}=3$，求容许荷载[F]。

13 - 12　图 13 - 27 所示结构中钢梁 AB 及立柱 CD 分别由 20b 号工字钢和连成一体的两根 63×63×5 的角钢制成。立柱截面类型为 b 类，均布荷载集度 $q=39\text{kN/m}$，梁及柱的材料均为 Q235 钢，$[\sigma]=170\text{MPa}$，$E=2.1\times10^5\text{MPa}$。试验算梁和柱是否安全。

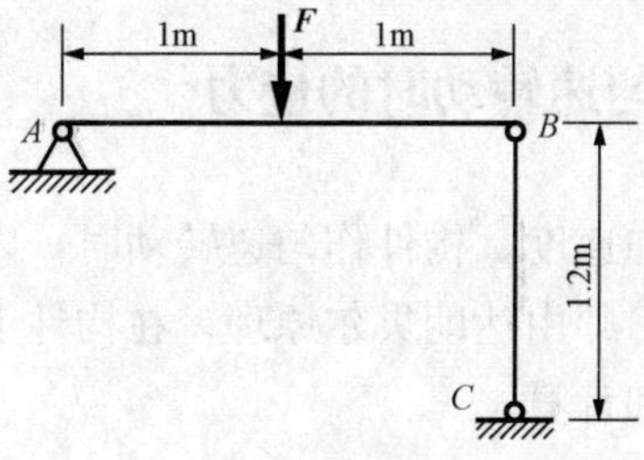

图 13 - 26　习题 13 - 11 图

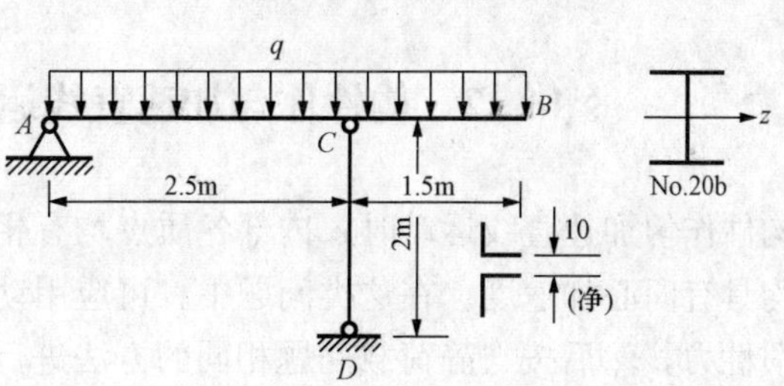

图 13 - 27　习题 13 - 12 图

第14章 动 荷 载

§14-1 概 述

前面各章介绍了构件在静荷载作用下的问题。所谓静荷载，是指由零开始缓慢地增加到最终值，以后就不再变动的荷载。

实际工程中，有很多构件受到动荷载的作用。所谓动荷载，是指随时间作急剧变化的荷载，以及作加速运动或转动的构件的惯性力。例如，起重机加速吊升重物时，吊索受到惯性力的作用；汽锤打桩时，桩受到冲击荷载的作用等。构件由动荷载所引起的应力和变形，称为动应力和动变形。构件在动荷载作用下同样有强度、刚度和稳定性问题。实验结果表明，在静荷载作用下服从胡克定律的材料，在动荷载作用下，只要动应力不超过材料的比例极限，胡克定律仍然适用。

构件内受到随时间作周期性交替变化的交变应力作用时，即使是塑性很好的材料，最大工作应力远低于材料的屈服极限，且无明显的塑性变形，也往往会发生骤然断裂。这种破坏称为疲劳破坏。

本章将介绍构件作匀加速直线运动和匀速转动、冲击的动荷载问题，以及构件在交变应力作用下疲劳破坏的概念。

§14-2 构件作匀加速直线运动和匀速转动时的应力

构件作匀加速直线运动时，内部各质点均有相同的加速度；构件作匀速转动时，内部各质点均具有向心加速度。在这类问题中，可应用动静法，即由达朗贝尔原理，在构件上加相应的惯性力，然后按与静荷载问题相同的方法进行分析和计算。

一、构件作匀加速直线运动时的应力

图14-1（a）所示的桥式起重机以匀加速度a吊起一重为P的物体。若钢索的横截面面积为A，材料密度为ρ，现分析和计算钢索横截面上的动应力。

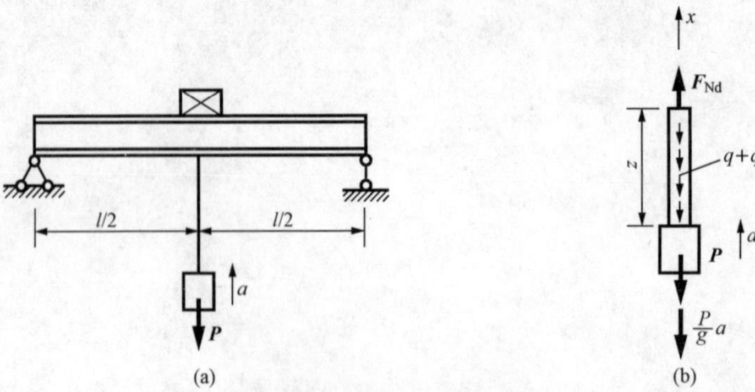

图14-1 桥式起重机吊索动应力分析

先计算钢索任一 x 横截面上的内力。应用截面法，取出部分钢索和吊物作为研究对象，如图 14-1（b）所示。作用于其上的外力有吊物重量 P、长为 x 的一段钢索的自重、吊物和该段钢索的惯性力，以及截开截面上的动内力 F_{Nd}。钢索的自重是均布的轴向力，集度 $q=\rho gA$，其惯性力也是均布的轴向力，集度 $q_{\mathrm{d}}=\rho Aa$，吊物的惯性力为 $\frac{P}{g}a$。惯性力的方向均与加速度 a 的方向相反。

钢索 x 横截面上的动内力可以由取出部分的平衡求得，即

$$F_{\mathrm{Nd}}=P+\frac{P}{g}a+qx+q_{\mathrm{d}}x=P+\frac{P}{g}a+\rho gAx+\frac{\rho gA}{g}ax=(P+\rho gAx)\left(1+\frac{a}{g}\right)$$

式中，$P+\rho gAx$ 为同一截面上的静内力 F_{Nst}。因此上式可写成

$$F_{\mathrm{Nd}}=k_{\mathrm{d}}F_{\mathrm{Nst}} \tag{14-1}$$

其中

$$k_{\mathrm{d}}=1+\frac{a}{g} \tag{14-2}$$

k_{d} 称为动荷因数。可见，钢索横截面上的动内力等于该截面上的静内力乘以动荷因数。

钢索横截面上的动应力可按拉伸杆件横截面上的正应力公式计算，有

$$\sigma_{\mathrm{d}}=\frac{F_{\mathrm{Nd}}}{A}=\frac{k_{\mathrm{d}}F_{\mathrm{Nst}}}{A}=k_{\mathrm{d}}\sigma_{\mathrm{st}} \tag{14-3}$$

可见，钢索横截面上的动应力等于该截面上的静应力乘以动荷因数。

动内力最大的截面在钢索的上端，即危险截面。该截面的动应力也将最大。由式（14-3），得

$$\sigma_{\mathrm{d,max}}=k_{\mathrm{d}}\sigma_{\mathrm{st,max}}$$

钢索的强度条件为

$$\sigma_{\mathrm{d,max}}=k_{\mathrm{d}}\sigma_{\mathrm{st,max}}\leqslant[\sigma] \tag{14-4}$$

式中$[\sigma]$仍采用静荷载情况的容许应力值。

二、构件作匀速转动时的应力

以作匀速转动的飞轮为例，分析轮缘上的动应力。飞轮的轮缘较厚，而中间的轮幅较薄。因此，当飞轮的平均直径 D 远大于轮缘的厚度 δ 时，可略去轮幅的影响，将飞轮简化为平均直径为 D、厚度为 δ 的薄壁圆环，如图 14-2（a）所示。

设圆环以角速度 ω 绕圆心 O 作匀速转动，圆环的横截面面积为 A，材料的密度为 ρ。圆环匀速转动时，各质点只有向心加速度。由于壁厚 δ 远小于圆环平均直径 D，可认为圆环沿径向各点的向心加速度与圆环中线上各点处的向心加速度相等，均为 $a_{\mathrm{n}}=\frac{\omega^2 D}{2}$。因而，沿圆环中线上将有均布的离心惯性力，其集度 $q_{\mathrm{d}}=\rho Aa_{\mathrm{n}}=\frac{\rho A\omega^2 D}{2}$，如图 14-2（b）所示。

假想将圆环沿水平直径面截开，取上半部分进行分析。这部分上的外力如图 14-2（c）所示，在 $\mathrm{d}\varphi$ 范围内的外力为 $q_{\mathrm{d}}\frac{D}{2}\mathrm{d}\varphi$，由平衡方程 $\sum F_y=0$ 得

$$-2F_{\mathrm{Nd}}+\int_0^{\pi}q_{\mathrm{d}}\frac{D}{2}\mathrm{d}\varphi\sin\varphi=0$$

将 q_{d} 代入，得到截面 m-m 和 n-n 上的内力为

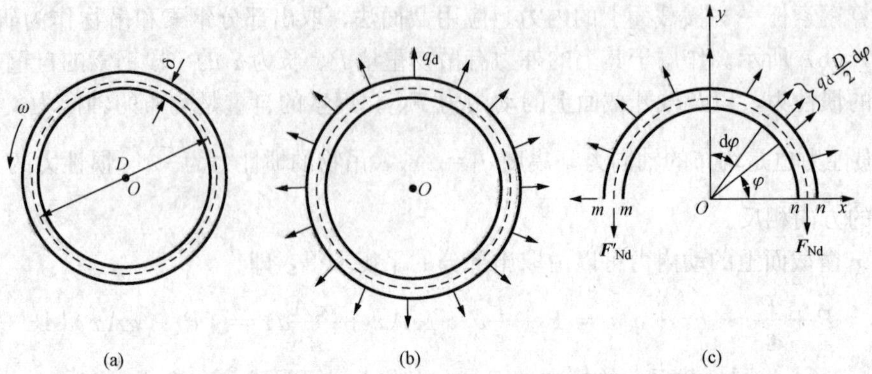

图 14-2 匀速转动的飞轮

$$F_{Nd} = \rho A \frac{\omega^2 D^2}{4} = \rho A v^2 \tag{14-5}$$

圆环横截面上的动应力为

$$\sigma_d = \frac{F_{Nd}}{A} = \rho \frac{\omega^2 D^2}{4} = \rho v^2 \tag{14-6}$$

以上两式中的 $v=\omega \dfrac{D}{2}$ 为圆环中线上各点的线速度。

圆环的强度条件为

$$\sigma_d = \rho v^2 \leqslant [\sigma] \tag{14-7}$$

工程上，为保证飞轮的安全，必须控制飞轮的转速 ω，即限制轮缘的线速度 v。由式(14-7) 知，轮缘容许的最大线速度即临界速度为

$$[v] = \sqrt{\frac{[\sigma]}{\rho}} \tag{14-8}$$

§14-3 构件受冲击时的应力和变形

当运动着的物体作用到静止的物体上时，在相互接触的极短时间内，运动物体的速度急剧下降至零，从而使静止的物体受到很大的作用力，这种现象称为冲击。冲击中的运动物体称为冲击物，静止的物体称为被冲击构件。工程中的落锤打桩、汽锤锻造和轮船靠码头等，都是冲击现象。其中，落锤、汽锤、轮船是冲击物，而桩、锻件、码头是被冲击构件。在冲击过程中，冲击物将获得很大的加速度，从而产生很大的惯性力作用在被冲击构件上，在被冲击构件中产生很大的冲击应力和变形。

在冲击问题中，由于冲击物的速度在极短时间内发生很大变化，加速度的大小很难确定，因此，不可能按§14-2 中的方法进行计算。事实上，用精确方法分析冲击问题是十分困难的。工程上一般采用偏于安全的能量方法，对冲击瞬间的最大应力和变形进行近似的分析计算。这种方法基于如下假设：①冲击时，冲击物本身不发生变形，即当作刚体，冲击后不发生回弹；②忽略被冲击构件的质量；③在冲击过程中，被冲击构件的材料仍服从胡克定律。下面将介绍冲击问题的能量法。

一、竖向冲击

设一重为 P 的物体从高度 h 处自由下落到杆上，使杆受到竖向冲击而发生变形，如图

14-3 (a)、图 14-3 (b) 所示。

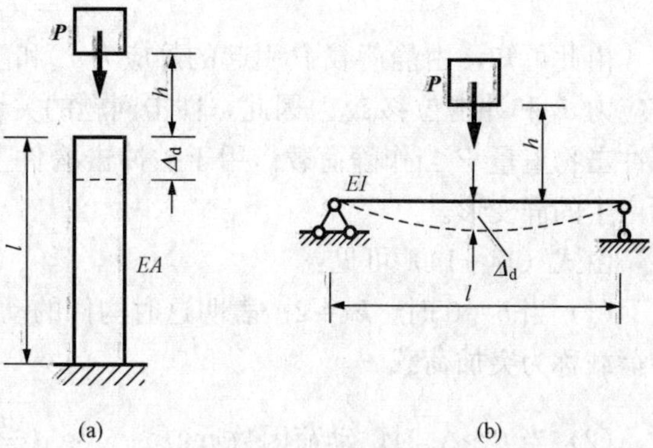

图 14-3　竖向冲击

冲击物落到被冲击构件上与之接触后，将贴合在一起运动，速度迅速降到零；与此同时，被冲击构件的变形（或位移）也达到最大值 Δ_d。构件因此受到冲击荷载 F_d，并产生冲击应力 σ_d。

如在冲击过程中不计其他能量的损耗，则按能量守恒原理，冲击物在冲击前后所减少的动能 E_k 和位能 E_p 应等于被冲击构件所获得的应变能 V_ε，即

$$E_k + E_p = V_\varepsilon \qquad (14-9)$$

由于冲击物在冲击前后速度均为零，故动能无变化，即 $E_k=0$；冲击前后冲击物减少的位能为 $E_p=P(h+\Delta_d)$。由于冲击过程中，被冲击构件的材料仍服从胡克定律，故获得的应变能为 $V_\varepsilon=\frac{1}{2}F_d\Delta_d$。代入式（14-9），得

$$P(h+\Delta_d)=\frac{1}{2}F_d\Delta_d \qquad (14-10)$$

由于被冲击构件的材料仍服从胡克定律，因此 F_d 与 Δ_d 之间呈线性关系，即

$$F_d = C\Delta_d \qquad (14-11)$$

式中 C 为被冲击构件的刚度系数。若将重物 P 以静荷载方式作用于冲击点处，构件沿冲击方向的静变形为 Δ_{st}，可得 $P=C\Delta_{st}$，将 $C=\frac{P}{\Delta_{st}}$ 代入式（14-11），得

$$F_d = \frac{P}{\Delta_{st}}\Delta_d \qquad (14-12)$$

将此 F_d 代入式（14-10），经整理后，得

$$\Delta_d^2 - 2\Delta_{st}\Delta_d - 2\Delta_{st}h = 0$$

由此解得

$$\Delta_d = \Delta_{st} \pm \sqrt{\Delta_{st}^2 + 2h\Delta_{st}} = \left(1 \pm \sqrt{1+\frac{2h}{\Delta_{st}}}\right)\Delta_{st}$$

为了求得 Δ_d 的最大值，上式根号前应取正号，故有

$$\Delta_d = \left(1+\sqrt{1+\frac{2h}{\Delta_{st}}}\right)\Delta_{st} = k_d\Delta_{st} \qquad (14-13)$$

其中

$$k_d = 1+\sqrt{1+\frac{2h}{\Delta_{st}}} \qquad (14-14)$$

k_d 称为竖向冲击的动荷因数。

再将 $\Delta_d=k_d\Delta_{st}$ 代入式（14-12），可得

$$F_d = k_d P \qquad (14-15)$$

有了冲击荷载 F_d，就可按静荷载作用下的公式计算冲击应力 σ_d；但由式（14-15）可见，σ_d 必等于静荷载 P 引起的静应力 σ_{st} 乘以动荷因数 k_d，即

$$\sigma_d = k_d\sigma_{st} \tag{14-16}$$

由此可知，由静荷载 P 引起的静应力 σ_{st} 和静位移 Δ_{st} 分别乘以动荷因数 k_d，就可得到冲击应力 σ_d 和冲击位移 Δ_d。因此，冲击问题的关键是计算动荷因数。式（14 - 14）中的 Δ_{st} 是将冲击物重量 P 当作静荷载作用于被冲击构件上的冲击点处，在构件冲击点处沿冲击方向所产生的静变形。

由式（14 - 14）可见：

（1）当 $h=0$ 时，$k_d=2$。表明这时构件的动应力和动变形都是静荷载作用下的 2 倍。这种荷载称为突加荷载。

（2）当 $h\gg\Delta_{st}$ 时，动荷因数近似为 $k_d=\sqrt{\dfrac{2h}{\Delta_{st}}}$。

（3）若已知冲击物自由下落、刚接触被冲击构件时的速度为 v，则 h 可用 $\dfrac{v^2}{2g}$ 代替，此时动荷因数成为

$$k_d = 1+\sqrt{1+\frac{v^2}{g\Delta_{st}}}$$

二、水平冲击

图 14 - 4（a）所示重为 P 的物体水平冲击在竖杆的 A 点，使杆发生弯曲。应用能量守恒原理式（14 - 9）进行分析。

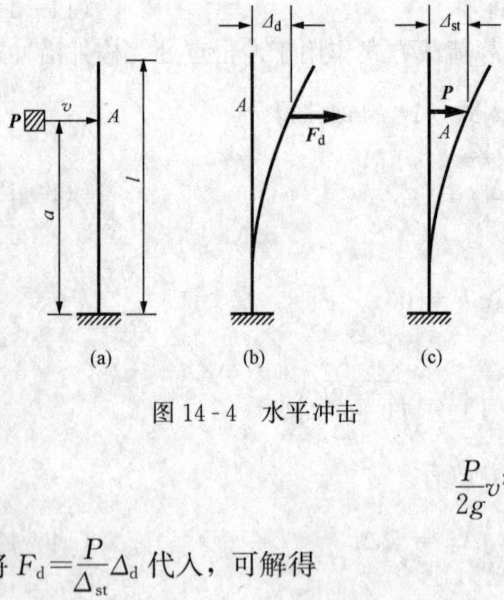

图 14 - 4 水平冲击

冲击物接触到 A 点时的速度为 v。当与被冲击构件接触后便一起运动，速度迅速降到零；与此同时，被冲击构件受到的冲击荷载 F_d 和产生的冲击变形 Δ_d 都达到最大值，如图 14 - 4（b）所示。冲击前后冲击物减少的动能为 $E_k=\dfrac{P}{2g}v^2$；由于是水平冲击，冲击前后位能无变化，故减少的位能 $E_p=0$。同时，被冲击构件受冲击后获得的应变能为 $V_\varepsilon=\dfrac{1}{2}F_d\Delta_d$。由式（14 - 9），得

$$\frac{P}{2g}v^2=\frac{1}{2}F_d\Delta_d$$

将 $F_d=\dfrac{P}{\Delta_{st}}\Delta_d$ 代入，可解得

$$\Delta_d=\sqrt{\frac{v^2\Delta_{st}}{g}}=\sqrt{\frac{v^2}{g\Delta_{st}}}\Delta_{st}=k_d\Delta_{st}$$

其中

$$k_d=\sqrt{\frac{v^2}{g\Delta_{st}}} \tag{14-17}$$

k_d 称为水平冲击动荷因数。式（14 - 17）中，Δ_{st} 是将冲击物重量 P 作为静荷载，水平作用于被冲击构件上冲击点处，构件在冲击点处沿冲击方向的静变形，如图 14 - 4（c）所示。

求得动荷因数 k_d 后，与竖向冲击的情况相似，可求得冲击应力 σ_d 和冲击变形 Δ_d。

无论是竖向冲击还是水平冲击，在求得被冲击构件中的最大动应力 $\sigma_{d,max}$ 后，均可按下述强度条件进行强度计算，即

$$\sigma_{d,max} \leqslant [\sigma]$$

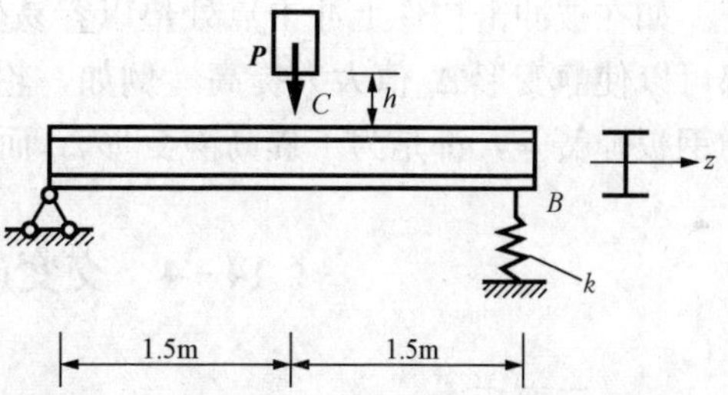

图 14 - 5 ［例 14 - 1］图

【例 14 - 1】 图 14 - 5 所示 16 号工字钢梁，其右端置于一弹簧常数 $k=0.16$kN/mm 的弹簧上。重量 $P=2$kN 的物体自高 $h=350$mm 处自由落下，冲击在梁跨中 C 点。梁材料的容许应力 $[\sigma]=170$MPa，弹性模量 $E=2.1\times10^5$MPa，试校核梁的强度。

解 为计算动荷因数，首先计算 Δ_{st}。将 P 作为静荷载作用在 C 点。由型钢表查得梁截面的 $I_z=1130\text{cm}^4$ 和 $W_z=141\text{cm}^3$。梁本身的变形为

$$\Delta_{Cst}=\frac{Pl^3}{48EI_z}=\frac{2\times10^3\times3^3}{48\times2.1\times10^{11}\times1130\times10^{-8}}$$
$$=0.474\times10^{-3}\text{m}=0.474\text{mm}$$

由于右端支座是弹簧，在支座反力 $F_B=\dfrac{P}{2}$ 的作用下，其缩短量为

$$\Delta_{Bst}=\frac{0.5P}{k}=\frac{0.5\times2}{0.16}=6.25\text{mm}$$

故 C 点沿冲击方向的总静位移为

$$\Delta_{st}=\Delta_{Cst}+\frac{1}{2}\Delta_{Bst}=0.474+\frac{1}{2}\times6.25=3.6\text{mm}$$

再由式（14 - 14）求得动荷因数为

$$k_d=1+\sqrt{1+\frac{2h}{\Delta_{st}}}=1+\sqrt{1+\frac{2\times350}{3.6}}=14.98$$

梁的危险截面为跨中 C 截面，危险点为该截面上、下边缘处各点。C 截面的弯矩为

$$M_{max}=\frac{Pl}{4}=\frac{2\times10^3\times3}{4}=1.5\times10^3\text{N}\cdot\text{m}$$

危险点处的静应力为

$$\sigma_{st,max}=\frac{M_{max}}{W_z}=\frac{1.5\times10^3}{141\times10^{-6}}=10.64\times10^6\text{Pa}=10.64\text{MPa}$$

所以，梁的最大冲击应力为

$$\sigma_{d,max}=k_d\sigma_{st,max}=14.98\times10.64\text{MPa}=159.4\text{MPa}$$

因为 $\sigma_{d,max}<[\sigma]$，所以梁是安全的。

三、提高构件抗冲能力的措施

由上述分析可知，冲击将引起冲击荷载，并在被冲击构件中产生很大的冲击应力。在工程中，有时要利用冲击的效应，如打桩、金属冲压成型加工等。但更多的情况下是采取适当的缓冲措施，以减小冲击的影响。

一般来说，在不增加静应力的情况下，减小动荷因数 k_d，可以减小冲击应力。由动荷因数的计算公式可见，加大冲击点沿冲击方向的静位移 Δ_{st}，就可有效地减小动荷因数 k_d

值。如在被冲击构件上冲击点处垫以容易变形的缓冲附件，如橡胶或软塑料垫层、弹簧等，都可以使静变形 Δ_{st} 值大大提高。例如，轮船码头上的橡胶护舷、汽车大梁和底盘轴间安装的钢板弹簧等，都是为了提高静变形 Δ_{st} 而采取的缓冲措施。

§14-4 交变应力与疲劳破坏的概念

一、交变应力

工程中，某些构件所受的荷载是随时间作周期性变化的，即受交变荷载作用。例如，图 14-6（a）所示的梁受电动机的重量 P 与电动机转动时引起的干扰力 $F_H\sin\omega t$ 作用，干扰力 $F_H\sin\omega t$ 就是随时间作周期性变化的。因而，梁中各点的应力将随时间作周期性变化，如图 14-6（b）所示。这种应力随时间变化的曲线，称为应力谱。

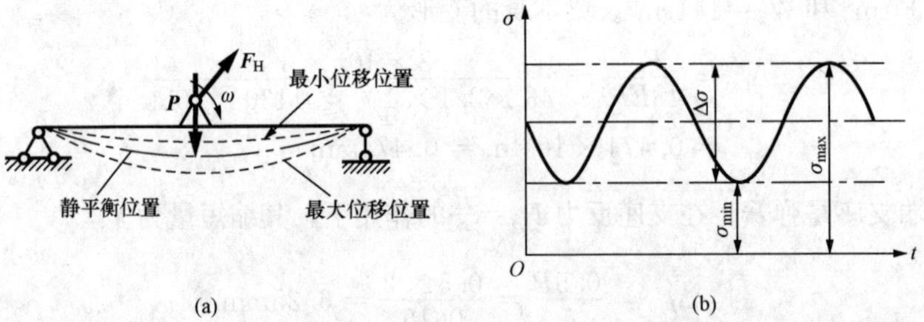

图 14-6 荷载随时间作周期性变化的应力谱

此外，还有某些构件，虽然所受的荷载并没有变化，但由于构件本身在转动，因而构件内各点处的应力也随时间作周期性变化。如图 14-7（a）所示的火车轮轴，承受车厢传来的荷载 F 作用，F 并不随时间变化。轴的弯矩图如图 14-7（b）所示。但由于轴在转动，横截面上除圆心以外的各点处的正应力都随时间作周期性变化。如截面边缘上的 i 点，当 i 点转至位置 1 时［见图 14-7（c）］，正处于中性轴上，$\sigma=0$；当 i 点转至位置 2 时，$\sigma=\sigma_{max}$；当 i 点转至位置 3 时，又在中性轴上，$\sigma=0$；当 i 点转至位置 4 时，$\sigma=\sigma_{min}$。可见，轴每转一周，i 点处的正应力即经过一个应力循环，其应力谱如图 14-7（d）所示。

在上述两类情况下，构件中都将产生随时间作周期性交替变化的应力，这种应力称为交变应力。

二、疲劳破坏

实验结果以及大量工程构件的破坏现象表明，构件在交变应力作用下的破坏形式与静荷载作用下的破坏形式全然不同。在交变应力作用下，即使应力低于材料的屈服极限（或强度极限），但经过长期重复作用之后，构件往往会骤然断裂。对于由塑性很好的材料制成的构件，也往往在没有明显塑性变形的情况下突然发生断裂。这种破坏称为疲劳破坏。所谓疲劳破坏，可作如下解释：由于构件不可避免地存在材料不均匀、有夹杂物等缺陷，构件受载后，这些部位会产生应力集中；在交变应力长期、反复作用下，这些部位将产生细微的裂纹。在这些细微裂纹的尖端，不仅应力情况复杂，而且有更严重的应力集中现象。反复作用的交变应力又导致细微裂纹扩展成宏观裂纹。在裂纹扩展的过程中，裂纹两边的材料时而分离、时而压紧，或时而反复地相互错动，起到了类似“研磨”的作用，从而使这个区域十分

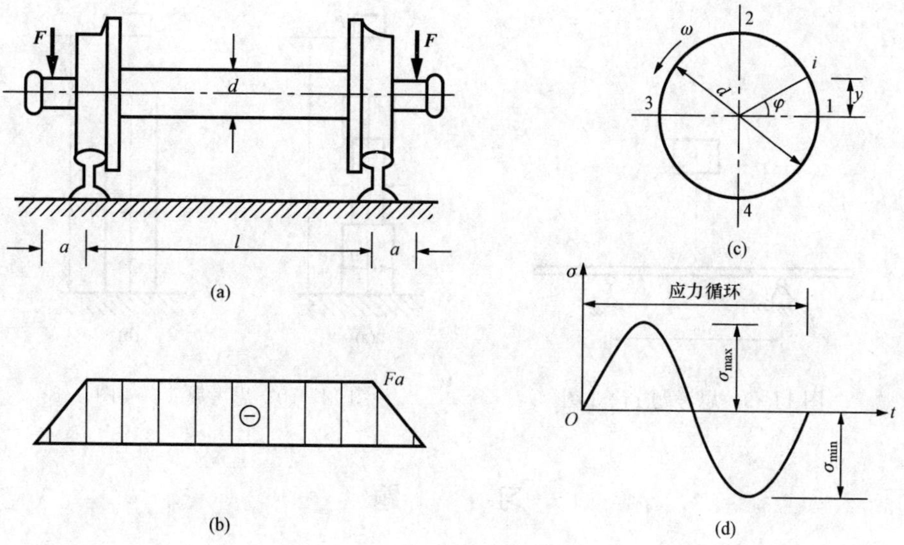

图 14-7　转动构件的应力谱

光滑。随着裂纹的不断扩展，构件的有效截面逐渐减小。当截面削弱到一定程度时，在一个偶然的振动或冲击下，构件就会沿此截面突然断裂。可见，构件的疲劳破坏实质上是由于材料的缺陷而引起细微裂纹，进而扩展成宏观裂纹，裂纹不断扩展后，最后发生脆性断裂的过程。虽然近代的上述研究结果已否定了材料是由于疲劳而引起构件的断裂破坏，但习惯上仍然称这种破坏为疲劳破坏。

以上对疲劳破坏的解释与构件的疲劳破坏断口是吻合的。一般金属构件的疲劳断口都有如图 14-8 所示的光滑区和粗糙区。光滑区实际上就是裂纹扩展区，是经过长期“研磨”所致，而粗糙区是最后发生脆性断裂的那部分剩余截面。

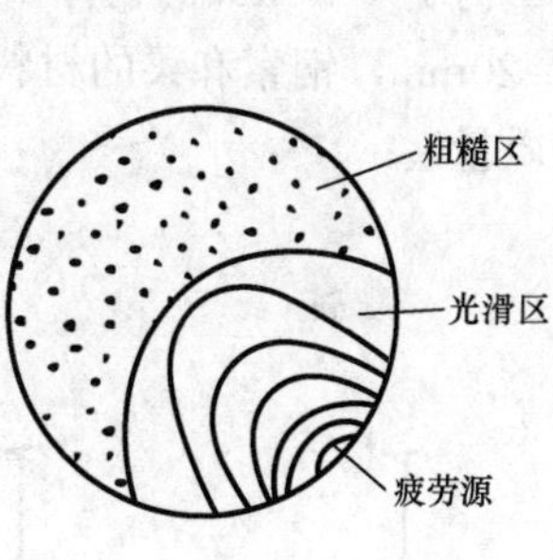

图 14-8　疲劳破坏断口

构件的疲劳破坏，是在没有明显预兆的情况下突然发生的，因此，往往会造成严重的事故。所以，了解和掌握交变应力作用下的疲劳破坏的概念十分重要。对交变应力作用下构件的疲劳计算问题，本章不作详细介绍。

思　考　题

14-1　运动着的构件是否都有惯性力？作匀速圆周运动的构件如何计算惯性力？

14-2　在一竖向冲击问题中，若冲击高度、被冲击物及其支承条件和冲击点均相同，问冲击物的重量增加 1 倍时，冲击应力增加多少倍？

14-3　为了将一废构件冲断，在图 14-9 所示装置中可以采取哪些措施？l_0 增大些好还是减小些好？

14-4　材料相同、长度相等的变截面杆和等截面杆如图 14-10 所示。若两杆的最大截面面积相同，问哪一根杆件承受冲击的能力强？为什么？设变截面杆直径为 d 的部分长为 $2l/5$，$D=2d$。

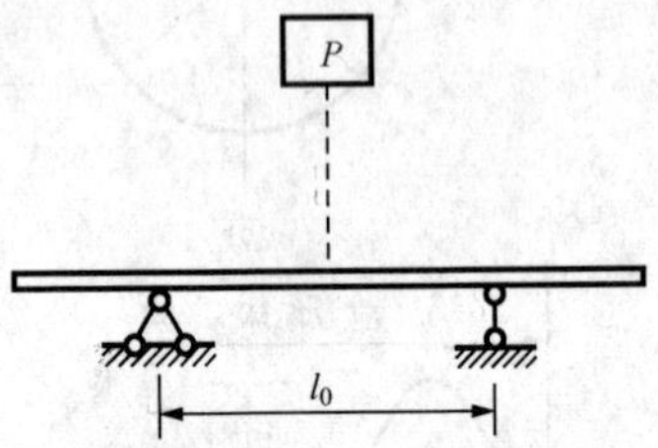

图 14-9 思考题 14-3 图

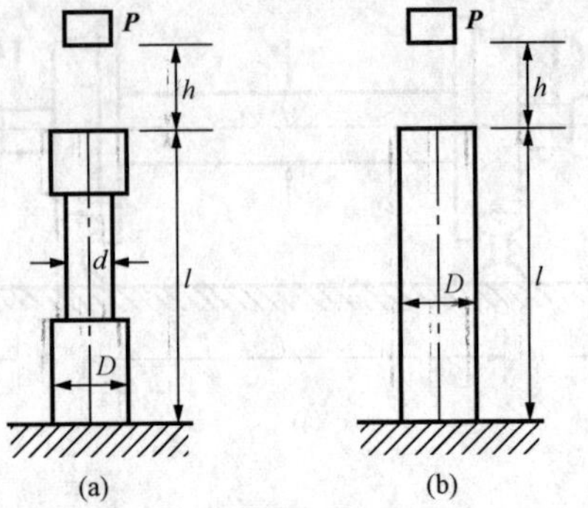

图 14-10 思考题 14-4 图

习 题

14-1 用两根吊索以向上的匀加速平行地起吊一根 18 号工字钢梁。加速度 $a=10\text{m/s}^2$，工字钢梁的长度 $l=12\text{m}$，吊索的横截面面积 $A=60\text{mm}^2$，吊点及梁的放置情况如图 14-11 所示。若只考虑梁的质量（不计吊索的质量），试计算工字钢梁内的最大动应力和吊索的动应力。

14-2 图 14-12 所示一自重 $P_1=20\text{kN}$ 的起重机装在两根 22b 号工字钢的大梁上，起吊重为 $P_2=40\text{kN}$ 的物体。若重物在第一秒内以等加速度 $a=2.5\text{m/s}^2$ 上升。已知钢索直径 $d=20\text{mm}$，钢索和梁的材料相同，$[\sigma]=170\text{MPa}$。试校核钢索与梁的强度（不计钢索和梁的质量）。

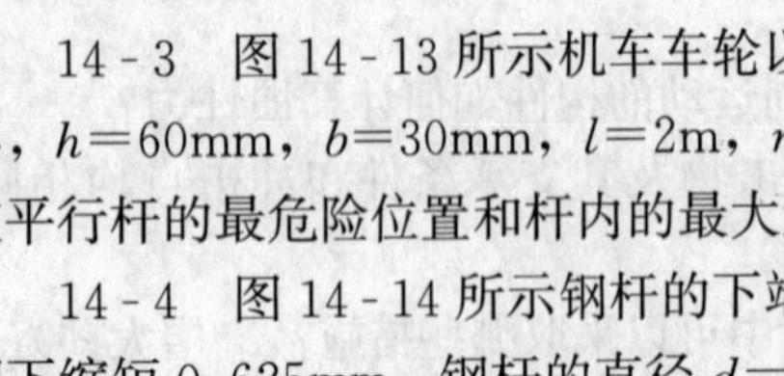

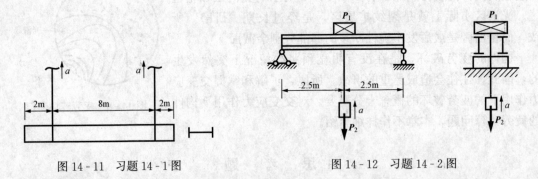

图 14-11 习题 14-1 图

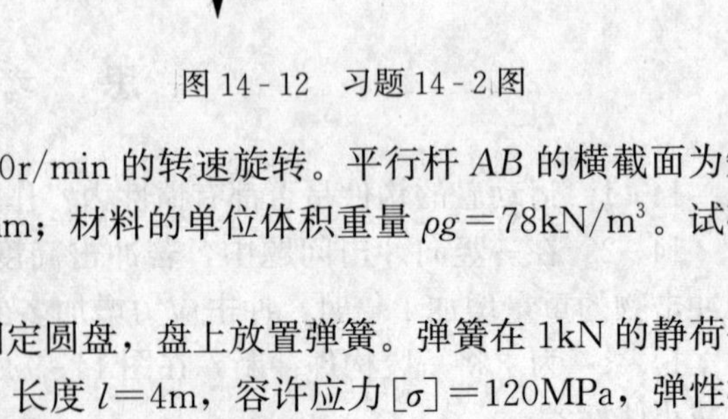

图 14-12 习题 14-2 图

14-3 图 14-13 所示机车车轮以 $n=400\text{r/min}$ 的转速旋转。平行杆 AB 的横截面为矩形，$h=60\text{mm}$，$b=30\text{mm}$，$l=2\text{m}$，$r=250\text{mm}$；材料的单位体积重量 $\rho g=78\text{kN/m}^3$。试确定平行杆的最危险位置和杆内的最大正应力。

14-4 图 14-14 所示钢杆的下端有一固定圆盘，盘上放置弹簧。弹簧在 1kN 的静荷作用下缩短 0.625mm。钢杆的直径 $d=40\text{mm}$，长度 $l=4\text{m}$，容许应力 $[\sigma]=120\text{MPa}$，弹性模量 $E=200\text{GPa}$。若有重为 15kN 的重物自由落下，求其容许高度 h；若没有弹簧，则容许高度 h 将等于多大？

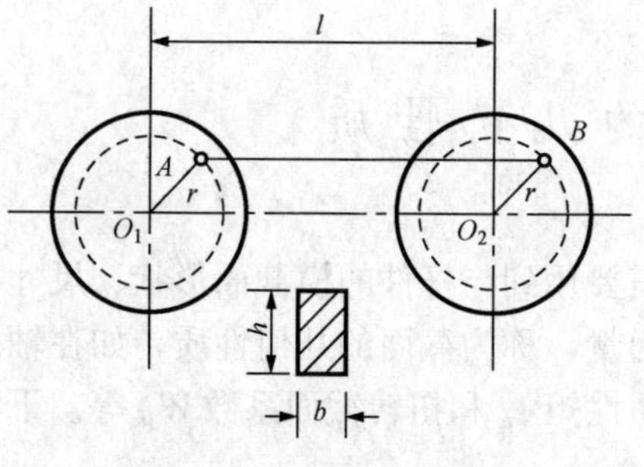

图 14-13　习题 14-3 图

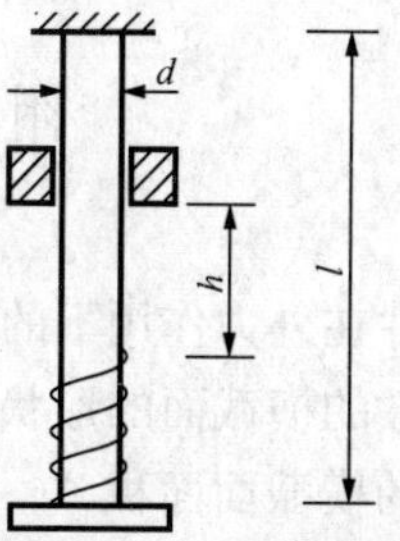

图 14-14　习题 14-4 图

14-5　如图 14-15 所示，外伸梁 ABC 在 C 点上方有一重物（$P=700$N）从高度 $h=300$mm 处自由下落。若梁材料的弹性模量 $E=1.0\times10^4$MPa，试求梁的最大动应力。

14-6　冲击物 $P=500$kN，以速度 $v=0.35$m/s 的速度水平冲击图 14-16 所示的简支梁中点 C。梁的弯曲截面系数 $W_z=1.0\times10^7\text{mm}^3$，惯性矩 $I_z=5.0\times10^9\text{mm}^4$，弹性模量 $E=2.0\times10^5$MPa，试求梁内最大动应力。

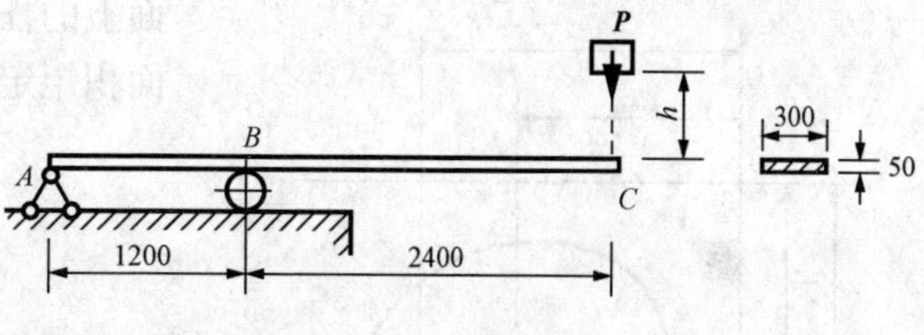

图 14-15　习题 14-5 图

14-7　图 14-17 所示悬臂梁 AB，一重量为 P 的物体以速度 v 沿水平冲击悬臂梁的 C 点处。试求梁的最大水平位移和最大弯曲正应力（设梁的弯曲刚度 EI 和弯曲截面系数 W_z 为已知）。

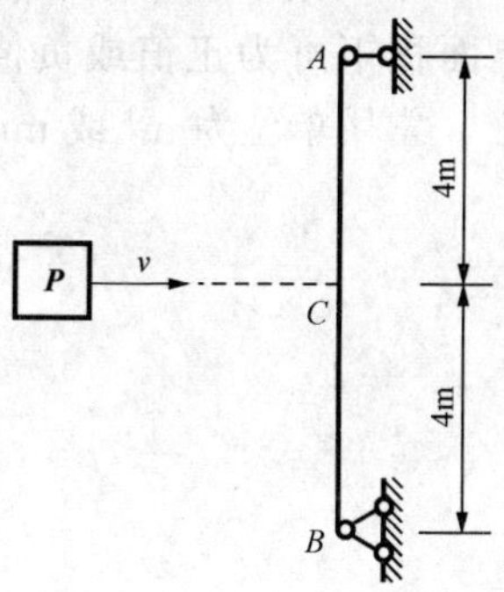

图 14-16　习题 14-6 图

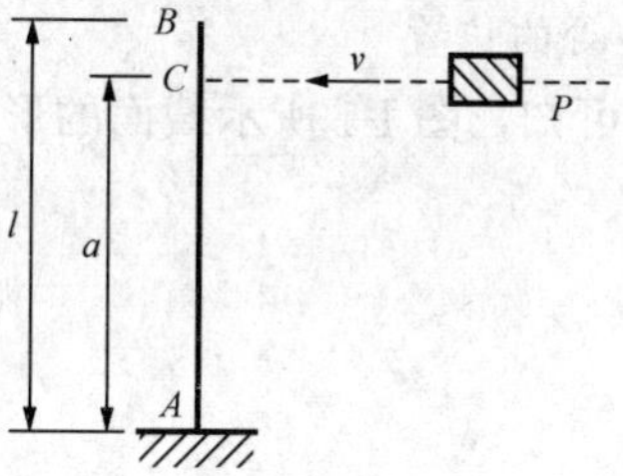

图 14-17　习题 14-7 图

14-8　如图 14-18 所示，直径 $d=32$mm 的圆截面直杆，一重 $P=4$kN 的物体以速度 $v=0.5$m/s 水平冲击 B 端，已知杆材料的弹性模量 $E=200$GPa，在不考虑杆的自重的情况下，试求杆内的最大冲击应力。

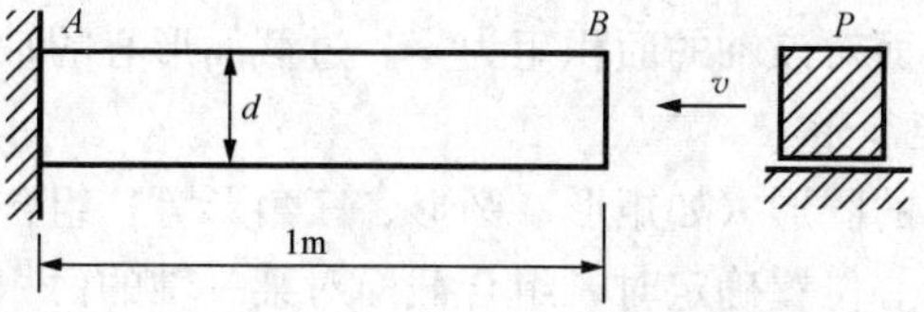

图 14-18　习题 14-8 图

附录Ⅰ 截面的几何性质

计算杆件在外力作用下的应力和变形时，需要用到与杆件的横截面形状、尺寸有关的几何量。与杆件的横截面的形状和尺寸有关的几何量，称为截面的几何性质，如在轴向拉伸或压缩杆件中的横截面面积A、圆杆扭转中的极惯性矩I_p和扭转截面系数W_p等。下面将介绍截面的各种几何性质的定义和计算方法。

一、截面的面积矩和形心

1. 面积矩（静矩）

设图Ⅰ-1所示为杆横截面的几何图形，面积为A，形心为C，y轴和z轴是截面所在平面上的任一对正交轴，则该截面对y轴和z轴的面积矩定义为

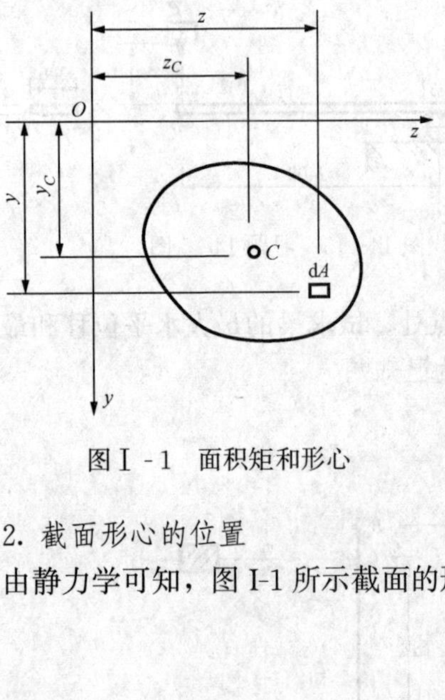

图Ⅰ-1 面积矩和形心

$$\left.\begin{aligned} S_y &= \int_A z\,\mathrm{d}A \\ S_z &= \int_A y\,\mathrm{d}A \end{aligned}\right\} \tag{Ⅰ-1}$$

S_y、S_z分别称为截面对y、z轴的面积矩，面积矩也称为静矩。面积矩S_y和S_z的大小不仅与截面面积A有关，还与截面的形状及坐标轴的位置有关，即同一截面对于不同的坐标轴有不同的面积矩。面积矩可为正值或负值，也可为零，其量纲为L^3，常用单位为m^3或mm^3。

2. 截面形心的位置

由静力学可知，图Ⅰ-1所示截面的形心为

$$\left.\begin{aligned} y_C &= \frac{\int_A y\,\mathrm{d}A}{A} \\ z_C &= \frac{\int_A z\,\mathrm{d}A}{A} \end{aligned}\right\} \tag{Ⅰ-2}$$

式（Ⅰ-1）可改写为

$$\left.\begin{aligned} S_y &= A z_C \\ S_z &= A y_C \end{aligned}\right\} \tag{Ⅰ-3}$$

由式（Ⅰ-3）可见：若截面对某一轴的面积矩为零，则该轴必通过截面的形心；若某一轴过截面的形心，则截面对该轴的面积矩为零。过截面形心的轴，称为形心轴。

3. 组合截面的面积矩和形心

当截面由若干个简单的图形（如矩形、圆形、三角形等）组合而成时，该截面称为组合截面。当各简单图形的形心位置确定时，组合截面对某一轴的面积矩为

$$S_y = \sum_{i=1}^{n} A_i z_{Ci} \quad S_z = \sum_{i=1}^{n} A_i y_{Ci} \tag{Ⅰ-4}$$

式中 A_i 和 y_{Ci}、z_{Ci} 分别表示各简单图形的面积及其形心坐标。将式（Ⅰ-4）代入式（Ⅰ-2），并用 $A = \sum_{i=1}^{n} A_i$ 代替总面积，则组合截面的形心位置由下式确定，即

$$y_C = \frac{\sum_{i=1}^{n} A_i y_{Ci}}{\sum_{i=1}^{n} A_i}, z_C = \frac{\sum_{i=1}^{n} A_i z_{Ci}}{\sum_{i=1}^{n} A_i} \tag{Ⅰ-5}$$

【例Ⅰ-1】 求图Ⅰ-2所示截面的形心位置。

解　取参考坐标系 Oyz，其中 y 轴为对称轴。该图形由三个矩形组成，各矩形的面积及形心坐标分别为

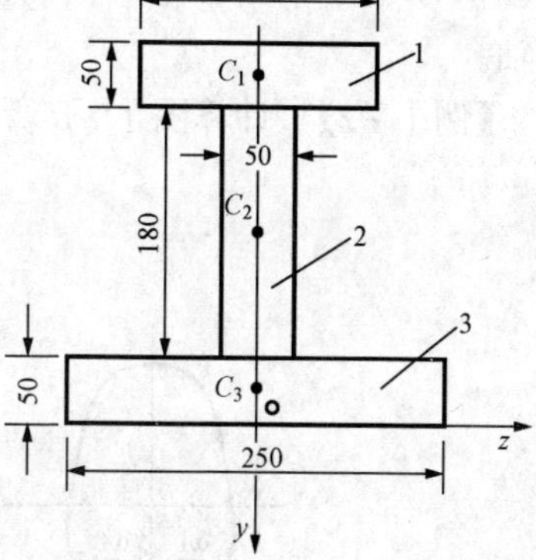

图Ⅰ-2 ［例Ⅰ-1］图

$$A_1 = 150 \times 50 = 7.5 \times 10^3 \text{mm}^2$$

$$y_{C_1} = -\left(50 + 180 + \frac{50}{2}\right) = -255\text{mm}$$

$$A_2 = 180 \times 50 = 9.0 \times 10^3 \text{mm}^2$$

$$y_{C_2} = -\left(\frac{180}{2} + 50\right) = -140\text{mm}$$

$$A_3 = 250 \times 50 = 12.5 \times 10^3 \text{mm}^2$$

$$y_{C_3} = -\frac{50}{2} = -25\text{mm}$$

$$z_{C_1} = z_{C_2} = z_{C_3} = 0$$

将以上数据代入式（Ⅰ-5），得

$$y_C = \frac{7.5 \times 10^3 \times (-255) + 9.0 \times 10^3 \times (-140) + 12.5 \times 10^3 \times (-25)}{7.5 \times 10^3 + 9.0 \times 10^3 + 12.5 \times 10^3}$$

$$= -120\text{mm}$$

$$z_C = 0$$

二、惯性矩和惯性积

1. 惯性矩、惯性半径

图Ⅰ-3所示截面 A 对 y、z 轴的惯性矩分别定义为

$$I_y = \int_A z^2 \mathrm{d}A \quad I_z = \int_A y^2 \mathrm{d}A \tag{Ⅰ-6}$$

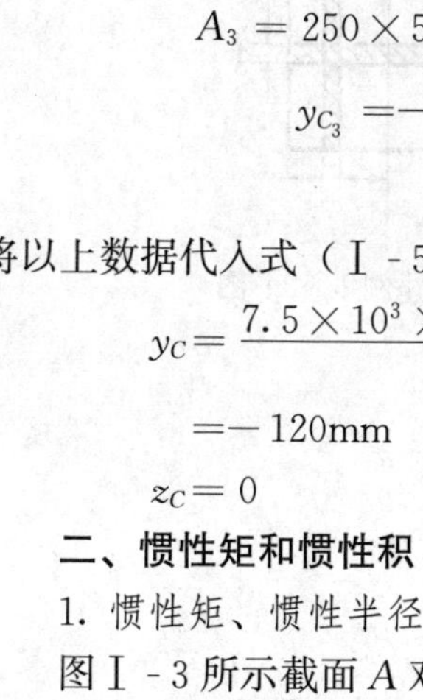

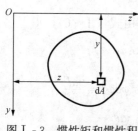

图Ⅰ-3　惯性矩和惯性积

由于 y^2 和 z^2 总是正值，所以 I_y 和 I_z 恒为正值。惯性矩的量纲为 L^4，常用单位为 m^4 或 mm^4。

工程中还常用到惯性半径。惯性半径与惯性矩的关系式为

$$i_y = \sqrt{\frac{I_y}{A}}, \quad i_z = \sqrt{\frac{I_z}{A}} \tag{Ⅰ-7}$$

或

$$I_y = Ai_y^2,\quad I_z = Ai_z^2 \tag{Ⅰ-8}$$

惯性半径的量纲为 L，单位为 m 或 mm。

2. 惯性积

图Ⅰ-4 所示截面对 y、z 这一对正交坐标轴的惯性积定义为

$$I_{yz} = \int yz\,\mathrm{d}A \tag{Ⅰ-9}$$

惯性积可为正值或负值，也可为零。其量纲为 L^4，常用单位为 m^4 或 mm^4。

由式（Ⅰ-9）可见，若截面有一根对称轴，如图Ⅰ-4 中的 y 轴，则截面对包含该轴在内的任意一对正交坐标轴的惯性积恒等于零。因为在对称于 y 轴处各取一微面积 $\mathrm{d}A$，则它们的惯性积 $yz\mathrm{d}A$ 必定大小相等，但正负号相反，故对整个截面求和后，惯性积必定为零。惯性积为零的一对轴称为截面的主惯性轴，简称主轴。通过截面形心的主轴，称为形心主轴。

【例Ⅰ-2】 计算图Ⅰ-5 所示矩形截面对 y 轴和 z 轴的惯性矩。

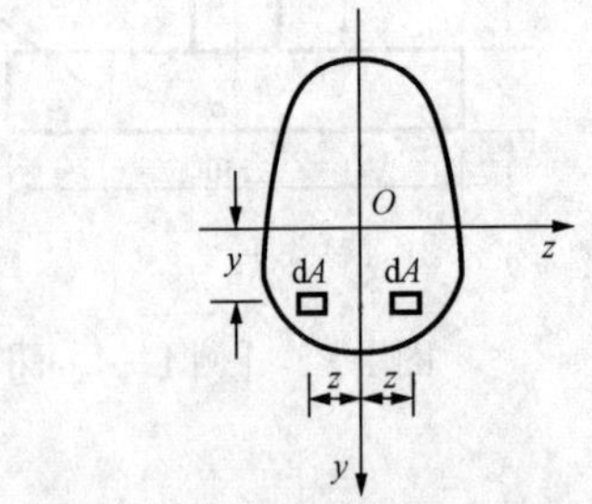

图Ⅰ-4　对称图形的惯性积

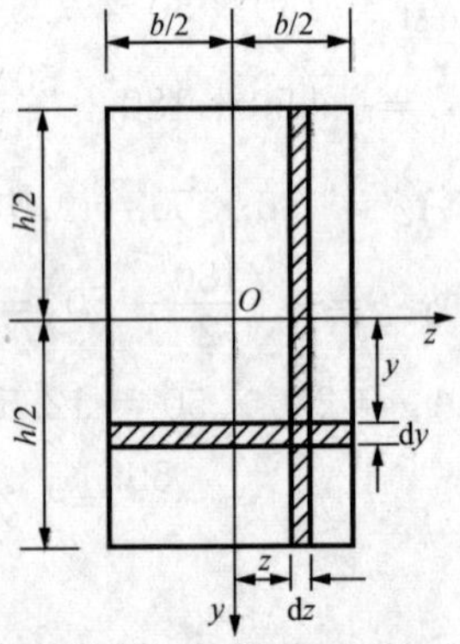

图Ⅰ-5　[例Ⅰ-2] 图

解　为了简便，计算 I_z 时，取 $\mathrm{d}A = b\mathrm{d}y$。由式（Ⅰ-6），得

$$I_z = \int_{-\frac{h}{2}}^{\frac{h}{2}} y^2 b\,\mathrm{d}y = \frac{bh^3}{12}$$

同理，计算 I_y 时，取 $\mathrm{d}A = h\mathrm{d}z$。由式（Ⅰ-6），得

$$I_y = \frac{hb^3}{12}$$

由于 y、z 轴是矩形截面的对称轴，因此有 $I_{yz} = 0$。

【例Ⅰ-3】 计算图Ⅰ-6 所示圆形截面对其直径轴 y 和 z 的惯性矩（设圆的直径为 d）。

解　取 $\mathrm{d}A = 2z\mathrm{d}y = d\cos\varphi\mathrm{d}y$，由式（Ⅰ-6），得

$$I_z = \int_A y^2\,\mathrm{d}A = \int_A y^2 d\cos\varphi\,\mathrm{d}y$$

$$= \int_{-\frac{\pi}{2}}^{\frac{\pi}{2}} \frac{d^2}{4}\sin^2\varphi\left(\frac{d^2}{2}\cos^2\varphi\,\mathrm{d}\varphi\right) = \frac{\pi d^4}{64}$$

由圆的对称性可知，$I_y = I_z = \frac{\pi d^4}{64}$

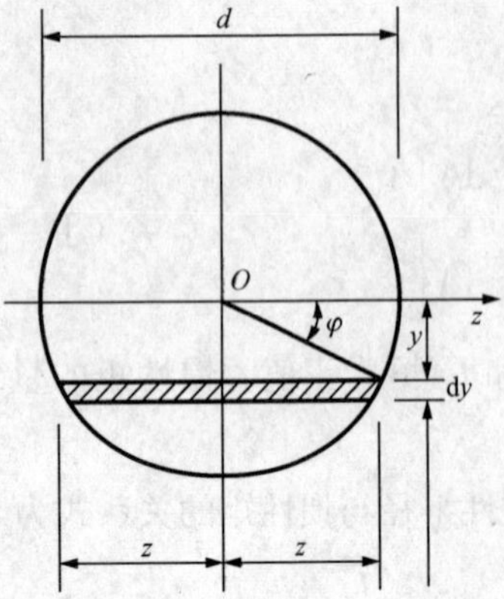

图Ⅰ-6　[例Ⅰ-3] 图

由于 y、z 轴是形心主轴，因此 I_y、I_z 为形心主惯性矩。

圆截面的极惯性矩 $I_p=\frac{\pi d^4}{32}$，故 $I_p=I_y+I_z$。

三、形心主轴和形心主惯性矩

在以后的计算中，主要是计算截面图形的形心主惯性矩。如截面有一根对称轴，则该轴和与之正交的形心轴即为该截面的形心主轴，截面对这对形心主轴的惯性矩即为形心主惯性矩。如截面有两根对称轴，则这两根对称轴即为形心主惯性轴，截面对这两根对称轴的惯性矩即为形心主惯性矩。对于圆形和正多边形，任一对正交的形心轴均为形心主轴，且截面对任一形心主轴的惯性矩均相等。

四、惯性矩和惯性积的平行移轴公式

截面的惯性矩和惯性积是对一定位置的坐标而言的，即同一截面对于不同位置的坐标轴，惯性矩和惯性积是不同的，但它们之间却存在一定的关系。下面介绍各平行轴间的惯性矩和惯性积之间的关系。

1. 平行移轴公式

设任意形状的截面如图Ⅰ-7所示，C 为截面的形心。其中 y_C、z_C 为形心轴，y、z 轴平行于 y_C、z_C 轴，a、b 为截面形心在 yOz 坐标系中的坐标值。设 I_{y_C}、I_{z_C} 及 $I_{y_Cz_C}$ 已知，求 I_y、I_z 及 I_{yz}。

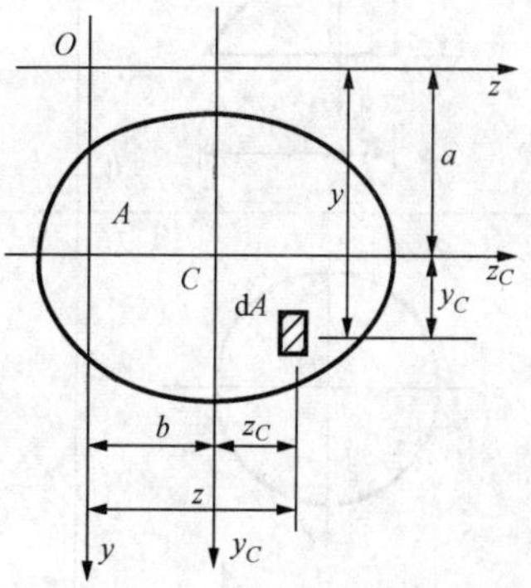

图Ⅰ-7 平行移轴定理

由定义式（Ⅰ-6），有

$$I_z=\int_A y^2\mathrm{d}A=\int_A (y_C+a)^2\mathrm{d}A$$

$$=\int_A y_C^2\mathrm{d}A+2a\int_A y_C\mathrm{d}A+a^2\int_A \mathrm{d}A$$

由于 $I_{z_C}=\int_A y_C^2\mathrm{d}A$，$S_{z_C}=\int_A y_C\mathrm{d}A=0$（$z_C$ 轴通过形心），因此有

$$I_z=I_{z_C}+a^2A \qquad (\text{Ⅰ-10a})$$

同理

$$I_y=I_{y_C}+b^2A \qquad (\text{Ⅰ-10b})$$

$$I_{yz}=I_{y_Cz_C}+abA \qquad (\text{Ⅰ-10c})$$

式（Ⅰ-10c）为惯性矩和惯性积的平行移轴公式。式中 a 和 b 可以是正值、负值或零，所以 I_{yz} 可能大于或小于 $I_{y_Cz_C}$。

2. 组合截面的惯性矩和惯性积

由式（Ⅰ-6），组合截面对某轴（如 y 轴）的惯性矩为

$$I_y=\int_A z^2\mathrm{d}A=\int_{A_1} z^2\mathrm{d}A+\int_{A_2} z^2\mathrm{d}A+\cdots+\int_{A_n} z^2\mathrm{d}A=\sum_{i=1}^{n} I_{yi}\Big\} \qquad (\text{Ⅰ-11})$$

同理

$$I_z=\sum_{i=1}^{n} I_{zi},I_{yz}=\sum_{i=1}^{n} I_{yzi}$$

式中 A_1、A_2、…、A_n——组合截面中各简单图形的面积。

式（Ⅰ-11）表明，组合截面对某轴的惯性矩，等于各简单图形对该轴的惯性矩之和。这一结论同样适用于惯性积的计算。计算时，常需用平行移轴公式。为了应用方便，表Ⅰ-

1 给出了几种常用截面的几何性质计算公式。

表Ⅰ-1 **几种常用截面的几何性质计算公式**

截面形状和形心位置	面积（A）	惯性积（I_y、I_z）	惯性半径（i_y、i_z）
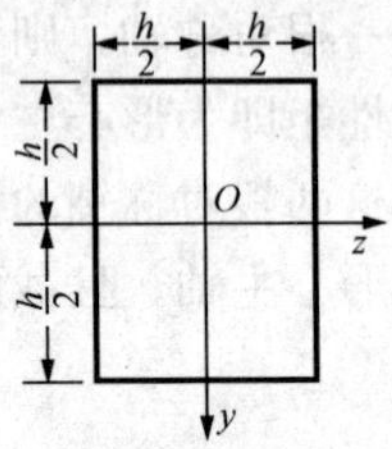	bh	$I_y=\frac{hb^3}{12}$ $I_z=\frac{bh^3}{12}$	$i_y=\frac{b}{2\sqrt{3}}$ $i_z=\frac{h}{2\sqrt{3}}$
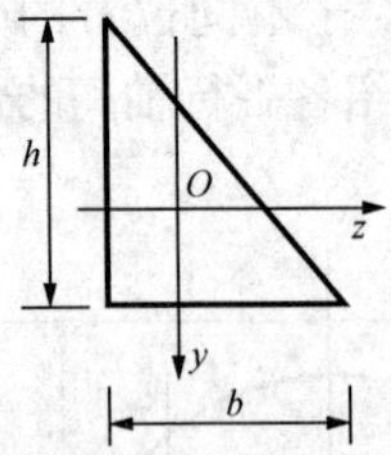	$\frac{bh}{2}$	$I_y=\frac{hb^3}{36}$ $I_z=\frac{bh^3}{36}$	$i_y=\frac{b}{3\sqrt{2}}$ $i_z=\frac{h}{3\sqrt{2}}$
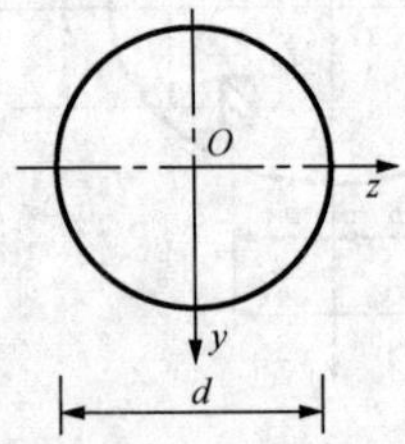	$\frac{\pi d^2}{4}$	$I_y=I_z=\frac{\pi d^4}{64}$	$i_y=i_z=\frac{d}{4}$
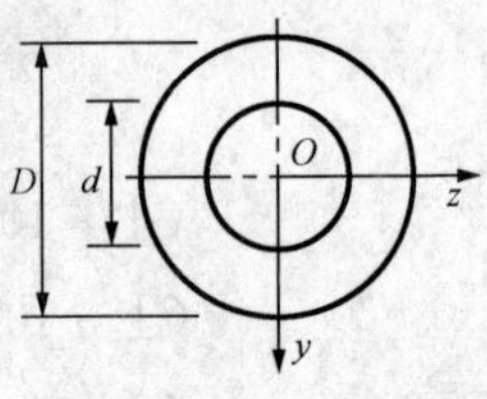	$\frac{\pi D^2}{4}(1-\alpha^2)$ $\alpha=d/D$	$I_y=I_z=\frac{\pi D^4}{64}(1-\alpha^4)$	$i_y=i_z=\frac{D}{4}\sqrt{1+\alpha^2}$
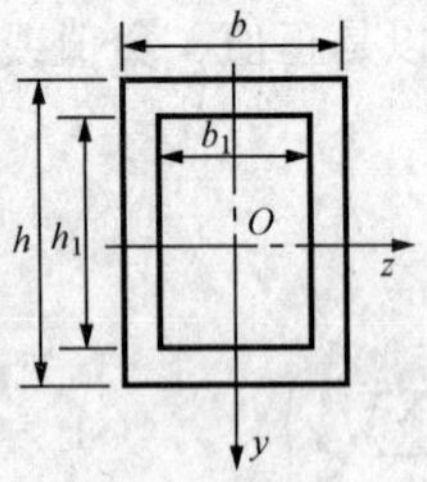	$bh-b_1h_1$	$I_y=\frac{hb^3-h_1b_1^3}{12}$ $I_z=\frac{bh^3-b_1h_1^3}{12}$	
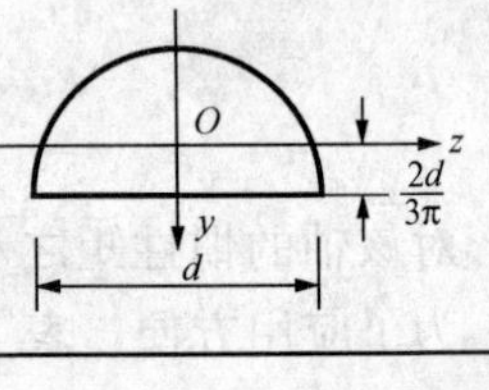	$\frac{\pi d^2}{8}$	$I_y=\frac{\pi d^4}{128}$ $I_z=\frac{\pi d^4}{128}-\frac{\pi d^4}{18\pi^2}$	

【例Ⅰ-4】 在图Ⅰ-8所示的矩形中，挖去两个直径为 d 的圆形，求余下部分（阴影部分）图形对 z 轴的惯性矩。

解 设矩形截面对 z 轴的惯性矩为 I_{z1}，圆形截面对 z 轴的惯性矩为 I_{z2}，则此截面对 z 轴的惯性矩为

$$I_z = I_{z1} - 2I_{z2}$$

z 轴通过矩形的形心，故 $I_{z1}=\dfrac{bh^3}{12}$；但 z 轴不通过圆形的形心，故求 I_z 圆时，需要应用平行移轴公式。由式（Ⅰ-10)，一个圆形对 z 轴的惯性矩为

$$I_{z2} = I_{z_C} + a^2A = \frac{\pi d^2}{64} + \left(\frac{d}{2}\right)^2 \frac{\pi d^2}{4} = \frac{5\pi d^4}{64}$$

最后得到

$$I_z = \frac{bh^3}{12} - 2\times\frac{5\pi d^4}{64} = \frac{bh^3}{12} - \frac{5\pi d^4}{32}$$

【例Ⅰ-5】 由两个20a号槽钢截面组成的组合截面如图Ⅰ-9（a）所示。设 $a=100\text{mm}$，试求此组合截面对 y、z 两对称轴的惯性矩。

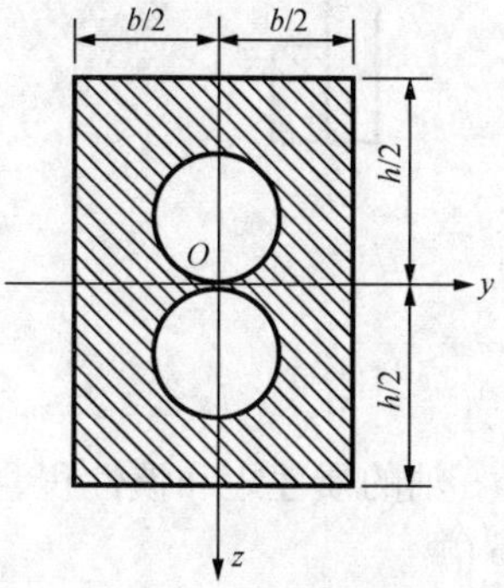

图Ⅰ-8 ［例Ⅰ-4］图

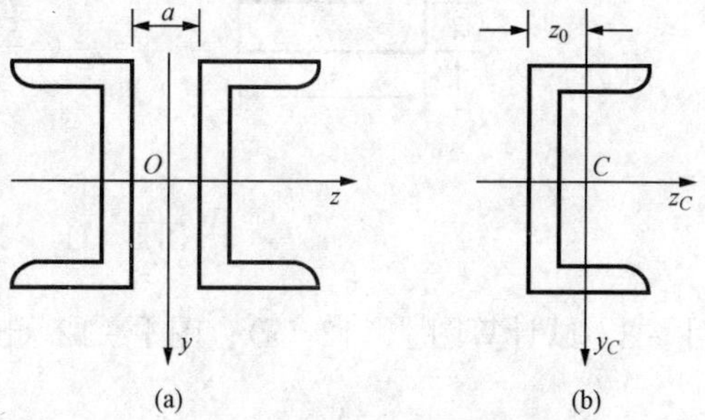

图Ⅰ-9 ［例Ⅰ-5］图

解 由附录Ⅱ可查得图Ⅰ-9（b）所示的20a号槽钢截面的几何性质，具体为：
$A=28.83\times10^2\text{mm}^2$，$I_{y_C}=128\times10^4\text{mm}^4$，$I_{z_C}=1780.4\times10^4\text{mm}^4$，$z_0=20.1\text{mm}$
因此，组合截面对 z 轴的惯性矩

$$I_z=2I_{z_C}=2\times1780.4\times10^4=3560.8\times10^4\text{mm}^4$$

由平行移轴公式（Ⅰ-10b）可求得

$$I_y= 2\left[I_{y_C}+\left(\frac{a}{2}+z_0\right)^2A\right]$$

$$=2\left[128\times10^4+\left(\frac{100}{2}+20.1\right)^2\times28.83\times10^2\right]=3089.4\times10^4\text{mm}^4$$

习 题

Ⅰ-1 试确定图Ⅰ-10（a)、图Ⅰ-10（b）所示两截面的形心位置。

Ⅰ-2 试求图Ⅰ-11（a)、图Ⅰ-11（b）中两截面水平形心轴 z 的位置，并求影阴线部分面积对 z 轴的面积矩 S_z。

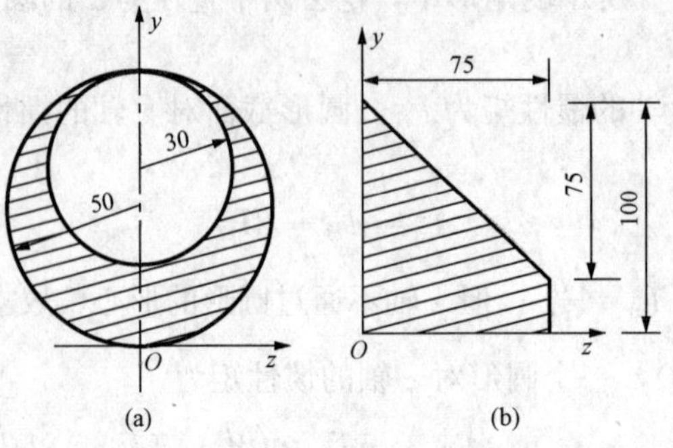

图Ⅰ-10 习题Ⅰ-1图

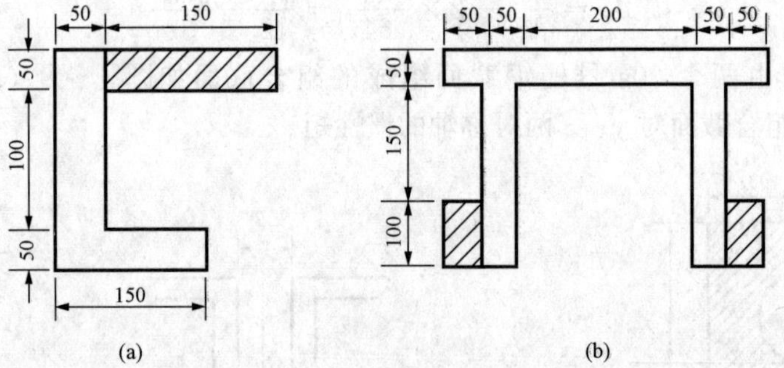

图Ⅰ-11 习题Ⅰ-2图

Ⅰ-3 试计算图Ⅰ-12（a）、图Ⅰ-12（b）中截面对 y、z 轴的惯性矩和惯性积。

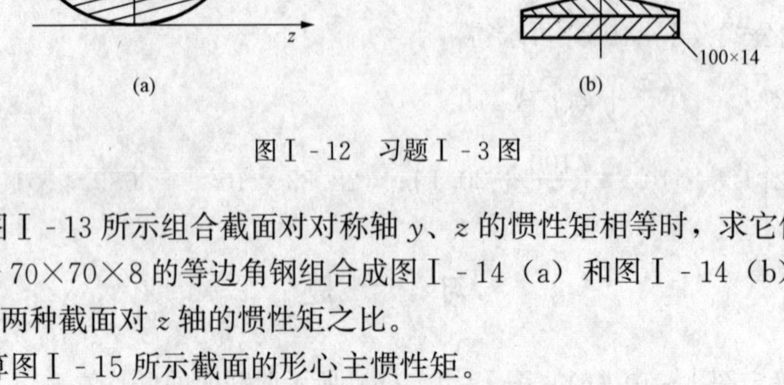

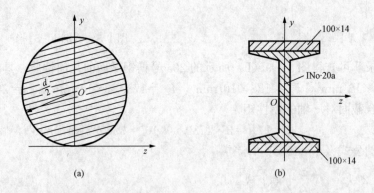

图Ⅰ-12 习题Ⅰ-3图

Ⅰ-4 当图Ⅰ-13所示组合截面对对称轴 y、z 的惯性矩相等时，求它们的间距 a。

Ⅰ-5 4个70×70×8的等边角钢组合成图Ⅰ-14（a）和图Ⅰ-14（b）所示的两种截面形式，试求这两种截面对 z 轴的惯性矩之比。

Ⅰ-6 计算图Ⅰ-15所示截面的形心主惯性矩。

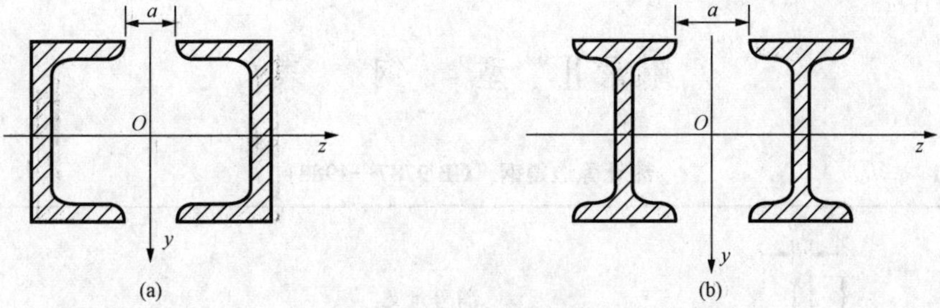

图Ⅰ-13　习题Ⅰ-4图

（a）由两个14a号槽钢组成的截面；（b）由两个10号工字钢组成的截面

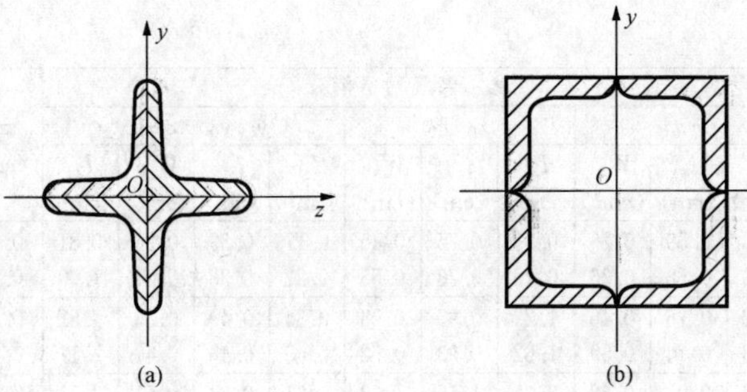

图Ⅰ-14　习题Ⅰ-5图

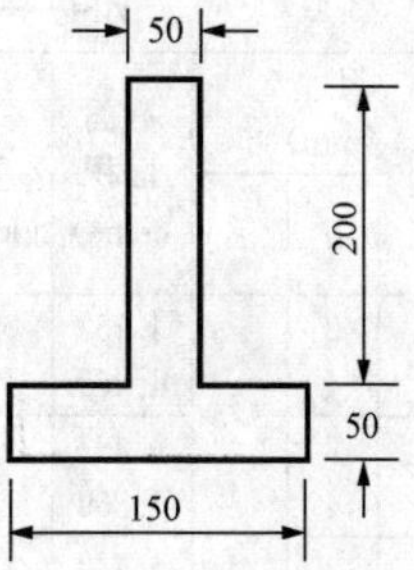

图Ⅰ-15　习题Ⅰ-6图

附录Ⅱ 型 钢 表

表Ⅱ-1 **热轧等边角钢（GB 9787—1988）**

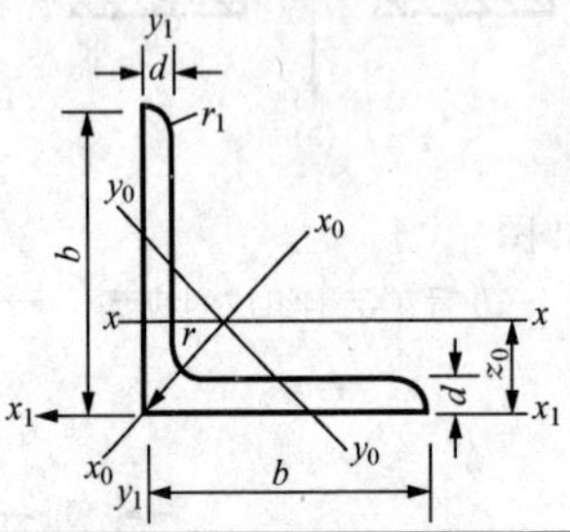

符号意义：

b—边宽度；　I—惯性矩；

d—边厚度；　i—惯性半径；

r—内圆弧半径；　W—截面系数；

r_1—边端内弧半径；　z_0—重心距离

角钢号数	尺寸(mm)			截面面积(cm^2)	理论质量(kg/m)	外表面积(m^2/m)	参考数值										z_0 (cm)
	b	d	r				x-x			x_0-x_0			y_0-y_0			x_1-x_1	
							I_x (cm^4)	i_x (cm)	W_x (cm^3)	I_{x0} (cm^4)	i_{x0} (cm)	W_{x0} (cm^3)	I_{y0} (cm^4)	i_{y0} (cm)	W_{y0} (cm^3)	I_{x1} (cm^4)	
2.0	20	3	3.5	1.132	0.889	0.078	0.40	0.59	0.29	0.63	0.75	0.45	0.17	0.39	0.20	0.81	0.60
		4		1.459	1.145	0.077	0.50	0.58	0.36	0.78	0.73	0.55	0.22	0.38	0.24	1.09	0.64
2.5	25	3		1.432	1.124	0.098	0.82	0.76	0.46	1.29	0.95	0.73	0.34	0.49	0.33	1.57	0.73
		4		1.859	1.459	0.097	1.03	0.74	0.59	1.62	0.93	0.92	0.43	0.48	0.40	2.11	0.76
3.0	30	3	4.5	1.749	1.373	0.117	1.46	0.91	0.68	2.31	1.15	1.09	0.61	0.59	0.51	2.71	0.85
		4		2.276	1.786	0.117	1.84	0.90	0.87	2.92	1.13	1.37	0.77	0.58	0.62	3.63	0.89
3.6	36	3	4.5	2.109	1.656	0.141	2.58	1.11	0.99	4.09	1.39	1.61	1.07	0.71	0.76	4.68	1.00
		4		2.756	2.163	0.141	3.29	1.09	1.28	5.22	1.38	2.05	1.37	0.70	0.93	6.25	1.04
		5		3.382	2.654	0.141	3.95	1.08	1.56	6.24	1.36	2.45	1.65	0.70	1.09	7.84	1.07
4.0	40	3	5	2.359	1.852	0.157	3.59	1.23	1.23	5.69	1.55	2.01	1.49	0.79	0.96	6.41	1.09
		4		3.085	2.422	0.157	4.60	1.22	1.60	7.29	1.54	2.58	1.91	0.79	1.19	8.56	1.13
		5		3.791	2.976	0.156	5.53	1.21	1.96	8.76	1.52	3.01	2.30	0.78	1.39	10.74	1.17
4.5	45	3	5	2.659	2.088	0.177	5.17	1.40	1.58	8.20	1.76	2.58	2.14	0.90	1.24	9.12	1.22
		4		3.486	2.736	0.177	6.65	1.38	2.05	10.56	1.74	3.32	2.75	0.89	1.54	12.18	1.26
		5		4.292	3.369	0.176	8.04	1.37	2.51	12.74	1.72	4.00	3.33	0.88	1.81	15.25	1.30
		6		5.076	3.985	0.176	9.33	1.36	2.95	14.76	1.70	4.64	3.89	0.88	2.06	18.36	1.33
5.0	50	3	5.5	2.971	2.332	0.197	7.18	1.55	1.96	11.37	1.96	3.22	2.98	1.00	1.57	12.50	1.34
		4		3.897	3.059	0.197	9.26	1.54	2.56	14.70	1.94	4.16	3.82	0.99	1.96	16.69	1.38
		5		4.803	3.770	0.196	11.21	1.53	3.13	17.79	1.92	5.03	4.64	0.98	2.31	20.90	1.42
		6		5.688	4.465	0.196	13.05	1.52	3.68	20.68	1.91	5.85	5.42	0.98	2.63	25.14	1.46
5.6	56	3	6	3.343	2.624	0.221	10.19	1.75	2.48	16.14	2.20	4.08	4.24	1.13	2.02	17.56	1.48
		4		4.390	3.446	0.220	13.18	1.73	3.24	20.92	2.18	5.28	5.46	1.11	2.52	23.43	1.53
		5		5.415	4.251	0.220	16.02	1.72	3.97	25.42	2.17	6.42	6.61	1.10	2.98	29.33	1.57
		6		8.367	6.568	0.219	23.63	1.68	6.03	37.37	2.11	9.44	9.89	1.09	4.16	47.24	1.68
6.3	63	4	7	4.978	3.907	0.248	19.03	1.96	4.13	30.17	2.46	6.78	7.89	1.26	3.29	33.35	1.70
		5		6.143	4.822	0.248	23.17	1.94	5.08	36.77	2.45	8.25	9.57	1.25	3.90	41.73	1.74
		6		7.288	5.721	0.247	27.12	1.93	6.00	43.03	2.43	9.66	11.20	1.24	4.46	50.14	1.78
		8		9.515	7.468	0.247	34.46	1.90	7.75	54.56	2.40	12.25	14.33	1.23	5.47	67.11	1.85
		10		11.657	9.151	0.246	41.09	1.88	9.39	64.85	2.36	14.56	17.33	1.22	6.36	84.31	1.93
7	70	4	8	5.570	4.372	0.275	26.39	2.18	5.14	41.80	2.74	8.44	10.99	1.40	4.17	45.74	1.86
		5		6.875	5.397	0.275	32.21	2.16	6.32	51.08	2.73	10.32	13.34	1.39	4.95	57.21	1.91
		6		8.160	6.406	0.275	37.77	2.15	7.48	59.93	2.71	12.11	15.61	1.38	5.67	68.73	1.95
		7		9.424	7.398	0.275	43.09	2.14	8.59	68.35	2.69	13.81	17.82	1.38	6.34	80.29	1.99
		8		10.667	8.373	0.274	48.17	2.12	9.68	76.37	2.68	15.34	19.98	1.37	6.98	91.92	2.03

续表

角钢号数	尺寸(mm) b	尺寸(mm) d	尺寸(mm) r	截面面积 (cm²)	理论质量 (kg/m)	外表面积 (m²/m)	参考数值 x-x I_x (cm⁴)	x-x i_x (cm)	x-x W_x (cm³)	x_0-x_0 I_{x0} (cm⁴)	x_0-x_0 i_{x0} (cm)	x_0-x_0 W_{x0} (cm³)	y_0-y_0 I_{y0} (cm⁴)	y_0-y_0 i_{y0} (cm)	y_0-y_0 W_{y0} (cm³)	x_1-x_1 I_{x1} (cm⁴)	z_0 (cm)
7.5	75	5	9	7.367	5.818	0.295	39.97	2.33	7.32	63.30	2.92	11.94	16.63	1.50	5.77	70.56	2.04
		6		8.797	6.905	0.294	46.95	2.31	8.64	74.38	2.90	14.02	19.51	1.49	6.67	84.55	2.07
		7		10.160	7.976	0.294	53.57	2.30	9.93	84.96	2.89	16.02	22.18	1.48	7.44	98.71	2.11
		8		11.503	9.030	0.294	59.96	2.28	11.20	95.07	2.88	17.93	24.86	1.47	8.19	112.97	2.15
		10		14.126	11.089	0.293	71.98	2.26	13.64	113.92	2.84	21.48	30.05	1.46	9.56	141.71	2.22
8	80	5	9	7.912	6.211	0.315	48.79	2.48	8.34	77.33	3.13	13.67	20.25	1.60	6.66	85.36	2.15
		6		9.397	7.376	0.314	57.35	2.47	9.87	90.89	3.11	16.08	23.72	1.59	7.65	102.50	2.19
		7		10.860	8.525	0.314	65.58	2.46	11.37	104.07	3.10	18.40	27.09	1.58	8.58	119.70	2.23
		8		12.303	9.658	0.314	73.49	2.44	12.83	116.60	3.08	20.61	30.39	1.57	9.46	136.97	2.27
		10		15.126	11.874	0.313	88.43	2.42	15.64	140.09	3.04	24.76	36.77	1.56	11.08	171.74	2.35
9	90	6	10	10.637	8.350	0.354	82.77	2.79	12.61	131.26	3.51	20.63	24.28	1.80	9.95	145.87	2.44
		7		12.301	9.656	0.354	94.83	2.78	14.54	150.47	3.50	23.64	39.18	1.78	11.19	170.30	2.48
		8		13.944	10.946	0.353	106.47	2.76	16.42	168.97	3.48	26.55	43.97	1.78	12.35	194.80	2.52
		10		17.167	13.476	0.353	128.58	2.74	20.07	203.90	3.45	32.04	53.26	1.76	14.52	244.07	2.59
		12		20.306	15.940	0.352	149.22	2.71	23.57	236.21	3.41	37.12	62.22	1.75	16.49	293.76	2.67
10	100	6	12	11.932	9.366	0.393	114.95	3.10	15.68	181.98	3.90	25.74	47.92	2.00	12.69	200.07	2.67
		7		13.796	10.830	0.393	131.86	3.09	18.10	208.97	3.89	29.55	54.74	1.99	14.26	233.54	2.71
		8		15.638	12.276	0.393	148.24	3.08	20.47	235.07	3.88	33.24	61.41	1.98	15.75	267.09	2.76
		10		19.261	15.120	0.392	179.51	3.05	25.06	284.68	3.84	40.26	74.35	1.96	18.54	334.48	2.84
		12		22.800	17.898	0.391	208.90	3.03	29.48	330.95	3.81	46.80	86.84	1.95	21.08	402.34	2.91
		14		26.256	20.611	0.391	236.53	3.00	33.73	374.06	3.77	52.90	99.00	1.94	23.44	470.75	2.99
		16		29.627	23.257	0.390	262.53	2.98	37.82	414.16	3.74	58.57	110.89	1.94	25.63	539.80	3.06
11	110	7	12	15.196	11.928	0.433	177.16	3.41	22.05	280.94	4.30	36.12	73.38	2.20	17.51	310.64	2.96
		8		17.238	13.532	0.433	199.46	3.40	24.95	316.49	4.28	40.69	82.42	2.19	19.39	355.20	3.01
		10		21.261	16.690	0.432	242.19	3.38	30.60	384.39	4.25	49.42	99.98	2.17	22.91	444.65	3.09
		12		25.200	19.782	0.431	282.55	3.35	36.05	448.17	4.22	57.62	116.93	2.15	26.15	534.60	3.16
		14		29.056	22.809	0.431	320.71	3.32	41.31	508.01	4.18	65.31	133.40	2.14	29.14	625.16	3.24
12.5	125	8	14	19.750	15.504	0.492	297.03	3.88	32.52	470.89	4.88	53.28	123.16	2.50	25.86	521.01	3.37
		10		24.373	19.133	0.491	361.67	3.85	39.97	573.89	4.85	64.93	149.46	2.48	30.62	651.93	3.45
		12		28.912	22.696	0.491	423.16	3.83	41.17	671.44	4.82	75.96	174.88	2.46	35.03	783.42	3.53
		14		33.367	26.193	0.490	481.65	3.80	54.16	763.73	4.78	86.41	199.57	2.45	39.13	915.61	3.61
14	140	10	14	27.373	21.488	0.551	514.65	4.34	50.58	817.27	5.46	82.56	212.04	2.78	39.20	915.11	3.82
		12		32.512	25.522	0.551	603.68	4.31	59.80	958.79	5.43	96.85	248.57	2.76	45.02	1099.28	3.90
		14		37.567	29.490	0.550	688.81	4.28	68.75	1093.56	5.40	110.47	284.06	2.75	50.45	1284.22	3.98
		16		42.539	33.393	0.549	770.24	4.26	77.46	1221.81	5.36	123.42	318.67	2.74	55.55	1470.07	4.06
16	160	10	16	31.502	24.729	0.630	779.53	4.98	66.70	1237.30	6.27	109.36	321.76	3.20	52.76	1365.33	4.31
		12		37.441	29.391	0.630	916.58	4.95	78.98	1455.68	6.24	128.67	377.49	3.18	60.74	1639.57	4.39
		14		43.296	33.987	0.629	1048.36	4.92	90.95	1665.02	6.20	147.17	431.70	3.16	68.244	1914.68	4.47
		16		49.067	38.518	0.629	1175.08	4.89	102.63	1865.57	6.17	164.89	484.59	3.14	75.31	2190.82	4.55
18	180	12	16	42.241	33.159	0.710	1321.35	5.59	100.82	2100.10	7.05	165.00	542.61	3.58	78.41	2332.80	4.89
		14		48.896	38.388	0.709	1514.48	5.56	116.25	2407.42	7.02	189.14	625.53	3.56	88.38	2723.48	4.97
		16		55.467	43.542	0.709	1700.99	5.54	131.13	2703.37	6.98	212.40	698.60	3.55	97.83	3115.29	5.05
		18		61.955	48.634	0.708	1875.12	5.50	145.64	2988.24	6.94	234.78	762.01	3.51	105.14	3502.43	5.13
20	200	14	18	54.642	42.894	0.788	2103.55	6.20	144.70	3343.26	7.82	236.40	863.83	3.98	111.82	3734.10	5.46
		16		62.013	48.680	0.788	2366.15	6.18	163.65	3760.89	7.79	265.93	971.41	3.96	123.96	4270.39	5.54
		18		69.301	54.401	0.787	2620.64	6.15	182.22	4164.54	7.75	294.48	1076.7	3.94	135.52	4808.13	5.62
		20		76.505	60.056	0.787	2867.30	6.12	200.42	4554.55	7.72	322.06	1180.0	3.93	146.55	5347.51	5.69
		24		90.661	71.168	0.785	2338.25	6.07	236.17	5294.97	7.64	374.41	1381.5	3.90	166.55	6457.16	5.87

注 截面图中的 $r_1=\frac{1}{3}d$ 及表中 r 值的数据用于孔型设计，不作交货条件。

表Ⅱ-2 热轧不等边角钢(GB 9788—1988)

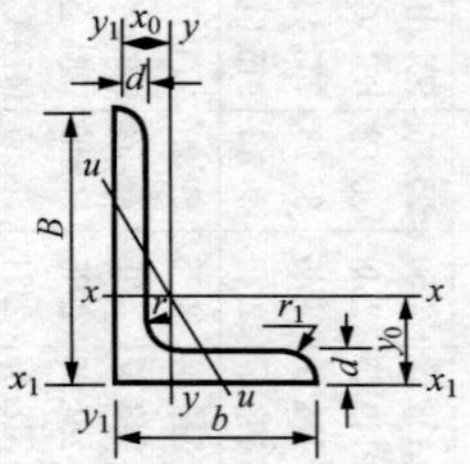

符号意义：

B—长边宽度； b—短边宽度；
d—长边厚度； r—内圆弧半径；
r_1—边端内弧半径； I—惯性矩；
i—惯性半径； W—截面系数；
x_0—重心距离； y_0—重心距离

角钢号数	尺寸(mm)				截面面积	理论质量	外表面积	参考数值													
								x-x			y-y			x_1-x_1		y_1-y_1		u-u			
	B	b	d	r	(cm²)	(kg/m)	(m²/m)	I_x (cm⁴)	i_x (cm)	W_x (cm³)	I_y (cm⁴)	i_y (cm)	W_y (cm³)	I_{x1} (cm⁴)	y_0 (cm)	I_{y1} (cm⁴)	x_0 (cm)	I_u (cm⁴)	i_u (cm)	W_u (cm³)	tanα
2.5/1.6	25	16	3	3.5	1.162	0.912	0.080	0.70	0.78	0.43	0.22	0.44	0.19	1.56	0.86	0.43	0.42	0.14	0.34	0.16	0.392
			4		1.499	1.176	0.079	0.88	0.77	0.55	0.27	0.43	0.24	2.09	0.90	0.59	0.46	0.17	0.34	0.20	0.381
3.2/2	32	20	3		1.492	1.171	0.102	1.53	1.01	0.72	0.46	0.55	0.30	3.27	1.08	0.82	0.49	0.28	0.43	0.25	0.382
			4		1.939	1.522	0.101	1.93	1.00	0.93	0.57	0.54	0.39	4.37	1.12	1.12	0.53	0.35	0.43	0.32	0.374
4/2.5	40	25	3	4	1.890	1.484	0.127	3.08	1.28	1.15	0.93	0.70	0.49	6.39	1.32	1.59	0.59	0.56	0.54	0.40	0.386
			4		2.467	1.936	0.127	3.93	1.26	1.49	1.18	0.69	0.63	8.53	1.37	2.14	0.63	0.71	0.54	0.52	0.381
4.5/2.8	45	28	3	5	2.149	1.687	0.143	4.45	1.44	1.47	1.34	0.79	0.62	9.10	1.47	2.23	0.64	0.80	0.61	0.51	0.383
			4		2.806	2.203	0.143	5.69	1.42	1.91	1.70	0.78	0.80	12.13	1.51	3.00	0.68	1.02	0.60	0.66	0.380
5/3.2	50	32	3	5.5	2.431	1.908	0.161	6.24	1.60	1.84	2.02	0.91	0.82	12.49	1.60	3.31	0.73	1.20	0.70	0.68	0.404
			4		3.177	2.494	0.60	8.02	1.59	2.39	2.58	0.90	1.06	16.65	1.65	4.45	0.77	1.53	0.69	0.87	0.402
5.6/3.6	56	36	3	6	2.743	2.153	0.181	8.88	1.80	2.32	2.92	1.03	1.05	17.54	1.78	4.70	0.80	1.73	0.79	0.87	0.408
			4		3.590	2.818	0.180	11.45	1.79	3.03	3.76	1.02	1.37	23.39	1.82	6.33	0.85	2.23	0.79	1.13	0.408
			5		4.415	3.466	0.180	13.86	1.77	3.71	4.49	1.01	1.65	29.25	1.87	7.94	0.88	2.67	0.78	1.36	0.404
6.3/4	63	40	4	7	4.058	3.185	0.202	16.49	2.02	3.87	5.23	1.14	1.70	33.30	2.04	8.63	0.92	3.12	0.88	1.40	0.398
			5		4.993	3.920	0.202	20.02	2.00	4.74	6.31	1.12	2.71	41.63	2.08	10.86	0.95	3.76	0.87	1.71	0.396
			6		5.908	4.638	0.201	23.36	1.96	5.59	7.29	1.11	2.43	49.98	2.12	13.12	0.99	4.34	0.86	1.99	0.393
			7		6.802	5.339	0.201	26.53	1.98	6.40	8.24	1.10	2.78	58.07	2.15	15.47	1.03	4.97	0.86	2.29	0.389

续表

角钢号数	尺寸(mm)				截面面积	理论质量	外表面积	参考数值													
								x-x			y-y			x_1-x_1		y_1-y_1		u-u			
	B	b	d	r	(cm²)	(kg/m)	(m²/m)	I_x (cm⁴)	i_x (cm)	W_x (cm³)	I_y (cm⁴)	i_y (cm)	W_y (cm³)	I_{x1} (cm⁴)	y_0 (cm)	I_{y1} (cm⁴)	x_0 (cm)	I_u (cm⁴)	i_u (cm)	W_u (cm³)	tanα
7/4.5	70	45	4	7.5	4.547	3.570	0.226	23.17	2.25	4.86	7.55	1.29	2.17	45.92	2.24	12.26	1.02	4.40	0.98	1.77	0.410
			5		5.609	4.403	0.225	27.95	2.23	5.92	9.13	1.28	2.65	57.10	2.28	15.39	1.06	5.40	0.98	2.19	0.407
			6		6.647	5.218	0.225	32.54	2.21	6.95	10.62	1.26	3.12	68.35	2.32	18.58	1.09	6.35	0.98	2.59	0.404
			7		7.657	6.011	0.225	37.22	2.20	8.03	12.01	1.25	3.57	79.99	2.36	21.84	1.13	7.16	0.97	2.94	0.402
(7.5/5)	75	50	5	8	6.125	4.808	0.245	34.86	2.39	6.83	12.61	1.44	3.30	70.00	2.40	21.04	1.17	7.41	1.10	2.74	0.435
			6		7.260	5.699	0.245	41.12	2.38	8.12	14.70	1.42	3.88	84.30	2.44	25.37	1.21	8.54	1.08	3.19	0.435
			8		9.467	7.431	0.244	52.39	2.35	10.52	18.53	1.40	4.99	112.50	2.52	34.23	1.29	10.87	1.07	4.10	0.429
			10		11.590	9.098	0.244	62.71	2.33	12.79	21.96	1.38	6.04	140.80	2.60	43.43	1.36	13.10	1.06	4.99	0.423
8/5	80	50	5	8	6.375	5.005	0.256	41.96	2.56	7.78	12.82	1.42	3.32	85.21	2.60	21.06	1.14	7.66	1.10	2.74	0.388
			6		7.560	5.935	0.255	49.49	2.56	9.25	14.95	1.41	3.91	102.53	2.65	25.41	1.18	8.85	1.08	3.20	0.387
			7		8.724	6.848	0.255	56.16	2.54	10.58	16.95	1.39	4.48	119.33	2.69	29.82	1.21	10.18	1.08	3.70	0.384
			8		9.867	7.745	0.254	62.83	2.52	11.92	18.85	1.38	5.03	136.41	2.73	34.32	1.25	11.38	1.07	4.16	0.381
9/5.6	90	56	5	9	7.212	5.661	0.287	60.45	2.90	9.92	18.32	1.59	4.21	121.32	2.91	29.53	1.25	10.98	1.23	3.49	0.385
			6		8.557	6.717	0.286	71.03	2.88	11.74	21.42	1.58	4.96	145.59	2.95	35.58	1.29	12.90	1.23	4.18	0.384
			7		9.880	7.756	0.286	81.01	2.86	13.49	24.36	1.57	5.70	169.66	3.00	41.71	1.33	14.67	1.22	4.72	0.382
			8		11.183	8.779	0.286	91.03	2.85	15.27	27.15	1.56	6.41	194.17	3.04	47.93	1.36	16.34	1.21	5.29	0.380
10/6.3	100	63	6	10	9.617	7.550	0.320	99.06	3.21	14.64	30.94	1.79	6.35	199.71	3.24	50.50	1.43	18.42	1.38	5.25	0.394
			7		11.111	8.722	0.320	113.45	3.20	16.88	35.26	1.78	7.29	233.00	3.28	59.14	1.47	21.00	1.38	6.02	0.393
			8		12.584	9.878	0.319	127.37	3.18	19.08	39.39	1.77	8.21	266.32	3.32	67.88	1.50	23.50	1.37	6.78	0.391
			10		15.467	12.142	0.319	153.81	3.15	23.32	47.12	1.74	9.98	333.06	3.40	85.73	1.58	28.33	1.35	8.24	0.387
10/8	100	80	6	10	10.637	8.350	0.354	107.04	3.17	15.19	61.24	2.40	10.16	199.83	2.95	102.68	1.97	31.65	1.72	8.37	0.627
			7		12.301	9.656	0.354	122.73	3.16	17.52	70.08	2.39	11.71	233.20	3.00	119.98	2.01	36.17	1.72	9.60	0.626
			8		13.944	10.945	0.353	137.92	3.14	19.81	78.58	2.37	13.21	266.61	3.04	137.37	2.05	40.58	1.71	10.80	0.625
			10		17.167	13.476	0.353	166.87	3.12	24.24	94.65	2.35	16.12	333.63	3.12	172.48	2.13	49.10	1.69	13.12	0.622

续表

角钢号数	尺寸(mm)				截面面积	理论质量	外表面积	参考数值													
								x-x			y-y			x_1-x_1		y_1-y_1		u-u			
	B	b	d	r	(cm^2)	(kg/m)	(m^2/m)	I_x (cm^4)	i_x (cm)	W_x (cm^3)	I_y (cm^4)	i_y (cm)	W_y (cm^3)	I_{x1} (cm^4)	y_0 (cm)	I_{y1} (cm^4)	x_0 (cm)	I_u (cm^4)	i_u (cm)	W_u (cm^3)	tanα
11/7	110	70	6	10	10.637	8.350	0.354	133.37	3.54	17.85	42.92	2.01	7.90	265.78	3.53	69.08	1.57	25.36	1.54	6.53	0.403
			7		12.301	9.656	0.354	153.00	3.53	20.60	49.01	2.00	9.09	310.07	3.57	80.82	1.61	28.95	1.53	7.50	0.402
			8		13.944	10.946	0.353	172.04	3.51	23.30	54.87	1.98	10.25	354.39	3.62	92.70	1.65	32.45	1.53	8.45	0.401
			10		17.167	13.476	0.353	208.39	3.48	28.54	65.88	1.96	12.48	443.13	3.70	116.83	1.72	39.20	1.51	10.29	0.397
12.5/8	125	80	7	11	14.096	11.066	0.403	277.98	4.02	26.86	74.42	2.30	12.01	454.99	4.01	120.32	1.80	43.81	1.76	9.92	0.408
			8		15.989	12.551	0.403	256.77	4.01	30.41	83.49	2.28	13.56	519.99	4.06	137.85	1.84	49.15	1.75	11.18	0.407
			10		19.712	15.474	0.402	312.04	3.98	37.33	100.67	2.26	16.56	650.09	4.14	173.40	1.92	59.45	1.74	13.64	0.404
			12		23.351	18.330	0.402	364.41	3.95	44.01	116.67	2.24	19.43	780.39	4.22	209.67	2.00	69.35	1.72	16.01	0.400
14/9	140	90	8	12	18.038	14.160	0.453	365.64	4.50	38.48	120.69	2.59	17.34	730.53	4.50	195.79	2.04	70.83	1.98	14.31	0.411
			10		22.261	17.475	0.452	445.50	4.47	47.31	146.03	2.56	21.22	913.20	4.58	245.92	2.12	85.82	1.96	17.48	0.409
			12		26.040	20.724	0.451	521.59	4.44	55.87	169.79	2.54	24.95	1096.09	4.66	296.89	2.19	100.21	1.95	20.54	0.406
			14		30.456	23.908	0.451	594.10	4.42	64.18	192.10	2.51	28.54	1279.26	4.74	348.82	2.27	114.13	1.94	23.52	0.403
16/10	160	100	10	13	25.315	19.872	0.512	668.69	5.14	62.13	205.03	2.85	26.56	1362.89	5.24	336.59	2.28	121.74	2.19	21.92	0.390
			12		30.054	23.592	0.511	784.91	5.11	73.49	239.06	2.82	31.28	1635.56	5.32	405.94	2.36	142.3	2.17	25.79	0.388
			14		34.709	27.247	0.510	896.30	5.08	84.56	271.20	2.80	35.83	1908.50	5.40	476.42	2.43	162.2	2.16	29.56	0.385
			16		39.281	30.835	0.510	1003.04	5.05	95.33	301.60	2.77	40.24	2181.79	5.48	548.22	2.51	182.6	2.16	33.44	0.382
18/11	180	110	10	14	28.373	22.273	0.571	956.25	5.80	78.96	278.11	3.13	32.49	1940.40	5.89	447.22	2.44	166.5	2.42	26.88	0.376
			12		33.712	26.464	0.571	1124.72	5.78	93.53	325.03	3.10	38.32	2328.38	5.98	538.94	2.52	194.9	2.40	31.66	0.374
			14		38.967	30.589	0.570	1286.91	5.75	107.76	369.55	3.08	43.97	2716.60	6.06	631.95	2.59	222.3	2.39	36.32	0.372
			16		44.139	34.649	0.569	1443.06	5.72	121.64	411.85	3.06	49.44	3105.15	6.14	726.46	2.67	248.94	2.38	40.87	0.369
20/12.5	200	125	12		37.912	29.761	0.641	1570.90	6.44	116.73	483.16	3.57	49.99	3193.85	6.54	787.74	2.83	285.8	2.74	41.23	0.392
			14		43.867	34.436	0.640	1800.97	6.41	134.65	550.83	3.54	57.44	3726.17	6.62	922.47	2.91	326.6	2.73	47.34	0.390
			16		49.739	39.045	0.639	2023.35	6.38	152.18	615.41	3.52	64.69	4258.86	6.70	1058.86	2.99	366.2	2.71	53.32	0.388
			18		55.526	43.588	0.639	2238.30	6.35	169.32	677.19	3.49	71.74	4792.00	6.78	1197.13	3.06	404.8	2.70	59.18	0.385

注 1. 括号内型号不推荐使用。

2. 截面图中的 $r_1=\frac{1}{3}d$ 及表中 r 的数据用于孔型设计，不作交货条件。

表Ⅱ-3 **热轧普通工字钢(GB 706—1988)**

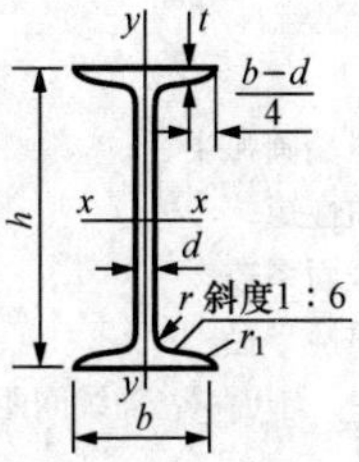

符号意义：

h—高度； r_1—腿端圆弧半径；

b—腿宽； I—惯性矩；

d—腰厚； W—截面系数；

t—平均腿厚； i—惯性半径；

r—内圆弧半径； S—半截面的面积矩

型号	尺寸 (mm)						截面面积	理论质量	参考数值						
									x-x				y-y		
	h	b	d	t	r	r_1	(cm^2)	(kg/m)	I_x (cm^4)	W_x (cm^3)	i_x (cm)	$I_x:S_x$ (cm)	I_y (cm^4)	W_y (cm^3)	i_y (cm)
10	100	68	4.5	7.6	6.5	3.3	14.3	11.2	245	49	4.14	8.59	33	9.72	1.52
12.6	126	74	5	8.4	7	3.5	18.1	14.2	488.43	77.529	5.195	10.85	46.906	12.677	1.609
14	140	80	5.5	9.1	7.5	3.8	21.5	16.9	712	102	5.76	12	64.4	16.1	1.73
16	160	88	6	9.9	8	4	26.1	20.5	1130	141	6.58	13.8	93.1	21.2	1.89
18	180	94	6.5	10.7	8.5	4.3	30.6	24.1	1660	185	7.36	15.4	122	26	2
20a	200	100	7	11.4	9	4.5	35.5	27.9	2370	237	8.15	17.2	158	31.5	2.12
20b	200	102	9	11.4	9	4.5	39.5	31.1	2500	250	7.96	16.9	169	33.1	2.06
22a	220	110	7.5	12.3	9.5	4.8	42	33	3400	309	8.99	18.9	225	40.9	2.31
22b	220	112	9.5	12.3	9.5	4.8	46.4	36.4	3570	325	8.78	18.7	239	42.7	2.27
25a	250	116	8	13	10	5	48.5	38.1	5023.54	401.88	10.18	21.58	280.046	48.283	2.403
25b	250	118	10	13	10	5	53.5	42	5283.96	422.72	9.938	21.27	309.297	52.423	2.404
28a	280	122	8.5	13.7	10.5	5.3	55.45	43.4	7114.14	508.15	11.32	24.62	345.051	56.565	2.495
28b	280	124	10.5	12.7	10.5	5.3	61.05	47.9	7480	534.29	11.08	24.24	379.496	61.208	2.493
32a	320	130	9.5	15	11.5	5.8	67.05	52.7	11075.5	692.2	12.84	27.46	459.93	70.758	2.619
32b	320	132	11.5	15	11.5	5.8	73.45	57.7	11621.4	726.33	12.85	27.09	501.53	75.989	2.614
32c	320	134	13.5	15	11.5	5.8	79.95	62.8	12167.5	760.47	12.34	26.77	543.81	81.166	2.608
36a	360	136	10	15.8	12	6	76.3	59.9	15760	875	14.4	30.7	552	81.2	2.69
36b	360	138	12	15.8	12	6	83.5	65.6	16530	919	14.1	30.3	582	84.3	2.64
36c	360	140	14	15.8	12	6	90.7	71.2	17310	962	13.8	29.9	612	87.4	2.6
40a	400	142	10.5	16.5	12.5	6.3	86.1	67.6	21720	1090	15.9	34.1	660	93.2	2.77
40b	400	144	12.5	16.5	12.5	6.3	94.1	73.8	22780	1140	15.6	33.6	692	96.2	5.71
40c	400	146	14.5	16.5	12.5	6.3	102	80.1	23850	1190	15.2	33.2	727	99.6	2.65
45a	450	150	11.5	18	13.5	6.8	102	80.4	32240	1430	17.7	38.6	855	114	2.89
45b	450	152	13.5	18	13.5	6.8	111	87.4	33760	1500	17.4	38	894	118	2.84
45c	450	154	15.5	18	13.5	6.8	120	94.5	35280	1570	17.1	37.6	938	122	2.79
50a	500	158	12	20	14	7	119	93.6	46470	1860	19.7	42.8	1120	142	3.07
50b	500	160	14	20	14	7	129	101	48560	1940	19.4	42.4	1170	146	3.01
50c	500	162	16	20	14	7	139	109	50640	2080	19	41.8	1220	151	2.96
56a	560	166	12.5	21	14.5	7.3	135.25	106.2	65585.6	2342.31	22.02	47.73	1370.16	165.08	3.182
56b	560	168	14.5	21	14.5	7.3	146.45	115	68512.5	2446.69	21.63	47.17	1486.75	174.25	3.162
56c	560	170	16.5	21	14.5	7.3	157.85	123.9	71439.4	2551.41	21.27	46.66	1558.39	183.34	3.158
63a	630	176	13	22	15	7.5	154.9	121.6	93916.2	2981.47	24.62	54.17	1700.55	193.24	3.314
63b	630	178	15	22	15	7.5	167.5	131.5	98083.6	3163.98	24.2	53.51	1812.07	203.6	3.289
63c	630	180	17	22	15	7.5	180.1	141	102251.1	3298.42	23.82	52.92	1927.91	213.88	3.268

注 截面图和表中标注的圆弧半径 r、r_1 的数据用于孔型设计，不作交货条件。

表Ⅱ-4 **热轧普通槽钢(GB 707—1988)**

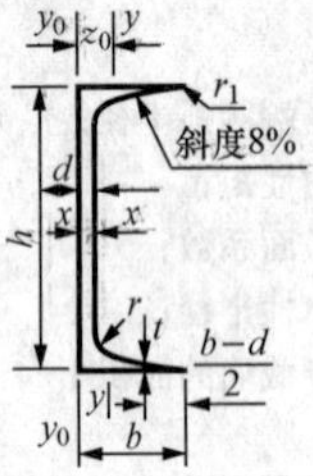

符号意义：
h—高度；
b—腿宽；
d—腰厚；
t—平均腿厚；
r—内圆弧半径；
r_1—腿端圆弧半径；
I—惯性矩；
W—截面系数；
i—惯性半径；
z_0—y-y 与 y_0-y_0 轴线间距离

型号	尺寸 (mm)						截面面积 (cm^2)	理论质量 (kg/m)	参考数值							
									x-x			y-y			y_0-y_0	z_0 (cm)
	h	b	d	t	r	r_1			W_x (cm^3)	I_x (cm^4)	i_x (cm)	W_y (cm^3)	I_y (cm^4)	i_y (cm)	I_{y0} (cm^4)	
5	50	37	4.5	7	7	3.5	6.93	5.44	10.4	26	1.94	3.55	8.3	1.1	20.9	1.35
6.3	63	40	4.8	7.5	7.5	3.75	8.444	6.63	16.123	50.786	2.453	4.5	11.872	1.185	28.38	1.36
8	80	43	5	8	8	4	10.24	8.04	25.3	101.3	3.15	5.79	16.6	1.27	37.4	1.43
10	100	48	5.3	8.5	8.5	4.25	12.74	10	39.7	198.3	3.95	7.8	25.6	1.41	54.9	1.52
12.6	126	53	5.5	9	9	4.5	15.69	12.37	62.137	391.466	4.953	10.242	37.99	1.567	77.09	1.59
14a	140	58	6	9.5	9.5	4.75	18.51	14.53	80.5	563.7	5.52	13.01	53.2	1.7	107.1	1.71
14b	140	60	8	9.5	9.5	4.75	21.31	16.73	87.1	609.4	5.35	14.12	61.1	1.69	120.6	1.67
16a	160	63	6.5	10	10	5	21.95	17.23	108.3	866.2	6.28	16.3	73.3	1.83	144.1	1.8
16	160	65	8.5	10	10	5	25.15	19.74	116.8	934.5	6.1	17.55	83.4	1.82	160.8	1.75
18a	180	68	7	10.5	10.5	5.25	25.69	20.17	141.4	1272.7	7.04	20.03	98.6	1.96	189.7	1.88
18	180	70	9	10.5	10.5	5.25	29.29	22.99	152.2	1369.9	6.84	21.52	111	1.95	210.1	1.84
20a	200	73	7	11	11	5.5	28.83	22.63	178	1780.4	7.86	24.2	128	2.11	244	2.01
20	200	75	9	11	11	5.5	32.83	25.77	191.4	1913.7	7.64	25.88	143.6	2.09	268.4	1.95
22a	220	77	7	11.5	11.5	5.75	31.84	24.99	217.6	2393.9	8.67	28.17	157.8	2.23	298.2	2.1
22	220	79	9	11.5	11.5	5.75	36.24	28.45	233.8	2571.4	8.42	30.05	176.4	2.21	326.3	2.03
25a	250	78	7	12	12	6	34.91	27.47	269.597	3369.62	9.823	30.607	175.529	2.243	322.256	2.065
25b	250	80	9	12	12	6	39.91	31.39	282.402	3530.04	9.405	32.657	196.421	2.218	353.187	1.982
25c	250	82	11	12	12	6	44.91	35.32	295.236	3690.45	9.065	35.926	218.415	2.206	384.133	1.921
28a	280	82	7.5	12.5	12.5	6.25	40.02	31.42	340.328	4764.59	10.91	35.718	217.989	2.333	387.566	2.097
28b	280	84	9.5	12.5	12.5	6.25	45.62	35.81	366.46	5130.45	10.6	37.929	242.144	2.304	427.589	2.016
28c	280	86	11.5	12.5	12.5	6.25	51.22	40.21	392.594	5496.32	10.35	40.301	267.602	2.286	426.597	1.951
32a	320	88	8	14	14	7	48.7	38.22	474.879	7598.06	12.49	46.473	304.787	2.502	552.31	2.242
32b	320	90	10	14	14	7	55.1	43.25	509.012	8144.2	12.15	49.157	336.332	2.471	592.933	2.158
32c	320	92	12	14	14	7	61.5	48.28	543.145	8690.33	11.88	52.642	374.175	2.467	643.299	2.092
36a	360	96	9	16	16	8	60.89	47.8	659.7	11874.2	13.97	63.54	455	2.73	818.4	2.44
36b	360	98	11	16	16	8	60.09	53.45	702.9	12651.8	13.63	66.85	496.7	2.7	880.4	2.37
36c	360	100	13	16	16	8	75.29	50.1	746.1	13429.4	13.36	70.02	536.4	2.67	947.9	2.34
40a	400	100	10.5	18	18	9	75.05	58.91	878.9	17577.9	15.30	78.83	592	2.81	1067.7	2.49
40b	400	102	12.5	18	18	9	83.05	65.19	932.2	18644.5	14.98	82.52	640	2.78	1135.6	2.44
40c	400	104	14.5	18	18	9	91.05	71.47	985.6	19711.2	14.71	86.19	687.8	2.75	1220.7	2.42

注 截面图和表中标注的圆弧半径 r、r_1 的数据用于孔型设计，不作交货条件。

习题参考答案

第1章

1-1 $F_{1x}=86.6\text{N}$，$F_{1y}=50\text{N}$；$F_{2x}=30\text{N}$，$F_{2y}=-40\text{N}$；$F_{3x}=0$，$F_{3y}=60\text{N}$；$F_{4x}=-56.6\text{N}$，$F_{4y}=56.6\text{N}$

1-2 $|F_x|=8.66\text{kN}$，$|F_y|=5\text{kN}$，$|F_{x'}|=10\text{kN}$，$|F_{y'}|=5.17\text{kN}$；$F_x=8.66\text{kN}$，$F_y=5\text{kN}$，$F_{x'}=8.66\text{kN}$，$F_{y'}=-2.95\text{kN}$

1-3 $F_{1x}=-1.2\text{kN}$，$F_{1y}=1.6\text{kN}$，$F_{1z}=0$；$F_{2x}=0.424\text{kN}$，$F_{2y}=0.566\text{kN}$，$F_{2z}=0.707\text{kN}$；$F_{3x}=F_{3y}=0$；$F_{3z}=3\text{kN}$

1-4 $F_x=6.51\text{N}$，$F_y=3.91\text{N}$，$F_z=-6.51\text{N}$

1-5 $M_A=2160\text{N}\cdot\text{m}$

1-6 $M_A=M_B=45\text{N}\cdot\text{m}$

1-7 $M_O=-9.43\boldsymbol{i}+9.43\boldsymbol{j}-4.71\boldsymbol{k}(\text{kN}\cdot\text{m})$

1-8 $M_O=\dfrac{c\boldsymbol{F}}{\sqrt{a^2+b^2+c^2}}(b\boldsymbol{i}-a\boldsymbol{j})$

1-9 $F=150\text{N}$

第2章

2-2 $\boldsymbol{F}_\text{R}=-113\boldsymbol{i}+148\boldsymbol{j}(\text{N})$

2-3 $F_A=0.35F$，$F_B=0.79F$

2-4 $\alpha=70°9'$

2-5 $F_{AC}=F_B=1.77\text{kN}$

2-6 $F_{1x}=-2.0\text{kN}$，$F_{1y}=0$，$F_{1z}=0$；$F_{2x}=0.424\text{kN}$，$F_{2y}=0.566\text{kN}$，$F_{2z}=0.707\text{kN}$；$F_{3x}=F_{3y}=0$，$F_{3z}=3\text{kN}$

2-7 $F_\text{R}=6.93\text{N}$，$\angle(\boldsymbol{F}_\text{R},x)=\angle(\boldsymbol{F}_\text{R},y)=\angle(\boldsymbol{F}_\text{R},z)=54°44'$

2-8 $F_{AB}=4.62\text{kN}$，$F_{AC}=3.46\text{kN}$，$F_{AD}=11.6\text{kN}$

2-9 $M=9.88\text{N}\cdot\text{m}$

2-10 $F_{Ax}=F_{Ay}=F_{Cx}=F_{Cy}=1.67\text{kN}$，或 $F_A=F_C=2.36\text{kN}$

2-11 $M_2=400\text{N}\cdot\text{m}$，$F_0=F_{01}=1155\text{N}$

2-12 $F=200\text{N}$，$x=0.732\text{m}$

2-13 $F_1=F_2=36.1\text{N}$，$\alpha=56.3°$

第3章

3-1 $OB=a/\cos\alpha$

3-2 $F_\text{R}=1.5\text{N}$，$x=-6\text{m}$

3-3　$F_R=609\text{kN}$，$\angle(F_R,x)=96°30'$，$x=-0.488\text{m}$(在 O 点左边)

3-4　$F=40\text{N}$

3-5　(a) $F_A=F_B=\dfrac{ql}{2}+\dfrac{F}{2}$；(b) $F_A=\dfrac{ql}{6}$，$F_B=\dfrac{ql}{3}$；(c) $F_A=\dfrac{q_1l}{3}+\dfrac{q_2l}{6}$，$F_B=\dfrac{q_1l}{6}+\dfrac{q_2l}{3}$

3-6　$F_A=-20\text{kN}$，$F_B=40\text{kN}$

3-7　$F_{Ax}=-4\text{kN}$，$F_{Ay}=17\text{kN}$，$M_A=43\text{kN}\cdot\text{m}$

3-8　$F_A=55.6\text{kN}$，$F_B=24.4\text{kN}$，$F_{Q,max}=46.7\text{kN}$

3-9　$F_{Cx}=675\text{N}$，$F_{Cy}=2625\text{N}$；$F_{Dx}=675\text{N}$，$F_{Dy}=525\text{N}$

3-10　$F_A=2.5\text{kN}$，$F_B=1.5\text{kN}$，$M_A=10\text{kN}\cdot\text{m}$

3-11　$F_{Ax}=0$，$F_{Ay}=-51.3\text{kN}$，$F_B=105\text{kN}$，$F_D=6.25\text{kN}$

3-12　$F_{Ax}=0.3\text{kN}$，$F_{Ay}=0.538\text{kN}$，$F_B=3.54\text{kN}$

3-13　$F_{Cx}=33.8\text{kN}$，$F_{Cy}=0$，$F_{AB}=33.8\text{kN}$

3-14　$F_1=14.6\text{kN}$，$F_2=-8.75\text{kN}$，$F_3=11.7\text{kN}$

3-15　$F_{AB}=10.6\text{kN}$，$F_{BC}=6.37\text{kN}$，$F_{BD}=-8.5\text{kN}$，$F_{AD}=-6.35\text{kN}$，$F_{DC}=-7.2\text{kN}$

3-16　$F_1=-3.56\text{kN}$，$F_2=2.22\text{kN}$，$F_3=0.216\text{kN}$

3-17　$F_1=83.3\text{kN}$，$F_2=-41.7\text{kN}$，$F_3=-33.3\text{kN}$

3-18　$F=620\text{kN}$

3-19　$F_1=26.1\text{kN}$，$F_2=20.9\text{kN}$

第4章

4-1　$F_R=638\text{N}$，$M_A=163\text{N}\cdot\text{m}$

4-2　$F_R=50\text{N}$，$y=132\text{mm}$，$z=70\text{mm}$

4-3　$x_A=119\text{mm}$，$y_A=146\text{mm}$，$M_A=4810\text{N}\cdot\text{mm}$

4-4　$\boldsymbol{F}_R=\sqrt{2}F\left(-\dfrac{1}{2}\boldsymbol{i}-\dfrac{1}{2}\boldsymbol{j}+\boldsymbol{k}\right)$，$\boldsymbol{M}_1=\dfrac{\sqrt{2}}{4}Fa(-\boldsymbol{i}+\boldsymbol{j}+2\boldsymbol{k})$

4-5　$F_A=400\text{N}$，$F_B=F_C=200\text{N}$

4-6　(1) $F_A=19.2\text{kN}$，$F_B=43.4\text{kN}$，$F_C=57.4\text{kN}$；(2) $F_{P,max}=41.2\text{kN}$

4-7　$F_x=5\text{kN}$，$F_y=4\text{kN}$，$F_z=8\text{kN}$；$M_x=32\text{kN}\cdot\text{m}$，$M_y=30\text{kN}\cdot\text{m}$，$M_z=20\text{kN}\cdot\text{m}$

4-8　$F_T=200\text{N}$，$F_{Ax}=86.6\text{N}$，$F_{Ay}=150\text{N}$，$F_{Az}=100\text{N}$，$F_{Bx}=F_{Bz}=0$

4-9　(a) $x_C=0.7\text{m}$，$y_C=0.88\text{m}$（取过图形最下边一点的水平线为 x 轴，过最左边一点的铅直线为 y 轴）；(b) $x_C=7.43\text{m}$（以图形最左边一点为原点，以对称轴为 x 轴）

4-10　$x_C=2.05\text{m}$，$y_C=1.15\text{m}$，$z_C=0.95\text{m}$

第6章

6-1　(a) $F_{N,max}=400\text{kN}$；(b) $F_{N,max}=F$；(c) $F_{N,max}=3F$；(d) $F_{N,max}=2F$；(e) $F_{N,max}=2F$；(f) $F_{N,max}=2F$

6-2　(a) $\sigma_{①}=35.4\text{MPa}$，$\sigma_{②}=31.7\text{MPa}$；(b) $\sigma_{①}=-15.9\text{MPa}$，$\sigma_{②}=22.5\text{MPa}$，

$\sigma_{③}=-38.2\text{MPa}$

6-3 (a) $\sigma_{max}=350\text{MPa}$；(b) $\sigma_{max}=950\text{MPa}$；(c) $\sigma_{max}=45\text{MPa}$

6-4 $E=73.4\text{GPa}$，$\nu=0.326$

6-5 $F=1932\text{kN}$

6-6 $\Delta_B=\dfrac{2Fl}{EA}+\dfrac{3\rho gl^2}{2E}$

6-7 $\Delta_F=0.69\text{mm}$

6-8 $d=36\text{mm}$

6-9 $[F]=48.0\text{kN}$

6-10 $a=0.574\text{m}$

6-11 $\sigma_{①}=\dfrac{4F}{11A}$，$\sigma_{②}=\dfrac{6F}{11A}$

6-12 $\Delta_{BC}=0$

6-13 $\tau=84.9\text{MPa}$，$d=33\text{mm}$

6-14 $F_1=240\text{kN}$，$F_2=190.4\text{kN}$

第7章

7-1 (a) $|M_x|_{max}=4T$；(b) $|M_x|_{max}=100\text{N}$；(c) $M_{x,max}=5\text{kN}\cdot\text{m}$；
(d) $M_{x,max}=2.5\text{kN}\cdot\text{m}$

7-2 $\tau_1=31.4\text{MPa}$，$\tau_2=0$，$\tau_3=47.2\text{MPa}$，$\gamma=0.59\times10^{-3}\text{rad}$

7-3 $\tau_{max}=163\text{MPa}$

7-4 6.67%

7-5 $a=402\text{mm}$

7-6 $\varphi=\dfrac{16ml^2}{G\pi d^4}$

7-7 (1) $d=79\text{mm}$；(2) $d_1=67\text{mm}$，$d_2=79\text{mm}$，$d_3=79\text{mm}$，$d_4=50\text{mm}$

7-8 (1) $d_1=91\text{mm}$，$d_2=80\text{mm}$；(2) $d=91\text{mm}$

7-9 $T_1=5.23\text{kN}\cdot\text{m}$，$T_2=10.5\text{kN}\cdot\text{m}$

7-10 $\tau=109.8\text{MPa}$

7-11 $\dfrac{a}{l}=1+\left(\dfrac{d_1}{d_2}\right)^4$

7-12 81.92%

7-13 $\tau_{max}=80.3\text{MPa}$，$\theta_{max}=0.0197\text{rad/m}$

第8章

8-1 (a) $F_{S1-1}=F_{S2-2}=-2\text{kN}$，$M_{1-1}=M_{2-2}=-\dfrac{4}{3}\text{kN}\cdot\text{m}$；

(b) $F_{S1-1}=F_{S2-2}=2F$，$M_{1-1}=-2Fl$，$M_{2-2}=-Fl$；

(c) $F_{S1-1}=-6\text{kN}$，$F_{S2-2}=\dfrac{2}{3}\text{kN}$，$M_{1-1}=M_{2-2}=-12\text{kN}\cdot\text{m}$；

(d) $F_{S1-1}=F_{S2-2}=-\frac{ql}{4}$，$M_{1-1}=M_{2-2}=\frac{3}{4}ql^2$；

(e) $F_{S1-1}=-\frac{ql}{3}$，$M_{1-1}=0$；

(f) $F_{S1-1}=-\frac{3}{2}ql$，$M_{1-1}=-ql^2$

8-2 (a) $F_{S,max}=36kN$，$|M|_{max}=141kN\cdot m$；

(b) $F_{S,max}=25kN$，$|M|_{max}=75kN\cdot m$；

(c) $|F_S|_{max}=10kN$，$|M|_{max}=27kN\cdot m$；

(d) $|F_S|_{max}=\frac{7}{6}F$，$M_{max}=\frac{6}{5}Fl$；

(e) $F_{S,max}=ql$，$M_{max}=\frac{1}{2}ql^2$；

(f) $F_{S,max}=2ql$，$M_{max}=\frac{3}{2}ql^2$；

(g) $F_{S,max}=\frac{5}{2}ql$，$M_{max}=\frac{25}{16}ql^2$；

(h) $|F_S|_{max}=4F$，$M_{max}=2Fl$；

(i) $|F_S|_{max}=F$，$|M|_{max}=\frac{1}{2}Fl$

8-3 (a) $|F_S|_{max}=ql$，$M_{max}=\frac{1}{2}ql^2$；

(b) $|F_S|_{max}=F$，$|M|_{max}=4Fl$；

(c) $|F_S|_{max}=14kN$，$|M|_{max}=12kN\cdot m$；

(d) $F_{S,max}=\frac{1}{3}ql$，$M_{max}=\frac{\sqrt{3}}{27}ql^2$；

(e) $F_{S,max}=2F$，$|M|_{max}=\frac{3}{2}Fl$；

(f) $|F_S|_{max}=6kN$，$M_{max}=\frac{16}{3}kN\cdot m$；

(g) $F_{S,max}=15kN$，$|M|_{max}=15kN\cdot m$；

(h) $F_{S,max}=\frac{ql}{4}$，$M_{max}=\frac{1}{12}ql^2$；

(i) $F_{S,max}=\frac{ql}{4}$，$M_{max}=\frac{1}{32}ql^2$

8-4 (a) $M_{max}=\frac{9}{8}ql^2$；(b) $|M|_{max}=Fl$；

(c) $|M|_{max}=Fl$；(d) $M_{max}=M_e$；

(e) $|M|_{max}=ql^2$；(f) $|M|_{max}=\frac{5}{4}ql^2$

8-5 (a) $F=F$，$M_e=Fl$，$F_{S,max}=\frac{1}{2}F$；

(b) $F=7kN$，$M_1=8kN\cdot m$，$M_2=18kN\cdot m$，$|F_S|_{max}=4kN$；

(c) $q=2\text{kN/m}$，$F=6\text{kN}$，$F_{S,\max}=6\text{kN}$

8-6 (a) $x=\dfrac{2}{3}l$；(b) $x=2(\sqrt{2}-1)l$；(c) $x=\dfrac{l}{1+2\sqrt{2}}$

第9章

9-1 (a) $\rho=1215\text{m}$，$\sigma_{t,\max}=\sigma_{c,\max}=14.8\text{MPa}$；

(b) $\rho=2142\text{m}$，$\sigma_{t,\max}=7.7\text{MPa}$，$\sigma_{c,\max}=13.8\text{MPa}$

9-2 $\rho=85.7\text{m}$

9-3 $\sigma_{\max}=1000\text{MPa}$

9-4 $\sigma_{t,\max}=4.75\text{MPa}$，$\sigma_{c,\max}=6.28\text{MPa}$，$\sigma_D=0.0754\text{MPa}$；

9-5 (1) 21%；(2) 腹板约 15.9%，翼缘约 84.1%

9-6 $F=143\text{kN}$

9-7 1-1：$\sigma_A=-7.41\text{MPa}$，$\sigma_B=4.91\text{MPa}$，$\sigma_C=0$，$\sigma_D=7.41\text{MPa}$；

2-2：$\sigma_A=9.26\text{MPa}$，$\sigma_B=-6.18\text{MPa}$，$\sigma_C=0$，$\sigma_D=-9.26\text{MPa}$

9-8 $\sigma_{\max}=8.13\text{MPa}$，$\tau_{\max}=0.55\text{MPa}$

9-9 $\sigma_{\max}=6.69\text{MPa}$，$\tau_{\max}=0.122\text{MPa}$

9-10 $\sigma_1=0$，$\tau_1=-\dfrac{3F}{2bh}$；$\sigma_2=\dfrac{3Fa}{bh^2}$，$\tau_2=\dfrac{9Fa}{4bh(l-2a)}$；

$\sigma_3=0$，$\tau_3=0$；$\sigma_4=-\dfrac{3Fa}{bh^2}$，$\tau_4=\dfrac{9Fa}{4bh(l-2a)}$

9-11 $\tau_{\max}=1.94\text{MPa}$，$\tau_a=1.77\text{MPa}$

9-12 $\sigma=55.8\text{MPa}$，$\tau=17.6\text{MPa}$

9-13 $F=13.1\text{kN}$

9-14 $\sigma_{t,\max}=28.8\text{MPa}$，$\sigma_{c,\max}=46.1\text{MPa}$

9-15 $h/d=\sqrt{2}$，$d=266\text{mm}$

9-16 $q=16.7\text{kN/m}$

9-17 $n=18$

第10章

10-2 (a) $\theta_C=0$，$w_B=\dfrac{5qa^4}{24EI}$；

(b) $\theta_B=\dfrac{qa^3}{2EI}$，$w_D=-\dfrac{qa^4}{8EI}$；

(c) $\theta_A=-\dfrac{Fa^2}{12EI}$，$w_C=-\dfrac{Fa^3}{12EI}$；

(d) $w_D=0.281\text{mm}$，$w_B=0.583\text{mm}$

10-3 (a) $w_D=\dfrac{27Fl^3}{2EI}$，$w_B=\dfrac{43Fl^3}{2EI}$；

(b) $\theta_C=\dfrac{Fl^2}{4EI}$；

（c）$w_C=\frac{5Fl^4}{12EI}$，$\theta_B=-\frac{23Fl^3}{12EI}$；

（d）$w_C=\frac{5Fl^3}{8EI}$，$\theta_B=-\frac{43Fl^2}{48EI}$

10-4　18a 号槽钢

10-5　（a）$F_A=0.14F$，$M_A=-0.22Fl$，$F_B=1.86F$；

（b）$F_A=\frac{7ql^2}{16}$，$F_B=\frac{5}{8}ql$，$F_C=-\frac{ql^2}{16}$；

（c）$F_A=\frac{2F}{3}$，$M_A=-\frac{2Fl}{3}$，$F_C=\frac{F}{3}$，$M_C=\frac{Fl}{3}$

10-6　$w_C=\frac{Fl^3}{24(2I_1+I_2)E}$

第 11 章

11-1　（a）$\sigma_{60°}=18.12\text{MPa}$，$\tau_{60°}=47.99\text{MPa}$；

（b）$\sigma_{30°}=-83.12\text{MPa}$，$\tau_{-30°}=-22.0\text{MPa}$；

（c）$\sigma_{45°}=-60.0\text{MPa}$，$\tau_{45°}=-10\text{MPa}$；

（d）$\sigma_{120°}=-35\text{MPa}$，$\tau_{120°}=-8.66\text{MPa}$

11-2　A 点：$\sigma_{-70°}=0.5835\text{MPa}$，$\tau_{-70°}=-0.835\text{MPa}$；

B 点：$\sigma_{-70°}=0.4492\text{MPa}$，$\tau_{-70°}=-1.234\text{MPa}$

11-3　（a）$\sigma_1=160\text{MPa}$，$\sigma_3=-30\text{MPa}$，$\alpha_0=-23.56°$；

（b）$\sigma_1=55\text{MPa}$，$\sigma_3=-115\text{MPa}$，$\alpha_0=-55.28°$；

（c）$\sigma_1=88.3\text{MPa}$，$\sigma_3=-28.3\text{MPa}$，$\alpha_0=-15.48°$；

（d）$\sigma_1=20\text{MPa}$，$\sigma_3=0$，$\alpha_0=45°$

11-4　$F=4.8\text{kN}$

11-6　（a）$\sigma_1=\frac{1}{3}F$，$\sigma_3=-F$，$\alpha_0=0$；

（b）$\sigma_1=2F$，$\sigma_3=-2F$，$\alpha_0=90°$

11-7　（1）$\sigma_x=4.48\text{MPa}$，$\sigma_y=2.52\text{MPa}$，$\tau_x=3.36\text{MPa}$；

（2）$\sigma_1=7\text{MPa}$，$\sigma_2=0$，$\alpha_0=-36.90°$

11-8　$\sigma_1=\sigma_2=0$，$\sigma_3=-66.5\text{MPa}$，$\varepsilon_1=\varepsilon_2=314\times10^{-6}$，$\varepsilon_3=-950\times10^{-6}$

11-9　$F=13.4\text{kN}$

11-10　$F=32\text{kN}$

11-11　$T=54.8\text{kN}\cdot\text{m}$

11-12　$v_V=0.0147\text{MPa}$，$v_d=0.0195\text{MPa}$

11-13　$\sigma_{r3}=95\text{MPa}$，$\sigma_{r4}=86.7\text{MPa}$

11-14　$\sigma_{r3}=250\text{MPa}$，$\sigma_{r4}=229\text{MPa}$

11-15　$\sigma_{r3}=183\text{MPa}$

11-16　$\sigma_{r3}=79.2\text{MPa}$

11-17　（1）$(\sigma_{r3})_a=\sqrt{\sigma^2+4\tau^2}$，$(\sigma_{r3})_b=\sigma+\tau$；（2）$(\sigma_{r4})_a=(\sigma_{r4})_b=\sqrt{\sigma^2+3\tau^2}$

11-18 $\sigma_{rM}=1.18\text{MPa}$，$\tau_{A-A}=1.4\text{MPa}$

11-19 $\sigma_{max}=168.7\text{MPa}$，$\tau_{max}=89.5\text{MPa}$，$(\sigma_{r4})_a=162.7\text{MPa}$

第12章

12-1 $\sigma_{max}=9.8\text{MPa}$

12-2 选用32b

12-3 $F=-(\varepsilon_A+\varepsilon_B)Ea^3/(12l)$，$M=(\varepsilon_B-\varepsilon_A)Ea^3/12$

12-4 (1) $\sigma_{max}=9.88\text{MPa}$；(2) $\sigma_{t,max}=10.5\text{MPa}$

12-5 $\sigma_{t,max}=5.09\text{MPa}$，$\sigma_{c,max}=5.29\text{MPa}$

12-6 $b=5.81\text{m}$

12-7 (1) $\sigma_{c,max}=0.72\text{MPa}$；(2) $D=4.15\text{m}$

12-9 $\sigma_1=-1.02\text{MPa}$（左），$\sigma_2=-1.84\text{MPa}$（右）

12-10 $F=24.9\text{kN}$

12-11 $F=142\text{kN}$，$a=0.134\text{m}$

12-13 $\sigma_{r3}=161\text{MPa}$

12-14 $\sigma_{r3}=161\text{MPa}$

第13章

13-2 $F_{cr}=258.8\text{kN}$

13-3 矩形：实心圆：正方形：空心圆＝1：1.91：2.0：5.6

13-4 $F_{cr}=150\text{kN}$

13-5 $F=123.2\text{kN}$，$F=48.6\text{kN}$

13-6 $F=87.0\text{kN}$

13-7 $F=142\text{kN}$

13-8 $[q]=54.7\text{kN/m}$

13-9 $\sigma=128\text{MPa}$，$\varphi[\sigma]=129\text{MPa}$

13-10 $F_{cr}=132.1\text{kN}$，$\frac{F_{cr}}{F}=1.89$，不安全

13-11 $F=47.3\text{kN}$

13-12 梁 $\sigma_{max}=175\text{MPa}$，$CD$ 杆 $\sigma=102\text{MPa}$，$\varphi[\sigma]=144.5\text{MPa}$，安全

第14章

14-1 梁 $\sigma_{dmax}=111.2\text{MPa}$，吊索 $\sigma_d=48.2\text{MPa}$

14-2 梁 $\sigma_d=135.4\text{MPa}$，钢索 $\sigma_d=160.4\text{MPa}$

14-3 $\sigma_{max}=174.8\text{MPa}$

14-4 $h_1=0.392\text{m}$，$h_2=0.01\text{m}$

14-5 $\sigma_{d,max}=43.14\text{MPa}$

14-6 $\sigma_{d,max}=152\text{MPa}$

14-7 $\Delta_{max}=\sqrt{\frac{3EIv^2}{gPa^3}}\left[\frac{Pa^3}{3EI}+\frac{Pa^2}{2EI}(l-a)\right]$，$\sigma_{max}=\sqrt{\frac{3EIv^2}{gPa^3}}\frac{Pa}{W_z}$

14-8 $\sigma_d = 157.2\text{MPa}$

附录Ⅰ

Ⅰ-1 (a) $y_C = 38.8\text{mm}$；(b) $y_C = 35\text{mm}$，$z_C = 30\text{mm}$

Ⅰ-2 (a) $y_C = 108.3\text{mm}$，$S_z = 500\text{cm}^3$；(b) $y_C = 165.9\text{mm}$，$S_z = 1159\text{cm}^3$

Ⅰ-3 (a) $I_y = \frac{\pi d^4}{64}$，$I_z = \frac{5\pi d^4}{64}$，$I_{yz} = 0$；(b) $I_y = 391.3\text{cm}^4$，$I_z = 5580\text{cm}^4$，$I_{yz} = 0$

Ⅰ-4 (a) $a = 2.32\text{cm}$；(b) $a = 0.901\text{cm}$

Ⅰ-5 (a) $I_y = I_z = 368.5\text{cm}^4$；(b) $I_y = I_z = 1247\text{cm}^4$

Ⅰ-6 $I_y = 1615\text{cm}^4$，$I_z = 10\ 186\text{cm}^4$

参 考 文 献

[1] 黄孟生，赵引．工程力学．北京：清华大学出版社，2006.
[2] 黄孟生．材料力学．北京：中国电力出版社，2007.